Marco Giglio
Massimiliano Gobbi
Stefano Miccoli
Michele Sangirardi

Costruzione di macchine

McGraw-Hill

Milano • New York • San Francisco • Washington D.C. • Auckland
Bogotá • Lisboa • London • Madrid • Mexico City • Montreal
New Delhi • San Juan • Singapore • Sydney • Tokyo • Toronto

McGraw-Hill
A Division of The McGraw-Hill Companies

Publisher: Paolo Roncoroni
Produzione: Donatella Giuliani
Grafica di copertina: Edicomma, Milano
Impaginazione e grafica: La Pulce
Stampa: Arti Grafiche Battaia, Zibido San Giacomo (MI)

ISBN 978-88-386-6508-0
Printed in Italy
123456789AGBAGB6543210

Indice

Prefazione

Il testo proposto nasce dagli sviluppi nell'ordinamento didattico generati dalla riforma degli studi di Ingegneria, che ha portato a un riposizionamento dei corsi di Costruzione di Macchine nel percorso formativo.

In particolare, nei corsi di Laurea in Ingegneria Meccanica, i corsi di Costruzione di Macchine sono offerti da numerose sedi sul territorio italiano già nei primi anni di studio, con l'obiettivo di fornire anche agli studenti del primo livello universitario le nozioni fondamentali relative alla progettazione e al dimensionamento di elementi di macchine e sistemi meccanici, cercando di generare, fin dai primi anni, una spiccata sensibilità nel futuro ingegnere meccanico per quanto riguarda gli aspetti fondamentali legati alla meccanica moderna e alla costruzione delle macchine.

Negli ultimi anni sono stati proposti vari corsi di Costruzione di Macchine 1, a volte nominati diversamente nelle diverse sedi universitarie anche per motivi di continuità storica con precedenti insegnamenti: in sostanza essi raccolgono nello stesso insegnamento le informazioni necessarie per schematizzare correttamente dal punto di vista statico e cinematico un sistema meccanico, per determinare delle azioni agenti sui relativi componenti per effetto dei carichi esterni e del sistema di vincoli, e per il dimensionamento strutturale e il progetto morfologico degli elementi di macchina e del sistema che sia in grado di garantire l'integrità strutturale per tutta la vita utile della macchina.

Il testo proposto ha cercato di adeguarsi a queste esigenze fondamentali per la formazione tecnica universitaria. In particolare, il testo contiene una prima parte dedicata alle modalità di schematizzazione di sistemi meccanici e allo studio del comportamento statico e cinematico (Cinematica del corpo rigido, Equilibrio del corpo rigido), seguita dallo studio delle azioni interne e dello stato di sollecitazione sui componenti meccanici (Azioni interne, Sforzi e deformazioni, Casi di De Saint Venant) per concludere, dopo una breve parentesi legata alla valutazione della deformabilità delle strutture (Linea elastica), con le nozioni fondamentali che permettono di dimensionare e/o verificare un componente meccanico, e di conseguenza il sistema da essi costituito, per quanto riguarda l'integrità e la resistenza strutturale, con la opportuna scelta dei materiali per la costruzione degli organi stessi (I materiali per la progettazione, Effetto di intaglio, Criteri di resistenza statica, Fatica nei materiali).

Questo testo, nato dalla fusione e dall'aggiornamento dei due precedenti testi di Fondamenti di Costruzione di Macchine e di Costruzione di Macchine 1 proposti sempre dall'attuale editore, ha come obiettivo l'offerta di uno strumento didattico completo di supporto alle lezioni del nuovo corso di Costruzione di Macchine 1 (10 Crediti Formativi Universitari) posizionato al secondo anno del corso di Laurea in Ingegneria Meccanica.

Gli argomenti proposti coprono completamente il programma tipico dei corsi di Costruzione di Macchine 1, fornendo la base completa per lo studio della teoria con la presenza di numerosi esempi applicativi e di esercizi proposti a fine capitolo.

Il lavoro di aggiornamento e redazione del nuovo testo è stata realizzata collegialmente dagli attuali docenti del corso di Costruzione di Macchine 1 al Politecnico di Milano, che hanno quindi inserito nel libro le proprie competenze e le esperienze maturate nella docenza del corso svolta in questi ultimi anni: i diversi contributi sono quindi stati omogeneizzati per arrivare alla realizzazione di questo testo che costituisce quindi un supporto didattico completo.

Oltre a costituire l'ausilio didattico fondamentale per i corsi di Costruzione di Macchine del 2º anno del corso di Laurea in Ingegneria Meccanica, il taglio applicativo e legato a esempi risolti rende il testo proposto utile anche al professionista per approfondire le conoscenze inerenti alla progettazione e costruzione di macchine acquisendo maggiore consapevolezza nell'utilizzo delle formule di dimensionamento e/o nell'applicazione di standard e di norme di progetto, con la possibilità di mettere in luce i collegamenti presenti tra teoria e formulazioni usate nel calcolo pratico.

Un particolare ringraziamento va agli autori dei due precedenti testi (Sergio Baragetti, Stefano Beretta, Andrea Bernasconi, Piermaria Davoli, Mauro Filippini, Marco Giglio, Mario Guagliano, Antonietta Lo Conte, Gianfranco Petrone, Michele Sangirardi) da cui nasce l'attuale libro, per l'approfondimento col quale hanno realizzato le precedenti opere e per la disponibilità che hanno mostrato rendendo disponibile il materiale per la stesura del libro aggiornato: ci auguriamo con l'attuale edizione di aver garantito la continuità rispetto ai precedenti testi con l'inserimento dei dovuti aggiornamenti e rielaborazioni, necessarie per rendere il libro adatto ai nuovi corsi universitari.

Marco Giglio, Massimiliano Gobbi, Stefano Miccoli, Michele Sangirardi
Dipartimento di Meccanica
Politecnico di Milano

1 Cinematica del corpo rigido

1.1 Introduzione

In questo capitolo saranno introdotti i fondamenti della cinematica del corpo rigido. I principali argomenti affrontati sono:

- la definizione di corpo rigido e la nozione di "gradi di libertà";
- il concetto di "vincolo", vale a dire l'analisi sistematica di tutte quelle misure che possono essere prese per impedire o limitare il movimento di un corpo rigido o di un sistema di corpi rigidi.

Lo studio della cinematica presentata in questo capitolo è propedeutico all'analisi della statica dei corpi rigidi. Può sembrare strano che la cinematica sia propedeutica alla statica, ma per sistemi vincolati è necessario conoscere il movimento compatibile con i vincoli per poter decidere se il sistema è in equilibrio o no. Il fatto che applicheremo la cinematica solo alla statica e non anche alla dinamica permette una importante semplificazione: sarà sufficiente studiare movimenti piccoli, al limite infinitesimi, a partire dalla configurazione di equilibrio. La conseguenza matematica di questa semplificazione è importantissima: le equazioni che andremo a scrivere sono lineari, mentre la cinematica in generale richiede equazioni non lineari.

La giustificazione di questa semplificazione è che in statica non conta il movimento "in grande" ma semplicemente l'"inizio" di movimento che può portare il corpo ad abbandonare l'equilibrio. Un semplice esempio può chiarire meglio di ogni dimostrazione questa assunzione: si consideri un punto materiale, sottoposto alla forza peso ed appoggiato su una superficie in un punto P. Usando il linguaggio della cinematica possiamo dire che il punto materiale è vincolato a muoversi sulla superficie data: la descrizione del moto in grande (che permette cioè spostamenti qualisiasi) richiede la conoscenza delle equazioni (non lineari) che definiscono la superficie stessa. Se invece si considerano solo spostamenti piccolissimi intorno al punto P, la superficie si confonde con il piano tangente, la cui equazione è lineare. Come è noto si ha equilibrio se questo piano tangente è orizzontale; al contrario se il piano tangente è inclinato, il punto inizierà a muoversi in direzione della linea di massima pendenza. Per determinare l'equilibrio la forma effettiva della superficie è ininfluente, giustificando così il motivo per cui si tratterà soltanto la cinematica lineare dei moti piccoli.[1]

[1] La stabilità dell'equilibrio dipende oltre che dal piano tangente (derivate prime dell'equa-

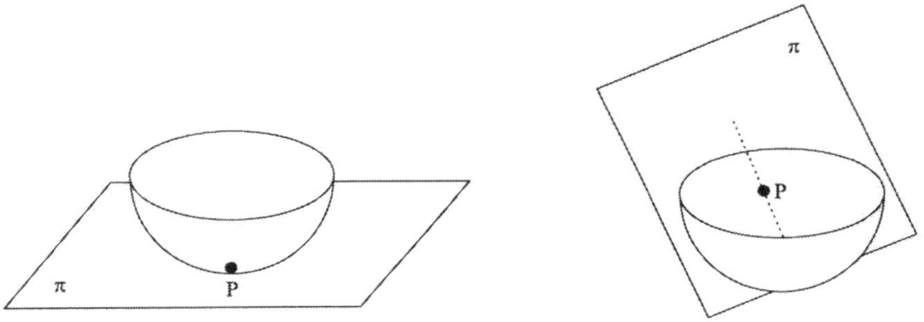

Figura 1.1 - Equilibrio di un punto su una superficie.

Convenzioni
Se non specificato diversamente si assumerà un sistema di riferimento cartesiano ortogonale, con coordinate indicate da (x, y, z). I versori degli assi saranno $(\vec{i}, \vec{j}, \vec{k})$; il vettore posizione è indicato da $\vec{x} = x\vec{i} + y\vec{j} + z\vec{k}$. Dato un generico vettore $\vec{a}$, le sue componenti saranno (a_x, a_y, a_z), con a si indicherà il modulo $a = |\vec{a}| = \sqrt{(a_x^2 + a_y^2 + a_z^2)}$, mentre con $\vec{e}_a$ si intende il versore $\vec{e}_a = \vec{a}/|\vec{a}|$. Il vettore spostamento $\vec{u}$, definito più sotto, fa eccezione: le sue componenti saranno indicate con (u, v, w): $\vec{u} = u\vec{i} + v\vec{j} + w\vec{k}$.

1.2 Corpo rigido

1.2.1 Sistema discreto

Consideriamo un insieme finito di N punti P_i, $i = 1, \ldots, N$, aventi coordinate $\vec{x}_i$ ad un istante di tempo iniziale t_0. Se al tempo t i punti si trovano in $\vec{x}'_i(t)$, la funzione

$$\vec{x}'_i(t), \qquad \text{con} \quad \vec{x}'_i(t_0) = \vec{x}_i,$$

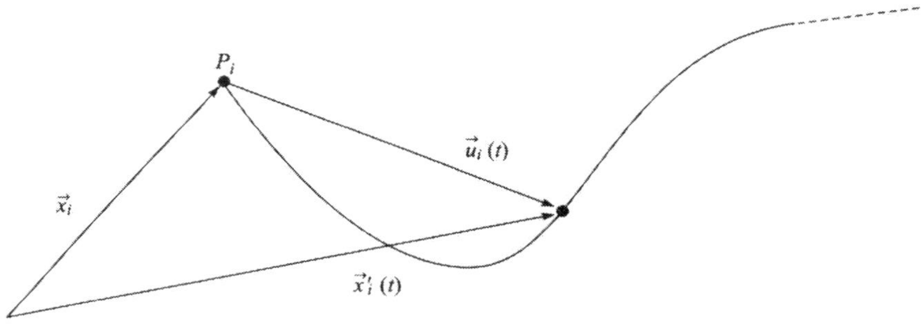

Figura 1.2 - Cinematica del punto materiale.

zione della superficie) anche dalla concavità (derivate seconde); è pertanto impossibile una sua analisi basata su una cinematica puramente lineare. Tuttavia la stabilità dell'equilibrio è un concetto che può essere definito solo in dinamica, confermando dunque che in statica è sufficiente la cinematica lineare.

è detta traiettoria di P_i. La configurazione del sistema di punti è nota se si conoscono le N funzioni $\vec{x}'_i(t)$, ciascuna dotata di tre componenti indipendenti: si dice che il sistema possiede $3 \cdot N$ *gradi di libertà*.

In alternativa alle traiettorie è possibile descrivere la configurazione del sistema utilizzando gli spostamenti, definiti come

$$\vec{u}_i(t) = \vec{x}'_i(t) - \vec{x}_i, \qquad \text{con} \quad \vec{u}_i(t_0) = \vec{0}.$$

Si osservi come la derivata dello spostamento coincide con la derivata della traiettoria:

$$\frac{d\vec{u}_i(t)}{dt} = \frac{\vec{u}_i(t+dt) - \vec{u}_i(t)}{dt} = \frac{\vec{x}'_i(t+dt) - \vec{x}_i - \vec{x}'_i(t) + \vec{x}_i}{dt} = \frac{d\vec{x}'_i(t)}{dt}$$

La conoscenza di $(\vec{u}_i(t), \vec{x}_i)$ è equivalente a quella di $\vec{x}'_i(t)$: in questo testo si preferirà di norma la descrizione del moto tramite gli spostamenti.

Un sistema di punti si dice *rigido* se la distanza tra due punti qualsiasi rimane costante

$$|\vec{x}'_i(t) - \vec{x}'_j(t)| = |\vec{x}_i - \vec{x}_j|, \qquad i,j = 1, \ldots, N, \forall t. \tag{1.1}$$

Ciascuna di queste equazioni rappresenta un *vincolo* tra due punti del sistema, visualizzabile come una barretta indeformabile che collega i punti stessi.

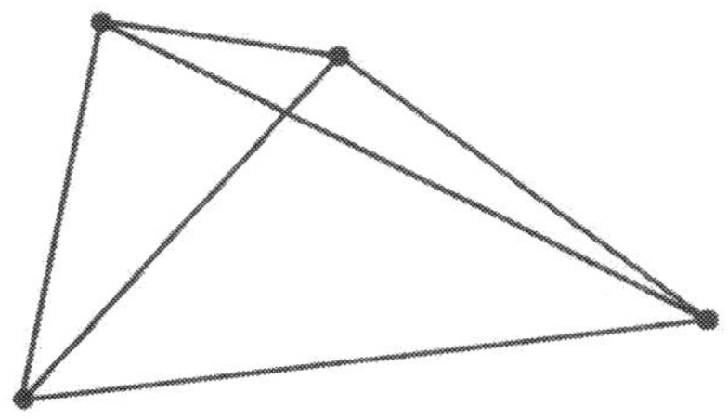

Figura 1.3 - Sistema rigido, per $N = 4$.

Si osservi che le $3 \cdot N$ componenti delle traiettorie dei punti del corpo rigido non sono più tutte libere, in quanto devono soddisfare le equazioni di vincolo (**1.1**): nasce la fondamentale domanda su quanti sono i parametri indipendenti che permettono di ottenere le traiettorie o gli spostamenti dei punti del sistema rigido, in modo che le equazioni (**1.1**) siano soddisfatte a priori. Il numero di questi parametri indipendenti si chiama ancora *numero di gradi di libertà* del sistema rigido.

La risposta completa e rigorosa al quesito precedente è dovuta ad Eulero, che ha dimostrato che per descrivere una generica configurazione $\vec{x}'_i$ all'istante t sono necessari 6 parametri: le tre componenti di spostamento di un punto qualsiasi del sistema rigido e tre angoli per misurare le possibili rotazioni del sistema rigido intorno a questo punto. Conoscendo queste sei grandezze è possibile calcolare le componenti di spostamento di tutti i punti del sistema e perciò anche le traiettorie.

Si può giungere allo stesso risultato osservando che i gradi di libertà del sistema rigido sono pari alla differenza tra il numero di variabili e le equazioni linearmente indipendenti nelle (**1.1**). Si osserva subito però che le (**1.1**) rappresentano $N \cdot (N-1)/2$ equazioni in $3 \cdot N$ variabili: per N sufficientemente grande le equazioni sono in numero maggiore delle variabili, e dunque non possono essere tutte linearmente indipendenti. Per capire quante sono le equazioni indipendenti si può osservare che per $N = 3$ punti non allineati si hanno $3 \cdot N = 9$ gradi di libertà per il

sistema non rigido e $N \cdot (N-1)/2 = 3$ equazioni linearmente indipendenti. I gradi di libertà del sistema rigido di tre punti risultano dunque $9 - 3 = 6$. Se si aggiunge un quarto punto, si aggiungono le tre coordinate di questo punto tra le variabili ($3 \cdot 4 = 12$ gradi di libertà totali del sistema non rigido), ma anche tre equazioni ($4 \cdot 3/2 = 6$ equazioni totali), linearmente indipendenti se il nuovo punto non appartiene al piano definito dai primi tre. Il numero di gradi di libertà del sistema rigido di quattro punti rimane perciò pari a $12 - 6 = 6$. Da questo momento in avanti, ogni nuovo punto aggiunto al sistema aumenta di 3 le variabili, ma di un numero maggiore di 3 le equazioni (**1.1**). Di queste equzioni però soltanto tre sono linearmente indipendenti: la posizione di un punto è determinata se vengono imposte le distanze da altri tre punti ed ogni altra condizione è sovrabbondante. Il numero di gradi di libertà di un sistema con $N \geq 3$ è pertanto sempre pari a 6.
Questa breve discussione è servita ad introdurre un concetto molto importante: il numero di gradi di libertà di un sistema vincolato è pari al numero di gradi di libertà del sistema non vincolato meno il numero di equazioni di vincolo *linearmente indipendenti.*

1.2.2 Sistema continuo

Il risultato di Eulero fu in realtà ottenuto con riferimento a corpi continui. In questo caso si hanno infiniti punti $\vec{x} \in \Omega$, dove $\Omega \in \mathbb{R}^3$, è un dominio nello spazio cartesiano tridimensionale occupato dal corpo nell'istante t_0; al tempo t il dominio Ω si sposta in Ω' e le traiettorie dei singoli punti sono descritte come funzioni delle loro coordinate $\vec{x}$ all'istante t_0:

$$\begin{aligned} &\vec{x}'(\vec{x}, t) && \text{con} \quad \vec{x}'(\vec{x}, t_0) = \vec{x}; \\ &\vec{u}(\vec{x}, t) = \vec{x}'(\vec{x}, t) - \vec{x}, && \text{con} \quad \vec{u}(t_0) = \vec{0}. \end{aligned}$$

Questa descrizione della cinematica, tipica della meccanica dei solidi, è caratterizzata dal fatto che i singoli punti del corpo continuo mantengono la loro individualità, ed è possibile seguirne la traiettoria o conoscerne lo spostamento, come funzioni della posizione nella configurazione di riferimento Ω all'istante t_0.[2]

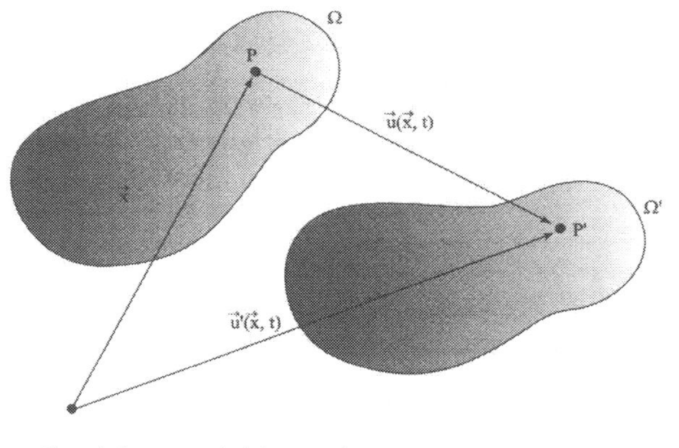

Figura 1.4 - Cinematica del corpo rigido continuo.

[2] In altre parole quando il corpo si è deformato in Ω' si conosce di ogni punto la posizione iniziale in Ω.

Un corpo continuo è rigido se per ogni coppia di punti $\{P, Q\} \subset \Omega$, di posizione $\vec{x}_P, \vec{x}_Q$, vale

$$|\vec{x}'_P - \vec{x}'_Q| = |\vec{x}_P - \vec{x}_Q| \qquad (1.2)$$

dove $\vec{x}'_P, \vec{x}'_Q$ sono le coordinate in configurazione spostata Ω'. Anche in questo caso vale il risultato di Eulero: per descrivere la configurazione Ω' sono sufficienti 6 parametri: tre componenti di spostamento di un punto qualsiasi, tre angoli per rappresentare la rotazione del corpo rigido intorno a questo punto. Per questo motivo il generico moto rigido è detto di roto-traslazione rigida.

1.2.3 Lastre e travi

Nelle applicazioni meccaniche è ovvio che tutti gli elementi studiati come corpi rigidi occupano un volume finito e dunque vanno considerati come tri-dimensionali e dotati di 6 gradi di libertà. Esistono però ampie classi di organi di macchine che è possibile rappresentare, dal puro punto di vista geometrico, con entità di dimensione minore.

Gusci

Il guscio è una struttura con due dimensioni preponderanti rispetto ad una terza, chiamata spessore, che qui supponiamo, per semplicità costante. Il guscio viene rappresentato normalmente con la superficie media, e con l'indicazione dello spessore. Un guscio piano è detto lastra.

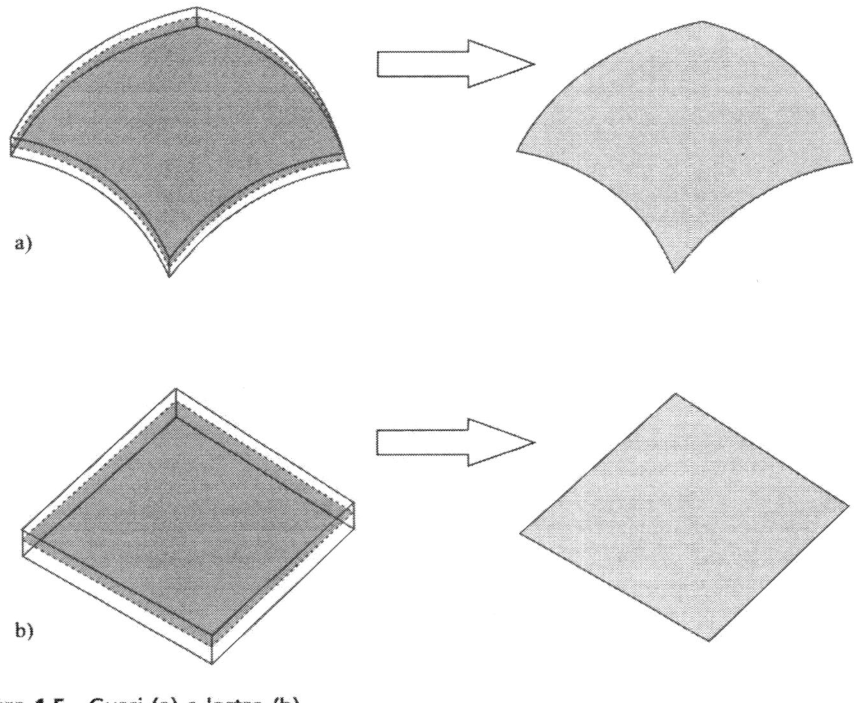

Figura 1.5 - Gusci (a) e lastre (b).

Travi

Se una dimensione è preponderante rispetto alle altre due, la struttura è detta *trave*. Per semplicità assumiamo che le travi siano ottenute per estrusione, lungo una linea, di una sezione costante. Una trave è rappresentata da una linea che congiunge i baricentri delle sezioni, indicando la sezione stessa.

Si possono avere travi con curvatura nello spazio, come una molla ad elica cilindrica, travi piane curve, travi rettilinee.

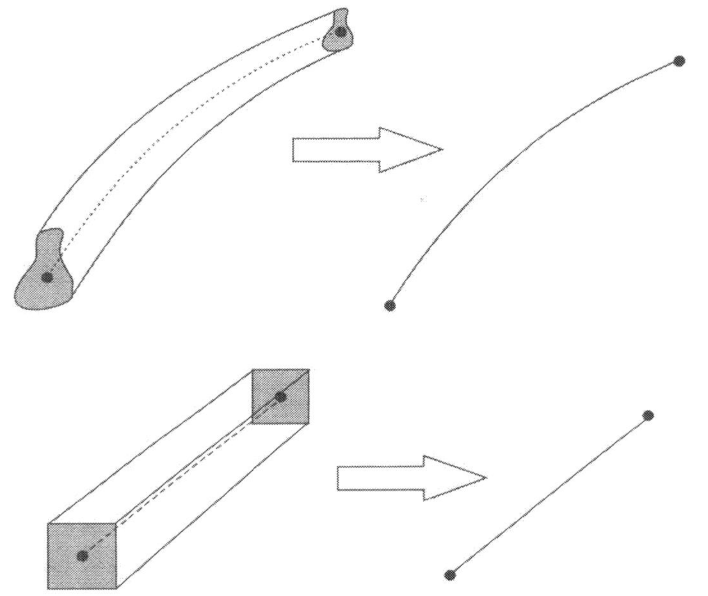

Figura 1.6 - Esempi di travi.

1.3 Moto rigido infinitesimo

Descrivere la traiettoria "in grande" dei punti di in corpo rigido significa dare $\vec{x}'(\vec{x}, t)$ e dunque conoscere lo spostamento $\vec{u}(\vec{x}, t)$ per $\forall t > t_0$. Per la cinematica "in piccolo" invece è sufficiente conoscere la configurazione del sistema all'istante $t_0 + dt$, infinitamente prossimo al tempo di riferimento t_0. Dalla posizione a questo istante, $\vec{x}'(\vec{x}, t_0 + dt)$, possiamo definire lo spostamento come

$$d\vec{u}(\vec{x}) = \vec{x}'(\vec{x}, t_0 + dt) - \vec{x} = \frac{\vec{x}'(\vec{x}, t_0 + dt) - \vec{x}'(\vec{x}, t_0)}{dt} dt = \left.\frac{d\vec{x}'(\vec{x}, t)}{dt}\right|_{t=t_0} dt.$$

Tenuto conto che derivata di spostamento e derivata di traiettoria coincidono si ha infine

$$d\vec{u}(\vec{x}) = \left.\frac{d\vec{u}(\vec{x}, t)}{dt}\right|_{t=t_0} dt, \qquad (1.3)$$

dalla quale si evince che lo spostamento "in piccolo" altro non è che il differenziale dello spostamento in grande valutato per $t = t_0$. In statica il significato del tempo t nell'equazione precedente è semplicemente quello di un parametro che ordina una serie di configurazioni spostate Ω' a partire da una configurazione di riferimento: è possibile perciò sotituirlo con qualisiasi parametro $\tau(t)$ che mantiene questo ordinamento. Dunque per ottenere lo spostamento infinitesimo è possibile differenziare le equazioni del movimento rispetto a qualsiasi parametro libero.

Conoscendo l'espressione delle equazioni dovute ad Eulero che descrivono la rototraslazione rigida, è sufficiente differenziarle per ottenere l'espressione del moto infinitesimo. Senza pretesa di rigore si seguirà qui una via semplificata che giunge al risultato corretto senza introdurre il formalismo, abbastanza pesante, della trattazione di Eulero.

Moto di rotazione intorno ad un asse passante per l'origine

Si consideri un corpo rigido che ruota intorno ad un asse fisso, coincidente con l'asse coordinato z. Introdotte le coordinate cilindriche (ρ, φ, z) si ha

$$\begin{aligned} x &= \rho\cos\varphi, \\ y &= \rho\sin\varphi, \\ z &= z. \end{aligned}$$

Se il corpo subisce una rotazione θ, le coordinate diventeranno

$$\begin{aligned} x' &= \rho\cos(\varphi+\theta), \\ y' &= \rho\sin(\varphi+\theta), \\ z' &= z, \end{aligned}$$

mentre le componenti di spostamento valgono

$$\begin{aligned} u &= \rho[\cos(\varphi+\theta) - \cos\varphi] \\ v &= \rho[\sin(\varphi+\theta) - \sin\varphi], \\ w &= 0; \end{aligned}$$

Questa espressione vale "in grande", per ogni valore di θ ed è non lineare.

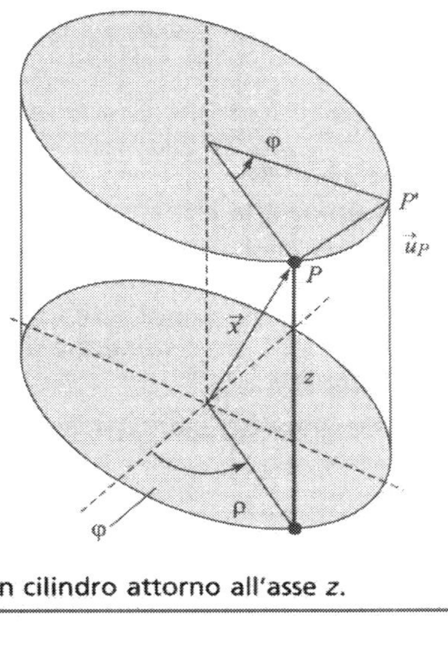

Figura 1.7 - Rotazione di un cilindro attorno all'asse *z*.

Per ottenere lo spostamento infinitesimo si deve calcolare il differenziale delle componenti di spostamento valutato per $\theta = 0$:

$$du = -\rho \sin(\varphi) d\theta = -y\, d\theta,$$
$$dv = \rho \cos(\varphi) d\theta = x\, d\theta,$$
$$dw = 0.$$

(Si presti attenzione al fatto che in questa espressione gli angoli sono misurati in radianti.) Come è facile osservare questa relazione è lineare in $d\theta$ e può essere espressa in notazione vettoriale come

$$d\vec{u} = d\theta \vec{k} \times \vec{x}.$$

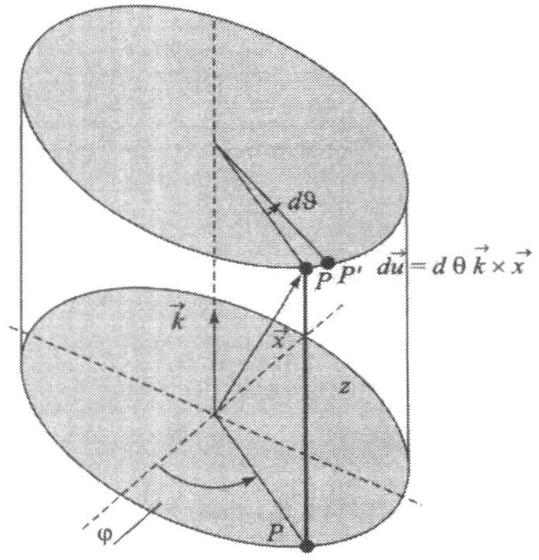

Figura 1.8 - Rotazione infinitesima attorno all'asse z.

È facile generalizzare questa espressione alla rotazione intorno ad un asse arbitrario passante per l'origine. Se $d\theta$ è l'angolo di rotazione infinitesimo e $\vec{e}_a$ il versore diretto come suddetto asse, si ha

$$d\vec{u}(\vec{x}) = d\theta\, \vec{e}_a \times \vec{x} = d\vec{\theta} \times \vec{x}. \tag{1.4}$$

dove si è introdotto il vettore $d\vec{\theta} = d\theta \vec{e}_a$.

Il vettore $d\vec{\theta}$ rappresenta dunque una rotazione attorno ad un asse allineato con esso, la cui entità è pari a $|d\vec{\theta}|$; il verso di rotazione viene ottenuto con la regola della mano destra. Per distinguere graficamente i vettori che rappresentano spostamenti dai vettori che rappresentano rotazioni, questi ultimi si disegnano con due punte.

Dalle proprietà del prodotto vettore discendono immediatamente le seguenti proprietà della rotazione infinitesima.(3)

- Lo spostamento di un punto giace nel piano perpendicolare all'asse di rotazione e passante per il punto stesso.

(3) Attenzione: alcune di queste proprietà non valgono per l'espressione generale e non lineare della rotazione in grande.

- L'intensità è proporzionale all'angolo $d\theta = |d\vec{\theta}|$ e alla distanza $\rho = |\vec{e}_a \times \vec{x}|$ dall'asse di rotazione del punto $\vec{x}$.

$$|d\vec{u}| = \rho\, d\theta$$

In particolare i punti dell'asse non si muovono.

- La rotazione $d\vec{\theta} = d\theta_x \vec{i} + d\theta_y \vec{j} + d\theta_z \vec{k}$ può essere interpretata come la composizione di tre rotazioni attorno ai tre assi coordinati:

$$d\vec{u}(\vec{x}) = d\vec{\theta} \times \vec{x} = d\theta_x \vec{i} \times \vec{x} + d\theta_y \vec{j} \times \vec{x} + d\theta_z \vec{k} \times \vec{x}.$$

- Vale la composizione lineare di due rotazioni successive $d\vec{\theta}_1$ e $d\vec{\theta}_2$:

$$d\vec{u}(\vec{x}) = (\alpha\, d\vec{\theta}_1 + \beta\, d\vec{\theta}_2) \times \vec{x} = \alpha\, d\vec{\theta}_1 \times \vec{x} + \beta\, d\vec{\theta}_2 \times \vec{x}$$

- L'ordine con il quale si applicano una serie di rotazioni inifinitesime non conta.

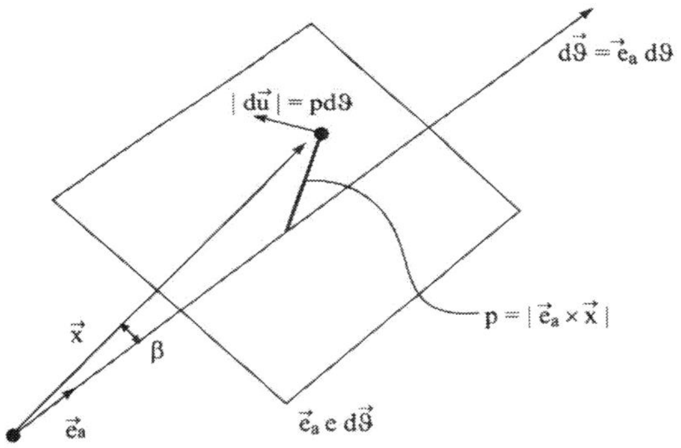

Figura 1.9 - Rotazione infinitesima attorno ad un asse dato.

Moto di traslazione rigida

Quando tutti i punti del corpo rigido subiscono lo stesso spostamento $d\vec{u}_R$ si parla di traslazione rigida:

$$d\vec{u}(\vec{x}) = d\vec{u}_R. \qquad (1.5)$$

In questo caso evidentemente il corpo non subisce rotazioni.

1.3.1 Espressione generale della roto-traslazione rigida

Il più generale moto rigido infinitesimo può essere descritto come la rotazione intorno ad un punto dato seguita da una traslazione rigida; questo moto è detto roto-traslazione rigida.

Indicando con O, di coordinate $\vec{x}_O$, il punto per il quale passa l'asse di rotazione, l'espressione del moto di rotazione diventa

$$d\vec{u}(\vec{x}) = d\vec{\theta} \times (\vec{x} - \vec{x}_O).$$

Questa stessa espressione viene spesso scritta, indicando con P il generico punto di coordinate $\vec{x}$, come

$$d\vec{u}_P = d\vec{\theta} \times (P - O),$$

indicando con $P - O$ il vettore spiccato da O verso P.

Indicando con $d\vec{u}_O$ la traslazione rigida di O, e sommandola all'espressione precedente,

$$d\vec{u}_P = d\vec{u}_O + d\vec{\theta} \times (P - O), \tag{1.6}$$

si ottiene l'espressione più generale possibile del moto infinitesimo di un corpo rigido. Le tre componenti di $d\vec{u}_O = du_O\,\vec{i} + dv_O\,\vec{j} + dw_O\,\vec{k}$ e le tre componenti di $d\vec{\theta} = d\theta_x\,\vec{i} + d\theta_y\,\vec{j} + d\theta_z\,\vec{k}$ rappresentano i sei gradi di libertà del corpo rigido stesso. Come si vede dall'equazione precedente, lo spostamento infinitesimo $d\vec{u}_P$ di tutti i punti del corpo rigido è funzione di questi 6 gradi di libertà.

1.3.2 Alcuni moti notevoli

Il generico moto di rototraslazione dato da (**1.6**) presenta i seguenti casi particolari (dei quali i primi due sono già stati discussi in precedenza).

Traslazione rigida: $d\vec{\vartheta} = 0$, $d\vec{u}_P = d\vec{u}_O \neq \vec{0}$.

Rotazione intorno ad un asse fisso: $d\vec{u}_O = \vec{0}$, $d\vec{\vartheta} \neq \vec{0}$.

Moto piano: i vettori spostamento di tutti i punti sono perpendicolari ad un medesimo asse. (In altri termini: lo spostamento avviene nei piani perpendicolari a questo asse.) Ciò avviene quando $d\vec{u}_O \cdot d\vec{\theta} = 0$: la facile dimostrazione è lasciata al lettore. Si noti che la traslazione rigida e la rotazione attorno ad un asse rappresentano esempi di moto piano.

Moto elicoidale quando $d\vec{u}_O \neq \vec{0}$ è parallelo a $d\vec{\theta} \neq \vec{0}$, cioè $d\vec{u}_O \times d\vec{\theta} = \vec{0}$.

1.3.3 Riduzione del moto generale ad un moto notevole

L'espressione del moto (**1.6**) non è univoca: la scelta del punto O è infatti arbitraria. È facile ricavare

$$\begin{aligned} d\vec{u}_P &= d\vec{u}_O + d\vec{\theta} \times (P - O) = \\ &= d\vec{u}_{O'} + d\vec{\theta} \times \left[(P - O) + (O - O') + (O' - O)\right] = \\ &= d\vec{u}_O + d\vec{\theta} \times (O' - O) + d\vec{\theta} \times (P - O') = \\ &= d\vec{u}_{O'} + d\vec{\theta} \times (P - O'), \end{aligned}$$

dove si è sfruttato che $d\vec{u}_{O'} = d\vec{u}_O + d\vec{\theta} \times (O' - O)$. La prima e l'ultima di queste equazioni sono equivalenti, cambia solo la scelta del polo per il quale passa l'asse di rotazione.

Si vede dunque che la scelta del polo O è arbitraria, mentre il vettore di rotazione $d\vec{\theta}$ è sempre lo stesso. Nasce spontaneo chiedersi se è possibile scegliere il nuovo centro O' in modo che il moto assuma una espressione notevole. Si possono avere i seguenti casi, a seconda dei valori di $d\vec{u}_O$ e $d\vec{\theta}$.

1. $d\vec{u}_O = d\vec{\theta} = \vec{0}$: caso banale nel quale tutti i punti sono fermi.
2. $d\vec{\theta} = \vec{0}$: moto traslatorio e piano, $d\vec{u}_P = d\vec{u}_O = d\vec{u}_{O'}$; $\forall P$.
3. $d\vec{u}_O \cdot d\vec{\theta} = 0$: moto piano; è sempre possibile trovare un asse fisso di rotazione.

L'equazione di questo asse è data da

$$O' - O = \frac{d\vec{\theta} \times d\vec{u}_O}{(d\theta)^2} + s\frac{d\vec{\theta}}{d\theta}, \tag{1.7}$$

con $d\theta = |d\vec{\theta}|$ ed s rappresenta un'arbitraria distanza.

4. $d\vec{u}_O \cdot d\vec{\theta} \neq 0$: in questo caso non esiste un asse fisso di rotazione ma l'equazione (**1.7**) definisce comunque un asse rispetto al quale il moto è elicoidale. Il significato dei punti dell'asse, detto asse del Mozzi, definito dalla (**1.7**) è quello dei punti la cui componente di spostamento è minima.

Si lascia al lettore la verifica delle espressioni precedenti.

1.3.4 Spostamenti infinitesimi e spostamenti piccoli

Il significato matematico rigoroso di $d\vec{u}$ e di $d\vec{\theta}$ è quello di differenziale di una variabile dipendente ed indipendente, rispettivamente. Ci si può chiedere cosa succede se si utilizzano le epressioni ricavate sopra per rotazioni e spostamenti piccoli ma finiti. Per esempio, quale errore si compie scrivendo

$$\vec{u}_P \approx \vec{\theta} \times (P - O),$$

dove $\vec{\theta}$ rappresenta una rotazione di un angolo $|\vec{\theta}|$ attorno all'asse $\vec{\theta}/|\vec{\theta}|$?

Ripercorrendo i paragrafi precedenti, o semplicemente ricordando che il differenziale valutato nell'origine coincide con una serie di Taylor troncata ai termini di primo grado, si ottiene che l'errore è lo stesso commesso nelle seguenti approssimazioni

$$\sin\theta \approx \theta, \qquad \cos\theta \approx 1.$$

Se per esempio $\theta = 0.1$ (circa 6 gradi sessagesimali), l'errore relativo massimo delle due espressioni precedenti è circa dello 0,5%. Come si vede questo errore è piccolo, ed in molte applicazioni può essere trascurato.

Nel seguito si ometterà perciò di indicare il simbolo del differenziale d, e si scriverà semplicemente $\vec{u}$ e $\vec{\theta}$, sottointendendo che le espressioni sono esatte per spostamenti infinitesimi ed solo approssimate per spostamenti finiti, con un errore che tende a zero con θ^2.

1.4 Moto nel piano xy

Spesso nelle applicazioni si ha un corpo rigido che è costretto a muoversi in un piano prefissato, per esempio una nave sul mare, o un veicolo in una piazza. Se gli assi xy giacciono nel piano del moto si ha $w_P = 0$; questo implica $w_O = \theta_x = \theta_y = 0$ in (**1.6**) in altri termini per i moti piani i gradi di libertà del corpo rigido sono solo tre: u_O, v_O, θ_z.

La trattazione dei moti piani sarà svolta immaginando che anche il corpo rigido sia piano: si tratterà dunque il caso di lastre o travi piane che si muovono nel piano xy. Ciò implica che tutta la trattazione potrà essere svolta come se la direzione z stessa non esistesse. Per questo motivo e visto che esiste un solo grado di libertà rotazionale si scriverà semplicemente $\theta = \theta_z$, omettendo il pedice z.

Senza l'asse z è impossibile usare la notazione vettoriale per le rotazioni, dunque l'espressione della roto-traslazione va esplicitata per componenti

$$u_P = -\theta\,(y_P - y_O) + u_O,$$
$$v_P = \theta\,(x_P - x_O) + v_O;$$

con ovvio siginificato dei simboli.

Essendo il moto piano, quando $\theta \neq 0$, esiste sempre un asse di rotazione fisso, che interseca il piano xy in un punto detto *centro di istantanea rotazione* o CIR. Quando $\theta \neq 0$ è immediato trovare il centro di istantanea rotazione CIR, semplicemente risolvendo per $u_{\mathrm{CIR}} = v_{\mathrm{CIR}} = 0$ il precedente sistema; si ottiene

$$x_{CIR} = -\frac{v_O}{\theta} + x_O,$$
$$y_{\mathrm{CIR}} = \frac{u_O}{\theta} + y_O;$$

l'equazione del moto diventa

$$u_P = -\theta\,(y_P - y_{\mathrm{CIR}}),$$
$$v_P = \theta\,(x_P - x_{\mathrm{CIR}}).$$

Graficamente si può osservare che il centro di rotazione si trova sulla retta per O e perpendicolare al vettore $\vec{u}_O$. In particolare se si conosce lo spostamento di due punti, il centro di rotazione può essere trovato come l'intersezione delle perpendicolari agli spostamenti.

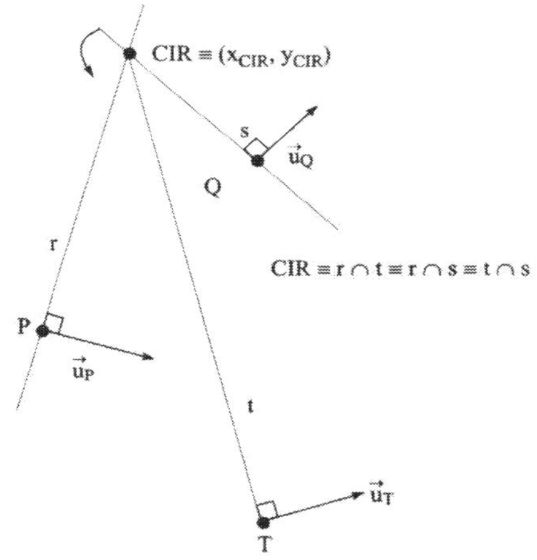

Figura 1.10 - Determinazione del centro di istantanea rotazione.

Cosa si può dire per il centro di istantanea rotazione quando il moto è di pura traslazione: $\theta = 0$? Le equazioni precedenti cadono in difetto, ed evidentemente il centro di rotazione non può essere un punto proprio perché tutti i punti del corpo rigido si spostano della stessa quantità e nessun punto è fermo.

Per evitare di dover trattare il caso della pura traslazione in modo diverso dalla roto-traslazione, è d'aiuto il concetto di punto improprio, definito in geometria proiettiva come l'intersezione di due rette complanari e parallele, vedi l'appendice 1.A. Convenzionalmente si designa come CIR di un moto di traslazione il punto improprio in direzione perpendicolare al moto stesso. Ciò per due motivi: da un lato si vuole che valga sempre la regola che il centro di rotazione è l'intersezione della perpendicolare allo spostamento di due punti qualsiasi; dall'altro il moto di pura traslazione può essere considerato il caso limite del moto di rotazione per un angolo $\theta \to 0$ intorno ad un punto a distanza $\to \infty$.

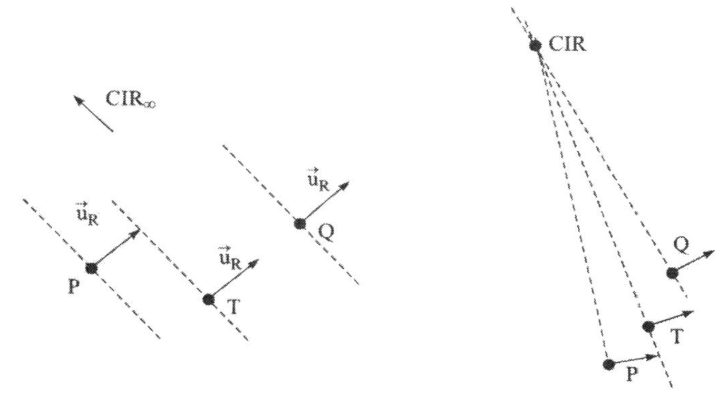

Figura 1.11 - Centro di istantanea rotazione per un moto di traslazione.

Fatta questa precisazione qualsiasi moto piano è caratterizzato da un CIR e da uno scalare. Per un CIR proprio, si ha un moto di rotazione e lo scalare è pari a θ, con $\theta > 0$ per rotazioni antiorarie; per una traslazione il CIR è un punto improprio che definisce la direzione (ma non il verso) del moto e lo scalare definisce l'ampiezza e il verso del moto. Nel caso dei moti piani, i tre gradi di libertà del corpo rigido possono essere assunti come (u_O, v_O, θ), oppure, in modo equivalente, $(x_{CIR}, y_{CIR}, \theta)$.

1.5 Vincoli piani a terra.

In generale un vincolo impone delle limitazioni al movimento di un corpo; se il vincolo è applicato a un corpo (rigido o non rigido che sia) impone una limitazione al movimento di un punto del corpo (il punto cui il vincolo è applicato). La varietà dei mezzi mediante i quali gli elementi di macchina sono parzialmente o totalmente vincolati richiede che il loro studio inizi con un'analisi cinematica, il cui primo compito consiste nel tradurre una condizione di vincolo reale in uno schema o modello di vincolo. Su questo modello si prosegue l'analisi con il considerare separatamente l'effetto dei vincoli semplici applicati in vari punti del corpo, per concludersi nello studio dell'effetto combinato di questi vincoli.

Il concetto fondamentale per modellare un vincolo è il *numero di gradi di vincolo*, o GDV. Questo è definito come il numero di condizioni linearmente indipendenti che vengono imposte al moto del corpo rigido, ed è un numero intero, che nel caso dei vincoli piani, è compreso tra uno e tre. L'effetto dei vincoli dunque è di ridurre il numero di parametri indipendenti necessari per descrivere il moto del corpo rigido vincolato. Se dunque GDL $= 3$ indica il numero di gradi di libertà del corpo rigido piano, $\mathrm{GDL}_{\mathrm{VINC}}$ il numero di gradi di libertà del corpo rigido vincolato, si avrà $\mathrm{GDL}_{\mathrm{VINC}} = \mathrm{GDL} - \mathrm{GDV} = 3 - \mathrm{GDV}$.

Dato che i GDL diminuiscono applicando un vincolo, anche la posizione del CIR del corpo vincolato non sarà più libera ma ristretta ad un particolare luogo. Un vincolo sarà dunque definito quando è dato GDV e luogo dei possibili CIR.

1.5.1 Cerniera a terra

Diverse forme reali di vincolo nelle applicazioni meccaniche possono essere tradotte in uno schema comune denominato *cerniera a terra*. Nella **Figura 1.12** se ne indicano alcuni esempi.

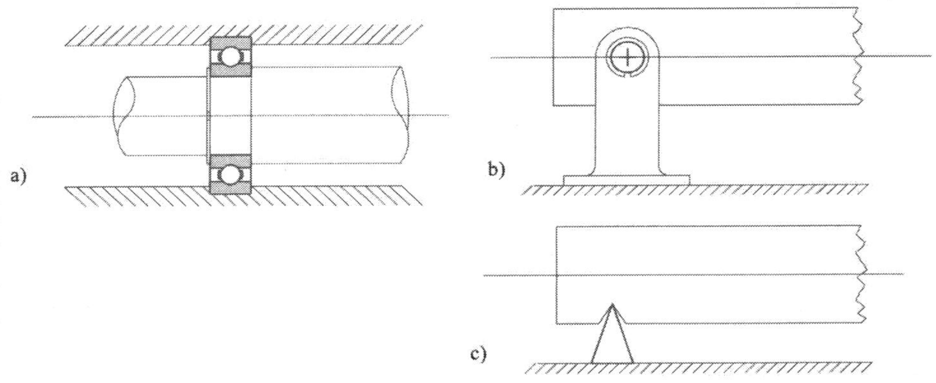

Figura 1.12 - Esempi di vincoli reali schematizzabili come cerniere: a) cuscinetto a sfere; b) perno passante; c) appoggio triangolare.

La **Figura 1.12**a rappresenta un cuscinetto a sfere che vincola un albero, che può ruotare intorno al suo asse, a un telaio fisso; nella **Figura 1.12**b il vincolo reale è costituito da un perno passante che collega una barra a un telaio di sostegno; la **Figura 1.12**c mostra una trave rettilinea sostenuta da un appoggio triangolare.

Questi e altri vincoli simili dal punto di vista cinematico possono essere tradotti nello schema *cerniera* a terra, rappresentata dal simbolo riportato nella **Figura 1.13**.

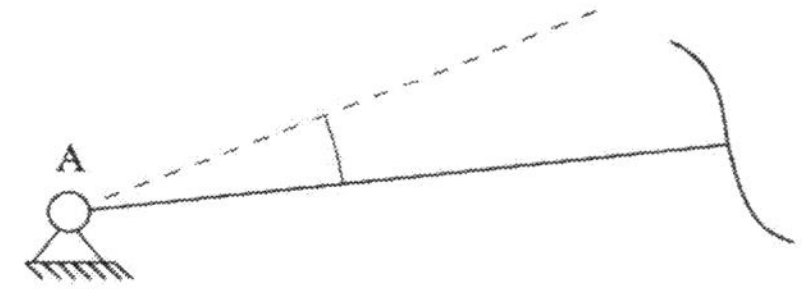

Figura 1.13 - Rappresentazione simbolica della cerniera a terra.

Una cerniera a terra vincola la posizione del punto A (quello cui la cerniera è applicata) del corpo rigido, che resta libero di ruotare intorno ad A nel piano. Il centro di istantanea rotazione del corpo rigido è quindi obbligato a coincidere con la cerniera in A.

Essa introduce due GDV e lascia un GDL.

1.5.2 Carrello a terra

Le situazioni reali della progettazione meccanica per le quali lo schema comune di rappresentazione è il cosiddetto carrello a terra sono altrettanto numerose. Nella **Figura 1.14** si possono osservare tre esempi di questo tipo.

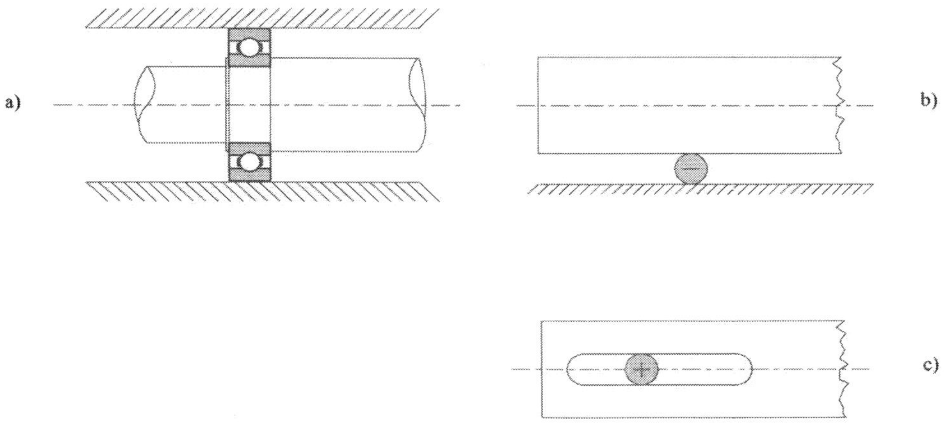

Figura 1.14 - Vincoli reali schematizzabili come carrelli: a) cuscinetto a sfere; b) appoggio su cilindro; c) cilindro in asola passante.

La **Figura 1.14**a presenta il caso di un albero vincolato a un telaio mediante un cuscinetto a sfere non bloccato al movimento assiale. Nella **Figura 1.14**b una barra appoggia su un piano mediante l'interposizione di un cilindretto libero di rotolare. La **Figura 1.14**c rappresenta il caso del vincolo a cilindretto in asola passante.

Il carrello a terra è rappresentato schematicamente dal simbolo riportato nella **Figura 1.15**.

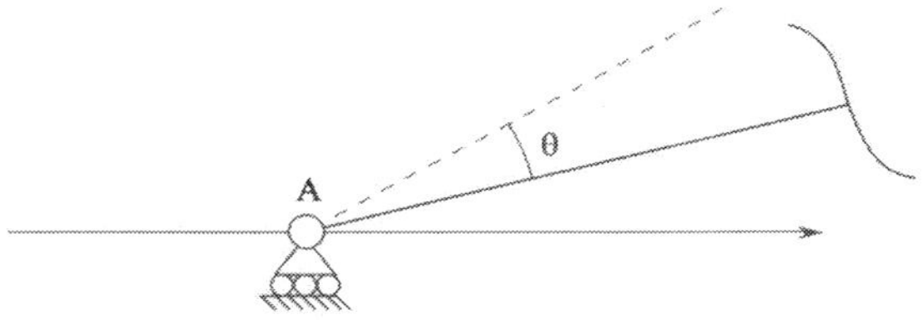

Figura 1.15 - Schema rappresentativo di un carrello.

Esso vincola un punto del corpo rigido (A di **Figura 1.15**, quello cui il carrello è applicato) a rimanere su una retta del piano lasciandolo libero sia di muoversi parallelamente alla retta sia di ruotare intorno a esso. Il centro di istantanea rotazione può essere un qualsiasi punto della retta passante per A, il centro del carrello, e normale alla sua direzione di scorrimento. Il carrello introduce un GDV e lascia due GDL. (Il carrello, quando non specificato diversamente, va inteso come un vincolo bilatero, ossia che impedisce gli spostamenti di A perpendicolari alla retta di scorrimento in entrambi i versi.)

1.5.3 Pattino a terra

Il *pattino* a terra, rappresentato schematicamente dal simbolo riportato nella **Figura 1.16**, permette al corpo rigido di muoversi solo parallelamente a una retta (di direzione x, **Figura 1.16**), impedendogli sia movimenti perpendicolari alla retta sia rotazioni nel piano. Il pattino introduce perciò due GDV lasciando un GDL.

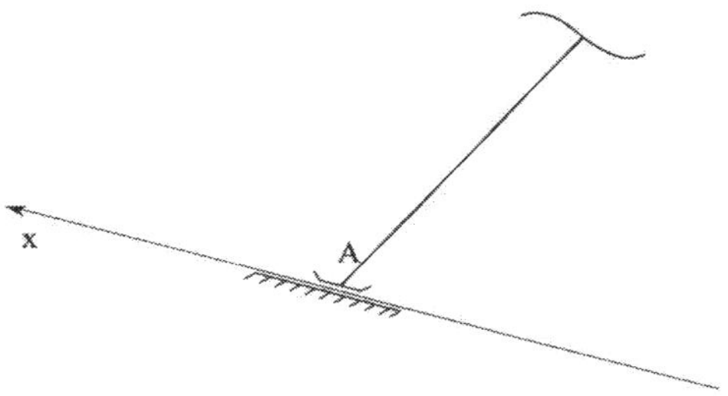

Figura 1.16 - Schema rappresentativo del pattino.

Un esempio reale di vincolo assimilabile a pattino è rappresentato nella **Figura 1.17**: una slitta A può scorrere sulla guida rettilinea B; alla slitta è vincolato mediante bulloni il corpo rigido C che così può muoversi solo parallelamente a se stesso D.

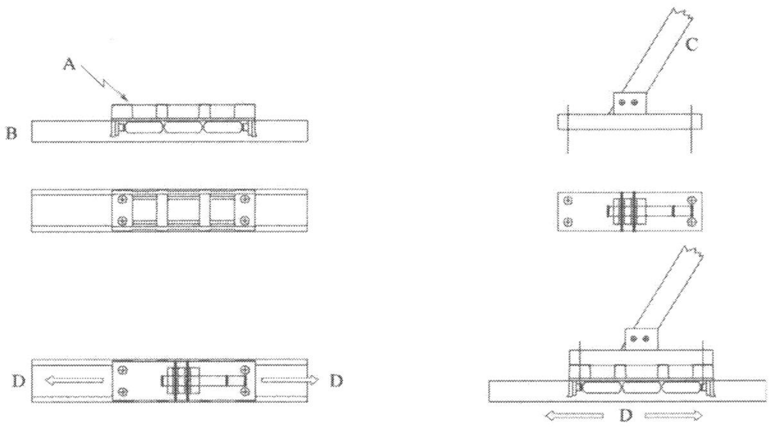

Figura 1.17 - Slitta su guida rettilinea.

1.5.4 Incastro a terra

Il vincolo di *incastro*, di cui la **Figura 1.18**a dà un esempio reale costituito da una giunzione bullonata della mensola A con la parete B, è rappresentato schematicamente dal simbolo riportato nella **Figura 1.18**b; esso vincola completamente un corpo rigido; introduce cioè 3 GDV e annulla qualsiasi GDL.

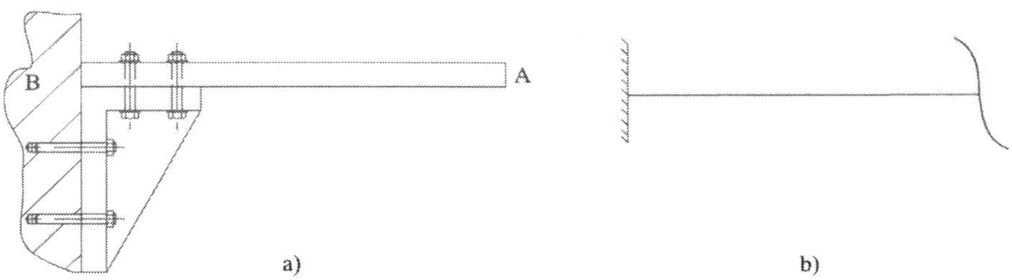

Figura 1.18 - Vincolo d'incastro a terra.

1.5.5 Combinazioni di vincoli

A un corpo rigido può essere applicata una combinazione di vincoli semplici in diversi suoi punti. Tenendo presente i GDV introdotti da ciascuno e sovrapponendo le varie limitazioni al movimento è possibile procedere all'analisi cinematica del corpo rigido. Il risultato dell'analisi permette di classificare in categorie generali la condizione di vincolo del corpo rigido.

Se un corpo rigido è vincolato con N vincoli e ciascuno di essi separatamente introduce GDV_i gradi di vincolo, i gradi di vincolo totali efficaci introdotti saranno

$$\mathrm{GDV}_{\mathrm{eff}} \leq \sum_{i=1}^{N} \mathrm{GDV}_i .$$

Nell'espressione precedente vale il simbolo di eguaglianza se i vincoli sono linearmente indipendenti, la disguaglianza se uno o più dei vincoli è linearmente dipendente dagli altri.

Un vincolo è linearmente dipendente da una combinazione di altri vincoli quando va a bloccare una componente di spostamento già impedita dagli altri vincoli. Da un punto di vista algebrico ciò significa una dipendenza lineare delle equazioni di vincolo. Chiariamo il punto con un esempio semplice. Siano (u_O, v_O, θ) i GDL di un corpo rigido con $O \equiv (0,0)$ **Figura 1.19**. Se applico un carrello che vincola $u_A = 0$ con $A \equiv (0, l)$, l'equazione di vincolo è

$$u_A = -\theta(y_A - y_O) + u_O = -\theta \cdot l + u_O = 0.$$

Se applico un secondo carrello con $u_B = 0$ e $B \equiv (l, l)$, l'equazione di vincolo è

$$u_B = -\theta(y_B - y_O) + u_O = -\theta \cdot l + u_O = 0.$$

Le due equazioni sono evidentemente identiche e valgono come una sola, dunque $\mathrm{GDV}_{\mathrm{eff}} = 1 < \sum_{i=1}^{2} \mathrm{GDV}_i = 2$.

Come procedimento generale è sempre possibile calcolare per via algebrica i $\mathrm{GDV}_{\mathrm{eff}}$ scrivendo le equazioni di vincolo e determinando il numero di equazioni linearmente indipendenti. Questa via non verrà però seguita in questo testo perché si preferisce un approccio grafico.

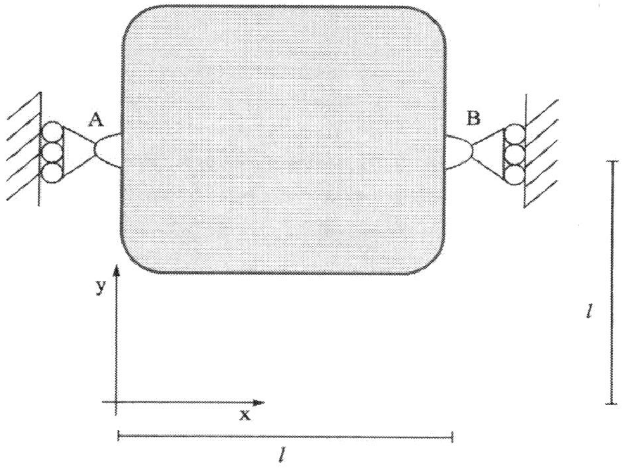

Figura 1.19 - Esempio di vincoli linearmente dipendenti.

I gradi di libertà del corpo vincolato saranno

$$\mathrm{GDL_{vinc}} = \mathrm{GDL} - \mathrm{GDV_{eff}} = 3 - \mathrm{GDV_{eff}}.$$

Vale $1 \leq \mathrm{GDV_{eff}} \leq 3$, dato che i gradi di libertà non possono essere negativi.

A seconda di $\mathrm{GDV_{eff}}$ (gradi di vincolo efficaci o linearmente indipendenti) e $\sum_{i=1}^{N} \mathrm{GDV_i}$ (gradi di vincolo totali che brevità scriveremo $\sum \mathrm{GDV}$) il vincolamento viene classificato come segue:

$$\begin{cases} \textit{labile} & \mathrm{GDV_{eff}} < 3 & \mathrm{GDV_{eff}} < \sum \mathrm{GDV} \\ \textit{ipo}\text{statico} & \mathrm{GDV_{eff}} < 3 & \mathrm{GDV_{eff}} = \sum \mathrm{GDV} \\ \textit{iso}\text{statico} & \mathrm{GDV_{eff}} = 3 & \mathrm{GDV_{eff}} = \sum \mathrm{GDV} \\ \textit{iper}\text{statico} & \mathrm{GDV_{eff}} = 3 & \mathrm{GDV_{eff}} < \sum \mathrm{GDV} \end{cases} \qquad (1.8)$$

Da questa tabella si evince che i casi labile ed ipostatico sono quelli di corpi rigidi mobili ($\mathrm{GDL_{vinc}} > 0$), quello isostatico ed iperstatico di corpi fissi ($\mathrm{GDL_{vinc}} = 0$). I casi ipostatico e isostatico sono quelli di vincoli tutti efficaci ($\mathrm{GDV_{eff}} = \sum \mathrm{GDV}_i$) mentre quello labile e iperstatico presentano alcuni vincoli linearmente dipendenti dagli altri ($\mathrm{GDV_{eff}} < \sum \mathrm{GDV}_i$).

È sicuramente prematuro proporre una discussione critica dei vari tipi di vincolamento, tuttavia possiamo far valere un principio di economia: per i corpi rigidi mobili è da preferire un vincolamento ipostatico, per quelli fissi un vincolamento isostatico in quanto così facendo non si "sprecano" vincoli in quanto sono tutti efficaci a ridurre i GDL del corpo rigido. Il vincolamento iperstatico è da scegliere quando si vuole introdurre una "riserva statica", nel senso che la rottura di un vincolo non causa la mobilità della struttura, come avviene nel caso isostatico. Il caso labile è quasi sempre patologico e va evitato.

Schema di analisi cinematica

Mentre calcolare $\sum \mathrm{GDV}$ è immediato, determinare $\mathrm{GDV_{eff}}$ può essere meno semplice. Per questo motivo l'analisi cinematica di una corpo rigido vincolato si esegue normalmente come segue.

1. Analizzare i vincoli e calcolare $\sum \mathrm{GDV}$.
2. Dare una prima classificazione di tentativo in
   - ipostatico ($\sum \mathrm{GDV} < 3$),
   - isosotatico ($\sum \mathrm{GDV} = 3$),
   - iperstatico ($\sum \mathrm{GDV} > 3$).
3. Verificare se è presente labilità; in assenza di labilità è confermata la classificazione di tentativo. Si presentano due casi.
   - Verificare che le strutture candidate ad essere isostatiche o iperstatiche ($\sum \mathrm{GDV} \geq 3$) non possono muoversi; in caso contrario si ha labilità.
   - Verificare che le strutture candidate ad essere ipostatiche hanno un numero di gradi di libertà pari a $3 - \sum \mathrm{GDV}$. Se i gradi di libertà reali sono in numero maggiore si ha labilità.

È facile verificare che queste regole coincidono con lo schema proposto più sopra. Questo modo di condurre l'analisi cinematica conferma la natura "patologica" della labilità, che si presenta eccezione alla classificazione di tentativo basata solo su $\sum \mathrm{GDV}$.

È necessario precisare che la classificazione del vincolamento presentata non è universalmente adottata. La principale differenza è legata al concetto di "labilità", che qui è presentata come una quarta classe, chiaramente distinta dalle tre ipo-, iso- e iper-statica. Su alcuni testi invece si definiscono solo queste tre classi principali, rispetto alla condizione $\sum \mathrm{GDV} \lesseqgtr 3$. Se poi è presente la possibilità di movimento quando non ci dovrebbe essere si dice che la struttura è "isostatica e labile", "iperstatica e labile", introducendo di fatto 5 classi di vincolo: ipostatica, isostatica non labile, isostatica labile, iperstatica non labile, iperstatica labile. Spesso non si discute nemmeno il caso della labilità in strutture con $\sum \mathrm{GDV} < 3$, che pure può verificarsi, introducendo perciò una sesta classe di vincoli.

Scegliere il nome da dare ad un tipo di vincolamento è solo una questione di nomenclatura: in questo testo si è preferita la classificazione in quattro casi perché coglie in modo essenziale le proprietà del vincolamento. Ciò è illustrato dalla seguente tabella.

	$\mathrm{GDV_{eff}} = \mathrm{GDL}$	$\mathrm{GDV_{eff}} < \mathrm{GDL}$
$\mathrm{GDV_{eff}} = \sum \mathrm{GDV}$	isostatico	ipostatico
$\mathrm{GDV_{eff}} < \sum \mathrm{GDV}$	iperstatico	labile

La prima colonna è quella dei corpi rigidi fissi, la seconda di quelli mobili; la prima riga è quella dei vincoli indipendenti, la seconda dei vincoli "che si ripetono". Aumentare il numero delle classi rispetto a queste quattro introduce delle distinzioni irrilevanti dal punto di vista del comportamento cinematico del corpo rigido.

Esempio svolto 1.1

Nella **Figura 1.20**a il corpo schematizzato dall'asta AB è vincolato da una cerniera in A, che introduce due GDV, e da un carrello in B, che ne introduce uno.

Nella Figura **Figura 1.20**b è illustrato il caso di una mensola con incastro in A che applica tre GDV.

Figura 1.20 - Esempi di corpi isostatici.

Il verdetto dell'analisi cinematica in termini di bilancio, $\Sigma\mathrm{GDV} = 3$, non è però sufficiente a verificare l'assenza di ogni movimento.

Asta rigida vincolata con tre carrelli.

In a) il bilancio cinematico: $3 = \mathrm{GDL} = 3\Sigma\mathrm{GDV}$, condizione isostatica, i vincoli sono malposti; il corpo rigido ABC può traslare lungo x, perché le tre rette dei possibili CIR per i tre carrelli convergono nel punto all'infinito in direzione parallela a y si ha perciò $\mathrm{GDV_{eff}} = 2$, $\mathrm{GDL_{vinc}} = 1$. Nel caso b), invece, in cui le rette non convergono in un solo punto, lo spostamento lungo x risulta impedito.

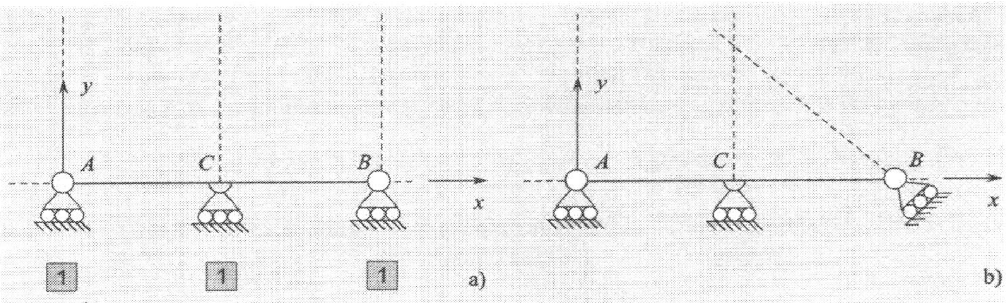

Figura 1.21 - a) labilità; b) condizioni isostatiche corrette.

Esempio svolto 1.2

Corpo rigido ipostatico

Nella **Figura 1.22** si può osservare il caso di un sistema di vincolo a doppio carrello (ΣGDV = 2) che lascia un grado di libertà al corpo *AB*. In particolare, l'asta rigida *AB* è vincolata con due carrelli di estremità. Quello in *A*, che ha il piano di scorrimento orizzontale, impone che il centro di istantanea rotazione di *AB* stia sulla retta *OA* normale al piano di scorrimento di *A*, quello in *B*, invece, impone che il CIR stia sulla retta *OB*. Sovrapponendo i due vincoli, all'asta *AB* resta una possibilità di rotazione intorno al punto di intersezione *O*.

I due spostamenti S_A e S_B, che risultano dalla rotazione intorno a *O* sono compatibili con i due vincoli.

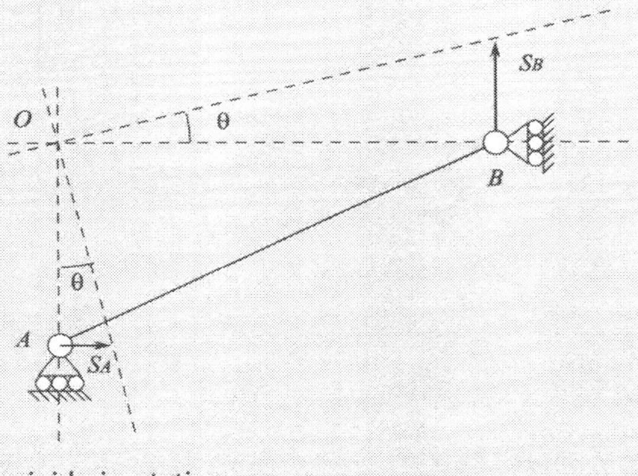

Figura 1.22 - Corpo rigido ipostatico.

Esempio svolto 1.3

Corpo rigido iperstatico

Per esempio nella **Figura 1.23** l'incastro in *A* produce 3GDV, il carrello in *B* un altro GDV.

Figura 1.23 - Corpo rigido iperstatico.

Esempio svolto 1.4

Condizioni di labilità

Consideriamo, per esempio, prima la condizione di **Figura 1.20**a; in questo caso, pensando per un momento di sopprimere il carrello in B, l'asta potrebbe ruotare intorno alla cerniera in A. Ciò produrrebbe in B uno spostamento in direzione perpendicolare all'asta AB, ma questo spostamento è impedito dal ripristino del carrello in B, che consente solo spostamenti paralleli ad AB.

Passando ora alla situazione di **Figura 1.24**a, nella quale il piano di scorrimento del carrello non è più parallelo all'asta e immaginando sempre di sopprimere il carrello, si troverebbe in B uno spostamento diretto come la normale all'asta. Conviene ora scomporre detto spostamento δ_B lungo le direzioni tangente e normale al piano di scorrimento. Tra queste due componenti quella normale δ_{Bn} è impedita dal ripristino del carrello in B, quella tangente δ_{Bt} sarebbe invece permessa. Essendo però le due componenti di un unico spostamento, l'annullarsi di una componente impone l'annullamento dello spostamento δ_B.

Nel caso di **Figura 1.24**b dove si trova la condizione limite di piano di scorrimento normale all'asta, il piccolo spostamento concesso dalla rotazione intorno ad A in assenza del carrello, non viene impedito dal ripristino del carrello stesso. È questa una condizione di labilità.

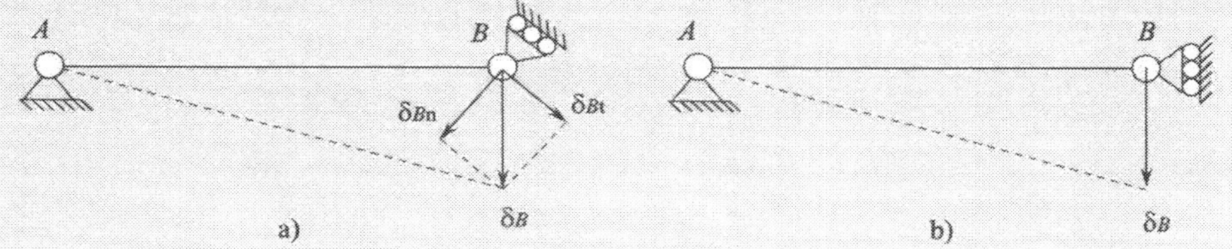

Figura 1.24 - a) condizione di vincolo isostatico; b) condizione di vincolo labile.

Esempio svolto 1.5

Asta rigida vincolata con pattino e carrello

Nel caso a) il bilancio cinematico è $\Sigma GDV = 3$, però il corpo AB può traslare parallelamente a y, quindi si ha labilità. Se il piano di scorrimento del carrello fosse ruotato, come in b, lo spostamento parallelo a y sarebbe impedito.

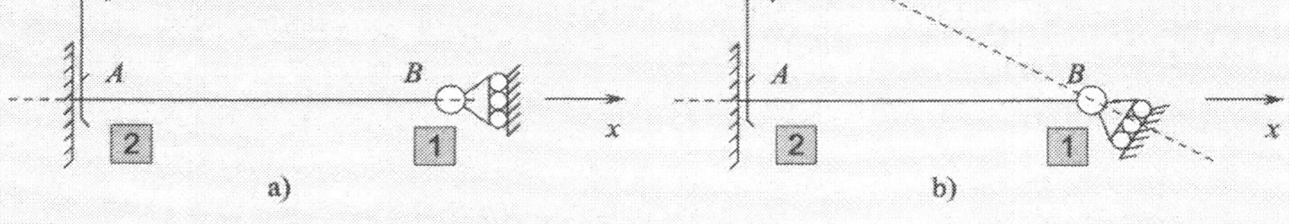

Figura 1.25 - a) labilità; b) condizioni isostatiche corrette.

Esempio svolto 1.6

Asta rigida vincolata con tre carrelli

Studiare le condizioni di vincolo delle struttura rappresentata nella **Figura 1.26** e dire per quali giacitura dei piani di scorrimento dei carrelli A e B i vincoli risultano malposti.

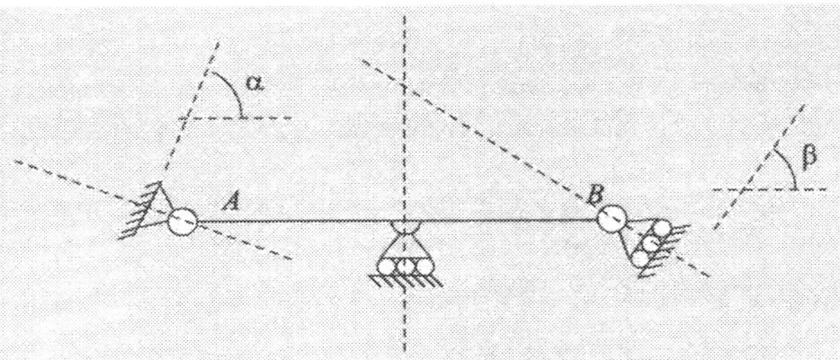

Figura 1.26 - Corpo rigido vincolato con tre carrelli.

Quando le tre rette caratteristiche per i CIR dei carrelli convergono in un solo punto, per esempio come nella **Figura 1.27** si ha labilità.

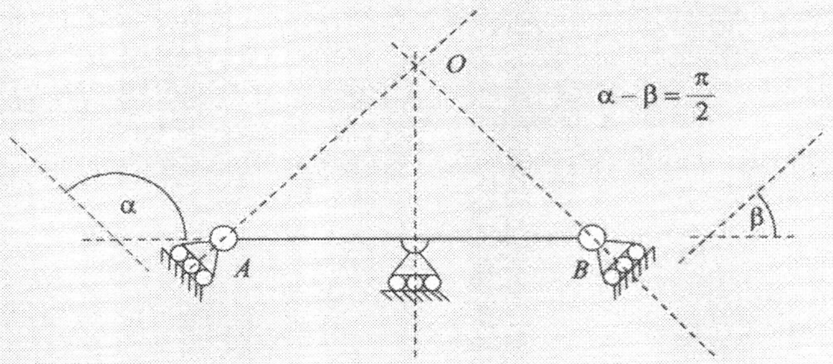

Figura 1.27 -

Esempio svolto 1.7

Il corpo rigido AB, ad asse non rettilineo, è vincolato con una cerniera in A e un carrello in B: la retta di possibili CIR del carrello è diretta come BO e non contiene il centro della cerniera A. La condizione di vincolo non è labile.

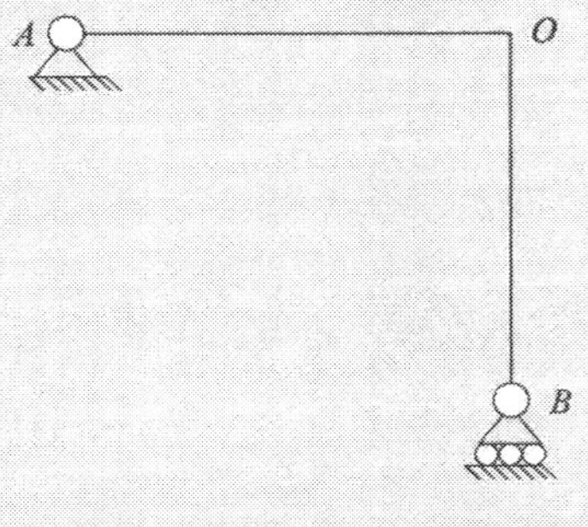

Figura 1.28 -

Esempio svolto 1.8

Studiare le condizioni di vincolo della struttura rappresentata in **Figura 1.29**.

Il corpo rigido AB, ad asse non rettilineo, è vincolato con una cerniera in A e un carrello in B; la retta dei possibili CIR del carrello B non contiene il centro della cerniera A. La condizione di vincolo non è labile.

Figura 1.29 -

Esempio svolto 1.9

Studiare le condizioni di vincolo della struttura rappresentata in **Figura 1.30**.

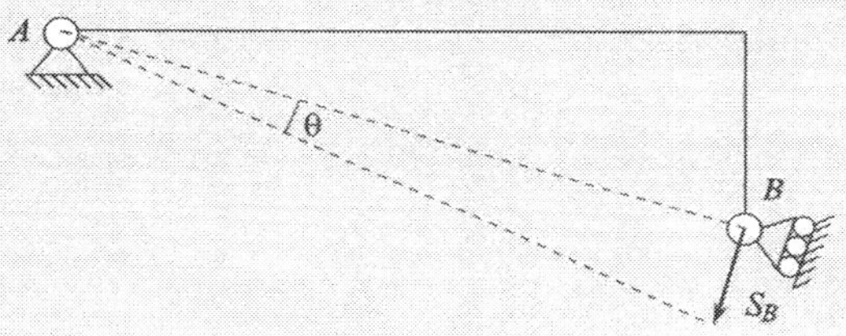

Figura 1.30 - ΣGDV = GDL labile.

Il corpo rigido AB è vincolato con cerniera in A e carrello in B. Qui la retta dei possibili CIR del carrello B contiene A; quindi questa situazione è labile perché sono permessi spostamenti infinitesimi S_B.

Esempio svolto 1.10

Studiare le condizioni di vincolo della struttura rappresentata in **Figura 1.31**.

Figura 1.31 - ΣGDV = GDL labile.

Le rette dei possibili CIR dei tre carrelli convergono in un solo punto, B; la condizione è perciò labile.

1.6 Insiemi di corpi rigidi

Così come nel caso di un singolo organo meccanico, considerato come corpo rigido, anche per un insieme di organi mutuamente collegati il primo compito dell'analisi cinematica consiste nel tradurre le condizioni di vincolo reali in schemi o modelli di vincolo. Nella **Figura 1.32** è riportato l'esempio di un argano rappresentato in modo realistico in una vista ortogonale e in due schemi che lo rappresentano come un insieme di aste rigide collegate da modelli ideali di vincolo.

L'insieme di più corpi rigidi fra loro collegati può essere classificato, con criteri analoghi a quelli usati per un solo corpo rigido, nelle quattro categorie: sistema isostatico, ipostatico, iperstatico e labile. Quando il sistema è isostatico o iperstatico prende il nome di struttura (la combinazione dei vincoli è tale da impedire qualsiasi movimento). Quando il sistema è ipostatico, ossia quando la combinazione di vincoli è tale da consentire moti relativi tra i corpi rigidi costituenti il sistema, si parla di meccanismo o manipolatore.

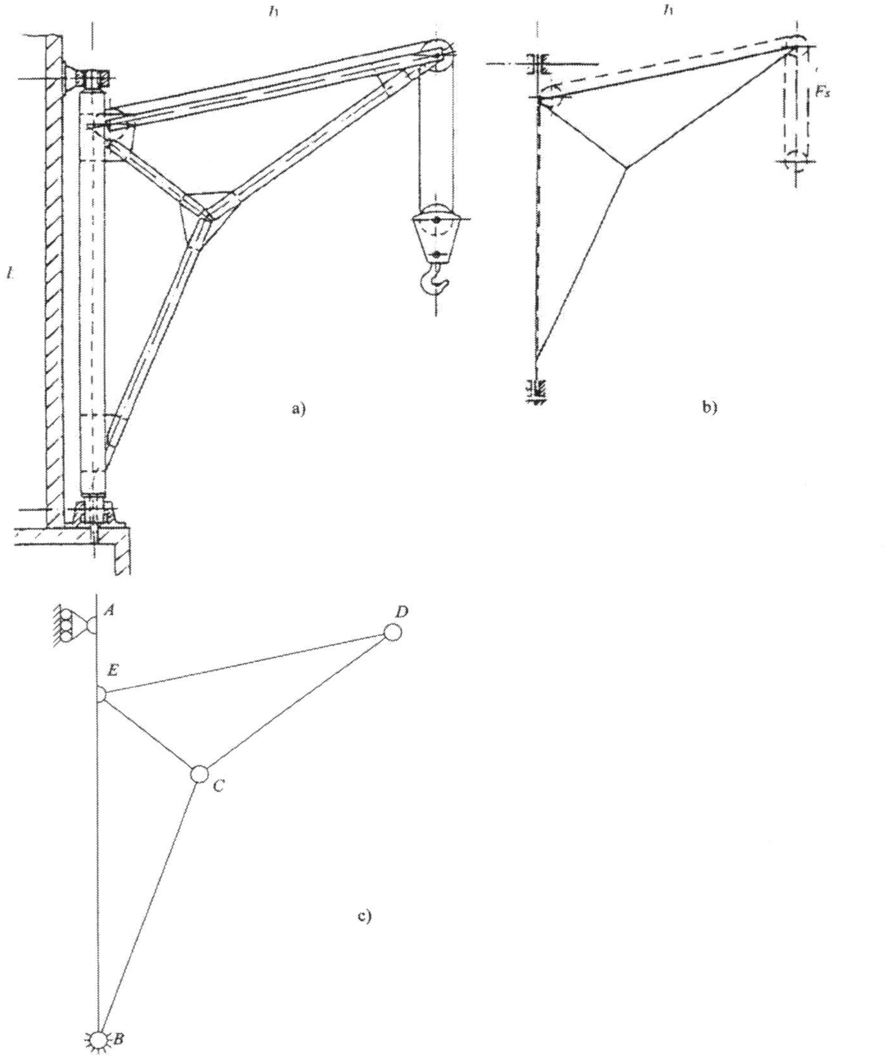

Figura 1.32 - Schema di calcolo di un argano; a) struttura reale; b) modello; c) modello semplificato (5 corpi rigidi).

Per poter classificare i sistemi di corpi rigidi è necessario procedere all'analisi cinematica del sistema, ossia studiarne i gradi di libertà e quelli di vincolo; iniziando con il rappresentare in uno schema le modalità di collegamento tra i corpi costituenti il sistema per poi analizzare per ogni collegamento i gradi di vincolo introdotti.

Nei sistemi di più corpi rigidi andremo a riconoscere i vincoli semplici a terra già introdotti nel paragrafo precedente, e i vincoli interni tra due o più corpi rigidi. I vincoli interni limitano il moto relativo di singoli punti dei corpi rigidi, e sono classificati in modo simile ai vincoli a terra, in termini di GDV e posizione del centro di istantanea rotazione relativo tra due corpi rigidi. Quest'ultimo è definito come il cento di rotazione di un corpo rispetto ad un sistema di riferimento solidale con l'altro corpo.

Se si hanno M corpi rigidi, i GDL del sistema non vincolato saranno evidentemente $3 \cdot M$. Anche in questo caso è necessario calcolare i gradi di vincolo totali $\sum_{i=1}^{N} \mathrm{GDV}_i$ e quelli linearmente indipendenti $\mathrm{GDV}_{\mathrm{eff}}$. L'analisi cinematica poi procede come nel caso del singolo corpo rigido, semplicemente tenendo conto che i GDL sono $3 \cdot M$ e non solo 3.

1.6.1 Cerniera mobile con *M* corpi rigidi

Supponendo che M corpi siano collegati da una cerniera mobile, così definita perché può occupare qualsiasi posizione del piano, il calcolo dei gradi di vincolo imposti procede secondo il seguente schema:

$$\text{GDL degli } M \text{ corpi liberi} = 3 \cdot M$$
$$\text{GDL residui} = 2 + M$$

I GDL residui delle aste vincolate sono le due coordinate della cerniera più gli M angoli di rotazione dei corpi $= 2 + M$

$$\mathrm{GDV} = 3 \cdot M - M - 2 = 2 \cdot (M - 1) \text{ differenza tra GDL originari e } \mathrm{GDL}_{\mathrm{vinc}} \text{ residui}$$

Nella **Figura 1.33** si può osservare una sua realizzazione pratica con $M = 3$.

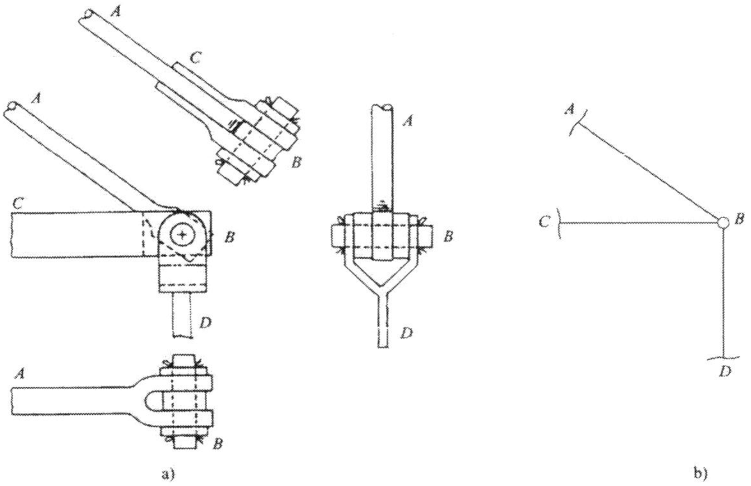

Figura 1.33 - Cerniera mobile con tre corpi collegati: a) esempio di cerniera mobile reale con $n = 3$; b) schema di cerniera mobile con $M = 3$.

1.6.2 Cerniera a terra con *M* corpi rigidi

Nello schema della **Figura 1.34** il calcolo dei gradi di vincolo introdotti si esegue con la seguente procedura:

GDL degli M corpi liberi: $3 \cdot M$

GDL residui: M — Gli M angoli θ di rotazione dei corpi

$\text{GdV} = 3 \cdot M - M = 2 \cdot M$

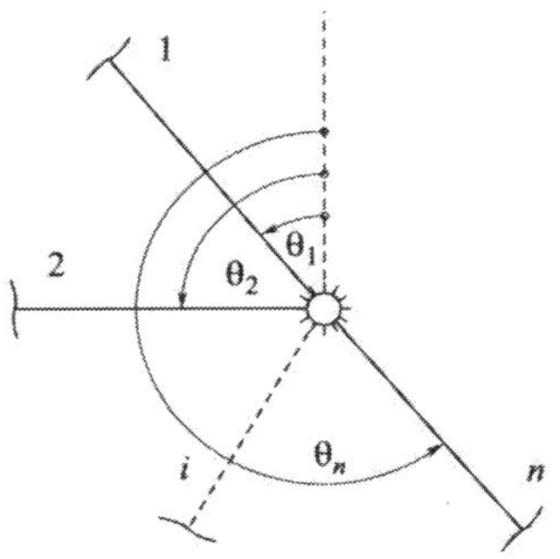

Figura 1.34 - Cerniera a terra con *M* corpi collegati.

1.6.3 Carrello a terra con *M* corpi rigidi

GDL degli M corpi liberi: $3 \cdot M$

GDL residui $= 1 + M$ — La coordinata del carrello lungo il piano di traslazione più gli M angoli di rotazione dei corpi

$\text{GDV} = 3 \cdot M - M - 1 = 2 \cdot M - 1$

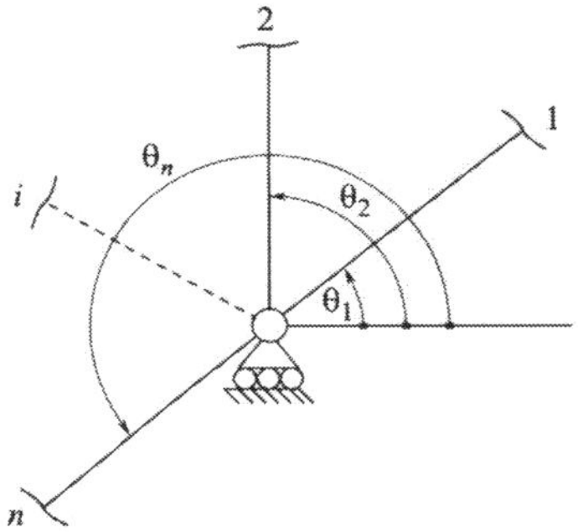

Figura 1.35 - Carrello a terra con *M* corpi rigidi collegati.

1.6.4 Esempi di vincolamento non labile

Si presentano di seguito una serie di esempi nei quali non è presente labilità. (L'analisi cinematica può essere condotta utilizzando solo la condizione $\sum \text{GDV} \lesseqqgtr 3 \cdot M$, con M numero dei corpi rigidi.)

Esempio svolto 1.11

Sistema biella-manovella

L'insieme di **Figura 1.36** è costituito da due corpi rigidi, vincolati tra loro da una cerniera mobile in B e a terra uno con una cerniera in C, l'altro con un carrello in A.

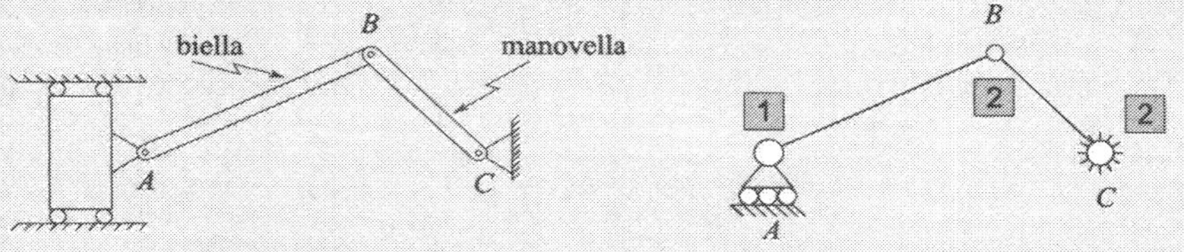

Figura 1.36 - Analisi cinematica di un insieme biella-manovella.

Soluzione

1º La cerniera a terra C corrisponde a due gradi di vincolo ($GDV_C = 2$)
La cerniera B è del tipo mobile nel piano e collega i due corpi rigidi. Per valutare i gradi di vincolo da questa introdotti basta riprendere la formula generale di questo vincolo sostituendo a n il numero di corpi rigidi che vi convergono, che qui è 2: ($GDV_B = 2$).
Il carrello a terra in A introduce un grado di vincolo ($GDV_A = 1$).

2º La somma dei gradi di vincolo in questo caso risulta: $GDV = 2 + 2 + 1 = 5$.

3º Essendo l'insieme costituito da due corpi rigidi, i gradi di libertà dei corpi immaginati liberi, sono: $GDL = 2 \times 3 = 6$.

4º Il bilancio finale risulta: $GDL - GDV = 1$.

Si tratta di un insieme di corpi rigidi 1 volta ipostatico.

Esempio svolto 1.12

Arco a tre cerniere

L'insieme di **Figura 1.37** è costituito da due corpi rigidi; tutti i vincoli sono cerniere, di cui una mobile in B, due a terra A e C.

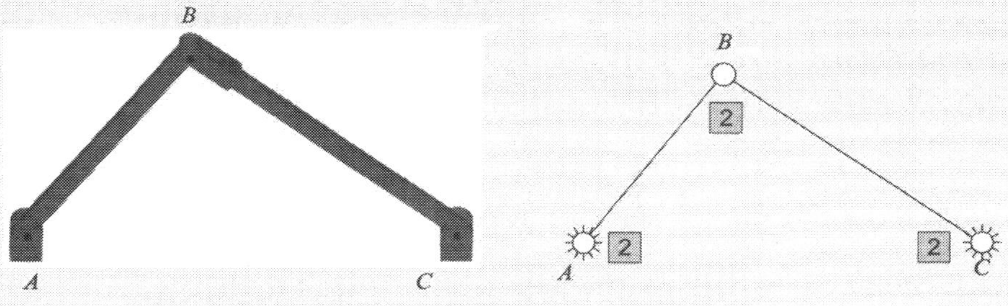

Figura 1.37 - Analisi cinematica di un arco a tre cerniere.

Soluzione

1º La cerniera a terra C corrisponde a due gradi di vincolo ($GDV_C = 2$)
La cerniera B è del tipo mobile nel piano e collega i due corpi rigidi. Per valutare i gradi di vincolo da questa introdotti basta riprendere la formula generale di questo vincolo sostituendo a n il numero di corpi rigidi che vi convergono, che qui è 2: ($GDV_B = 2$).
La cerniera a terra in A introduce due gradi di vincolo ($GDV_A = 2$).

2º La somma dei gradi di vincolo in questo caso risulta: GDV = 2 + 2 + 2 = 6.
3º Essendo l'insieme costituito da due corpi rigidi, i gradi di libertà dei corpi immaginati liberi, sono: GDL = 2 × 3 = 6.
4º Il bilancio finale risulta: GDL − GDV = 0.

Si tratta di un insieme ipostatico di corpi rigidi.

Esempio svolto 1.13

L'insieme di **Figura 1.38** è costituito da cinque corpi rigidi collegati tra loro e a terra con i vincoli che si vedono nello schema.

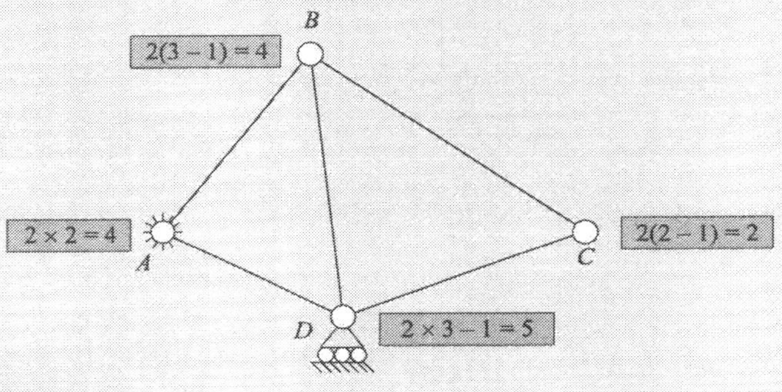

Figura 1.38 - Analisi cinematica di un insieme composto da 5 aste.

Soluzione

1º La cerniera a terra A nella quale convergono due corpi rigidi, introduce quattro gradi di vincolo ($GDV_A = 2 \times n = 2 \times 2 = 4$)
La cerniera B è del tipo mobile nel piano e collega tre corpi rigidi. I gradi di vincolo da questa introdotti sono ($GDV_B = 2 \times (n - 1) = 2 \times (3 - 1) = 4$).
La cerniera mobile in C collega due corpi rigidi e introduce ($GDV_C = 2 \times (n - 1) = 2 \times (2 - 1) = 2$).
Il carrello a terra D, nel quale convergono 3 corpi rigidi, introduce ($GDV_D = 2 \times n - 1 = 2 \times 3 - 1 = 5$)
2º La somma dei gradi di vincolo in questo caso risulta: GDV = 4 + 4 + 2 + 5 = 15.
3º Essendo l'insieme costituito da cinque corpi rigidi, i gradi di libertà dei corpi immaginati liberi, sono: GDL = 5 × 3 = 15.
4º Il bilancio finale risulta: GDL − GDV = 0.

Si tratta di un insieme ipostatico di corpi rigidi.

1.6.5 Esempi di vincolamento labile

Esempio svolto 1.14

In **Figura 1.39**, è rappresentato un "arco a tre cerniere" con le cerniere allineate lungo una retta.

In questa situazione il bilancio cinematico conduce a condizioni di isostaticità. Consideriamo però gli spostamenti consentiti alla cerniera centrale (C), dal distacco dell'asta di sinistra, prima (a), dell'asta di destra poi (b); questi spostamenti sono il risultato di due rotazioni: la prima, di CB, intorno alla cerniera B, la seconda, di AC, intorno alla cerniera A. Le due rotazioni producono, in C, componenti di spostamento infinitesime uguali, che non sono perciò impedite dal ripristino del collegamento in C.

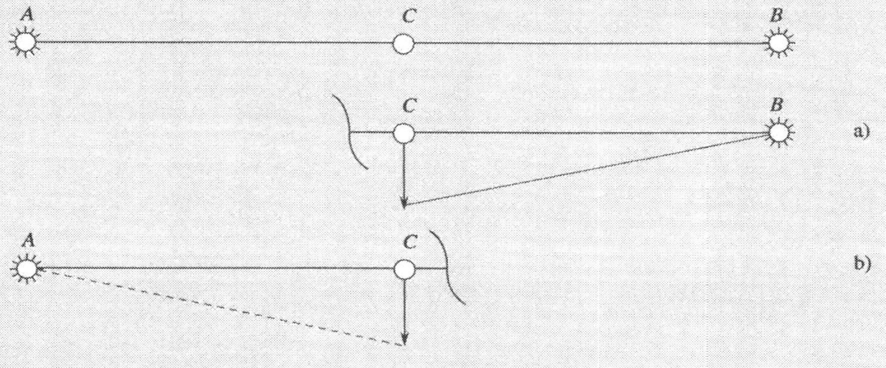

Figura 1.39 - Arco a tre cerniere allineate, insieme labile.

Esempio svolto 1.15

Eseguendo il calcolo risulta che GDL e GDV sono uguali, infatti GDL = 12 e GDV = 12, ma i vincoli sono mal posizionati, infatti il sistema si può muovere, come illustrato in **Figura 1.40**b.

Ciò capita perché i vincoli sono abbondanti sull'asta DC (che è una volta iperstatica) e scarsi sull'anello chiuso ABC (che è isostatico al suo interno ma ipostatico verso terra).

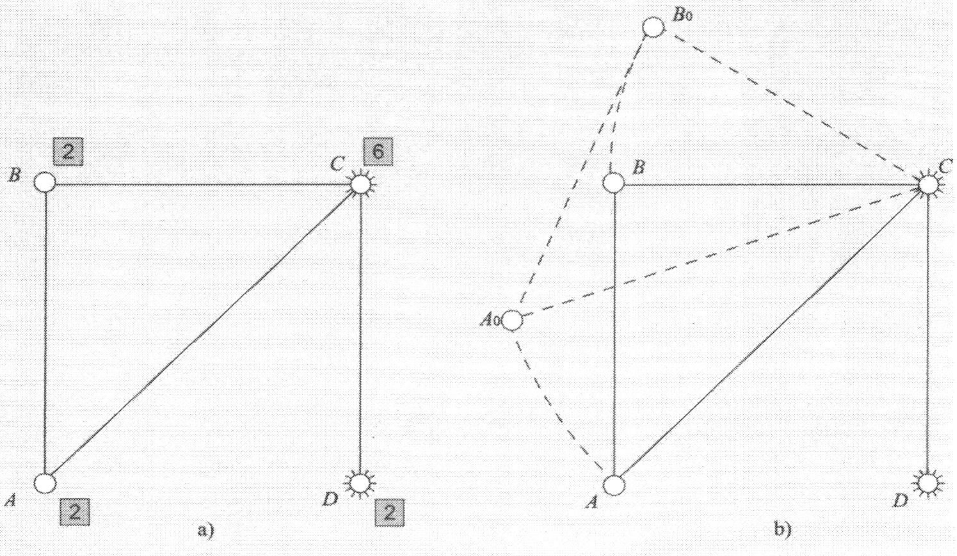

Figura 1.40 - Sistema labile.

1.7 Esempi applicativi

In quest'ultimo paragrafo si mostrano alcuni esempi utili per imparare a tradurre delle condizioni di vincolo quali possono incontrarsi realmente e schemi di vincolo che ne interpretano il comportamento cinematico.

Esempio svolto 1.16

Analisi cinematica di un innesto a frizione

Lo schema cinematico dell'elemento di macchina della **Figura 1.41**a è riprodotto nella **Figura 1.41**b.

Nello schema la cerniera A' rappresenta il vincolo del perno A, i carrelli B' e C' i collegamenti B e C e il carrello interno D' il vincolo mutuo reale D. La forza d'azionamento che agisce sul pedale è $\mathbf{F}$.

Il calcolo cinematico dà:

$$\text{GDL} = 2 \times 3 = 6$$
$$\Sigma\text{GDV} = 2 + 1 + 1 + 1 = 5$$

e porta a concludere che siamo in una condizione 1 volta ipostatica.

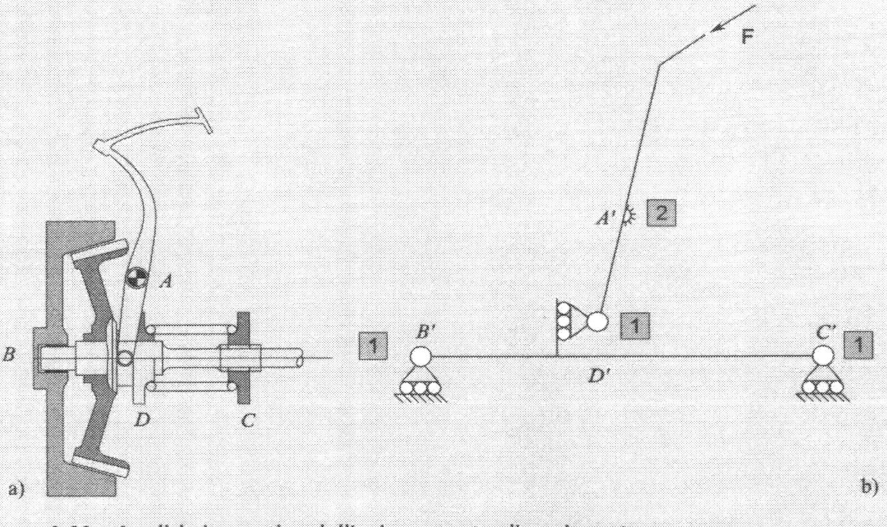

Figura 1.41 - Analisi cinematica dell'azionamento di un innesto.

Esempio svolto 1.17

Analisi cinematica di una pinza sollevatrice

Nella **Figura 1.42**a è rappresentato un sistema elevatore di una massa M costituito da una pinza che sostiene la massa nei punti F e G.

Nella **Figura 1.42**b è riprodotto lo schema cinematico a 4 corpi rigidi collegati tra loro e a terra con cerniere. Il calcolo cinematico dà:

$$\text{GDL} = 4 \times 3 = 12$$
$$\Sigma\text{GDV} = 2 \times 6 = 12$$

e porta a concludere che siamo in una situazione isostatica.

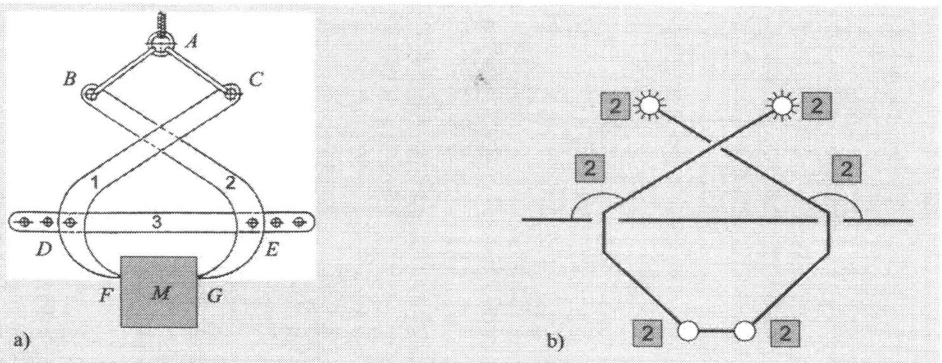

Figura 1.42 - a) pinza elevatrice; b) schema cinematico.

Esempio svolto 1.18

Analisi cinematica di sistema elevatore a pinza

La **Figura 1.43**a dà una rappresentazione realistica del sistema: il corpo 4 deve essere sollevato dalla pinza centrale che preme con i coltelli 2 e 3 sul corpo da sollevare.

Nella **Figura 1.43**b è riprodotto lo schema cinematico a 4 corpi rigidi. Il calcolo cinematico dà:

$$\text{GDL} = 4 \times 3 = 12$$
$$\Sigma\text{GDV} = 5 \times 2 + 1 + 1 = 12$$

e porta a concludere che siamo in una situazione isostatica.

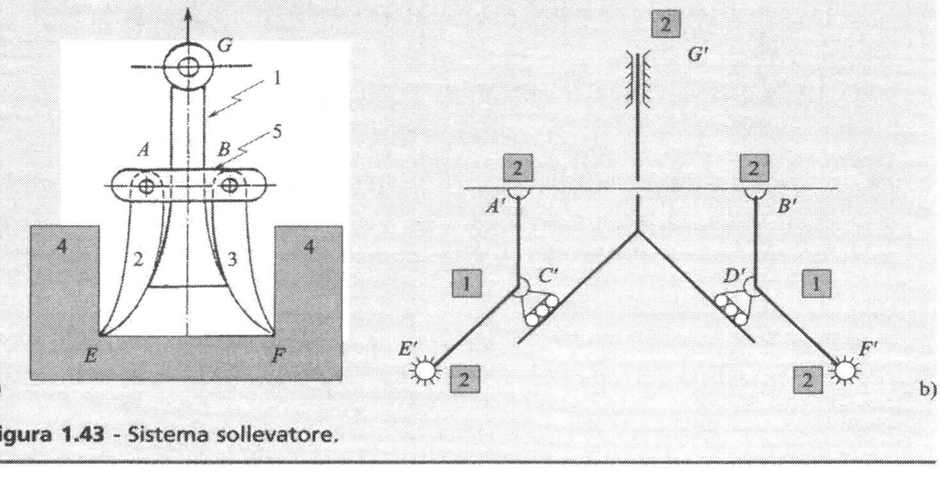

Figura 1.43 - Sistema sollevatore.

Esempio svolto 1.19

Analisi cinematica di una pressa

La **Figura 1.44**a rappresenta una pressa per deformazione plastica di materiale posto tra il punzone 5 e la base 6. La forza di comando è applicata al pistone 1 che può scorrere nel cilindro 2.

Nella **Figura 1.44**b è riprodotto lo schema cinematico a 4 corpi rigidi. Il calcolo cinematico porta a concludere che ci troviamo in una condizione 1 volta ipostatica:

$$GDL = 4 \times 3 = 12$$
$$\Sigma GDV = 4 + 1 + 1 + 1 + 2 + 2 = 11$$

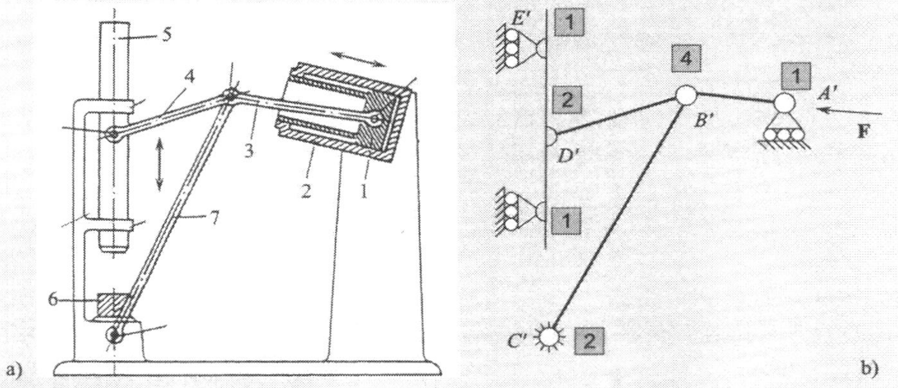

Figura 1.44 - Sistema di azionamento di una pressa.

Esempio svolto 1.20

Analisi cinematica di un sistema di trasmissione di movimenti rotatori

La **Figura 1.45**a rappresenta un sistema che permette di trasferire un movimento rotatorio intorno ad A in un altro movimento di rotazione intorno a un asse parallelo E. La possibilità di poter traslare in orizzontale la colonna 8 lungo la corsia 9 permette di variare la distanza AE (l'interasse).

Nella **Figura 1.45**b si accenna uno schema dal quale si ricava:

$$GDL = 7 \times 3 = 21$$
$$\Sigma GDV = 4 \times 4 + 2 + 2 = 20$$

il che porta a concludere che siamo in una condizione 1 volta ipostatica.

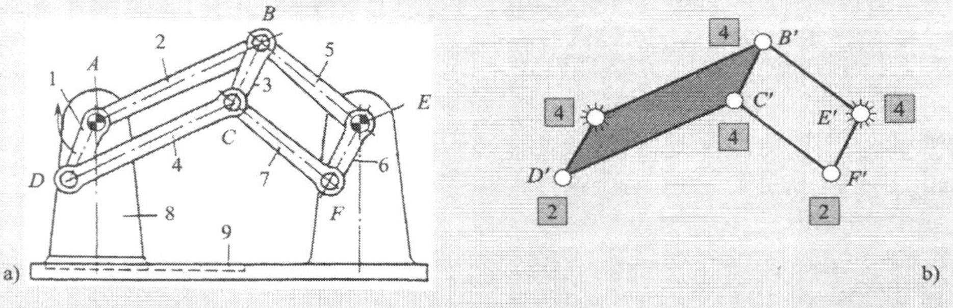

Figura 1.45 - Trasmissione ad assi paralleli.

Esempio svolto 1.21

Analisi cinematica di un sistema di frenatura per un carrello ferroviario

Il sistema di frenatura della **Figura 1.46**a è stato schematizzato con un insieme di 6 corpi rigidi nella **Figura 1.46**b. Il calcolo cinematico:

$$GDL = 3 \times 6 = 18$$
$$\Sigma GDV = 6 \times 2 + 4 + 1 + 1 = 18$$

il che porta a concludere che si tratta di una situazione isostatica.

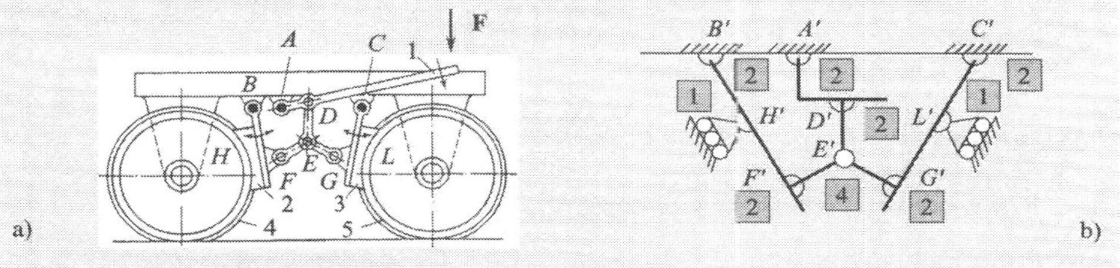

Figura 1.46 - Sistema di frenatura per un carrello ferroviario.

1.A La chiusura proiettiva della retta

Dalla geometria euclidea sappiamo che due rette parallele non hanno nessun punto in comune: ciò non è vero nella geometria proiettiva, quella branca della geometria che studia proprietà ed invarianza delle figure geometriche sottoposte a proiezione. Uno dei fondamenti della geometria proiettiva è il principio di dualità: data una asserzione vera, è vera anche la sua duale, nella quale alla parola punto si sostituisce la parola retta e viceversa. Per esempio l'assioma "per due punti distinti di un piano passa una ed una sola retta" ammette come duale *"due rette distinte e complanari si intersecano in uno ed un solo punto"*. È evidente la necessità, perché questa frase sia vera, di ammettere che due rette parallele si intersecano in un punto, per quanto speciale.

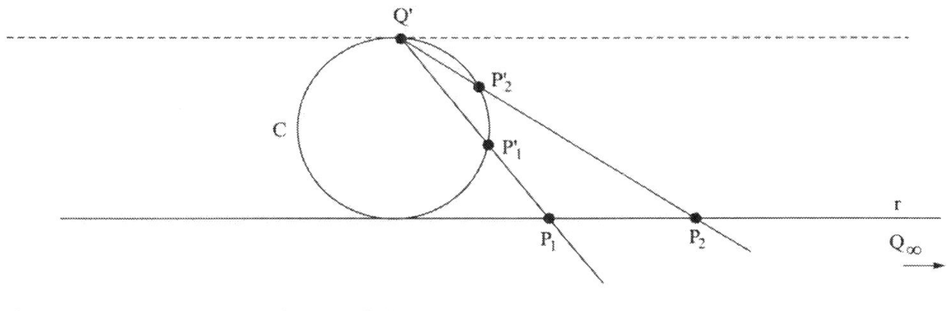

Figura 1.47 - Chiusura proiettiva della retta.

Per poter consentire l'intersezione di rette parallele si introduce il concetto di punto improprio, o all'infinito; il procedimento seguito è quello della chiusura proiettiva della retta. Questo procedimento è illustrato nella figura **Figura 1.47**: la circonfenza c è tangente alla retta r. Dal punto Q', opposto al punto di tangenza, si spiccano delle semirette che intersecano la circonferenza in P' e la retta in P: così facendo si mettono in corrispondenza biunivoca tutti i punti della retta r con $c \setminus \{Q'\}$, cioè con la circonferenza privata del punto Q'. Questo non è un insieme chiuso perché Q' è un punto di accumulazione: la chiusura di $c \setminus \{Q'\}$ è ovviamente la circonferenza c stessa. Quale è il punto $Q \in r$ in corrispondenza biunivoca con Q'? Per costruzione esso è l'intersezione della retta r con la retta ad essa parallela per Q', che indicheremo come Q_∞. Dunque per chiudere $c \setminus \{Q'\}$ abbiamo aggiunto il singolo punto Q', similmente per chiudere r abbiamo aggiunto il singolo punto improprio Q_∞. Si noti che la retta proiettiva è una curva chiusa, essendo tutti i suoi punti in corrispondenza biunivoca con una circonferenza: si raggiunge lo stesso punto improprio Q_∞ muovendosi da P_1 verso P_2, ma anche da P_2 verso P_1.

Valgono le seguenti pripietà.

- Tutte le rette di un fascio di rete parallele in un piano si intersecano nello stesso punto improprio, detto supporto del fascio.
- Rette non parallele e complanari si intersecano sempre in un punto proprio. Ciò significa che fasci paralleli distinti hanno supporto distinto.
- L'insieme dei punti impropri di un piano ha infiniti elementi ed è detto *retta impropria.*

Graficamente i punti impropri sono indicati dal pedice ∞ e da una freccia, che indica la direzione del fascio di rette che passano per esso. Si noti che la freccia identifica solo la direzione ma non il verso, perché il punto improprio è unico.

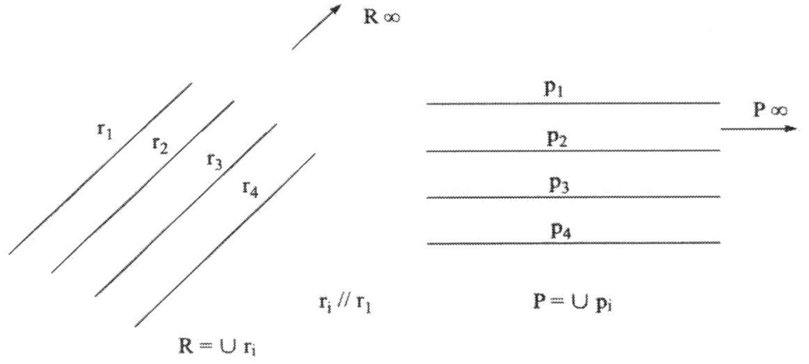

Figura 1.48 - Punti impropri in un piano.

Esercizi

1.1 Analisi cinematica. Volendo giudicare le condizioni di vincolo del sistema in **Figura 1.49** si deve procedere vincolo per vincolo.

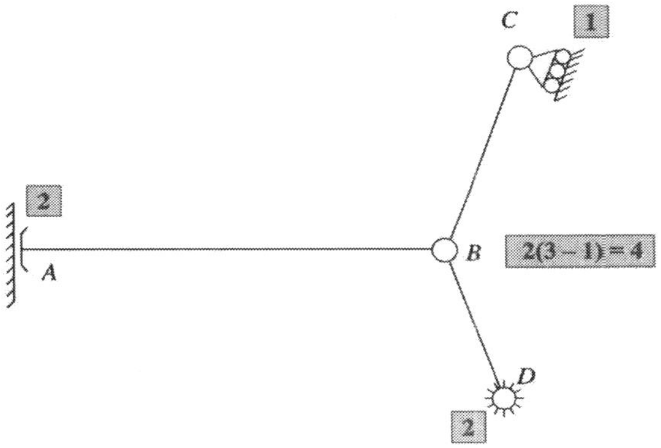

Figura 1.49 Sistema isostatico di tre aste rigide.

A è un pattino a terra: 2 GDV *B* è una cerniera mobile con tre aste concorrenti: 4 GDV.
C è un carrello a terra su asta singola: 1 GDV.
D è una cerniera a terra su asta singola: 2 GDV.

In totale il bilancio cinematico risulta:
Σ Gradi di libertà GDL $= 3 \times 3 = 9$.
Σ Gradi di vincolo GDV $= 2 + 1 + 4 + 2 = 9$.
Quindi si tratta di una struttura isostatica.

1.2 Analisi cinematica. Procedendo vincolo per vincolo si trovano i GDV indicati nella **Figura 1.50**.

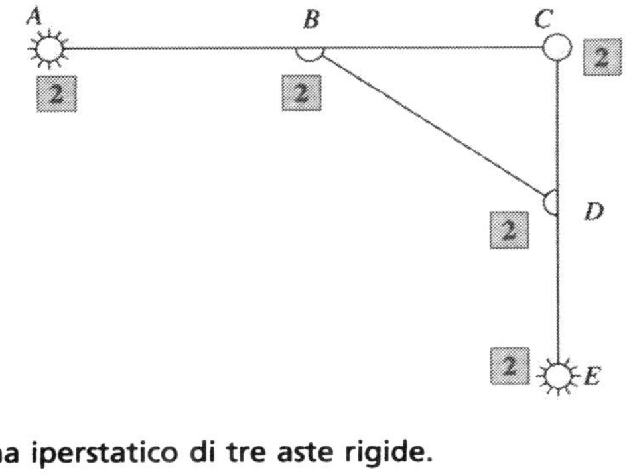

Figura 1.50 Sistema iperstatico di tre aste rigide.

In totale il bilancio cinematico risulta:
Σ Gradi di libertà GDV $= 3 \times 3 = 9$.
Σ Gradi di vincolo GDV $= 2 + 2 + 2 + 2 + 2 = 10$.

Si tratta di una struttura iperstatica.

1.3 Analisi cinematica. Procedendo vincolo per vincolo si trovano i GDV indicati nella **Figura 1.51**.

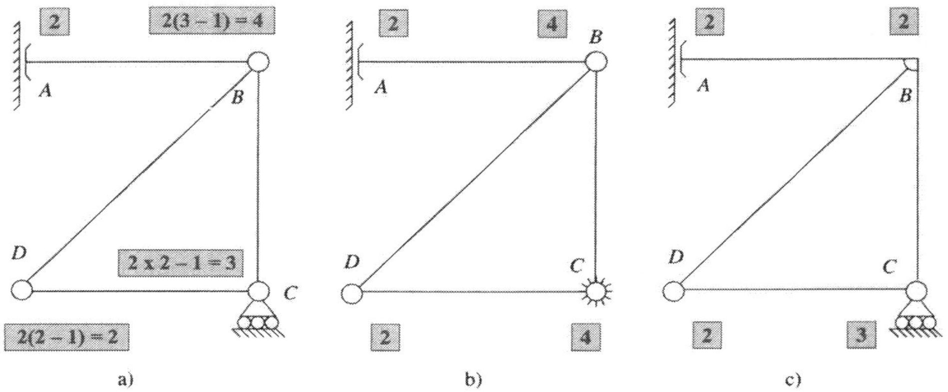

Figura 1.51 a) sistema ipostatico di quattro aste rigide. b) situazione isostatica; c) situazione isostatica di tre aste rigide.

1.4 Analisi cinematica: un sistema a vincoli malposti. L'anello ABC è 1 volta iperstatico al suo interno (potrebbe ammettere ancora uno svincolo interno).

Le aste CB e BD costituiscono un sistema ipostatico.
I vincoli della struttura sono malposti per una sistemazione isostatica: abbondanti all'interno dell'anello e scarsi verso terra.

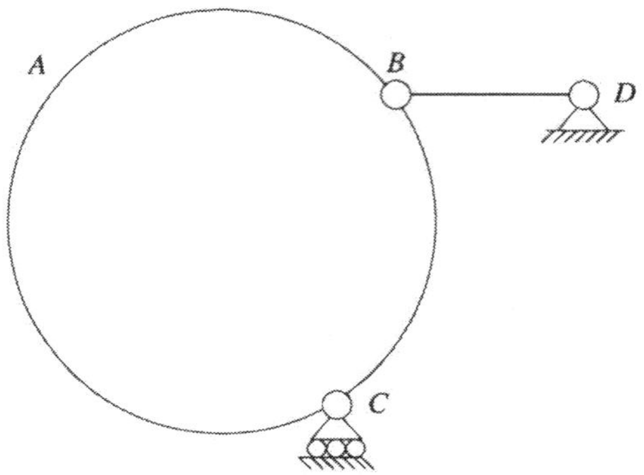

Figura 1.52 Sistema a vincoli malposti.

1.5 Analisi cinematica: struttura labile. L'anello DEB è isostatico al suo interno. ABC è un arco a tre cerniere allineate.

La struttura risulta isostatica, ma labile.

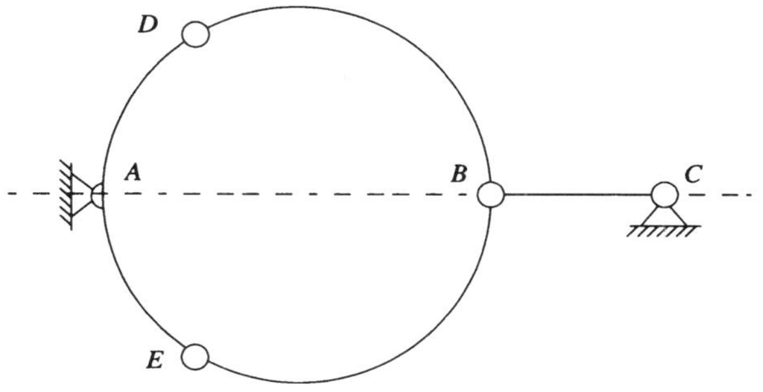

Figura 1.53 Struttura labile.

2 Equilibrio del corpo rigido

Questo capitolo è dedicato alla statica del corpo rigido: lo studio delle condizioni sotto le quali un corpo rigido, libero o vincolato, permane in condizioni di quiete (o equilibrio) sotto l'azione di un sistema di forze.[1] Le forze saranno divise in due categorie.

- Le *forze esterne* sono assegnate con un valore dato ed esercitate dall'ambiente circostante sul corpo rigido stesso; come esempi valgono la forza peso, la spinta idrostatica, la pressione del vento.
- Le *reazioni vincolari* sono forze esercitate dai vincoli cinematici sul corpo rigido per impedirne il movimento; il valore delle reazioni vincolari non è noto a priori.

I principale argomenti trattati sono

- le equazioni cardinali della statica, cioè le equazioni che sono condizione necessaria e sufficiente di equilibrio;
- le procedure per calcolare, quando possibile, le reazioni vincolari.

Durante tutto lo svolgimento del capitolo il lettore attento noterà che le equazioni della statica sono molto simili a quelle del movimento infinitesimo introdotte nel capitolo precedente. Ciò non avviene per caso, ma è uno dei fondamenti della meccanica, espresso mediante il *principio dei lavori virtuali*. Questo argomento tuttavia non sarà oggetto di una trattazione formale e rigorosa ma sarà solo brevemente enunciato.

2.1 Equazioni cardinali della statica

Si consideri un corpo rigido, soggetto ad un insieme di forze $\vec{F}_i$, applicate ai punti P_i, con $i = 1 \dots N$. Condizione necessaria e sufficiente per l'equilibrio è, dato un arbitrario punto fisso O, che valgano le due seguenti equazioni vettoriali:

$$\sum_i^N \vec{F}_i = \vec{0}, \tag{2.1}$$

$$\sum_i^N (P_i - O) \times \vec{F}_i = \vec{0}. \tag{2.2}$$

[1] Si noti che in statica equilibrio coincide con assenza di movimento. In dinamica invece si ha equilibrio anche per un moto uniforme non accelerato.

Queste sono le *equazioni cardinali della statica*[2]: si dice che la prima esprime l'equilibrio alla traslazione, la seconda l'equilibrio alla rotazione intorno al polo O. Dalla discussione seguente sarà chiaro che queste equazioni sono indipendenti: l'annullarsi della prima *non* implica l'annullarsi della seconda, e viceversa. Ognuna delle due equazioni vettoriali è equivalente a tre equazioni scalari, dunque l'equilibrio del corpo rigido è espresso da sei condizioni linearmente indipendenti.[3] Il vettore

$$\vec{M}_{Oi} = (P_i - O) \times \vec{F}_i$$

è chiamato il *momento* della forza $\vec{F}_i$ applicata in P_i rispetto al *polo* O.[4] Se si introducono le due quantità

$$\textit{risultante} \text{ del sistema di forze:} \quad \vec{F} = \sum_{i=1}^{N} \vec{F}_i, \tag{2.3}$$

$$\textit{momento rispetto ad O} \text{ del sistema di forze:} \quad \vec{M}_O = \sum_{i=1}^{N} (P_i - O) \times \vec{F}_i, \tag{2.4}$$

le equazioni cardinali della statica si possono anche esprimere come

$$\vec{F} = \vec{0}, \qquad \vec{M}_O = \vec{0},$$

cioè come l'annullamento di risultante e momento rispetto ad un polo O.

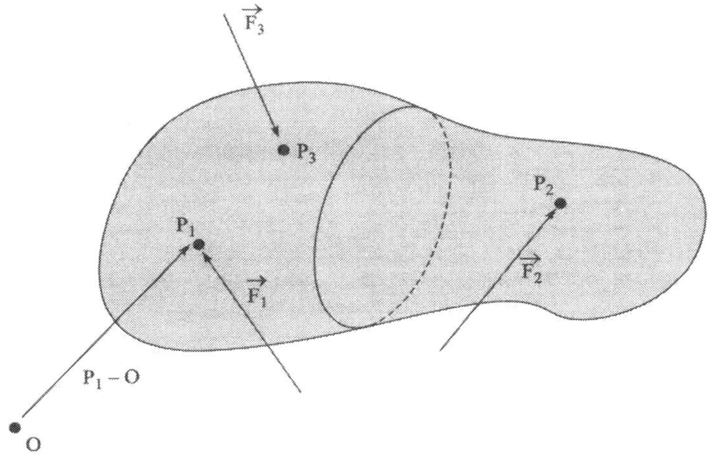

Figura 2.1 - Corpo rigido soggetto a forze concentrate.

[2] Le equazioni cardinali della statica sono state presentate come un postulato; in realtà possono essere dedotte dalle equazioni del moto di Newton: questa trattazione esula però dall'ambito della statica e perciò non viene qui proposta.

[3] Si noti la dualità con la cinematica: il numero di gradi di libertà coincide con il numero di equazioni linearmente indipendenti che occorre soddisfare per avere equilibrio.

[4] Per distinguere i momenti dalle forze, essi sono rappresentati graficamente da una freccia a due punte. Questa convenzione è la stessa adoperata per distinguere rotazioni da traslazioni.

Al contrario della risultante $\vec{F}$ che è definita in modo univoco, il momento dipende della scelta arbitraria del polo; se si sostituisce O' ad O si ha

$$\begin{aligned}\vec{M}_{O'} &= \sum_{i=1}^{N}(P_i - O') \times \vec{F}_i = \\ = \sum_{i=1}^{N}[(P_i - O) - (O - O')] \times \vec{F}_i &= \sum_{i=1}^{N}(P_i - O) \times \vec{F}_i + (O - O') \times \sum_{i=1}^{N}\vec{F}_i = \\ &= \vec{M}_O + (O - O') \times \vec{F}.\end{aligned} \tag{2.5}$$

Questa equazione è detta equazione di trasporto. Si ha $\vec{M}_{O'} = \vec{M}_O$ quando $(O - O') \times \vec{F} = \vec{0}$; ciò avviene in due casi.

1. Quando $\vec{F} = \vec{0}$, il termine di trasporto $(O - O') \times \vec{F}$ è sempre nullo, e dunque il momento è lo stesso rispetto a qualsiasi polo.
2. Quando $\vec{F} \neq \vec{0}$, il termine di trasporto $(O - O') \times \vec{F}$ è nullo per $O - O'$ parallelo alla risultante $\vec{F}$: il valore del momento è lo stesso rispetto a tutti i poli lungo un asse passante per O ed allineato alla risultante.

In tutti gli altri casi dunque, risultante non nulla ed $O - O'$ generico, il momento dipende dalla scelta del polo.

Come immediata conseguenza dell'equazione di trasporto, si osservi che se le equazioni cardinali della statica sono soddisfatte per un particolare polo O, esse sono soddisfatte per ogni altro polo O', in quanto, essendo la risultante nulla, $\vec{M}_{O'} = \vec{M}_O = \vec{0}$.

2.1.1 Il principio dei lavori virtuali per corpi rigidi non vincolati

Dato il sistema di forze $\vec{F}_i$ in P_i, con $i = 1 \dots N$, supponiamo che il corpo rigido al quale sono applicate subisca un moto rigido infinitesimo, caratterizzato dai gradi di libertà $d\vec{u}_O$ e $d\vec{\theta}$, come nell'equazione (**1.6**). Calcoliamo ora il lavoro compiuto dalle forze per gli spostamenti dati:

$$\begin{aligned}dL = \sum_{i=1}^{N}\left[\vec{F}_i \cdot d\vec{u}_{P_i}\right] &= \sum_{i=1}^{N}\left[\vec{F}_i \cdot \left(d\vec{u}_O + d\vec{\theta} \times (P_i - O)\right)\right] = \\ &= \left[\sum_{i=1}^{N}\vec{F}_i\right] \cdot d\vec{u}_O + d\vec{\theta} \cdot \left[\sum_{i}^{N}(P_i - O) \times \vec{F}_i\right] = \\ &= \vec{F} \cdot d\vec{u}_O + \vec{M}_O \cdot d\vec{\theta},\end{aligned} \tag{2.6}$$

dove si è sfruttata la proprieta $\vec{a} \cdot \vec{b} \times \vec{c} = \vec{b} \cdot \vec{c} \times \vec{a}$ per portare $d\vec{\theta}$ fuori dal simbolo di sommatoria. Il lavoro totale è dato da

- risultante per traslazione di O, più
- momento per rotazione intorno ad O.

La verifica dimensionale è immediata perché il lavoro si misura in J = N m, le forze in N, gli spostamenti in m, i momenti in N m, mentre gli angoli in radianti, che sono adimensionali.

Possiamo ora enunciare il principio dei lavori virtuali per i corpi rigidi non vincolati:

> *Condizione necessaria e sufficiente per l'equilibrio è che il lavoro dL (detto lavoro virtuale) sia nullo per tutti gli spostamenti infinitesimi compatibili con il vincolo di corpo rigido (detti spostamenti virtuali).*

La dimostrazione è immediata: se valgono le equazioni cardinali della statica ($\sum_{i=1}^{N} \vec{F}_i = \sum_{i=1}^{N}(P_i - O) \times \vec{F}_i = \vec{0}$) il lavoro è nullo. Al contrario se il lavoro è nullo, visto che $d\vec{u}_O$ e $d\vec{\theta}$ possono assumere qualsiasi valore, i termini entro parentesi quadre nell'ultimo termine della (**2.6**) devono essere entrambi nulli. Il nocciolo della dimostrazione è dunque esprimere gli spostamenti infinitesimi compatibili con il vincolo di corpo rigido in funzione dei suoi gradi di libertà, espressione che è stata ricavata nel capitolo precedente. Si può anche osservare che l'espressione $dL = \vec{F} \cdot d\vec{u}_O + \vec{M}_O \cdot d\vec{\theta}$ rende conto del fatto il numero di equazioni cardinali della statica linearmente indipendenti è pari al numero dei gradi di libertà del corpo rigido: tre equazioni di equilibrio alla traslazione ($\vec{F} = \vec{0}$) e tre *GDL* di traslazione $d\vec{u}_O$, tre equazioni di equilibrio alla rotazione ($\vec{M}_O = \vec{0}$) e tre *GDL* di rotazione $d\vec{\theta}$.

È necessaria una ultima precisazione: la forma del principio dei lavori virtuali appena presentata è un caso particolare di una forma più generale valida per corpi deformabili, che però non verrà illustrata.

2.1.2 Sistemi equipollenti

Data l'importanza di risultante e momento nelle equazioni di equilibrio si introduce il concetto di sistemi di forza equipollenti: dati due sistemi di forze, $\vec{F}_i$ in P_i, $i = 1 \ldots N$, e $\vec{G}_j$ in Q_j, $j = 1 \ldots M$, essi sono detti *equipollenti* se hanno la medesima risultante ed il medesimo momento rispetto ad ogni polo O. In formule

$$\sum_{i=1}^{N} \vec{F}_i = \sum_{i=1}^{M} \vec{G}_i,$$

$$\sum_{i=1}^{N}(P_i - O) \times \vec{F}_i = \sum_{i=1}^{M}(Q_i - O) \times \vec{G}_i.$$

Si osservi esplicitamente che, in virtù dell'eq. (**2.5**), se le equazioni precedenti sono soddisfatte per un particolare O, esse sono soddistatte per ogni O': nel verificare l'equipollenza la scelta del polo non è significativa. Consideriamo ora alcuni casi notevoli di sistemi di forze.

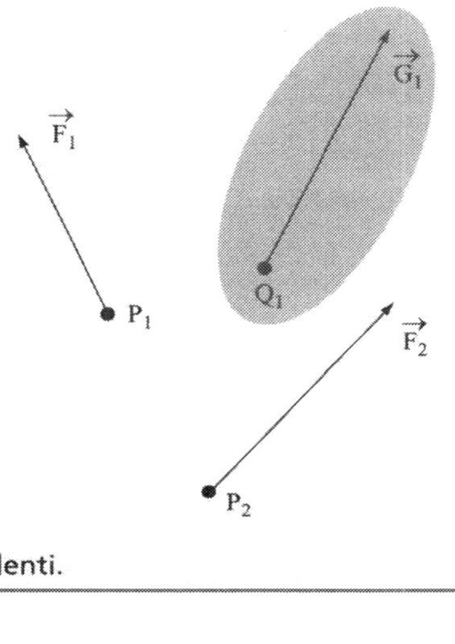

Figura 2.2 - Sistemi equipollenti.

Sistema nullo

Il caso più semplice è quello del sistema *nullo*, cioè la totale assenza di forze. In questo caso si ha evidentemente $\vec{F} = \vec{M}_O = \vec{0}$; le equazioni cardinali della statica perciò richiedono come condizione necessaria e sufficiente di equilibrio che le forze applicate siano equipollenti al sistema nullo.

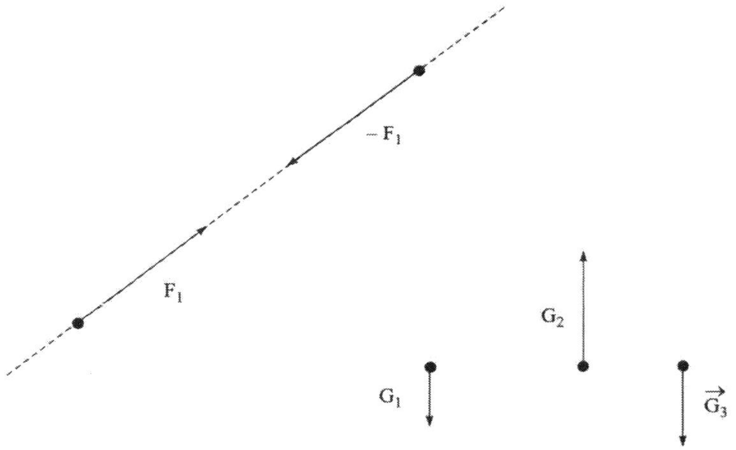

Figura 2.3 - Alcuni casi semplici di sistemi di forze equipollenti al sistema nullo.

Coppia di forze

Un altro caso interessante è quello della *coppia* di forze, cioè di due forze, uguali come modulo e direzione, ma di verso opposto; in formule $\vec{F}_2 = -\vec{F}_1$. In questo caso si ha evidentemente forza risultante nulla; il momento vale

$$\begin{aligned}\vec{M}_O &= (P_1 - O) \times \vec{F}_1 + (P_2 - O) \times \vec{F}_2 = \\ &= (P_1 - O) \times \vec{F}_1 - (P_2 - O) \times \vec{F}_1 = \\ &= (P_1 - P_2) \times \vec{F}_1 = (P_2 - P_1) \times \vec{F}_2.\end{aligned}$$

Queste ultime due espressioni del momento, che dipendono soltanto da P_1 e P_2, confermano che, essendo la risultante nulla, il momento non dipende dal polo O. La grandezza

$$b = \frac{|(P_1 - P_2) \times \vec{F}_1|}{|\vec{F}_1|} = |P_1 - P_2 \times \frac{F_1}{|\vec{F}_1|}|$$

si chiama *braccio* e rappresenta la distanza tra le rette per P_1 e P_2 parallele alla direzione di $\vec{F}_1$ e $\vec{F}_2$. Si ha perciò

$$|\vec{M}| = b \cdot |\vec{F}_1| = b \cdot |\vec{F}_2|.$$

Grazie a questa espressione risulta evidente che per ogni sistema di forze a risultante nulla, ma con momento diverso da zero, è facile costruire una coppia equipollente, anche se quest'ultima non è univocamente determinata.

Sistemi che ammettono retta di applicazione della risultante

Come ultimo caso notevole di equipollenza si consideri infine quello in cui si vuole trovare una singola forza $\vec{G}$ equipollente ad un sistema di forze con risultante

$\vec{F} = \sum_{i=1}^{N} \vec{F}_i$ e momento $\vec{M}_O = \sum_{i=1}^{N} (P_i - O) \times \vec{F}_i$ entrambi non nulli. Sia Q il punto, ancora da determinare, in cui è applicata $\vec{G}$: si ha equipollenza se

$$\vec{F} = \vec{G},$$
$$\vec{M}_O = (Q - O) \times \vec{G}.$$

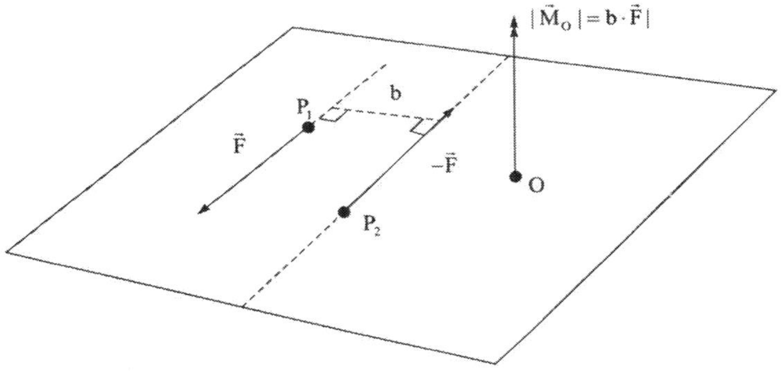

Figura 2.4 - Coppia di forze.

La prima equazione fornisce direttamente il valore di $\vec{G}$, che ovviamente deve essere pari alla forza risultante $\vec{F}$. Il problema si riduce dunque a trovare il punto Q tale che la seconda equazione sia soddisfatta; si deve dunque risolvere

$$\vec{M}_O = (Q - O) \times \vec{F}, \qquad (\mathbf{2}.7)$$

dove Q rappresenta l'incognita. È importante osservare che non sempre esiste soluzione: se si esegue membro a membro il prodotto scalare per $\vec{F}$ si ottiene

$$\vec{M}_O \cdot \vec{F} = \left[(Q - O) \times \vec{F}\right] \cdot \vec{F}.$$

Il secondo membro di questa equazione è sempre nullo, per le proprietà del prodotto misto[5], mentre il primo membro, detto invariante scalare od automomento del sistema di forze $\vec{F}_i$, in generale è diverso da zero, come si può facilmente mostrare con un esempio. Per evitare una contraddizione si deve assumere che

$$\vec{M}_O \cdot \vec{F} = 0; \qquad (\mathbf{2}.8)$$

questa è perciò una condizione necessaria perché la (**2**.7) ammetta soluzione. Si può dimostrare che questa condizione è anche sufficiente e che il punto cercato è dato da

$$Q - O = \frac{\vec{F} \times \vec{M}_O}{|\vec{F}|^2} + s\frac{\vec{F}}{|\vec{F}|}, \qquad (\mathbf{2}.9)$$

dove s è una distanza arbitraria.[6] Al variare di s i punti Q descrivono un asse parallelo a $\vec{F}$ che si chiama retta di applicazione della risultante. Riassumendo: *un si-*

(5) Si definisce $(\vec{a} \times \vec{b}) \cdot \vec{c}$ il prodotto misto di $\vec{a}$, $\vec{b}$, $\vec{c}$. Esso è nullo quando i tre vettori sono complanari o, come caso particolare, $\vec{c}$ coincide con $\vec{b}$ od $\vec{a}$.

(6) Si lascia al lettore la dimostrazione che l'equazione (**2**.7) è soddisfatta quando $Q - O$ è da-

stema di forze a risultante non nulla con invariante scalare (**2.8**) *nullo è equipollente alla sua risultante applicata ad un punto qualsiasi dell'asse di equazione* (**2.9**); al contrario quando l'invariante scalare è diverso da zero è impossibile trovare una singola forza equipollente al sistema dato.

2.1.3 Coppie, o momenti, concentrati

Nella pratica è frequente incontrare il caso di una coppia di forze di intensità $|\vec{F}|$ molto forte che agiscono su una base b molto piccola; ciò che conta della coppia, dal punto di vista dell'equipollenza, non sono tanto i valori $|\vec{F}|$ e b, quanto il loro prodotto $|\vec{F}| \cdot b$. Seguendo una idealizzazione comune della meccanica, può essere conveniente assumere $b = 0$ ma $|\vec{F}| \cdot b$ finito.[7] Così facendo si arriva al concetto di coppia concentrata in un punto $P \equiv P_1 \equiv P_2$, di momento equipollente $\vec{M}$. Su un corpo rigido si potrà dunque avere anche un sistema di coppie concentrate nei punti P_j e di momento equipollente $\vec{M}_j$; con una dizione leggeremente imprecisa, si userà anche il termine più semplice di *momento* concentrato.

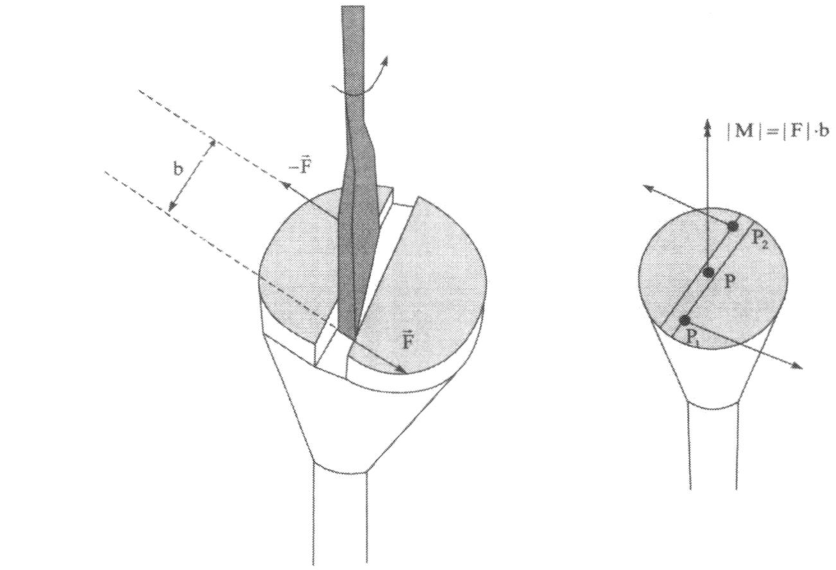

Figura 2.5 - Coppia esercitata da un cacciavite.

to da (**2.9**). Si ricordi l'identità $(\vec{a} \times \vec{b}) \times \vec{c} = (\vec{a} \cdot \vec{c})\,\vec{b} - (\vec{b} \cdot \vec{c})\,\vec{a}$. Si noti anche l'analogia con l'equazione (**1.7**) dell'asse del Mozzi.

[7] Un esempio tipico di questo modo di procedere è il concetto di punto materiale. Nella realtà tutti i corpi fisici hanno un'estensione ed un volume V finito: se ρ è la densità, la massa vale $m = \rho \cdot V$. Se però l'estensione dell'oggetto è molto piccola rispetto alla scala dei fenomeni in analisi (per esempio la dimensione della terra in un problema di dinamica planetaria), si pone $V = 0$ ma massa $m = \rho \cdot V$ finita.

2.1.4 Carichi distribuiti

Nel caso di un corpo rigido, oltre a forze e coppie concentrate in un numero finito di punti P_i, possono essere presenti anche forze specifiche per unità di volume o di area.

L'idea che sia possibile definire grandezze specifiche per gli oggetti del mondo fisico è di facile comprensione ma richiede qualche cautela nella sua definizione rigorosa. Infatti l'assunzione che la materia occupi in modo continuo lo spazio, tipica della *meccanica del continuo*, non ha basi fisiche, ma è solo una utile idealizzazione di natura matematica. Per chiarire questo punto è utile definire una delle grandezze specifiche più comuni: la densità di massa.

Densità di massa

Si consideri un solido di massa m che occupa un dominio spaziale Ω di volume V; la densità media di massa è definita come

$$\bar{\rho} = \frac{m}{V}.$$

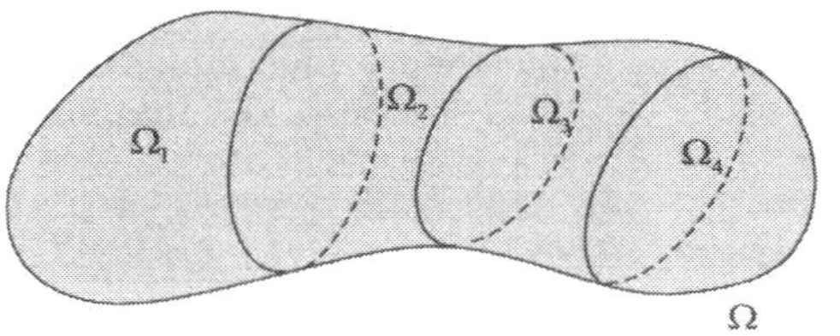

Figura 2.6 - Partizioni disgiunte un dominio Ω.

Partizioniamo il dominio Ω in N sottodomini disgiunti Ω_i, in modo che $\bigcup_{i=1}^{N} \Omega_i \equiv \Omega$ e $\bigcap_{i=1}^{N} \Omega_i \equiv \emptyset$; a ciascun sottodominio è associato un volume V_i, una massa m_i, ed una densità media $\bar{\rho}_i = m_i/V_i$ tali che

$$V = \sum_{i=1}^{N} V_i, \qquad m = \sum_{i=1}^{N} m_i = \sum_{i=1}^{N} \frac{m_i}{V_i} V_i = \sum_{i=1}^{N} \bar{\rho}_i V_i.$$

Nella meccanica del continuo si assume che sia possibile definire una densità media $\bar{\rho}_i$ *per volumi* V_i *piccoli a piacere*. Si giunge così al concetto di densità di massa nel punto P, di coordinate $\vec{x}$, definita come

$$\rho(\vec{x}) = \lim_{\Delta V \to 0} = \frac{\Delta M}{\Delta V},$$

dove ΔV e ΔM sono volume e massa di un intorno $\Delta\Omega \subset \Omega$ tale che $P \in \Delta\Omega$. Se dV è un volume infinitesimo, la sua massa sarà $dm = \rho(\vec{x})\, dV$ e perciò

$$V = \int_\Omega dV, \qquad m = \int_\Omega dm = \int_\Omega \frac{dm}{dV} dV = \int_\Omega \rho(\vec{x}) dV.$$

Quando non specificato diversamente si assume che la densità sia una funzione del punto non costante; si noti come la densità media può essere ottenuta come

$$\bar{\rho} = \frac{m}{V} = \frac{1}{V} \int_\Omega \rho(\vec{r}) dV,$$

cioè tramite il teorema della media.

L'assunzione che la grandezza $\bar{\rho}_i = m_i/V_i$, valutata per volumi piccoli a piacere abbia come limite la funzione $\rho(\vec{x})$ è evidentemente non fisica: se consideriamo un acciaio abbiamo fluttuazioni di densità già alla scala del grano cristallino, per non parlare di ciò che succede alle scale atomica o sub atomica. Nella meccanica del continuo si risolve questo problema introducendo il concetto di *volume caratteristico:* il valore che la funzione $\rho(\vec{x})$ assume è quello medio su un dominio, di volume pari al volume caratteristico, che contiene il punto $\vec{x}$. Così facendo il formalismo della meccanica del continuo, che richiede la definizione di una densità puntuale, è salvo ma le grandezze sono misurabili e dotate del necessario grado di regolarità.

Forza peso

Se $-g\vec{k}$ è l'accelerazione di gravità e ρ la densità di massa, la forza peso può essere calcolata come

$$\vec{G} = \int_\Omega -\vec{k}\, g\, \rho(\vec{x}) dV = -\vec{k}\, g\, \bar{\rho}\, V = -\vec{k}\, g\, m.$$

La grandezza vettoriale $-\vec{k}g\rho$ ha le dimensioni di una forza per unità di volume. Esattamente come la massa m è concepita come l'integrale di contributi infinitesimi $dm = \rho\, dV$, lo stesso vale per la forza peso $\vec{G}$, composta da tanti contribuiti $d\vec{G} = -\vec{k}\, g\, \rho\, dV$.

Per calcolare il momento $\vec{M}_O$ della forza peso rispetto ad un polo O, si esegue l'integrale dei contribuiti infinitesimi $d\vec{M}_O = (P - O) \times d\vec{G}$:

$$\vec{M}_O = \int_\Omega d\vec{M}_O = \int_\Omega (P - O) \times (-\vec{k}g\rho)\, dV.$$

Baricentro

In geometria si definisce baricentro di un solido Ω il punto

$$\vec{x}_C = \frac{1}{V} \int_\Omega \vec{x}\, dV;$$

se invece consideriamo un corpo continuo dotato di massa si definisce il *centro di massa* come

$$\vec{x}_m = \frac{1}{m} \int_\Omega \vec{x}\, \rho\, dV,$$

dove ρ è la densità di massa. È immediato osservare che i due centri coincidono ($\vec{x}_C = \vec{x}_m$) se la densità di massa è costante $\rho(\vec{x}) = \bar{\rho}$, mentre per densità variabili con $\vec{x}$ il baricentro geometrico è distinto dal centro di massa.

Dal nome stesso di baricentro, appare chiaro il suo ruolo nel considerare l'effetto delle forze peso sui solidi. Utilizzando il formalismo dei sistemi di forza equipollenti, si osserva subito che l'invariante scalare della forza peso è nullo, $\vec{G} \cdot \vec{M}_O = 0$ perchè tutti i contributi infinitesimi $d\vec{M}_O$, e dunque anche $\vec{M}_O$ giacciono in un piano perpendicolare a $\vec{k}$. Si potrebbe perciò applicare l'equazione (**2.9**) per trovare l'asse di applicazione della forza $\vec{G}$.

In maniera più diretta si può osservare che $-\vec{k}\, g$ è costante e può essere portato fuori dal segno di integrale. Indicando $P - O = \vec{x} - \vec{x}_O$ si ha

$$\begin{aligned}\vec{M}_O &= \int_\Omega (P-O)\times(-\vec{k}g\rho)dV = \\ &= \left[\int_\Omega \rho(\vec{x}-\vec{x}_O)dV\right]\times(-\vec{k}g) = \left(\int_\Omega \rho\vec{x}dV - \int_\Omega \rho dV\vec{x}_O\right)\times(-\vec{k}g) = \\ &= \left(\frac{1}{m}\int_\Omega \rho\vec{x}dV - \vec{x}_O\right)\times(-m\vec{k}g).\end{aligned} \tag{2.10}$$

Sfruttando la definizione di centro di massa, si ha

$$\vec{M}_O = (\vec{x}_m - \vec{x}_O)\times\vec{G}, \tag{2.11}$$

dimostrando che le forze peso distribuite sono equipollenti alla loro risultante applicata al centro di massa.

Forze distribuite generiche

Il ragionamento sopra esposto per la forza peso può essere esteso ad un campo vettoriale arbitrario $\vec{f}(\vec{x})$, che rappresenti una qualsiasi forza per unità di volume. In questo caso le espressioni di forza risultante e momento risultante diventano

$$\vec{F} = \int_\Omega \vec{f}(\vec{x})dV, \tag{2.12}$$

$$\vec{M}_O = \int_\Omega (P-O)\times\vec{f}(\vec{x})dV. \tag{2.13}$$

Ovviamente non c'è garanzia che l'invariante scalare sia nullo ed esista perciò una retta di applicazione del risultante.

Analoghi ragionamenti possono essere applicati nel caso di forze distribuite per unità di superficie. Un solido immerso in un liquido, per esempio, subisce su tutta la sua frontiera $\partial\Omega$ una spinta per unità di superficie $\vec{t}(\vec{x})$:(8) risultante e momento valgono perciò

$$\begin{aligned}\vec{F} &= \int_{\partial\Omega} \vec{t}(\vec{x})dS, \\ \vec{M}_O &= \int_{\partial\Omega} (P-O)\times\vec{t}(\vec{x})dS,\end{aligned}$$

dove dS indica l'elemento di area su $\partial\Omega$; l'espressione vale ovviamente per ogni carico distribuito sulla frontiera di un solido continuo.

2.1.5 Generalizzazione delle equazioni cardinali della statica

Tenendo conto, oltre che di N_1 forze concentrate $\vec{F}_i$, anche di N_2 coppie concentrate $\vec{M}_j$, di forze di volume $\vec{f}(\vec{x})$ e di superficie $\vec{t}(\vec{x})$, le equazioni cardinali della statica diventano

$$\sum_{i=1}^{N_1}\vec{F}_i + \int_\Omega \vec{f}(\vec{x})dV + \int_{\partial\Omega}\vec{t}(\vec{x})dS = \vec{0}, \tag{2.14}$$

(8) Se $\vec{n}$ è la normale uscente a $\partial\Omega$, e $p(z)$ la pressione idrostatica, è facile ricavare $\vec{t} = -p(z)\vec{n}$.

$$\sum_{i=1}^{N_1}(P_i - O) \times \vec{F}_i + \sum_{i=1}^{N_2} \vec{M}_i + \int_{\Omega}(P - O) \times \vec{f}(\vec{x})dV \int_{\partial\Omega}(P - O) \times \vec{t}(\vec{x})dS = \vec{0}. \tag{2.15}$$

2.2 Forze nel piano xy

Si ha un sistema di forze nel piano xy quando tutte le forze e momenti sono applicati in punti di questo piano, ed inoltre le componenti "fuori piano" sono nulle: $F_z = f_z = t_z = M_x = M_y = 0$. (Per i momenti, come anche per le rotazioni, che sono entrambi vettori a due teste, si considerano fuori piano le componenti lungo x e y perché corrispondono a rotazioni che portano il corpo rigido fuori dal piano stesso.) Come nel caso della cinematica è conveniente ridurre tutto al piano $z = 0$ e dimenticarsi dell'esistenza della variabile z. Così facendo le forze hanno due componenti x e y, mentre i momenti hanno una sola componente, che verrà trattata come uno scalare: $M = M_z$. Per rappresentare graficamente i momenti si utilizzerà una archetto di circonferenza, con l'indicazione dell'intensità M.

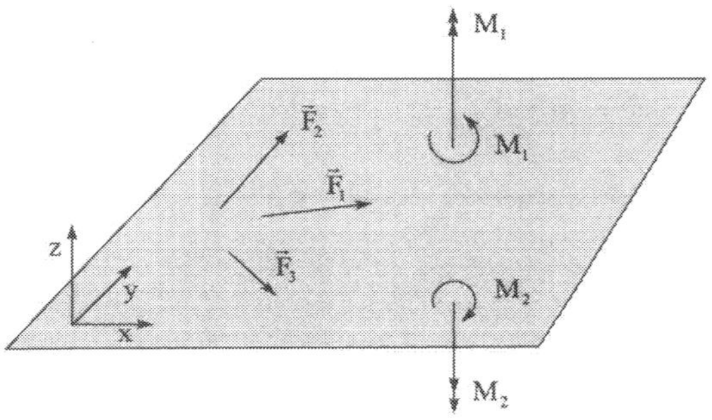

Figura 2.7 - Forze e momenti nel piano *xy*.

Come per lo studio della cinematica piana, è nuovamente necessario esplicitare per componenti le equazioni cardinali della statica, non essendo più possibile una notazione vettoriale per il momento. Per brevità si omettono le forze distribuite.

$$\sum_{i=1}^{N_1} F_{xi} = 0, \tag{2.16}$$

$$\sum_{i=1}^{N_1} F_{yi} = 0, \tag{2.17}$$

$$\sum_{i=1}^{N_1}\left[(x_i - x_O)F_{yi} - (y_i - y_O)F_{x_i}\right] + \sum_{i=1}^{N_2} \vec{M}_i = 0. \tag{2.18}$$

Le equazioni cardinali, per il problema piano si sono ridotte a tre, due di traslazione ed una di rotazione, in accordo con la cinematica piana che prevede due gradi di libertà traslazionali ed uno rotazionale. Nel calcolare il momento di una forza si

può usare indifferentemente la formula per componenti riportata sopra, o la formula $|M| = b \cdot |\vec{F}|$, dove b è il braccio della forza rispetto al polo O, attribuendo il segno positivo ai momenti dovuti a forze che ruotano in senso anti-orario intorno al polo O.
Nel caso dei sistemi piani di forze l'invariante scalare è sempre nullo, dunque nel caso di sistemi di forze non nulli, ci si può sempre ridurre ad uno dei seguenti casi:

- sistema equipollente ad una coppia, applicata in un punto qualsiasi,
- sistema equipollente ad una forza, applicata ad un punto della retta data dalla (**2.9**).

2.3 Reazioni vincolari a terra per un singolo corpo rigido

In presenza di vincoli le equazioni cardinali della statica scritte per le sole forze esterne non sono più soddisfatte. Se consideriamo il classico esempio di una biglia in equilibrio su un piano orizzontale, l'unica forza esterna è il peso proprio: perché ci sia equilibrio dobbiamo ammettere che il piano eserciti una forza verticale verso l'alto uguale e contraria alla forza peso. Questa forza si chiama "reazione vincolare" ed è a priori incognita. In questo paragrafo si caratterizzeranno in modo più completo queste forze e si indicherà quando e come è possibile calcolarle. La trattazione sarà limitata al caso piano.

2.3.1 Vincoli lisci

Nella presente trattazione cinematica si è sempre fatta l'assunzione che i vincoli esercitino il loro effetto in un singolo punto, chiaramente identificato: di conseguenza assumeremo che anche le reazioni vincolari saranno forze o momenti concentrati nel punto in questione.

In ogni punto vincolato, per un problema piano, possono dunque essere presenti tre componenti di reazione vincolare: due componenti della forza ed una componente del momento. Vale la seguente assunzione:

- per i vincoli *"lisci"* sono a priori nulle tutte le componenti delle reazioni vincolari che agiscono nelle direzioni del moto lasciate libere dal vincolo.

Le uniche componenti di reazione presenti sono quelle nelle direzioni del moto impedite. Per esempio una cerniera impedisce la traslazione ma lascia libera la rotazione: le reazioni che essa esercita sono una forza di direzione arbitraria (due componenti) mentre il momento di reazione sarà nullo. Al contario un pattino impedisce la traslazione in una direzione e la rotazione: si avrà componente di forza nulla nella direzione di scorrimento libera, una componente di forza ad esso ortogonale ed un momento diversi da zero.

La situazione è riassunta nella **Figura 2.8**; si noti che il numero di componenti di reazione che un vincolo esercita è sempre pari ai GDV. Si osservi anche come il braccio delle reazioni vincolari, rispetto al CIR del vincolo, è sempre nullo in seguito all'ipotesi di vincolo liscio.

Il concetto di vincolo liscio rappresenta una idealizzazione dei vincoli reali. Se consideriamo un dischetto appoggiato su un piano, questo esercita forze sia in direzione perpendicolare al piano, sia in direzione tangente, per la presenza di attrito. Fisicamente è impossibile avere attrito nullo, tuttavia quando esso è molto piccolo è più conveniente assumere che esso sia del tutto assente. Per riassumere sono state fatte le seguenti idealizzazioni sui vincoli:

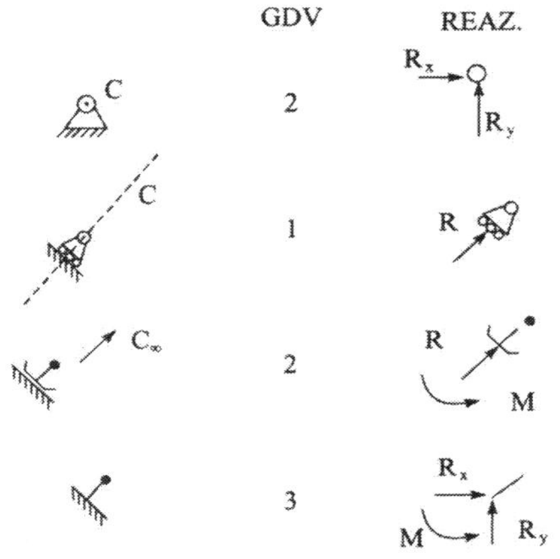

Figura 2.8 - Componenti di reazione vincolare.

- vincolo *liscio*, cioè attrito nullo, per quanto riguarda la statica;
- vincolo *bilatero*, cioè capacità di eliminare sia il moto di penetrazione che di separazione, per quanto riguarda la cinematica;
- vincolo *perfetto*, cioè le componenti vincolate sono rigorosamente nulle e il vincolo può esercitare componenti di forza di qualsiasi entità senza cedere.

2.3.2 Calcolo delle reazioni vincolari

Il problema statico per un sistema vincolato consiste nei seguenti due passi:

1. verificare se è possibile l'equilibrio sotto le forze esterne date;
2. in caso affermativo calcolare le reazioni vincolari.

Il metodo generale consiste nello scrivere le GDL = 3 equazioni cardinali della statica come se il corpo fosse libero, considerando sia le forze esterne assegnate, sia le reazioni vincolari. In pratica si riporta il sistema vincolato ad essere libero, ma per ogni vincolo eliminato si evidenziano le reazioni vincolari incognite, le cui componenti sono in numero pari a $\sum$ GDV.

Così facendo si perviene ad un sistema lineare di GDL equazioni nel quale le $\sum$ GDV componenti delle reazioni vincolari rappresentano le incognite, mentre le forze esterne concorrono a formare i termini noti. Dalla discussione di questo sistema saremo in grado di determinare esistenza o non esistenza della soluzione, e ciò sarà interpretato come possibilità od impossibilità dell'equilibrio. Nel caso di esistenza della soluzione, potremo anche determinare il numero ∞^r, con $r \geq 0$ delle soluzioni linearmente indipendenti. Il sistema si dirà

- *staticamente determinato* se la soluzione è unica, $r = 0$,
- *staticamente indeterminato* se le soluzioni sono infinite, $r > 0$.

Vincolo isostatico

Per un vincolamento isostatico si ha GDL $= \sum$ GDV, cioè lo stesso numero di incognite ed equazioni.

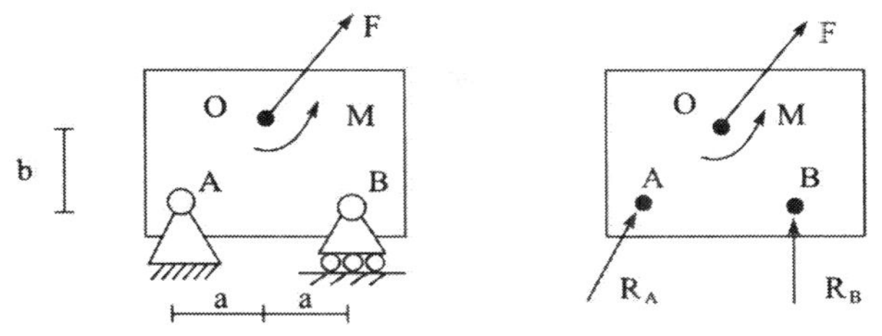

Figura 2.9 - Esempio di vincolo *isostatico*.

Consideriamo inizialmente il caso di un singolo corpo rigido piano, vincolato isostaticamente a terra con cerniera in A e carrello in B, e sottoposto ad un sistema dato di forze e momenti concentrati, di risultante $\vec{F}$ e momento M rispetto al polo O. Cerchiamo ora di calcolare le reazioni vincolari, $\vec{R}_A$ e $\vec{R}_B$. Osserviamo subito che sono da calcolare solo tre componenti, R_{Ax}, R_{Ay}, R_{By}, visto che per l'ipotesi di vincolo liscio $R_{Bx} = 0$. Scriviamo le tre equazioni cardinali della statica,

$$\begin{aligned} R_{Ax} + F_x &= 0, \\ R_{Ay} + R_{By} + F_y &= 0, \\ 2a\,R_{By} + a\,F_y - b\,F_x + M &= 0; \end{aligned}$$

l'ultima equazione esprime l'annullarsi del momento rispetto al polo A. (L'equazione del momento può essere scritta rispetto ad un polo qualsiasi, dunque si è scelto un punto comodo, in quanto due delle tre reazioni vincolari incognite hanno braccio nullo.) Portando a secondo membro i termini noti e dividendo la terza equazione per a si ha

$$\begin{aligned} R_{Ax} &= -F_x, \\ R_{Ay} + R_{By} &= -F_y, \\ 2\,R_{By} &= -F_y + \frac{b}{a}F_x - \frac{1}{a}M. \end{aligned}$$

Questo è un sistema di tre equazioni nelle tre incognite R_{Ax}, R_{Ay}, R_{By} ed è immediato calcolare la soluzione

$$\begin{aligned} R_{Ax} &= -F_x, \\ R_{Ay} &= -\frac{1}{2}F_y - \frac{b}{2a}F_x + \frac{M}{2a}, \\ R_{By} &= -\frac{1}{2}F_y + \frac{b}{2a}F_x - \frac{M}{2a}; \end{aligned}$$

che esiste ed è unica.

Senza dimostrazione affermiamo che il presente risultato si può generalizzare come segue. Un sistema isostatico

- è sempre in equilibrio sotto forze esterne qualsiasi, ed inoltre
- è staticamente determinato.

Vincolo iperstatico

In questo caso si ha GDL $< \sum$ GDV, cioè più incognite che equazioni.

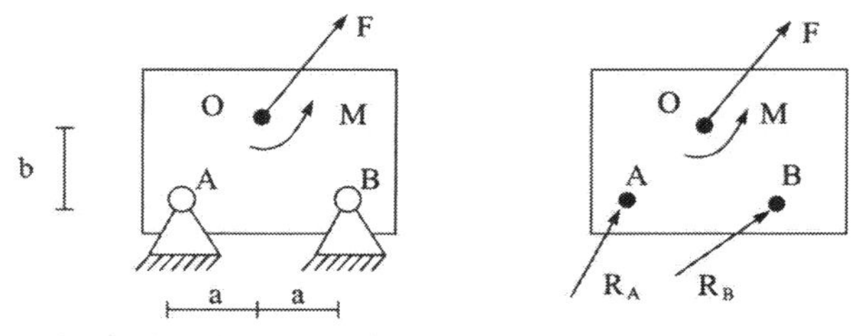

Figura 2.10 - Esempio di vincolo *iperstatico.*

Modifichiamo il caso precedente imponendo una cerniera anche in B. Si hanno dunque quattro componenti incognite, R_{Ax}, R_{Ay}, R_{Bx}, R_{By} e le tre equazioni cardinali della statica diventano

$$\begin{aligned} R_{Ax} + R_{Bx} + F_x &= 0, \\ R_{Ay} + R_{By} + F_y &= 0, \\ 2a\, R_{By} + aF_y - b\, F_x + M &= 0; \end{aligned}$$

separando incognite da termini noti si ha

$$\begin{aligned} R_{Ax} + R_{Bx} &= -F_x, \\ R_{Ay} + R_{By} &= -F_y, \\ 2\, R_{By} &= -F_y + \frac{b}{a}\, F_x - \frac{1}{a}\, M. \end{aligned}$$

In questo caso il rango della matrice dei coefficienti è pari a tre, e dunque le soluzioni sono $\infty^{4-3} = \infty^1$, date cioè a meno di un parametro arbitrario λ. È facile ottenere

$$\begin{aligned} R_{Ax} &= -F_x - \lambda, \\ R_{Bx} &= \lambda, \\ R_{Ay} &= -\frac{1}{2}\, F_y - \frac{b}{2a}\, F_x + \frac{M}{2a}, \\ R_{By} &= -\frac{1}{2}\, F_y + \frac{b}{2a}\, F_x - \frac{M}{2a}; \end{aligned}$$

dove λ è una grandezza indeterminata, con le dimensioni di una forza. Questa grandezza viene spesso chiamata incognita iperstatica, e non può essere determinata in base alle sole equazioni di equilibrio.

Il presente risultato si può generalizzare come segue. Un sistema iperstatico

- è sempre in equilibrio sotto forze esterne qualsiasi, ed inoltre
- è staticamente indeterminato.

Vincolo ipostatico

Nel caso ipostatico si ha dunque GDL $> \sum$ GDV, cioè più equazioni che incognite: in generale non sarà possibile trovare soluzioni.

Rispetto al caso isostatico è stato eliminato il carrello in B: si hanno le sole due incognite R_{Ax}, R_{Ay}. Le equazioni risolventi sono

$$R_{Ax} = -F_x,$$
$$R_{Ay} = -F_y,$$
$$0 = -F_y + \frac{b}{a} F_x - \frac{1}{a} M.$$

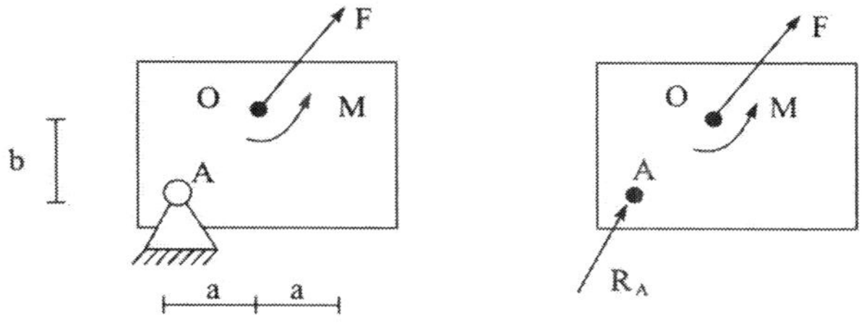

Figura 2.11 - Esempio di vincolo *ipostatico*.

Come si vede il sistema non ammette soluzione se $a F_y - b F_x + M \neq 0$, cioè se l'equazione di equilibrio alla rotazione intorno ad A non è soddisfatta. Ovviamente questo è un risultato atteso perché il CIR del corpo rigido è proprio in A. Se tuttavia $a F_y - b F_x + M = 0$, allora il sistema ammette la soluzione

$$R_{Ax} = -F_x,$$
$$R_{Ay} = -F_y,$$

la quale, se ammissibile, è unica.

In generale dunque, per il caso ipostatico:

- l'equilibrio è possibile solo sotto particolari forze esterne, ma
- le reazioni vincolari sono staticamente determinate.

Vincolo labile

Il vincolo labile si può presentare per GDL $\lesseqgtr \sum$ GDV.

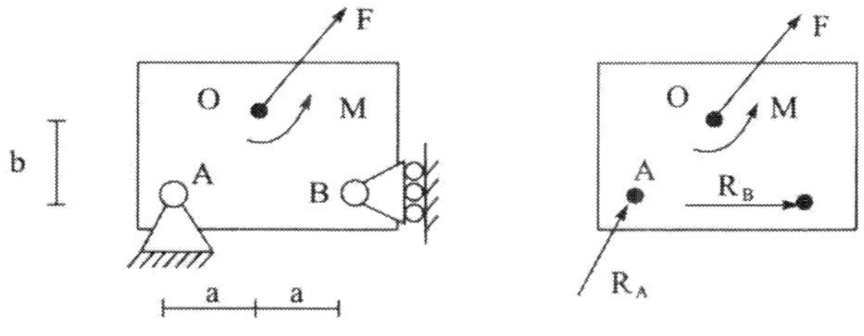

Figura 2.12 - Esempio di vincolo *labile*.

Come esempio considereremo il caso in cui il carrello in B è girato in modo da impedire lo spostamento lungo x; le reazioni incognite sono R_{Ax}, R_{Ay}, R_{Bx} e le tre equazioni risolventi diventano

$$
\begin{aligned}
R_{Ax} + R_{Bx} &= -F_x, \\
R_{Ay} &= -F_y, \\
0 &= -F_y + \frac{b}{a} F_x - \frac{1}{a} M.
\end{aligned}
$$

Pur essendo un sistema di tre equazioni in tre incognite è immediato osservare che il determinante della matrice dei coefficienti è nullo, ed il rango pari a due. In generale non esistono soluzioni, a meno che i carichi esterni soddisfino all'equazione $a F_y - b F_x + M = 0$. In questo caso il rango sia della matrice dei coefficienti sia della matrice orlata è pari a 2: le soluzioni sono dunque ∞^1, a meno di un parametro arbitrario λ. È facile ottenere

$$
\begin{aligned}
R_{Ax} &= -F_x - \lambda, \\
R_{Bx} &= \lambda, \\
R_{Ay} &= -F_y;
\end{aligned}
$$

nuovamente λ è un parametro, con le dimensioni di una forza, che non può essere determinato in base alle sole equazioni di equilibrio.

Per un sistema labile dunque,

- l'equilibrio è possibile solo sotto particolari forze esterne, ma
- le reazioni vincolari sono staticamente indeterminate.

Discussione delle proprietà del vincolamento

Conviene riassumere in una tabella le proprietà appena viste per il calcolo delle reazioni vincolari.

	equilibrio sotto	
	ogni carico	carichi particolari
staticamente determinato	isostatico	ipostatico
staticamente indeterminato	iperstatico	labile

L'analoga tabella per il vincolamento è

	$GDV_{eff} = GDL$	$GDV_{eff} < GDL$
$GDV_{eff} = \sum GDV$	isostatico	ipostatico
$GDV_{eff} < \sum GDV$	iperstatico	labile

La prima colonna (dunque i vincolamenti iso ed iperstatici) è caratterizzata dall'immobilità del corpo rigido, per quanto riguarda la cinematica, e dalla possibilità di equilibrio sotto carichi qualsiasi per quanto riguarda la statica. La seconda colonna (ipostatico e labile) invece è quella dei corpi mobili ed in generale non in equilibrio. Che i due aspetti siano legati è evidente, visto che l'immobilità imposta dai vincoli garantisce anche l'equilibrio, cioè la permanenza in uno stato di quiete.

Più interessante invece è la discussione delle righe della tabella. Un problema è staticamente indeterminato (problema iperstatico o labile) quando sono presenti dei vincoli sovrabbondanti. Ne consegue che quando si vincola una componente di spostamento già impedita da altri vincoli si introduce una indeterminazione nelle rea-

zioni vincolari; al contrario quando i vincoli sono indipendenti tra loro, è possibile calcolare le reazioni vincolari in basse alle solo equazioni di equilibrio.
Per concludere può essere comodo riassumere in un tabella mista, tra cinematica e statica, le proprietà del vincolamento di un corpo rigido.

		moto	
		impedito	possibile
reazioni	staticamente determinate	isostatico	ipostatico
	staticamente indeterminate	iperstatico	labile

Nelle applicazioni che seguiranno si studieranno quasi esclusivamente strutture isostatiche, in quanto garantiscono l'equilibrio e sono staticamente determinate. La soluzione di strutture iperstatiche non verrà trattata in questo testo.

2.4 Insiemi di corpi rigidi vincolati

Nel caso di sistemi di N corpi rigidi vincolati tra di loro e a terra nascono, oltre le reazioni vincolari a terra illustrate nel paragrafo precedente, anche reazioni vincolari interne. Vale lo stesso procedimento illustrato in precedenza: si eliminano tutti i vincoli interni ed a terra evidenziando le reazioni vincolari: si ottengono così N corpi rigidi isolati, caricati da forze esterne date e reazioni vincolari incognite.

Si possono generalizzare tutte le considerazioni presentate nel caso del singolo corpo rigido: i gradi di libertà sono GDL $= 3 \cdot N$ e le componenti di reazione vincolare incognite $\sum$GDV. Sarà necessario scrivere le equazioni cardinali della statica per ciascun corpo rigido preso singolarmente, arrivando così ad un sistema di GDL equazioni in GDV incognite. A seconda della classe di vincolamento, iso-, ipo, iper-statico, o labile, il sistema riusulta staticamente determinato o no; in equilibrio sotto forze esterne generiche o no.

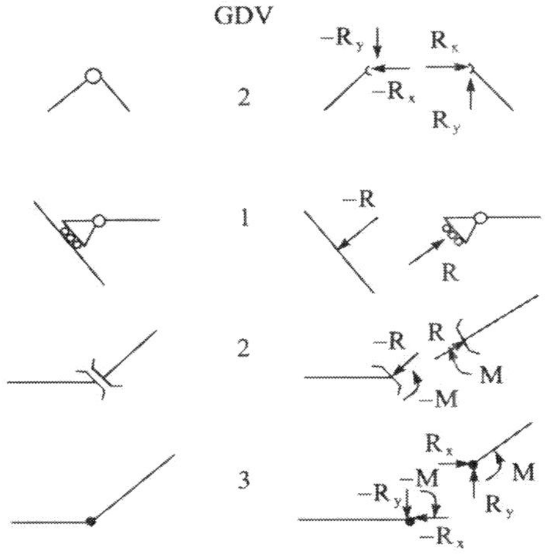

Figura 2.13 - Reazioni per vincoli interni.

Nella **Figura 2.13** sono rappresentate le componenti di reazioni incognite per i principali vincoli interni. Per capire come si giunge a questa tabella può essere utile un esempio.

Si considerino dunque due travi collegate da una cerniera in A. Si tratta di un vincolo che impedisce le 2 componenti di spostamento, dunque sono incognite entrambe le componenti delle reazioni $\vec{R}_{A,1}$ e $\vec{R}_{A,2}$, mentre non c'è momento essendo la rotazione relativa libera. Trattandosi di forze interne vale il principio di azione e reazione e dunque $\vec{R}_{A,1} = -\vec{R}_{A,2}$: si considera dunque una sola reazione incognita $\vec{R}_A$ e si ha l'accortezza di applicare su uno dei due corpi rigidi la reazione cambiata di segno, $-\vec{R}_A$.

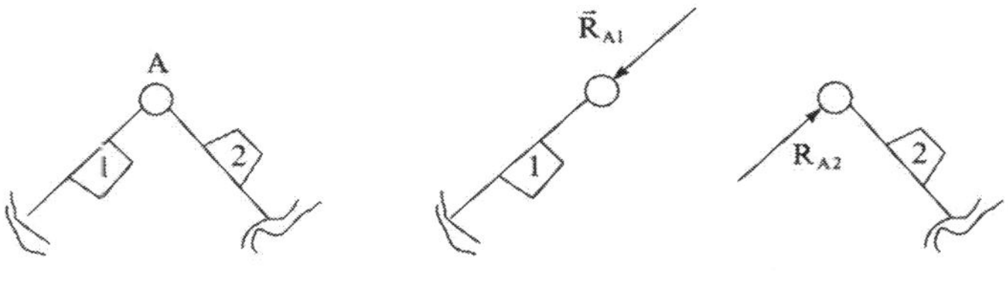

Figura 2.14 - Reazioni per cerniera interna.

2.4.1 Nodi con più aste o con forze esterne applicate

La tabella presentata in **Figura 2.13** non è applicabile quando nello stesso punto concorrono più aste o quando una forza esterna è applicata nel punto vincolato. Questo situazione verrà trattata nel caso più comune: N travi che concorrono in un vincolo a ceniera, caricato da una forza esterna.

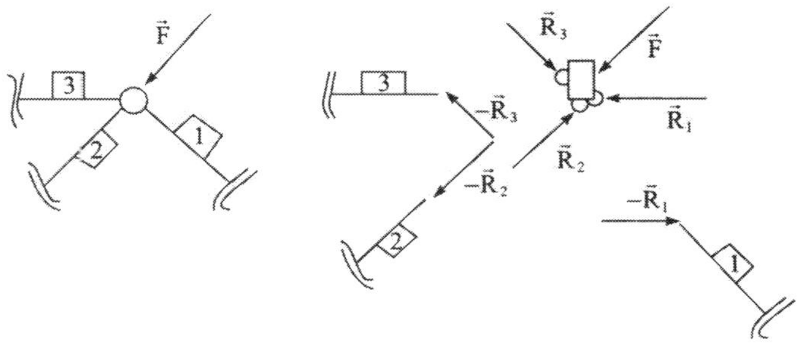

Figura 2.15 - Più travi ed un carico in una unica cerniera.

Il procedimento risolutivo consiste nel considerare la cerniera come un "nodo", cioè un corpo rigido di estensione piccolissima assimilabile ad un punto, e spezzare il vincolo tra il nodo e le travi. Tenendo conto fin da subito del principio di azione e reazione e del fatto che i momenti sono nulli, si evidenziano N forze $\vec{R}_i$. Anche per il nodo valgono le equazioni cardinali della statica; l'equazione di equilibrio alla rotazione però è soddisfatta a priori, dato che non sono presenti momenti, e tutte le forze concorrono nello stesso punto (il nodo ha estensione nulla). È perciò necessario scrivere le sole equazioni di equilibrio alla traslazione,

$$\sum_{i=1}^{N} R_{i_x} + F_x = 0,$$
$$\sum_{i=1}^{N} R_{i_y} + F_y = 0.$$

Dall'analisi cinematica sappiamo che una cerniera con N aste introduce $2(N-1)$ GDV. Da questa analisi abbiamo $2N$ componenti di reazione incognita, ma anche due equazioni di equilibrio al nodo che consentono di riportare le reazioni vincolari incognite indipendenti in un numero pari ai GDV.

2.4.2 Svincolamento parziale

La tecnica generale proposta per calcolare le reazioni vincolari di una struttura isostatica composta da M aste prevede la scrittura di $3M$ equazioni in $3M$ incognite. Il procedimento è concettualmente semplice, ma può rilevarsi laborioso.

Per mantenere ridotto il numero di equazioni che si devono risolvere simultaneamente è possibile anche procedere ad un svicolamento parziale: risulta però più difficile determinare le equazioni linearmente indipendenti di equilibrio. Illustriamo il punto con un esempio.

Dato l'arco a tre cerniere di **Figura 2.16**, si proceda a svincolare solo i vincoli a terra, mettendo in evidenza le 4 componenti R_{Ax}, R_{Ay}, R_{Bx}, R_{By}. Si osservi che il sistema svincolato ha $2 \cdot 3 - 2 = 4$ GDL (due corpi rigidi ed una cerniera interna): dal principio dei lavori virtuali, che ha validità generale, sappiamo che è possibile scrivere 4 equazioni linearmente indipendenti di equilibrio.

In questo caso non esiste un procedimento generale che porta a scrivere lo stesso insieme di equazioni, ed è solo tramite l'esperienza che è possibile decidere quali equazioni conviene scrivere. Nel semplice caso in esame si può scrivere

traslazione di $1+2$ in x	$R_{Ax} + R_{Bx} + F = 0,$
traslazione di $1+2$ in y	$R_{Ay} + R_{By} - G = 0,$
rotazione di 1 attorno a B	$R_{A_x} \cdot l + F \cdot \frac{l}{2} = 0,$
rotazione di 2 attorno a B	$R_{By} \cdot l - G \cdot \frac{l}{2} = 0.$

In questo caso si sono riconosciuti i 4 gradi di libertà della struttura come le traslazioni rigide in x e y, immaginando la cerniera in B bloccata e questo ha portato a scrivere le prime due equazioni. Si è poi immaginato che l'asta 1 ruoti intorno al punto B, immobile come l'asta 2, e perciò si è scritto l'annullarsi del momento di forze e reazioni applicate all'asta 1 rispetto al polo B. Lo stesso procedimento è stato scelto per la seconda asta. È immediato calcolare la soluzione

$$R_{Ax} = R_{Bx} = -F/2, \qquad R_{Ay} = R_{By} = G/2.$$

È la lasciata al lettore la verifica che, procedendo con la tecnica generale, si arriva al medesimo risultato.

Quando si svincolano parzialmente le strutture isostatiche è necessario dunque scrivere una combinazione di equazioni di equilibrio per l'intero sistema come rigido (cerniere interne bloccate) oppure per sottoinsiemi della struttura (cerniere interne mobili). La scelta delle equazioni deve essere guidata dall'analisi cinematica ma anche dalla facilità di soluzione del sistema di equazioni che ne risulta. Come già detto il procedimento richiede esperienza ed attenzione: per evitare errori è sempre consigliabile alla fine svincolare completamente il sistema per calcolare le poche reazioni ancora incognite e verficare che le equazioni cardinali della statica sono verificate per ogni singolo corpo rigido.[9]

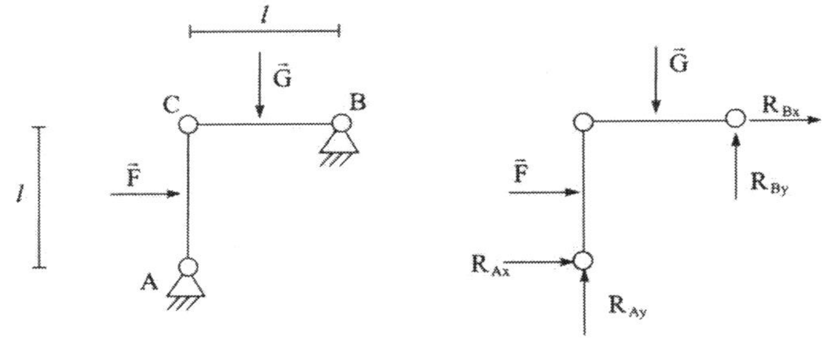

Figura 2.16 - Esempio di svincolamento parziale.

[9] Le reazioni vincolari per le strutture isostatiche sono determinate: un errore nella fase di svincolamento parziale non può che portare ad una incongruenza nella fase di svincolmento completo.

Esercizi

2.1 Calcolo di relazioni vincolari. Un'asta rigida AB è vincolata con un pattino in A(2 GDV) e da un carrello in B(1 GDV).

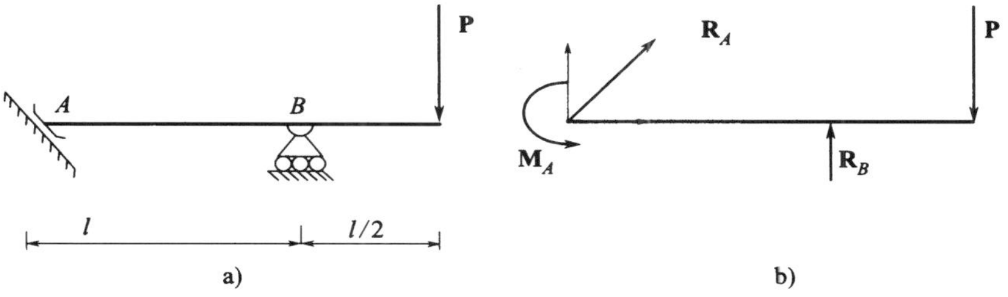

Figura 2.17 Asta rigida vincolata.

Mettendo in evidenza le relazioni vincolari abbiamo:

in A il momento $\mathbf{M}_A$ e una forza $\mathbf{R}_A$ normale al piano inclinato;
in B una sola forza $\mathbf{R}_B$ normale al piano orizzontale di scorrimento.

Per trovare i valori delle tre reazioni vincolari incognite si possono scrivere le tre equazioni:

traslazione orizzontale	$R_A \cos 45° = 0$	$\Longrightarrow R_A = 0$
traslazione verticale	$P - R_B - R_A \sin 45° = 0$	$\Longrightarrow R_B = P$
rotazione intorno a B	$M_A - P\frac{1}{2}l = 0$	$\Longrightarrow M_A = P\frac{1}{2}l$

2.2 Calcolo di reazioni vincolari in un corpo isostatico ad asse non rettilineo.

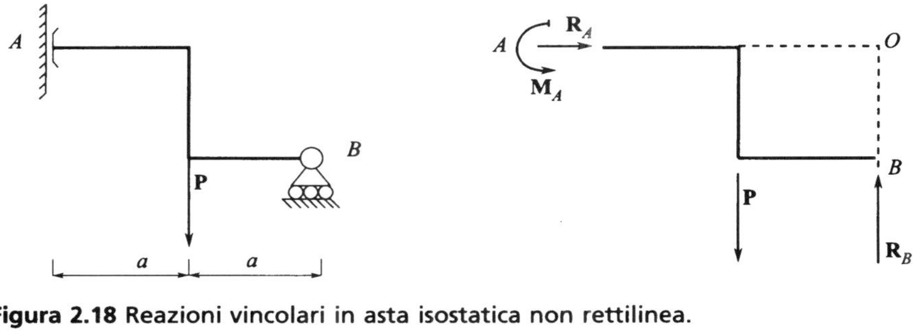

Figura 2.18 Reazioni vincolari in asta isostatica non rettilinea.

Mettendo in evidenza le reazioni vincolari che i vincoli in A e in B possono esercitare, si possono trovare i valori delle reazioni scrivendo le tre equazioni di equilibrio:

traslazione orizzontale		$R_A = 0$
traslazione verticale	$P - R_B = 0$	$\Longrightarrow R_B = P$
rotazione intorno a B	$M_A + Pa = 0$	$\Longrightarrow M_A = -Pa$

2.3 Arco a tre cerniere. Data la struttura composta da due corpi rigidi incernierati tra loro in B e collegati a terra con le cerniere A e C si può procedere alla cancellazione dei vincoli per consentire la scrittura delle equazioni di equilibrio **Figura 2.19**.

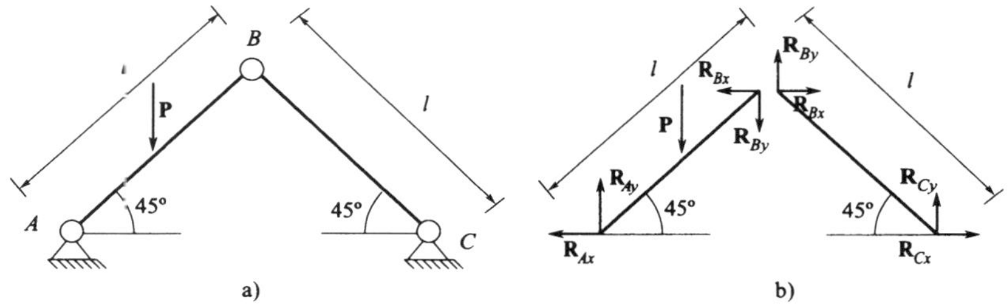

Figura 2.19 Reazioni vincolari in un arco a tre cerniere.

2.4 Studiamo ora la struttura piana, costituita dai corpi rigidi AB, BC e DE riportata nella **Figura 2.20**a

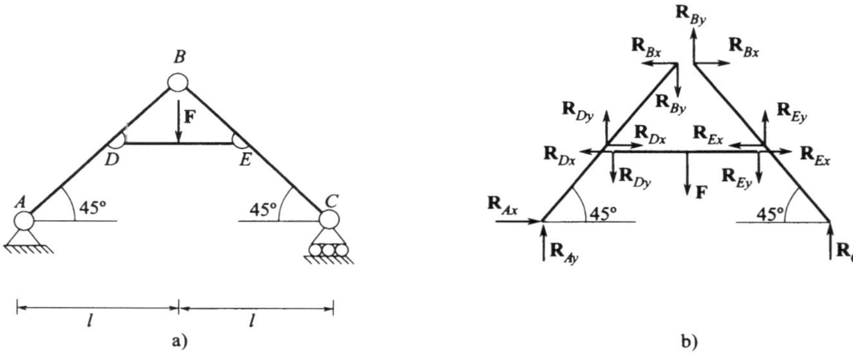

Figura 2.20

2.5 Calcolo di reazioni vincolari in un arco a tre cerniere **Figura 2.21**. Svincolando solo la cerniera in B si mettono in evidenza le componenti di reazione R_{Bo} e R_{Bv}, uguali e opposte, alle estremità delle due aste collegate.

- Equilibrio alla rotazione dell'asta AB intorno ad A:

$$P\frac{l}{2}\cos 45° + R_{Bv} l \cos 45° - R_{Bo} l \cos 45° = 0$$

- Equilibrio alla traslazione orizzontale dell'asta BC:

$$R_{Bo} = 0$$

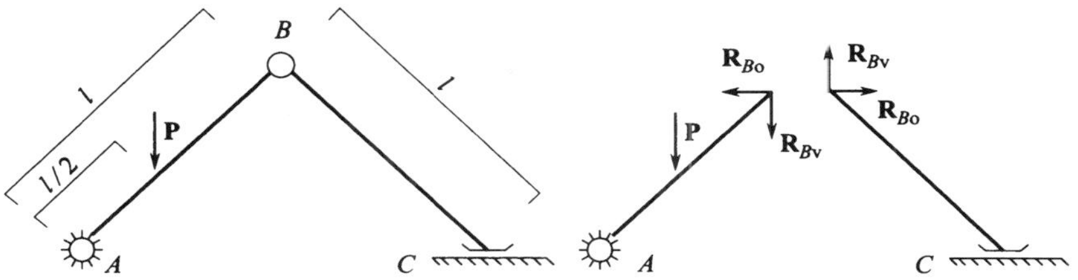

Figura 2.21

Inserendo questo valore nella prima equazione si ottiene:

$$R_{Bv} = -\frac{1}{2}P$$

Mettendo ora in evidenza le reazioni in A e in C (**Figura 2.22**):

- Equilibrio alla traslazione orizzontale dell'asta AB:

$$R_{Ao} = 0$$

- Equilibrio alla traslazione verticale dell'asta AB:

$$R_{Av} + \frac{1}{2}P - P = 0 \Longrightarrow R_{Av} = \frac{1}{2}P$$

- Equilibrio alla traslazione verticale dell'asta BC:

$$\frac{1}{2}P - R_C = 0 \Longrightarrow R_C = \frac{1}{2}P$$

- Equilibrio alla rotazione dell'asta BC attorno a B:

$$R_C l \cos 45° + M_C = 0 \Longrightarrow M_C = -R_C l\frac{\sqrt{2}}{2} = -\frac{P}{2}l\frac{\sqrt{2}}{2}$$

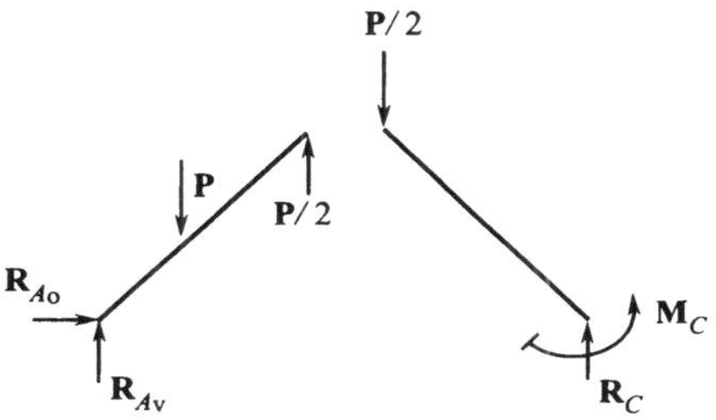

Figura 2.22

2.6 Calcolo di reazioni vincolari in un insieme isostatico a due aste rigide **Figura 2.23** a.

Si può iniziare eliminando il carrello C e svincolando la cerniera B (**Figura 2.23**b).

- Equilibrio alla traslazione tangenziale dell'asta BC:

$$R_t = 0$$

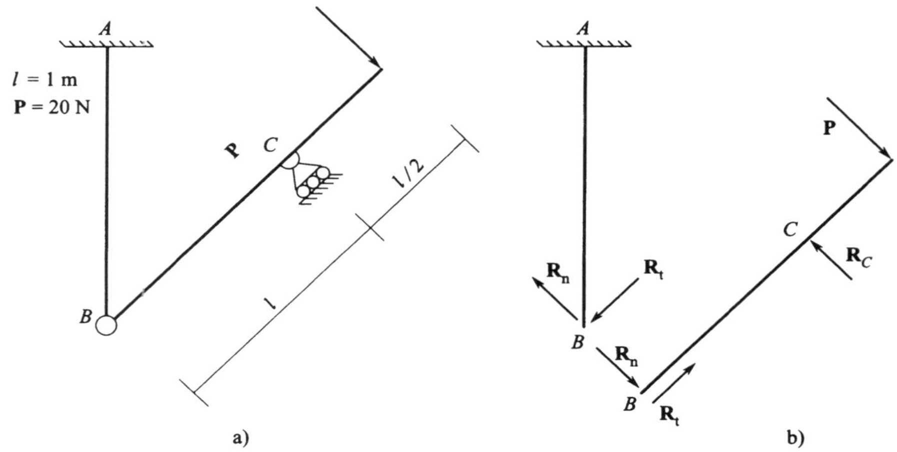

Figura 2.23

- Equilibrio alla rotazione intorno a C dell'asta BC:

$$R_n l = P\frac{l}{2} = 20\,\text{N}\cdot 0{,}5\,\text{m} \qquad R_n = 10\,\text{N}$$

- Equilibrio alla traslazione normale dell'asta BC:

$$R_N + P - R_C = 0 \; R_C = 30\,\text{N}$$

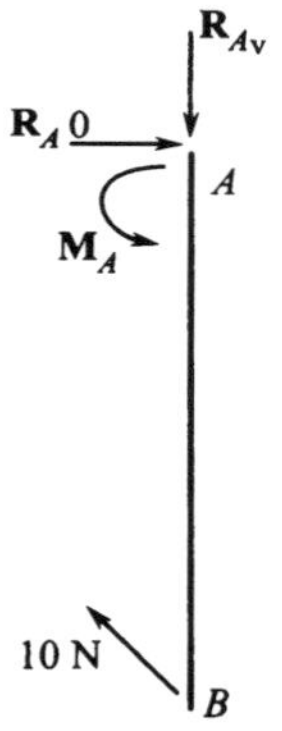

Figura 2.24

Mettiamo ora in evidenza le reazioni dell'incastro A (**Figura 2.24**).

- Equilibrio alla traslazione orizzontale dell'asta AB:

$$R_{Ao} = \frac{10\sqrt{2}}{2}\,\text{N} \cong 7\,\text{N}$$

- Equilibrio alla traslazione verticale dell'asta AB:

$$R_{Av} \cong 7\,\text{N}$$

- Equilibrio alla rotazione intorno a B dell'asta AB:

$$M_A = 7\,\text{N}l \cong 7\,\text{N}\cdot\text{m}$$

2.7 Calcolo di reazioni vincolari (**Figura 2.25**a).

- Equilibrio alla traslazione tangenziale dell'asta AB:

$$R_{At} = 0$$

- Equilibrio alla rotazione intorno ad A dell'asta AB:

$$R_B l = P\frac{l}{2} \qquad R_B = 10\,\text{N}$$

- Equilibrio alla traslazione normale dell'asta AB:

$$R_B + P - R_{An} = 0 \qquad R_{An} = 30\,\text{N}$$

- Equilibrio alla traslazione orizzontale dell'asta AC:

$$R_{Co} = \frac{30\sqrt{2}}{2}\ \text{N} \cong 21{,}3\ \text{N}$$

- Equilibrio alla traslazione verticale dell'asta AC:

$$R_{Cv} \cong 21{,}3\ \text{N}$$

- Equilibrio alla rotazione intorno ad A dell'asta AC:

$$M_C = 30\frac{\sqrt{2}}{2}l \cong 21{,}3\ \text{N}\cdot\text{m}$$

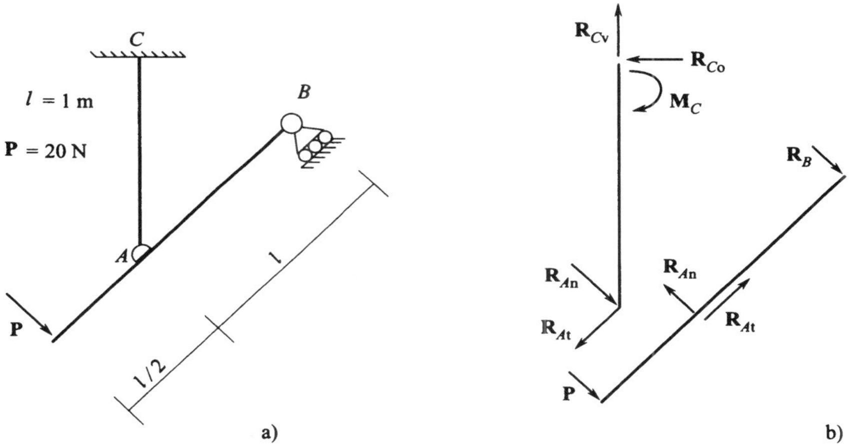

Figura 2.25

2.8 Calcolo di reazioni vincolari in un arco a tre cerniere caricato sulla cerniera comune (**Figura 2.26**a). In una situazione come quella di **Figura 2.26**a le reazioni alle estremità delle due aste collegate alla cerniera B non possono più ritenersi uguali e contrarie, devono essere distinte in componenti (**Figura 2.26**b) applicate all'asta di destra (B_{od} e B_{vd}) e a quella di sinistra (B_{os} e B_{vs}). Le azioni uguali e contrarie a queste sono applicate alla cerniera B, alla quale è applicata anche la forza esterna **P**.

- Equilibrio orizzontale della cerniera B:

$$B_{os} - B_{od} = 0 \quad B_{os} = B_{od}$$

- Equilibrio verticale della cerniera B:

$$P + B_{vs} - B_{vd} = 0$$

- Equilibrio orizzontale dell'asta BC:

$$B_{od} = 0 \quad B_{os} = 0$$

- Equilibrio alla rotazione intorno ad A dell'asta AB:

$$B_{vs} l \cos 45° = 0 \quad B_{vs} = 0$$

$$R_C = P \quad \text{e} \quad M_C = Pl\cos 45°$$

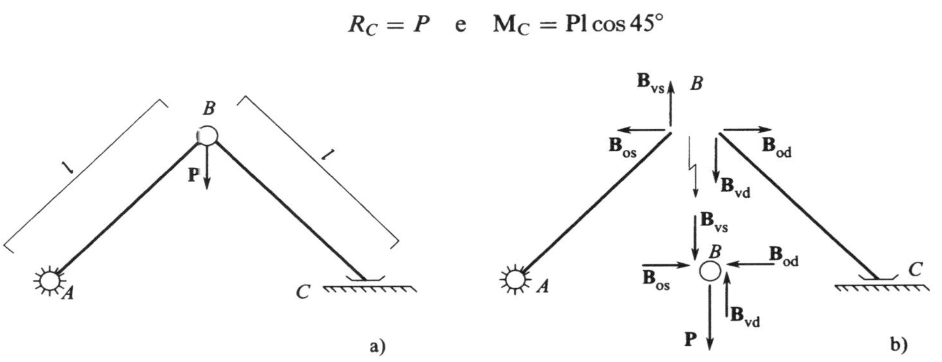

Figura 2.26

- Dall'equilibrio della cerniera B risulta:

$$-B_{vd} + P = 0 \quad B_{vd} = P$$

- Infine, ragionando sull'asta BC e mettendo in evidenza le reazioni del pattino (**Figura 2.27**).

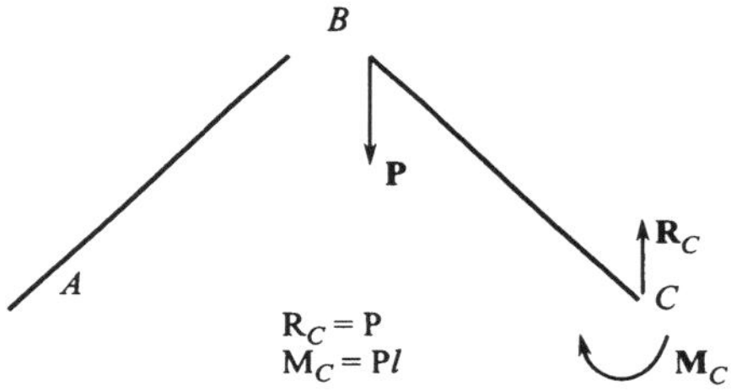

Figura 2.27

2.9 Reazioni vincolari sul sistema di **Figura 2.28**a. È conveniente svincolare contemporaneamente in B e in C: l'asta BC può essere caricata solo lungo il suo asse, altrimenti non potrebbe restare in equilibrio.

- Equilibrio alla rotazione intorno a D dell'asta CD:

$$R_B \frac{\sqrt{2}}{2} l = M \Longrightarrow R_B = \frac{2M}{\sqrt{2}l}$$

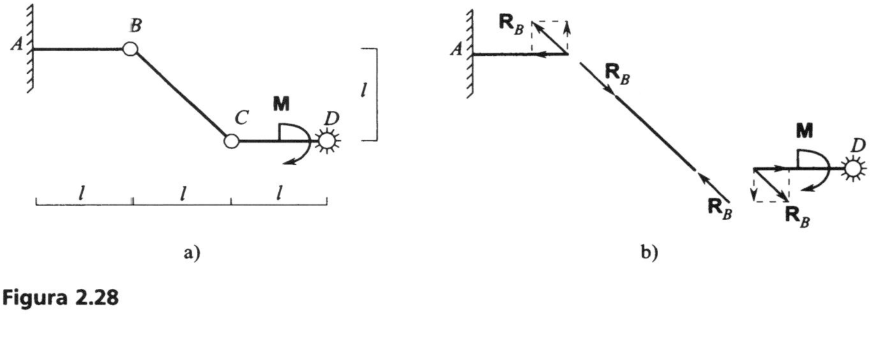

Figura 2.28

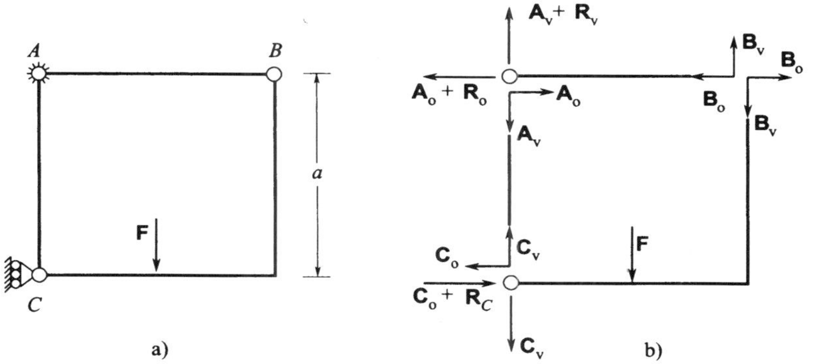

Figura 2.29

2.10 Calcolo di reazioni vincolari della struttura in **Figura 2.29**. L'analisi cinematica della struttura di **Figura 2.30**a giudica che si tratta di un anello chiuso ABC isostatico al suo interno e collegato a terra in modo isostatico
Per il calcolo delle reazioni vincolari si possono togliere tutti i vincoli (come nella **Figura 2.30**b) mettendo in evidenza le corrispondenti reazioni vincolari.

R_o e R_v sono le reazioni della terra sulla cerniera A.
A_o e A_v sono le reazioni scambiate tra la cerniera A e l'estremo A dell'asta AC.
R_C è la reazione della terra sul carrello C.
C_o e C_v sono le reazioni scambiate tra la cerniera interna C e l'estremo C dell'asta AC.
In questo caso è conveniente operare per cancellazione parziale dei vincoli, cominciando a calcolare le reazioni a terra R_{Av}, R_A e R_C (**Figura 2.30**a)

- Equilibrio alla rotazione intorno ad A:

$$F\frac{a}{2} - R_C a = 0 \Longrightarrow R_C = \frac{1}{2}F$$

- Equilibrio alla traslazione orizzontale:

$$R_{Ao} + R_C = 0 \Longrightarrow R_{Ao} = -R_C = -\frac{1}{2}F$$

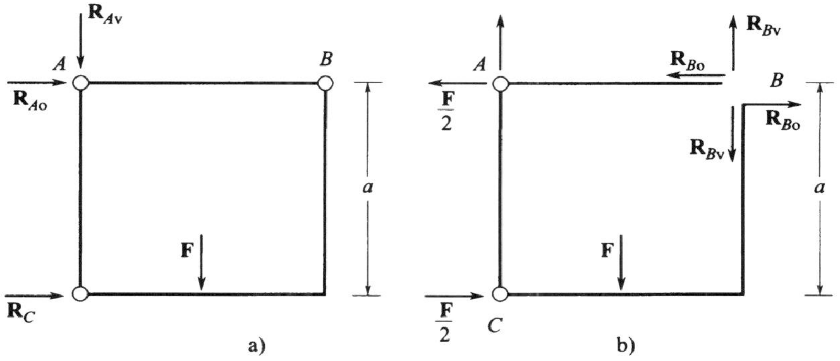

Figura 2.30

- Equilibrio alla traslazione verticale:

$$R_{Av} + F = 0 \Longrightarrow R_{Av} = -F$$

Una volta calcolate le reazioni a terra si può svincolare la cerniera B (**Figura 2.31** b).

- Equilibrio alla rotazione di AB intorno ad A:

$$R_{Bv}a = 0 \Longrightarrow R_{Bv} = 0$$

- Equilibrio alla rotazione di BC intorno a C:

$$R_{Bo}a + F\frac{a}{2} = 0 \Longrightarrow R_{Bo} = -\frac{1}{2}F$$

Ora possiamo svincolare in C e in A (**Figura 2.31**a).

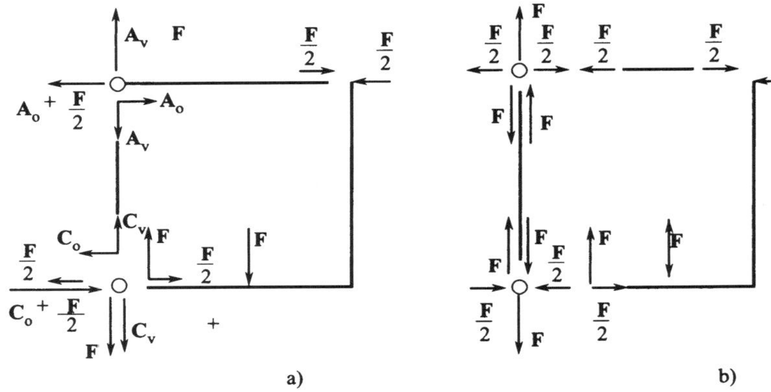

Figura 2.31

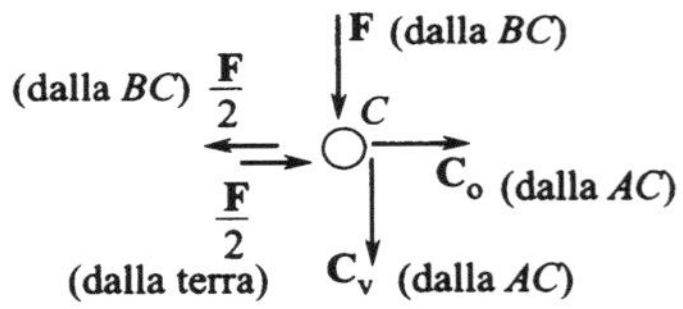

- Equilibrio della cerniera in C:
- Equilibrio orizzontale:

$$C_o = 0$$

- Equilibrio verticale:

$$C_v = -F$$

- Quindi anche per l'equilibrio dell'asta AC:

$$A_o = 0 \quad \text{e} \quad A_v = F$$

Infine il valore di tutte le reazioni applicate alle cerniere e alle aste risulta quello rappresentato nella **Figura 2.31**b.

3 Azioni interne

Quando si considera una struttura o un organo di macchina, che si può schematizzare facendo uso dei modelli che sono stati messi a punto fino ad ora, oltre al calcolo delle reazioni vincolari è molto importante valutare come le forze applicate e le reazioni si trasmettano all'interno delle varie parti. Infatti, ciascuna parte di un sistema meccanico, anche complesso, contribuisce ad assolvere alla funzione di trasmettere o di reagire in maniera opportuna alle forze che lo sollecitano. D'altra parte, perché questo avvenga in modo efficace, i materiali con i quali è costruito il sistema devono essere in condizioni tali per cui non ne venga esaurita la resistenza. La corretta valutazione delle forze interne, ciè quelle che punto per punto sollecitano la struttura, è quindi il passo il più importante per stabilire se la forma data ai componenti e agli organi delle macchine è sufficiente a garantirne la funzionalità.

In questo capitolo verrà affrontato il calcolo delle azioni interne per strutture isostatiche piane formate da travi. Si tratta di un caso molto importante per le applicazioni tecniche, ma relativamente semplice in quanto può essere risolto con gli strumenti della statica e dalla cinematica dei corpi rigidi.

3.1 Definizione delle azioni interne

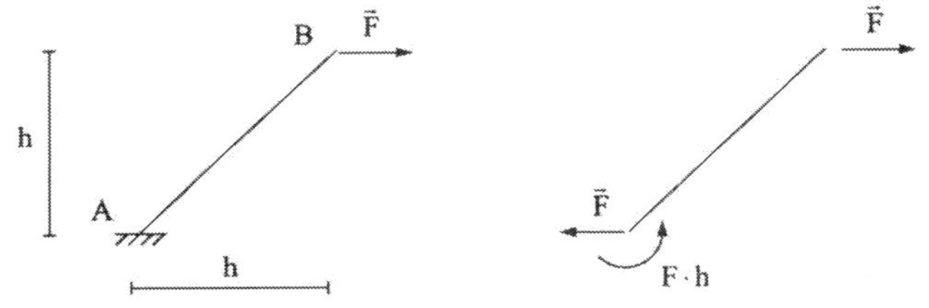

Figura 3.1 Mensola isostatica.

Si consideri la semplice mensola raffigurata in figura che regge il carico $\vec{F}$: come si vede la mensola trasferisce il carico dall'estremo B all'estremo A, dove è presente il vincolo di incastro. Il metodo per evidenziare le azioni interne è quello di eseguire una sezione, ovvero di immaginare di tagliare la trave in un punto P, e vedere come le parti che sono state ottenute dal taglio si scambiano le forze.

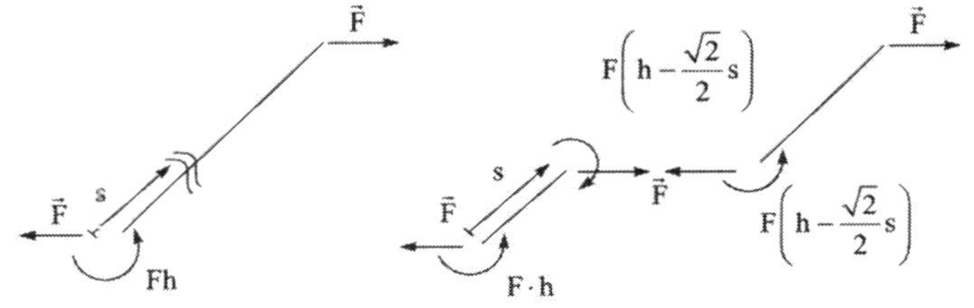

Figura 3.2 - Mensola con "sezione".

Esattamente come è possibile eliminare un vincolo e mettere in evidenza le relative reazioni vincolari, quando si effetta una sezione si mettono in evidenza le tre componenti (due componenti di forza ed un momento) delle azioni interne[(1)]. Queste possono essere calcolate grazie alle equazioni cardinali della statica per la porzione AP o PB della trave. Perché il procedimento sia corretto è importante che la trave sia in equilibrio prima di eseguire la sezione: così facendo si garantisce che le azioni interne siano definite ed uniche. Si noti che per il principio di azione e reazione le azioni in P sulla porzione AP sono uguali e contrarie alle azioni in P sulla porzione PB.

3.1.1 Calcolo delle azioni interne

Il procedimento generale che deve essere seguito per calcolare le azioni interne nelle aste di una struttura è il seguente.

- Verficare che la struttura sia in equilibrio. Se ci si limita al caso isostatico cioè è sempre vero.
- Svincolare completamente le travi ed evidenziare le reazioni vincolari a terra ed interne. Nel caso di strutture isostatiche questo calcolo è possibile con le sole equazioni di equilibrio. Si arriva così ad un sistema di N aste non vincolate ed in equilibrio sotto le forze esterne e le reazioni vincolari.
- Effettare una sezione nel punto di interesse, in modo da separare un'asta in due tronconi. Scrivere le equazioni cardinali della statica su uno dei due tronconi per calcolare le tre componenti delle azioni interne. Riportare le azioni uguali e contrarie sull'altro troncone.
- Verficare che le equazioni cardinali della statica sono soddisfatte anche per il secondo troncone. (Si può dimostrare che questo deve avvenire sempre: in caso contrario si è in presenza di un errore di conto.)

---

(1) Il punto in cui si effettua la sezione può essere infatti assimilato, prima che la trave sia tagliata, ad un incastro interno dotato di 3 GDV. In un certo senso le azioni interne sono quelle particolari reazioni vincolari che corrispondono al vincolo di rigidezza del corpo.

3.1.2 Componenti e convenzioni di segno

Le azioni interne presentano tre componenti indipendenti; ovviamente non ha senso riferirle agli assi globali x, y, ma conviene utilizzare un sistema intrinseco all'asta.

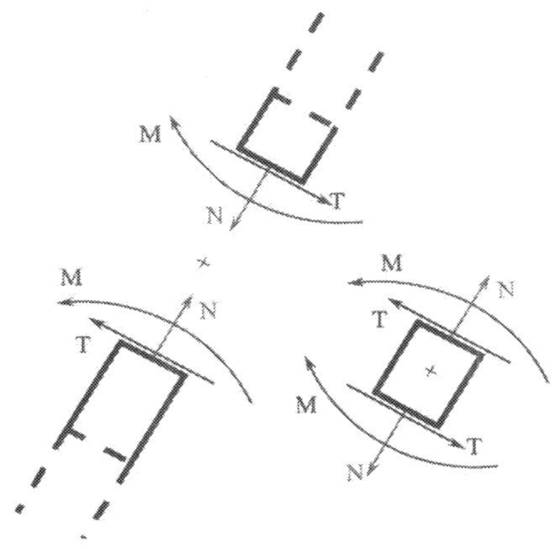

Figura 3.3 - Convenzioni per le componenti delle azioni interne.

Con riferimento alla **Figura 3.3**, si proiettano le componenti di forza nella direzione tangente e perpendicolare alla linea d'assi della trave. Si possono definire così, la

azione normale simbolo N, diretta come la tangente;

azione tagliante o taglio, simbolo T, diretta come la normale alla tangente nel piano xy;

momento flettente simbolo M_f o semplicemente M.

Le grandezze N, T, M, possono essere dotate di segno. Purtroppo non esiste una convenzione universalmente accettata ed è necessario specificare caso per caso la convenzione usata. Per specificare graficamente le convenzioni di segno occorre far riferimento ad una sezione della trave indicando le forze che si esercitano sui due tronconi, o in maniera equivalente, evidenziare mediante due sezioni vicine un elemento di trave, chiamato in gergo concio, vedi **Figura 3.3**.

Con riferimento alla **Figura 3.3**, valgono le seguenti osservazioni.

- Il segno dell'azione normale è legato al fatto che essa metta in trazione o in compressione la trave. Questa è una distinzione di tipo fisico, in quanto esistono elementi strutturali, come le funi, che hanno diverso comportamento a trazione o compressione. La convenzione più usata è segno positivo per la trazione; la convenzione opposta (segno positivo per la compressione), per quanto lecita, è molto rara.
- Il segno dell'azione tagliante è legato al senso di rotazione delle forze rispetto al concio di trave. Il senso di rotazione (orario od anti-orario) non ha un particolare significato fisico e dunque la convenzione è completamente arbitraria. Ne è riprova il fatto che entrambe le possibilità (segno positivo se orario, o segno positivo se anti-orario) sono usate con la stessa frequenza.
- Il segno del momento flettente è legato al lato della trave che viene posto in trazione. Il momento concentrato può essere visto come una coppia: una delle forze sarà di trazione, una di compressione. È possibile perciò attribuire un segno al

momento flettente a seconda del lato che corrisponde alla forza di trazione. Per fare ciò è necessario definire intradosso ed estradosso della trave, e marcare l'intradosso con un tratteggio nel diagramma della struttura. A questo punto si attribuisce segno positivo al momento flettente che causa tensione all'intradosso, o più precisamente dal lato della trave marcato con tratteggio.

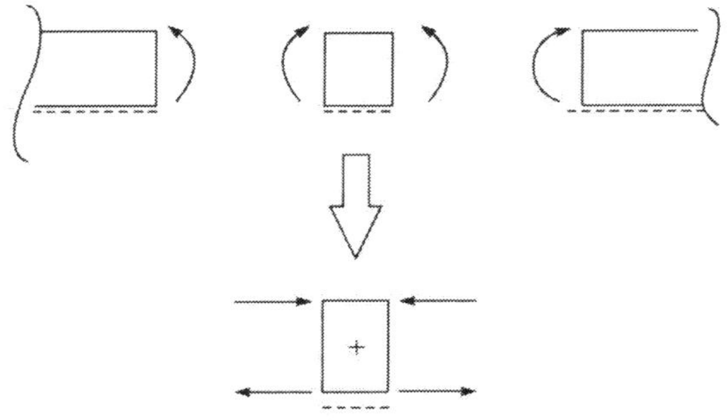

Figura 3.4 - Fibre tese e compresse dal momento flettente.

Il segno del momento flettente ha significato fisico, in quanto come già visto per l'azione normale, è importante distinguere il lato teso dal lato compresso. Mentre però nel caso dell'azione normale il solo segno ha un significato intrinseco (positivo se trazione), per il momento flettente il segno ha significato solo in relazione al lato (arbitrario) della trave dove si è posto il tratteggio. Per questo motivo l'accento non verrà posto sul segno del momento flettente, ma sul lato della trave in tensione: si adotta normalmente un artificio grafico (riportare il diagramma del momento dal lato teso della trave) per indicare ciò con chiarezza.

3.2 Diagramma delle azioni interne

Una volta che si sono definite le componenti delle azioni interne in un punto dell'asse di una trave, il passo successivo è rappresentare graficamente mediante un diagramma l'andamento di queste componenti. Lo scopo è quello di poter valutare a colpo d'occhio la sollecitazione della struttura: per questo motivo normalmente i diagrammi vengono rappresentati lungo l'asse delle travi stesse. Si ricorda ancora che per il momento flettente si adotta la convenzione di riportare il diagramma dal lato delle fibre tese. Per le azioni normale e tagliante invece si riporta il diagramma da un alto qualsiasi e si indica il segno della azione rispetto alle convenzioni adottate.

Esempio svolto 3.1

Si consideri una semplice struttura come quella mostrata nella **Figura 3.5**, formata da una trave che sostiene una serie di forze applicate in tre posizioni secondo lo schema riportato nella Figura. Il calcolo delle reazioni vincolari (**Figura 3.6**) è immediato:

$$\sum M_B = 0 \Rightarrow R = \frac{9}{4}P$$

$$\sum M_A = 0 \Rightarrow S = \frac{11}{4}\sqrt{2}P$$

$$\sum R_V = 0 \Rightarrow H = \frac{11}{4}P$$

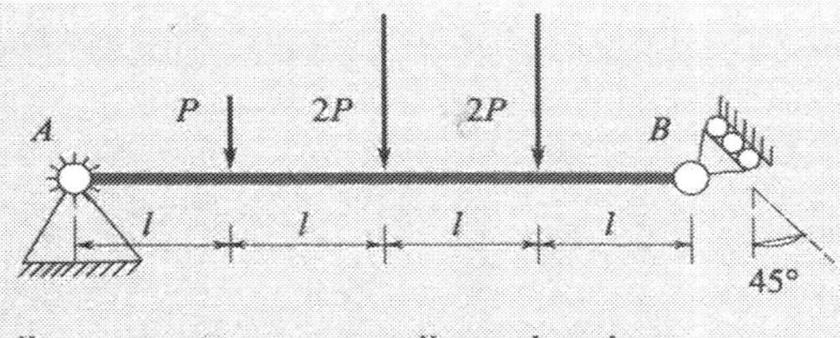

Figura 3.5 - Schema di una struttura monodimensionale.

Si assumono positive le azioni normali di trazione, le azioni taglianti se orarie e il momento flettente si riporta dalla parte delle *fibre tese* (**Figura 3.7**).

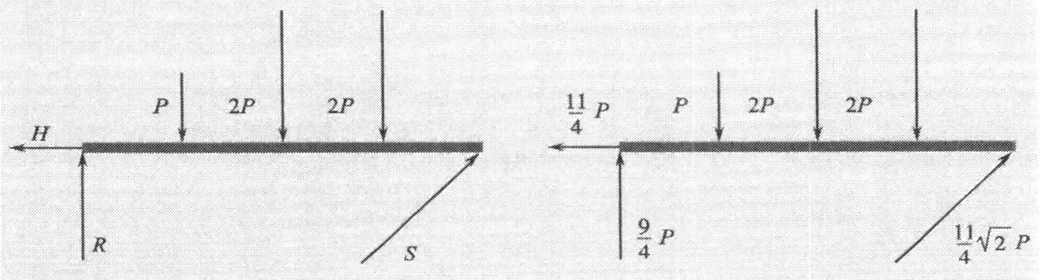

Figura 3.6 - Modello strutturale e reazioni vincolari.

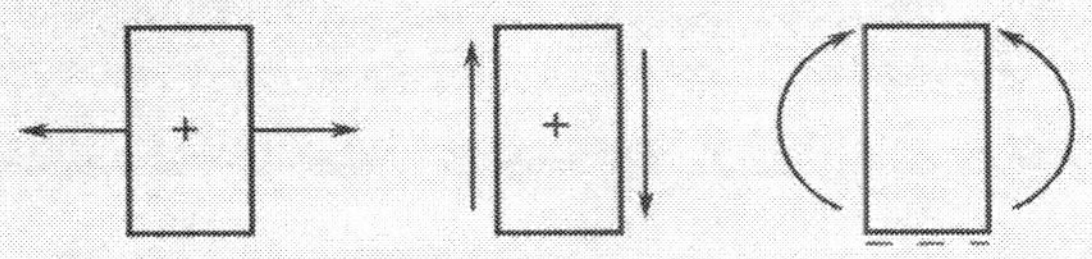

Figura 3.7 - Convenzioni di segno per le azioni interne.

Per mettere in luce le azioni interne si deve "tagliare" la struttura a una coordinata generica x (**Figura 3.8**) e imporre l'equilibrio di ciascuna delle parti che sono state generate.

Imponendo l'equilibrio del tratto compreso tra il vincolo e la generica sezione a distanza x, cioè con $0 \leq x \leq l$ (**Figura 3.8**), per l'equilibrio, risulta:

$$N = \frac{11}{4}P; \qquad T = +\frac{9}{4}P; \qquad M = \frac{9}{4}Px$$

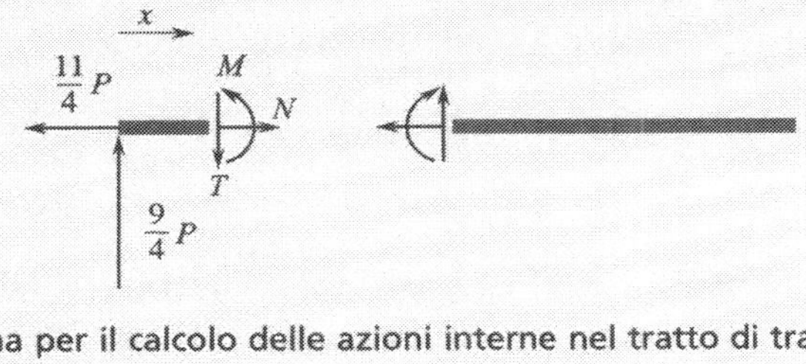

Figura 3.8 - Schema per il calcolo delle azioni interne nel tratto di trave $0 \leq x \leq l$.

Noti che siano i valori delle tre componenti N, T, M in funzione di x, per una lettura più sintetica di tutta la situazione, questi si riportano direttamente sullo schema strutturale. In ciascuno dei tre diagrammi si usa riportare le ordinate corrispondenti ai valori dell'azione interna (in una scala prescelta) in direzione normale alla linea d'asse della struttura, costruendo appunto i *diagrammi delle azioni interne* (**Figura 3.9**). Nel caso di azione normale e taglio, queste ordinate possono essere riportate indifferentemente verso l'alto o verso il basso, poiché le corrispondenti azioni interne sono identificate mediante il segno algebrico corrispondente alla convezione adottata. Al contrario, il momento flettente deve essere sempre riportato dalla parte delle fibre tese.

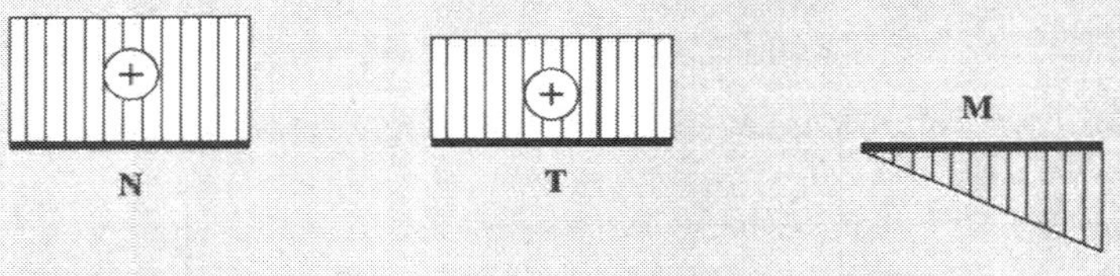

Figura 3.9 - Diagrammi delle azioni interne ($0 \leq x \leq l$).

Nel tratto compreso tra la forza P e la forza $2P$ (**Figura 3.10**), le componenti dell'azione interna vanno ricalcolate perché per $x > l$ si deve considerare anche l'effetto della forza P che è applicata in corrispondenza della coordinata $x = l$:

$$N = \frac{11}{4}P; \qquad T = \frac{9}{4}P - P = \frac{5}{4}P$$

$$M = \frac{9}{4}Px - P(x - l) = \frac{5}{4}Px + Pl$$

Si vede che il diagramma del taglio presenta un salto in corrispondenza del punto di applicazione della forza. La differenza tra il valore del taglio a destra e a sinistra del punto di coordinata $x = l$ è pari esattamente alla forza P (**Figura 3.10**).

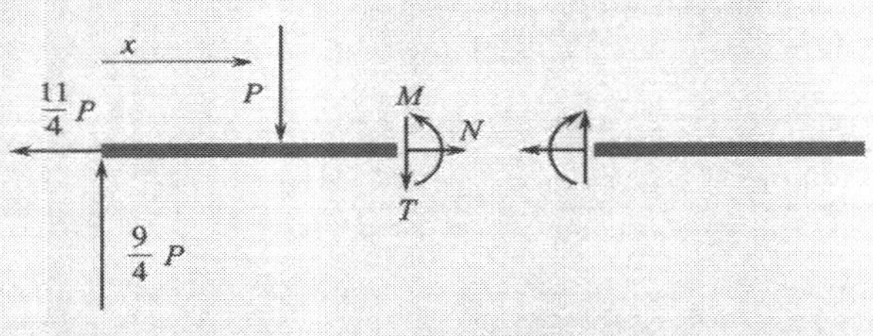

Figura 3.10 - Schema per il calcolo delle azioni interne nel tratto di trave $l \leq x \leq 2l$.

In questo tratto, il momento flettente continua a crescere fino alla coordinata $x = 2l$, anche se cambia la sua pendenza.

Ora procedendo lungo l'asse della struttura si applica nuovamente la medesima tecnica e si ottiene per $2l \leq x \leq 3l$:

$$N = \frac{11}{4}P; \qquad T = \frac{9}{4}P - P - 2P = -\frac{3}{4}P$$

$$M = \frac{9}{4}Px - P(x - l) - 2P(x - 2l) = -\frac{3}{4}Px + 5Pl$$

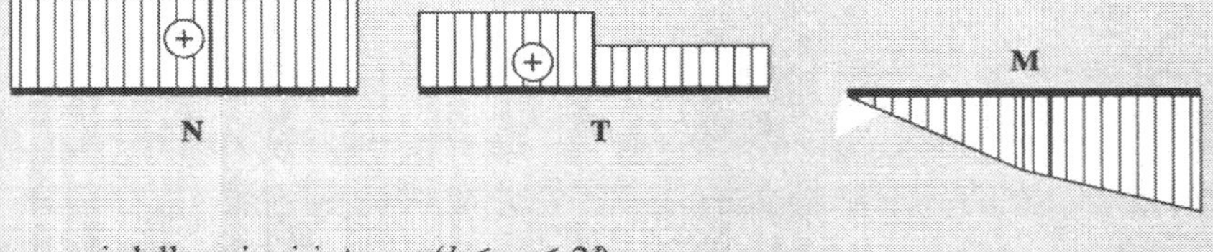

Diagrammi delle azioni interne ($l \leq x \leq 2l$).

Il diagramma del taglio subisce un nuovo "salto" e assume valore negativo (è antiorario); pertanto lo si riporta dalla parte opposta rispetto alla linea d'asse della struttura[(2)]. Il momento flettente cambia pendenza di nuovo e decresce man mano che ci si avvicina all'appoggio di destra (**Figura 3.11**).

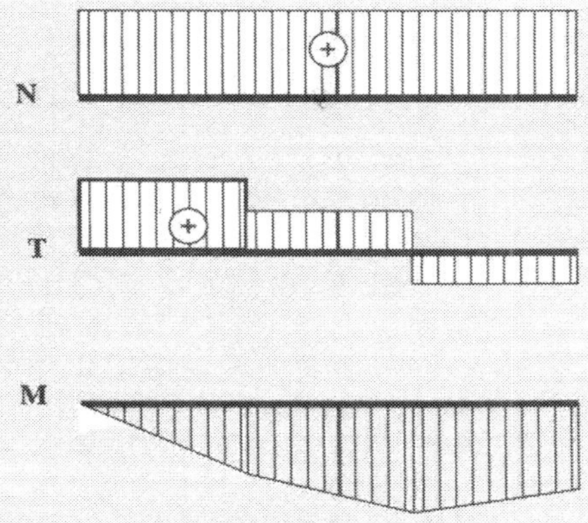

Figura 3.11 - Diagrammi delle azioni interne ($2l \leq x \leq 3l$).

L'ultimo tratto della struttura ($3l \leq x \leq 4l$) si può trattare ancora allo stesso modo e si ottiene:

$$N = \frac{11}{4}P; \qquad T = -\frac{11}{4}P$$

$$M = \frac{9}{4}Px - P(x-l) - 2P(x-2l) - 2P(x-3l) = -\frac{11}{4}Px + 11Pl$$

Il taglio aumenta in valore assoluto mentre il momento decresce ancora fino ad assumere il valore nullo in corrispondenza dell'appoggio. Si osservi che il valore del taglio e dell'azione normale in corrispondenza del vincolo e dell'azione assiale sono pari alla componente della reazione vincolare in direzione normale e parallela all'asse.

I diagrammi delle azioni interne riportate nella **Figura 3.12** riassumono tutti i calcoli fatti.

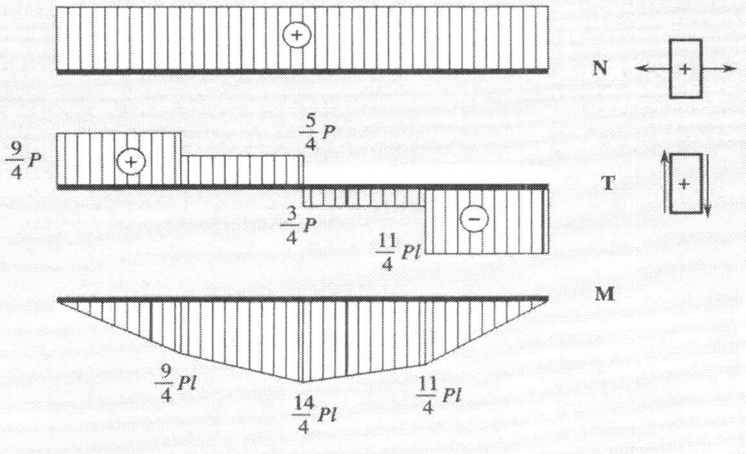

Figura 3.12 - Diagrammi delle azioni interne ($3l \leq x \leq 4l$).

---

(2) Sarebbe stato assolutamente identico riportare i valori del taglio positivi in basso e quelli negativi in lato: basta riportare sul diagramma i segni che devono essere congruenti con la convenzione assunta all'inizio del calcolo.

Esempio svolto 3.2

Si vogliono tracciare i diagrammi della azioni interne nella trave di **Figura 3.13**. Si tratta di un solo elemento vincolato al sistema di riferimento mediante cerniera e carrello. La struttura è isostatica e non labile.

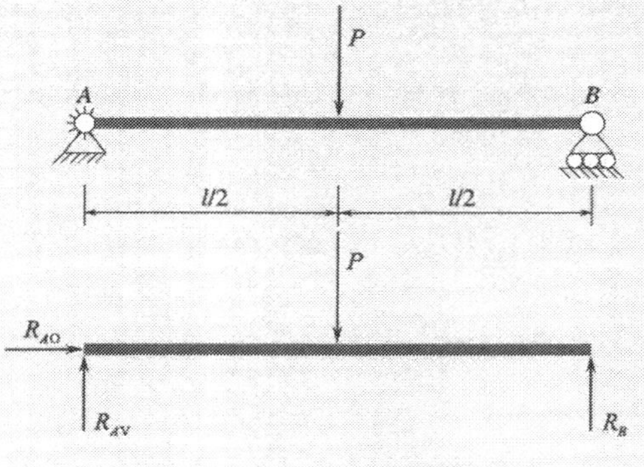

Figura 3.13 - Struttura semplicemente appoggiata.

Soluzione

Per il calcolo delle reazioni vincolari, si deve imporre l'equilibrio di tutte le forze agenti (attive e reattive) lungo due direzioni e l'equilibrio dei momenti.

Perché sia soddisfatto l'equilibrio in direzione orizzontale:

$$R_{AO} = 0,$$

per l'equilibrio in direzione verticale:

$$R_{Av} + R_{Bv} - P = 0$$

mentre per l'equilibrio alla rotazione intorno ad A:

$$R_{Bv}l - P\frac{l}{2} = 0 \qquad \Rightarrow \qquad R_{Bv} = \frac{P}{2}$$

Pertanto i valori delle reazioni vincolari sono i seguenti:

$$R_{Av} = \frac{P}{2}; \qquad R_{Bv} = \frac{P}{2}$$

Per tracciare il diagramma del momento flettente, si esegue una sezione a distanza x dall'estremo B e si inseriscono le componenti dell'azione interna, il momento flettente M_f e l'azione tagliante (o *taglio*) T, come è mostrato nella **Figura 3.14**.

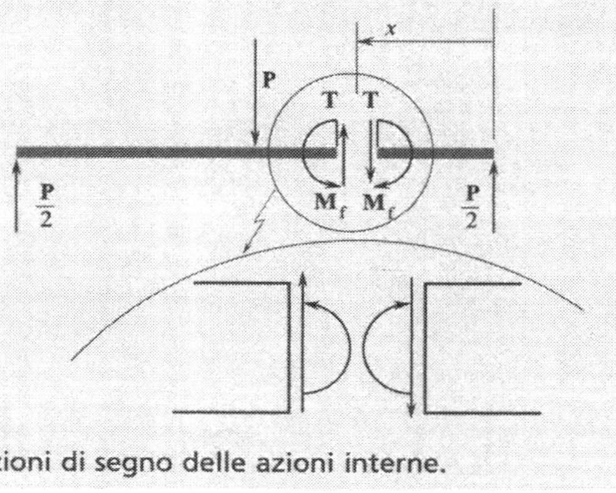

Figura 3.14 - Convenzioni di segno delle azioni interne.

Per l'equilibrio alla rotazione della porzione di destra della trave intorno al punto di sezione:

$$\frac{P}{2}x - M_f = 0 \quad \Rightarrow \quad M_f = \frac{P}{2}x$$

Quindi il momento flettente M_f è nullo per $x = 0$ e cresce linearmente con x fino al punto di applicazione della forza **P** **Figura 3.15**. Per il tratto di sinistra si può ragionare in modo analogo, ma conviene riferire la sezione di "taglio" a una coordinata x' con origine in A **Figura 3.15**.

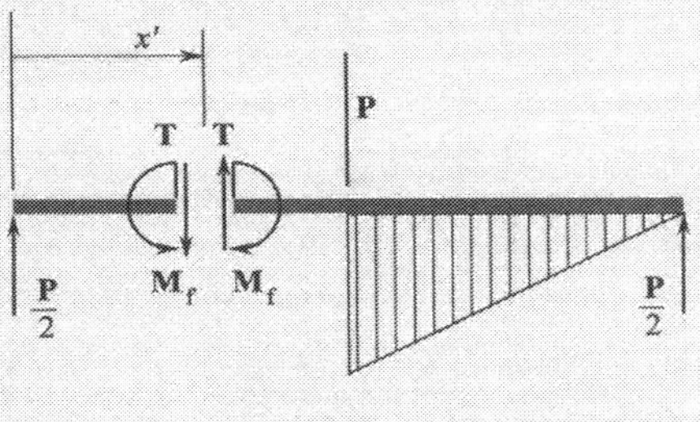

Figura 3.15 - Momento flettente nella porzione di destra della trave.

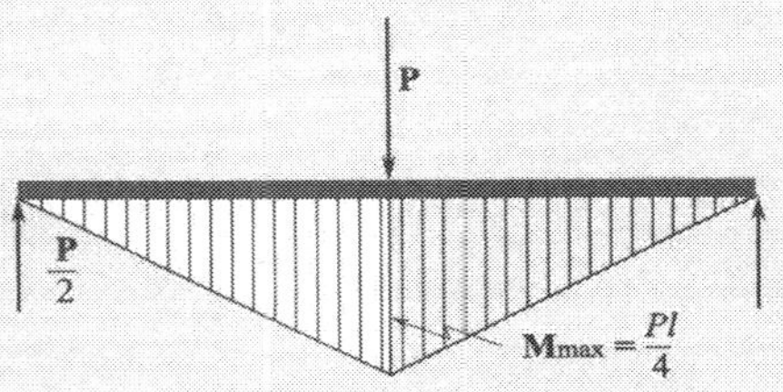

Figura 3.16 - Diagramma del momento flettente (completo).

Imponendo l'equilibrio alla rotazione del tronco di trave di lunghezza x' intorno al punto nel quale si è eseguita la sezione, si ottiene l'espressione:

$$\frac{P}{2}x' - M_f = 0 \quad \Rightarrow \quad M_f = \frac{P}{2}x'$$

anche per la porzione di sinistra. Il diagramma completo delle azioni interne è riportato nella **Figura 3.16**.

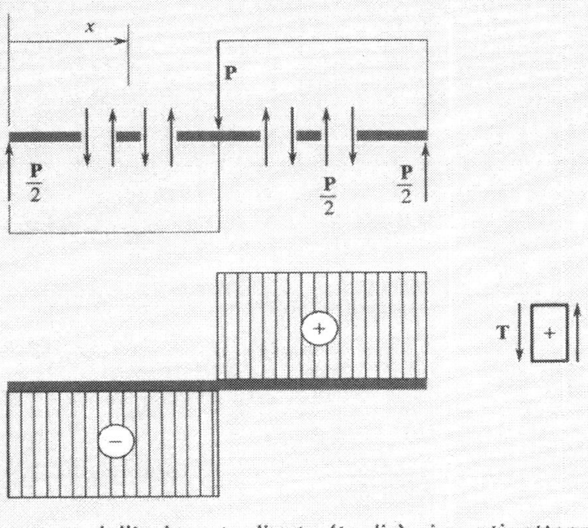

Figura 3.17 - Diagramma dell'azione tagliante (*taglio*): si presti attenzione alle convenzioni di segno.

Per tracciare il diagramma del taglio, si deve imporre l'equilibrio alla traslazione verticale del tronco di trave di destra:

$$\frac{P}{2} - T = 0 \quad \Rightarrow \quad T = \frac{P}{2}$$

Il taglio **T** è perciò indipendente dalla coordinata x e assume valore costante da B fino al punto di applicazione della forza **P** (mezzeria). Così come è indicato nella **Figura 3.17**, il taglio è antiorario e dunque positivo secondo la convenzione scelta, indicata nella **Figura 3.17**. Il medesimo risultato si trova per il tronco di sinistra:

$$\frac{P}{2} - T = 0 \quad \Rightarrow \quad T = \frac{P}{2}$$

dove però il taglio è orario, e quindi negativo per la convezione scelta.

Esempio svolto 3.3

Si vuole determinare l'andamento delle azioni interne sulla struttura rappresentata nella **Figura 3.18**: qui la forza P è applicata in un punto C esterno agli appoggi, cerniera e carrello, posti rispettivamente in A e in B.

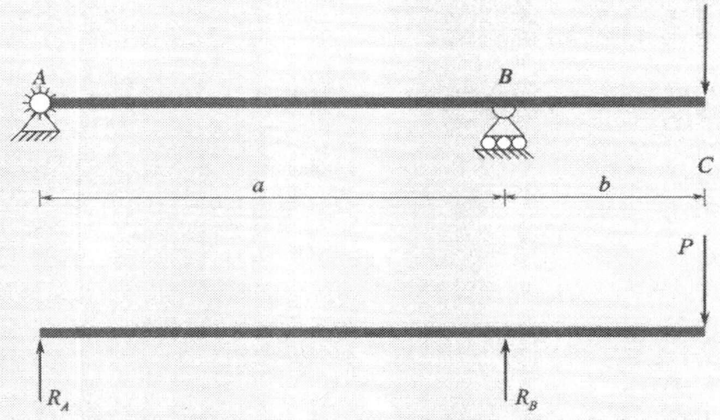

Figura 3.18 - Struttura con carico "a sbalzo".

Soluzione

Mettendo in evidenza le reazioni vincolari **Figura 3.19** (si è tenuto conto che l'equilibrio in direzione orizzontale permette di stabile che la reazione vincolare in direzione orizzontale èe nulla), l'equazione di equilibrio alla traslazione verticale si scrive:

$$R_A + R_B = P$$

mentre l'equilibrio alla rotazione intorno al punto B:

$$R_A a + Pb = 0$$

da cui si ricava:

$$R_A = -P\frac{b}{a}$$

La reazione vincolare in B vale dunque:

$$R_B = P - R_A = P + P\frac{b}{a} = P\left(\frac{b+a}{a}\right)$$

Per determinare l'andamento della azioni interne si deve "tagliare" la struttura in un punto generico, mettere in evidenza le componenti dell'azione interna scambiate attraverso la sezione scelta e imporre l'equilibrio di ciascuna delle parti risultanti dall'operazione di "apertura". Iniziando dal punto 1, individuato dalla coordinata x di **Figura 3.19** e scrivendo l'equilibrio alla rotazione del tratto a destra della sezione 1 intorno al punto di sezione [3]:

$$Px - M_f = 0 \quad \Rightarrow \quad M_f = Px$$

mentre dall'equazione di equilibrio alla traslazione verticale del tratto a destra della sezione 1:

$$P - T = 0 \quad \Rightarrow \quad T = P$$

Si procede nello stesso modo per determinare l'andamento delle azioni interne nel tratto compreso tra gli appoggi. Una volta messe in evidenza le azioni interne nella sezione 2, individuata dalla coordinata x', per ricavare l'andamento del momento flettente basta imporre l'equilibrio alla rotazione del tratto a sinistra della sezione 2 intorno al punto di sezione:

$$\frac{Pb}{a}x' - M_f = 0 \quad \Rightarrow \quad M_f = \frac{Pb}{a}x'$$

mentre per determinare l'azione tagliante (taglio), si scrive l'equazione di equilibrio alla traslazione in direzione verticale del tratto a sinistra del punto di sezione 2:

$$P\frac{b}{a} - T = 0 \quad \Rightarrow \quad T = P\frac{b}{a}$$

I diagrammi delle azioni interne su tutta la struttura sono riportati nella **Figura 3.19**.

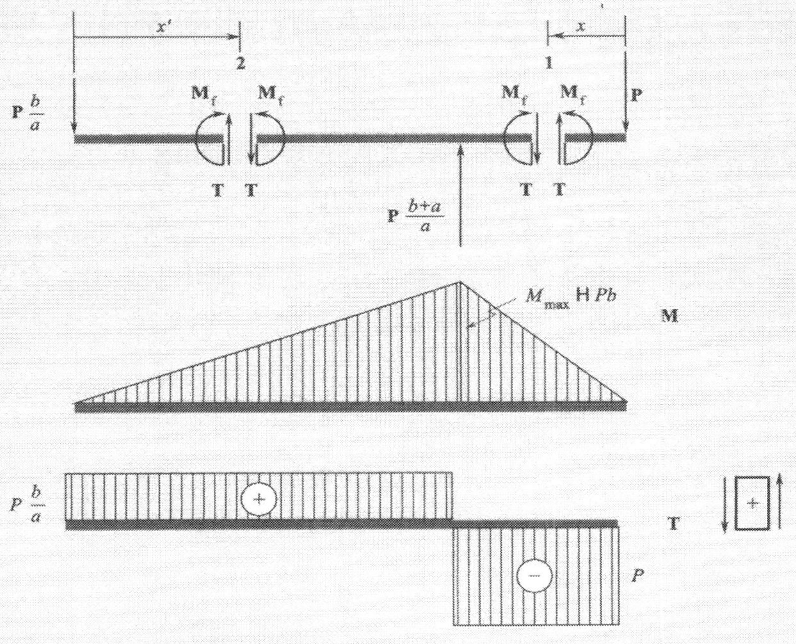

Figura 3.19 - Diagrammi della azioni interne (azione normale nulla ovunque).

(3) Spesso questa scelta del polo per il calcolo dei momenti permette di "disaccoppiare" le equazioni, ovvero di ottenere equazioni contenenti ciascuna una sola incognita: infatti, il taglio incognito non compare nell'equazione di equilibrio alla rotazione. Il vantaggio che ne deriva per la rapidità di soluzione risulta evidente.

Esempio svolto 3.4

Si consideri la struttura rappresentata nella **Figura 3.20**. Si tratta di un arco a tre cerniere correttamente vincolato al sistema di riferimento (6 *GDL* e 6 *GDV*) non labile.

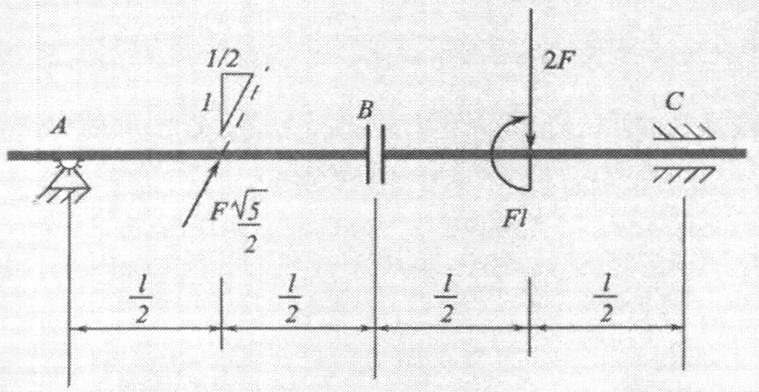

Figura 3.20 - Questa struttura è correttamente vincolata e non è labile.

Soluzione

Il calcolo delle reazioni è immediato se si osserva che il pattino intermedio (punto *B*) non trasmette le forze verticali (taglio) che sono applicate sulla parte di sinistra della struttura alla parte di destra e viceversa. Il manicotto in corrispondenza di *C* lascia liberi gli scorrimenti in direzione orizzontale e quindi tutte le forze applicate in questa direzione devono essere equilibrate dalla reazione orizzontale della cerniera in *A*. Con analogo ragionamento si ricava la reazione vincolare in direzione verticale in *C* che deve equilibrare la componente verticale della forza $2F$. L'unica reazione vincolare incognita rimane il momento in *C*, che si ricava imponendo l'equilibrio alla rotazione di tutta la struttura. I valori delle reazioni vincolari sono riportati sullo schema di **Figura 3.21**.

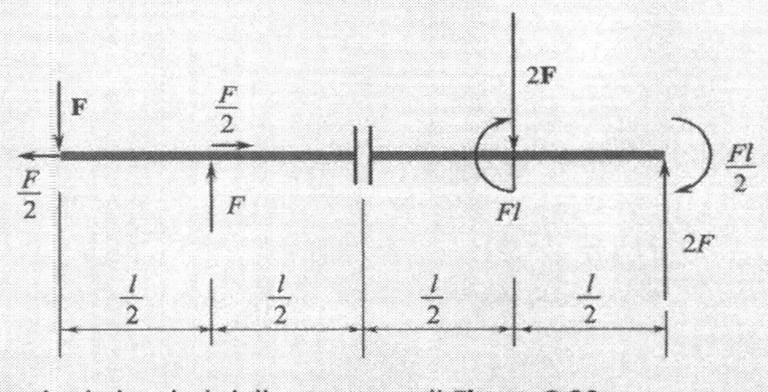

Figura 3.21 - Reazioni vincolari della struttura di **Figura 3.20**

Per il calcolo delle azioni interne si può percorrere la struttura da *A* verso *C*. Nel tratto compreso tra la cerniera *A* e il punto di applicazione della forza a distanza $l/2$, il momento flettente cresce linearmente fino al valore $Fl/2$. Nel tratto centrale il momento non varia perché la forza in direzione verticale applicata a distanza $l/2$ è uguale e opposta alla reazione verticale in *A* [4].

In corrispondenza del punto di applicazione del momento Fl l'azione interna momento flettente subisce una variazione pari a Fl, come mostrato nella **Figura 3.22**. Dalla parte sinistra le fibre tese sono quelle in alto, mentre dalla parte destra le fibre tese si trovano in basso.

---

[4] Le due forze costituiscono una coppia.

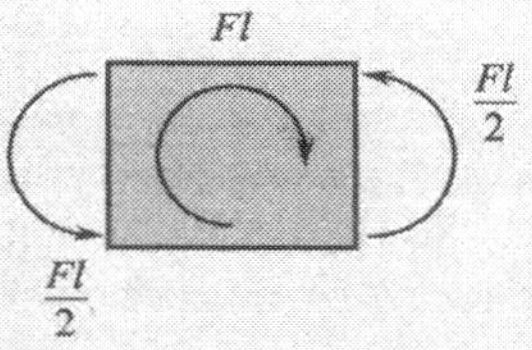

Figura 3.22 - Equilibrio dei momenti flettenti in corrispondenza del punto di applicazione del momento *Fl*.

Infine, il momento flettente nel tratto compreso tra il punto di applicazione del momento *Fl* e il manicotto in *C* diminuisce linearmente e si inverte di segno fino a raggiungere il valore $Fl/2$ in corrispondenza del vincolo.

L'azione tagliante assume valori non nulli solo nei tratti di lunghezza $l/2$ alle estremità. L'azione assiale è presente solo nel tratto compreso tra la cerniera in *A* e il punto di applicazione della forza $F\sqrt{5}/2$. I diagrammi delle azioni interne e le rispettive convenzioni di segno sono riportati nella **Figura 3.23**.

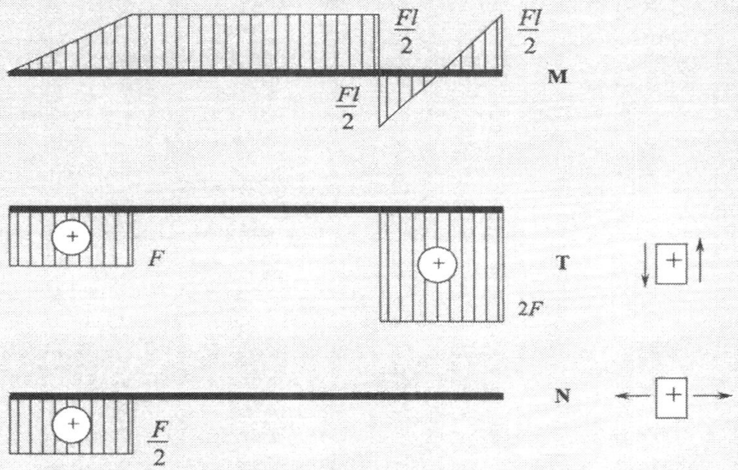

Figura 3.23 - Diagrammi delle azioni interne della struttura di **Figura 3.20**.

3.3 Distribuzioni di forze sulle strutture meccaniche

Nei vari casi che ci si può trovare ad analizzare nella pratica costruttiva, non sempre lo schema di carico si può ridurre al caso semplice di forze e momenti concentrati in un punto, che è il caso fin qui considerato. Vi sono molte situazioni nelle quali questo schema non è più adeguato a descrivere la realtà, ovvero a costituirne un modello sufficientemente aderente.

Per esempio, fino a questo momento abbiamo considerato degli schemi strutturali nei quali il peso proprio della struttura potesse essere trascurato rispetto alle forze agenti. In molti casi questo schema non è più accettabile: si pensi per esempio al caso delle grandi gru da costruzione a bracci telescopici; nelle condizioni di massima estensione (possono raggiungere altezze superiori a 30 m), il peso della trave di acciaio che costituisce il braccio principale è sufficiente per provocare elevate sollecitazioni lungo tutta la struttura; inoltre, anche l'azione del vento sul braccio può risultare non più trascurabile rispetto ai carichi sollevati dalla macchina.

Un altro esempio può essere rappresentato da una paratia di forma rettangolare che ha lo scopo di intercettare un fluido: in questo caso la pressione alla quale è soggetta la

paratia varia linearmente con la distanza dalla superficie libera del fluido (distribuzione triangolare).
Solo per il calcolo delle reazioni vincolari è lecito ricondurre queste situazioni di carico particolari a un carico concentrato, che chiameremo *risultante*. Il *risultante* produce i medesimi effetti sui vincoli della struttura e, nella strategia di calcolo che si deve adottare nell'analisi delle strutture, risulta molto comodo conoscerne il valore e la posizione o *retta di applicazione*.

Si vedrà poi che questa sostituzione non può essere mantenuta nel calcolo delle azioni interne della parte di struttura alla quale è applicata una particolare distribuzione.

3.3.1 Carichi concentrati

Prima di introdurre il concetto di carico distribuito consideriamo il caso di più carichi concentrati applicati su rette parallele. È questo un caso particolare della condizione di sistemi di forze considerate nella **Figura 3.24**.

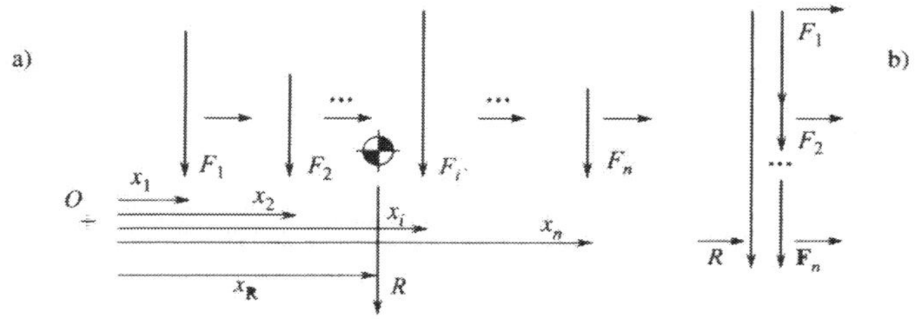

Figura 3.24 - Carichi concentrati.

Qui il punto di applicazione comune delle varie forze è all'infinito; quindi per trovare il modulo del risultante basta sommare vettorialmente tutte le forze. Per determinare la retta di applicazione del risultante è necessario imporre l'uguaglianza del suo momento rispetto a un polo comunque scelto con la somma dei momenti delle singole forze (risultante dei momenti). Le due equazioni di equivalenza valide in generale:

$$\vec{R} = \sum_{i=1}^{N} \vec{F}_i$$
$$(P - O) \times \vec{R} = \sum_{i=1}^{N} (P_i - O) \times \vec{F}_i \qquad (3.1)$$

diventano nel caso che si sta considerando, forze piane e parallele:

$$R = \sum_{i=1}^{N} F_i$$
$$x_R = \frac{\sum_{i=1}^{N} x_i F_i}{R} = \frac{\sum_{i=1}^{N} x_i F_i}{\sum_{i=1}^{N} F_i} \qquad (3.2)$$

L'ultima equazione dice che la coordinata x_R della retta di applicazione del risultante si trova come media pesata della coordinata dei singoli carichi, avendo assunto come pesi i moduli delle forze che costituiscono il sistema di partenza. Queste equazioni forniscono la chiave per risolvere tutti i casi di distribuzioni continue di carico.

3.3.2 Carichi distribuiti

Carico uniformemente distribuito

Se ora si considera una porzione di una struttura di lunghezza l alla quale è applicato un carico uniformemente distribuito p_0, le equazioni analoghe alle (**2.12**) e (**2.13**) di pag. 47 permettono di ritrovare la posizione della retta di applicazione. Le dimensioni del carico distribuito saranno quelle di una forza per unità di lunghezza [F/L]; quindi le unità di misura che possono essere impiegate sono, per esempio: N/m, N/mm, kN/m ecc. Poiché la distribuzione è su una linea, è necessario sostituire nelle alle (**2.12**) e (**2.13**) l'elemento di volume d con l'elemento di linea dx alle sommatorie gli integrali. Basta infatti considerare che la forza elementare applicata su una lunghezza dx (**Figura 3.25**) vale $p_o dx$.

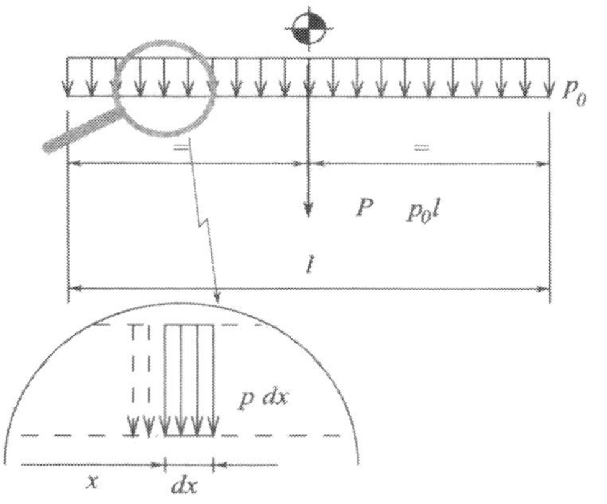

Figura 3.25 - Distribuzione uniforme di carico (distribuzione rettangolare).

Quindi il modulo del risultante varrà:

$$P = \int_0^l p_0 dx = p_0 l$$

mentre la posizione della retta d'applicazione del risultante si trova dall'equazione:

$$x_P = \frac{\int_0^l x p_0 dx}{\int_0^l p_0 dx} = \frac{\int_0^l x dx}{\int_0^l dx} = \frac{\frac{l^2}{2}}{l} = \frac{1}{2} l$$

Quindi, per una distribuzione uniforme del carico il risultante ha per modulo il prodotto della lunghezza per il valore della forza per unità di lunghezza e si applica in corrispondenza della mezzeria della distribuzione.

Carico con distribuzione lineare

I calcoli svolti nel caso della distribuzione uniforme si possono ripetere con la medesima procedura quando la distribuzione è lineare (**Figura 3.26**), cioè quando il carico cresce linearmente dal valore nullo a un valore massimo p_0 in corrispondenza della lunghezza l. In questo caso il carico varia con legge $p(x) = p_0 x/l$.

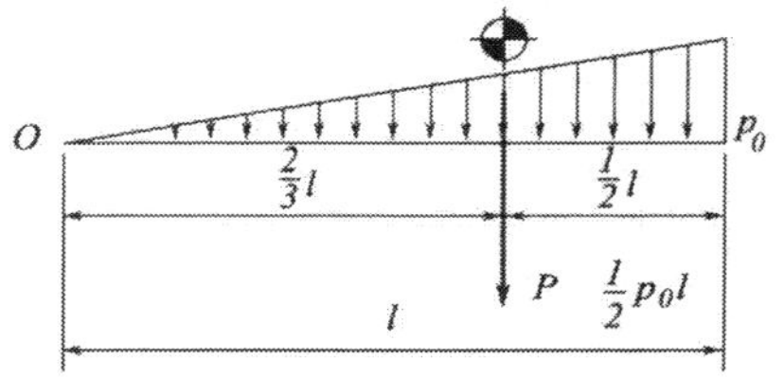

Figura 3.26 - Distribuzione lineare di carico (distribuzione triangolare).

Quindi il modulo del risultante qui vale:

$$P = \int_0^l p_0 \frac{x}{l}\, dx = \frac{p_0}{l} \int_0^l x\, dx = \frac{1}{2} p_0 l$$

mentre la posizione della retta di applicazione si trova a una distanza da O:

$$x_P = \frac{\int_0^l x p_0 \frac{x}{l}\, dx}{\int_0^l p_0 \frac{x}{l}\, dx} = \frac{\frac{p_0}{l}\int_0^l x^2 dx}{\frac{1}{2} p_0 l} = \frac{2}{3} l$$

Carico con altri tipi di distribuzione

Ora che è chiaro come si deve procedere, nel caso della distribuzione parabolica ($p(x) = p_0 x^2/l^2$), risulta:

$$P = \int_0^l p_0 \frac{x^2}{l^2}\, dx = \frac{p_0}{l^2} \int_0^l x^2\, dx = \frac{1}{3} p_0 l$$

mentre la posizione della retta di applicazione si trova a una distanza dall'origine O:

$$x_P = \frac{\int_0^l x p_0 \frac{x^2}{l^2}\, dx}{\int_0^l p_0 \frac{x^2}{l^2}\, dx} = \frac{\frac{p_0}{l^2}\int_0^l x^3 dx}{\frac{1}{3} p_0 l} = \frac{3}{4} l$$

La regola ora è chiara: se il carico ha una legge del tipo $p(x) = p_0 (x/l)^n$ dove $n = 0, 1, \ldots$ allora:

$$\begin{aligned} P &= \frac{1}{n+1} p_0 l \\ x_P &= \frac{n+1}{n+2} l \end{aligned} \tag{3.3}$$

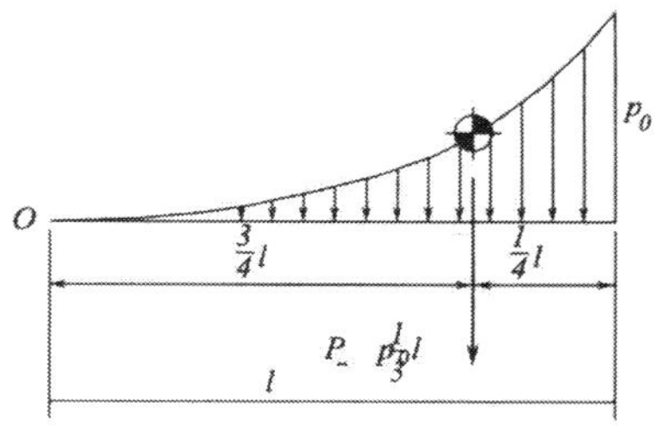

Figura 3.27 - Distribuzione quadratica di carico (distribuzione parabolica).

3.3.3 Effetto dei carichi distribuiti sulle azioni interne

Uno dei casi di maggior interesse tecnico nelle strutture meccaniche si verifica quando si applicano delle forze distribuite in direzione normale alla linea d'asse delle strutture. Per illustrare il metodo per ricavare le azioni interne in queste situazioni, si può fare uso di una struttura come quella riportata nella **Figura 3.28**.

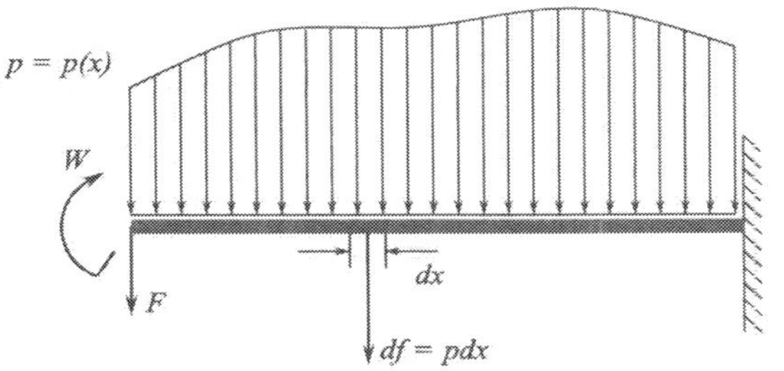

Figura 3.28 - Esempio di modello di struttura soggetta a un carico distribuito di intensità p.

La struttura è costituita da una mensola incastrata all'estremo di destra ed è sottoposta a un carico distribuito d'intensità $p(x)$, oltre a una forza F e un momento flettente W applicati nell'estremità libera (a sinistra nella figura). Ciascun elemento di lunghezza infinitesima dx è quindi sottoposto a una forza pari a $df = pdx$.

Per calcolare le azioni interne in una struttura del genere si possono seguire due percorsi differenti: il primo si dice *metodo diretto* e si basa sull'applicazione delle equazioni di equilibrio di parti della struttura. Il secondo metodo, invece, si basa sulla considerazione che perché la struttura rimanga in equilibrio devono essere in equilibrio tutte le sue parti, comunque scelte, sottoposte alla porzione di azioni esterne che gravano su di esse e alle azioni interne applicate alle estremità di questa parte.

Metodo diretto

Per calcolare le azioni interne in una sezione a distanza c dall'estremo libero, si deve "tagliare" idealmente la struttura e mettere in evidenza le componenti dell'azione interna N, T e M. In questo caso, l'azione normale N è nulla in c e quindi su tutta la struttura (c è scelta ad arbitrio) perché sono applicati unicamente carichi trasversali (**Figura 3.29**). Restano da determinare i valori del taglio T e del momento flettente M.

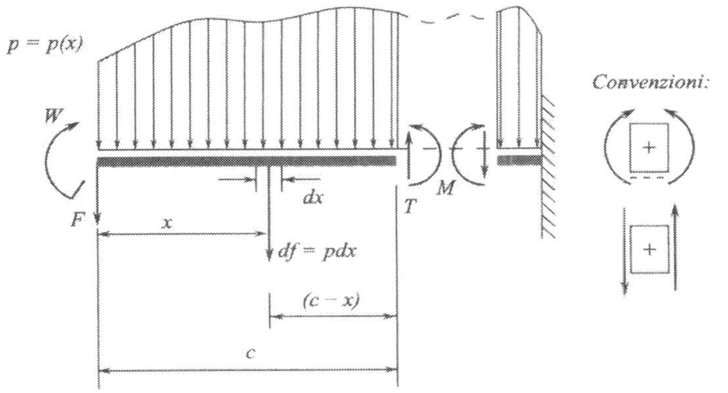

Figura 3.29 - Calcolo delle azioni interne in una struttura soggetta a un carico distribuito.

Le convenzioni di segno segute sono quella dei momenti positivi se tendono le fibre inferiori e del taglio positivo se antiorario.

Dovendo il tratto di sinistra ($0 \leq x \leq c$) stare in equilibrio, l'azione tagliante dovrà equilibrare il risultante (positivo verso il basso) di tutte le forze applicate prima della sezione. Dunque l'azione tagliante si calcola come:

$$T = F + \int_0^c df = F + \int_0^c p(x)dx \tag{3.4}$$

Il momento flettente si ricava imponendo l'equilibrio dei momenti di tutte le forze che sono applicate prima della sezione d'interesse intorno a un qualsiasi punto. Ne deriva (adottando come polo per il calcolo dei momenti il punto di sezione):
Le convenzioni di segno segute sono quella dei momenti positivi se tendono le fibre inferiori e del taglio positivo se antiorario.

$$M = W - Fc - \int_0^c df(c-x) = W - Fc - \int_0^c p(x)(c-x)dx \tag{3.5}$$

Metodo "differenziale"

Se si considera un elemento della struttura di lunghezza dx come quello mostrato nella **Figura 3.30**, esso dovrà rimanere ancora in equilibrio sotto l'azione di tutte le forze esterne e delle forze interne (azioni interne) che sono scambiate con la rimanente parte della struttura.

Procedendo con la coordinata x da sinistra verso destra, il momento subirà una variazione pari a dM, mentre il taglio verrà incrementato di dT.

Perché sia rispettato l'equilibrio in direzione verticale del tratto di lunghezza dx:

$$pdx + T - (T + dT) = 0$$

dalla quale si ricava, dividendo per dx:

$$\frac{dT}{dx} = p \tag{3.6}$$

Questa equazione dice che la derivata dell'azione tagliante rispetto a una coordinata orientata come la linea d'asse della struttura è uguale all'intensità del carico distribuito.

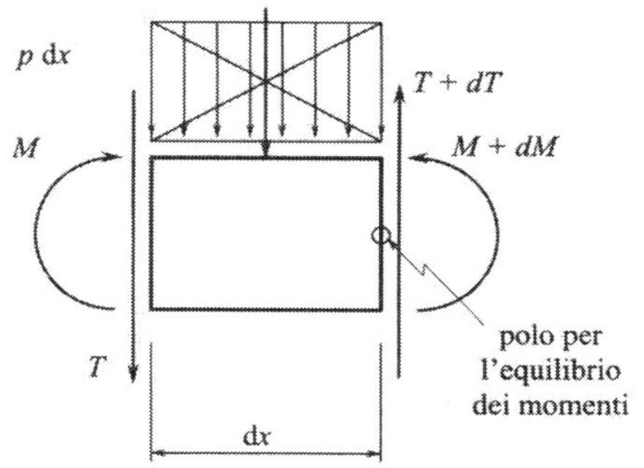

Figura 3.30 - Elemento estratto da una struttura, soggetto a un carico distribuito e alle azioni interne che sono scambiate con le parti adiacenti.

L'altra equazione di equilibrio si scrive imponendo che sia nulla la somma di tutti i momenti applicati al tratto di struttura di lunghezza dx (conviene riferirsi al polo indicato nella **Figura 3.30**); avendo assunto come positive le rotazioni orarie:

$$M - Tdx - pdx\frac{dx}{2} - (M + dM) = 0$$

Tenendo conto che il termine $pdx^2/2$ si può trascurare in quanto infinitesimo di ordine superiore, si ottiene:

$$\frac{dM}{dx} = -T \tag{3.7}$$

Questa equazione dice che la derivata del momento lungo la coordinata x è pari, a meno del segno (che dipende dalle convenzioni assunte), all'azione tagliante T.

Infine, se si tiene conto del risultato dell'equazione (**3.6**), e si calcola la derivata (seconda) rispetto alla coordinata x del momento si può scrivere:

$$\frac{d}{dx}\frac{dM}{dx} = \frac{d^2M}{dx^2} = -\frac{d}{dx}T = \frac{dT}{dx} = -p$$

e quindi:

$$\frac{d^2M}{dx^2} = -p(x) \tag{3.8}$$

Dalle equazioni (**3.6**), (**3.7**) e (**3.8**) si possono trarre alcune interessanti considerazioni: quando su una struttura rettilinea *non* è applicato un carico distribuito, allora il taglio è costante (a tratti), poiché la sua derivata deve essere nulla, mentre il momento varia linearmente, poiché la sua derivata è costante (il taglio). Se invece è applicato un carico uniformemente distribuito, allora il taglio ha legge lineare e il momento flettente ha un andamento parabolico.

Se si riprende l'esempio del Paragrafo 3.2, si può notare che le equazioni in forma differenziale sono rispettate. Si osserva che in ogni tratto della struttura il coefficiente angolare (cioè la derivata) che compare nell'equazione del momento è uguale al taglio nella porzione corrispondente.

Un esempio servirà a chiarire l'uso delle equazioni scritte con il metodo "diretto" e con quello "differenziale".

Esempio svolto 3.5

Si considera una struttura formata da una singola trave ad asse rettilineo appoggiata alle estremità e soggetta a una distribuzione di forze di intensità p [N/m] (**Figura 3.31**).

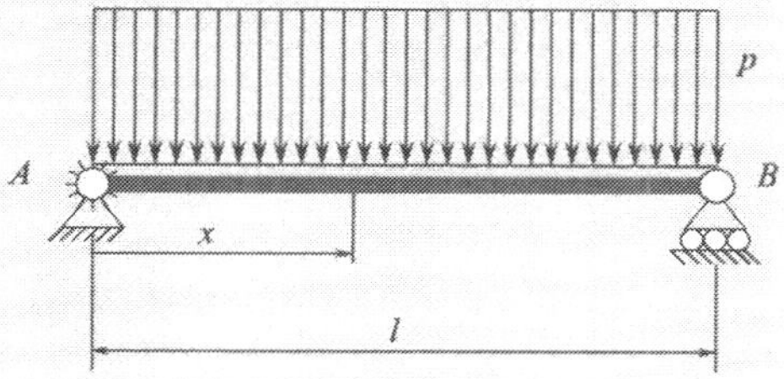

Figura 3.31 - Struttura soggetta a una distribuzione uniforme di forze.

Soluzione

Per calcolare i valori delle azioni interne nella struttura con il metodo diretto, si devono prima calcolare le reazioni vincolari e poi mettere in evidenza le azioni interne "tagliando" la struttura in un punto generico di coordinata x.

Riprendendo quanto illustrato al Paragrafo 3.3.2, il calcolo delle reazioni vincolari è immediato: la retta di applicazione del risultante della distribuzione rettangolare si trova in mezzeria. Quindi imponendo che sia nullo il momento di tutte le forze rispetto all'estremo A della **Figura 3.32** si calcola la reazione in B (diretta come nella figura):

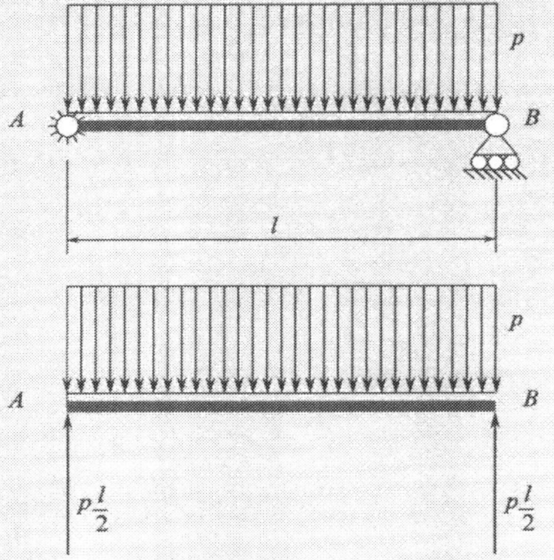

Figura 3.32 - Calcolo delle reazioni vincolari in una struttura soggetta a un carico distribuito.

$$R_B l - pl\frac{l}{2} = 0 \quad \Rightarrow \quad R_B = p\frac{l}{2}$$

e dall'equilibrio in direzione verticale si ricava il valore della reazione in A:

$$R_A + R_B = pl \quad \Rightarrow \quad R_A = p\frac{l}{2}$$

Ora che si conosce il valore delle reazioni vincolari, si possono calcolare le azioni interne, imponendo l'equilibrio della porzione della struttura compresa tra il vincolo in A e la sezione a distanza x **Figura 3.33**.

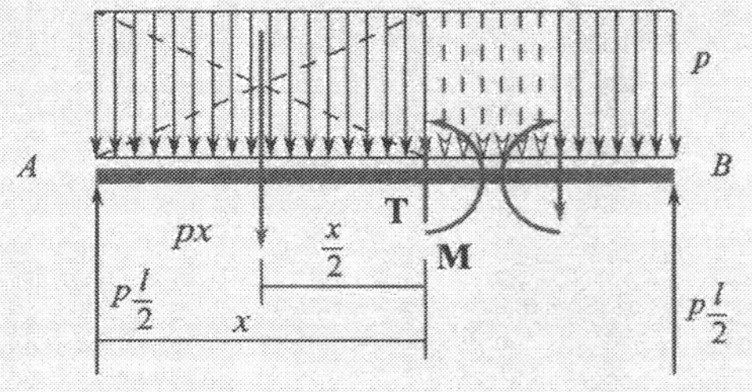

Figura 3.33 - Calcolo delle azioni interne con il metodo "diretto".

Dall'equilibrio delle forze in direzione verticale si ricava:

$$T(x) = -p\frac{l}{2} + px$$

mentre dall'equilibrio di tutti i momenti rispetto al punto in corrispondenza del punto di "taglio" si ottiene:

$$M(x) = p\frac{l}{2}x - px\frac{x}{2}$$

I diagrammi delle azioni interne sono ora immediati e sono riportati nella **Figura 3.34**, con le rispettive convenzioni sui segni. Il momento flettente assume valore massimo in corrispondenza della sezione di mezzeria e vale $pl^2/8$.

Esempio svolto 3.6

Se si volesse risolvere il problema dell'(**Esempio 3.5**) per altra via, basta applicare le equazioni (**3.6**) e (**3.7**) ricavate con il metodo "differenziale". Si ottiene, integrando membro a membro:

$$\frac{dT}{dx} = p \qquad \Rightarrow \qquad T(x) = px + C_1$$

$$\frac{dM}{dx} = -T = -px - C_1 \qquad \Rightarrow \qquad M(x) = -p\frac{x^2}{2} - C_1 x + C_2$$

dove C_1, C_2 sono due costanti che dipendono dalle condizioni al contorno. In questo caso tali condizioni corrispondono ad affermare che il momento flettente in corrispondenza delle cerniere (appoggi) di estremità deve essere nullo:

$$M(x=0) = M(x=l) = 0 \qquad \Rightarrow \qquad C_2 = 0; \quad C_1 = -p\frac{l}{2}$$

Quindi si possono ottenere le espressioni del taglio e del momento flettente in ogni sezione:

$$M(x) = -p\frac{x^2}{2} + p\frac{l}{2}x \qquad T(x) = px - p\frac{l}{2}$$

Se queste espressioni vengono valutate in corrispondenza dei vincoli di estremità, si capisce come le condizioni al contorno esprimano anche l'uguaglianza tra le azioni interne all'estremità della struttura con le reazioni vincolari. È questo un metodo sicuro per verificare se si sono eseguiti i calcoli in maniera corretta.

Il risultato che è stato ottenuto, avendo scelto le medesime convenzioni di segno, coincide con quello presentato nell'esempio precedente. I diagrammi delle azioni interne sono ancora quelli della **Figura 3.34**

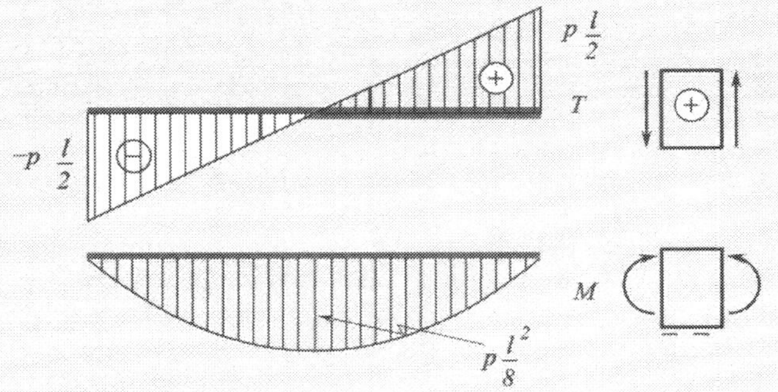

Figura 3.34 - Diagrammi delle azioni interne in una struttura rettilinea appoggiata alle estremità.

Esempio svolto 3.7

La tecnica di soluzione di strutture semplici in presenza di carico distribuito non è molto differente dal caso di strutture caricate con sole forze concentrate.

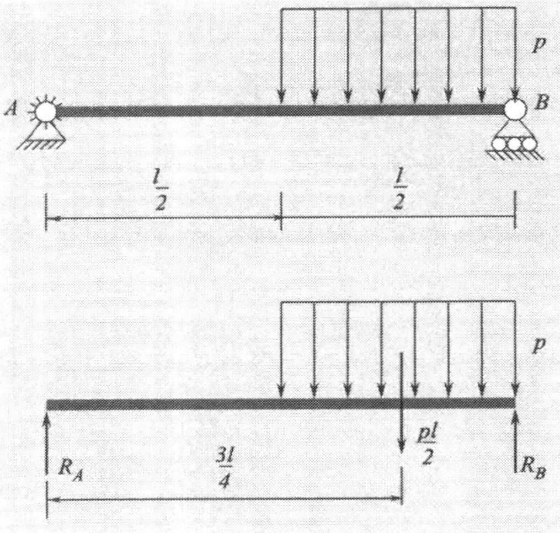

Figura 3.35 - Struttura formata da una singola trave caricata con un carico distribuito.

Soluzione
Si inizia sempre dalla determinazione delle reazioni vincolari. Dall'equilibrio alla rotazione intorno ad A di tutta la struttura si ricava R_B:

$$R_B l - \left(p\frac{l}{2}\right)\frac{3l}{4} = 0 \quad \Rightarrow \quad R_B = \frac{3}{8}pl$$

mentre dall'equilibrio in direzione verticale si ricava R_A:

$$R_A + R_B - p\frac{l}{2} = 0 \quad \Rightarrow \quad R_A = p\frac{l}{2} - \frac{3}{8}pl = \frac{1}{8}pl$$

Per calcolare il momento flettente in una generica sezione a distanza x dall'estremo B **Figura 3.35**:

$$R_B x - px\frac{x}{2} - M(x) = 0 \quad \Rightarrow \quad M(x) = \frac{3}{8}plx - p\frac{x^2}{2} \qquad \textbf{(3.9)}$$

Il diagramma del momento flettente $M(x)$ può essere tracciato sovrapponendo l'andamento lineare dovuto a R_B e quello parabolico dovuto al carico distribuito **Figura 3.36**. Nel tratto di sinistra, dall'estremo A alla mezzeria, il diagramma è lineare perché non vi è applicato alcun carico distribuito e deve annullarsi in corrispondenza della cerniera A.

Per completare l'analisi della struttura si traccia il diagramma dell'azione tagliante. Si procede come in precedenza, mettendo in evidenza nella sezione generica a distanza x da un estremo le forze taglianti che si scambiano le diverse parti attraverso la sezione **Figura 3.37**. Imponendo l'equilibrio alla traslazione in direzione verticale del tratto di lunghezza x:

$$R_B - px - T = 0 \quad \Rightarrow \quad T(x) = \frac{3}{8}pl - px$$

Il diagramma del taglio è invece costante nella porzione di sinistra della trave e ha modulo $\frac{1}{8}pl$.

Si osservi che, su tutta la lunghezza della struttura, vale la relazione differenziale:

$$\frac{\mathrm{d}M}{\mathrm{d}x} = T$$

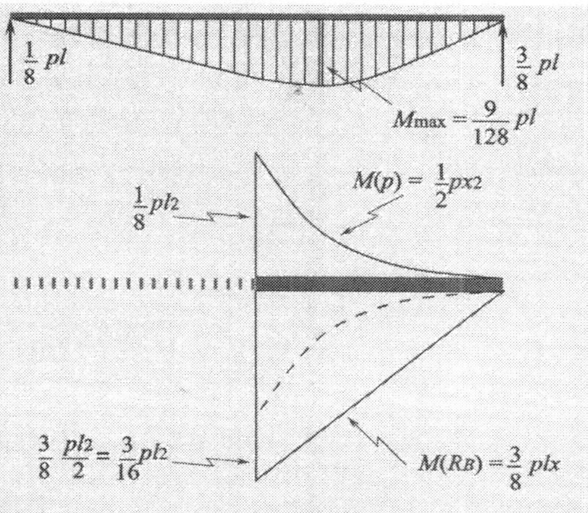

Figura 3.36 - Andamento del momento flettente sull'intera struttura: si osservi che il momento si annulla in corrispondenza degli appoggi agli estremi.

Questa relazione permette di individuare la coordinata x del punto nel quale il momento assume valore massimo, perché lì la derivata del momento si annulla come il valore del taglio:

$$\frac{dM}{dx} = T(x) = 0 = \frac{3}{8}pl - px \qquad \Rightarrow \qquad x = \frac{3}{8}l$$

Il valore del momento massimo si trova valutando l'espressione del momento (**3.9**) nel punto di coordinata $x = 3/8l$:

$$M_{max} = M(x = 3/8l) = \frac{3}{8}pl(\frac{3}{8}l) - \frac{1}{2}p(\frac{3}{8}l)^2 = \frac{9}{128}pl^2$$

Si osservi che il momento flettente in mezzeria assume il valore $M(x = \frac{1}{2}l) = \frac{1}{16}pl^2$.

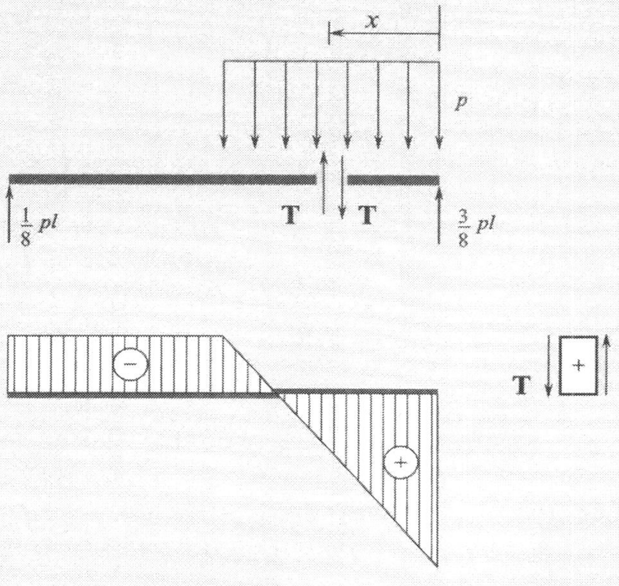

Figura 3.37 - Diagramma dell'azione tagliante: si presti attenzione alle convenzioni di segno riportate nella figura.

3.4 Azioni interne in strutture tridimensionali

Se consideriamo ora una trave nello spazio (GDL = 6) eseguendo una sezione si mettono in evidenza un vettore forza $\vec{F}$ con 3 componenti, ed un vettore momento $\vec{M}$ con 3 componenti.

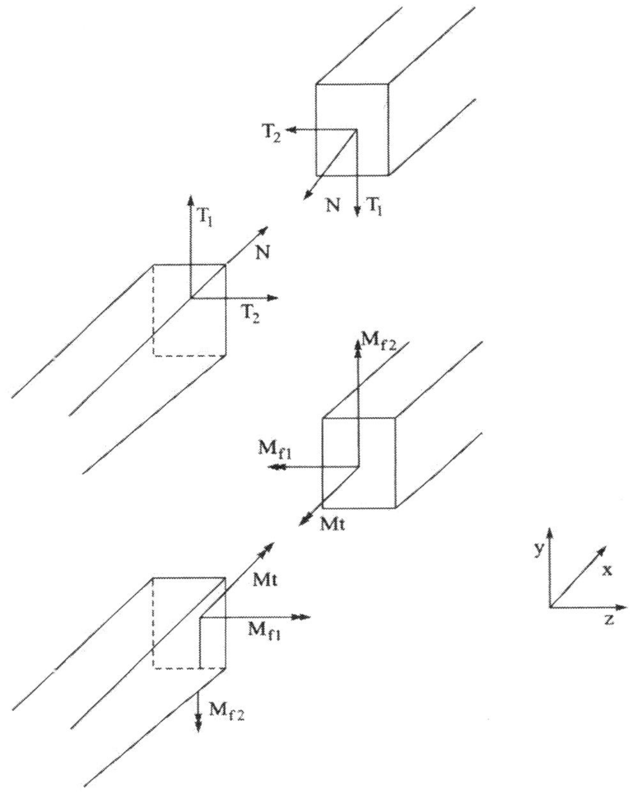

Figura 3.38 - Componenti di azione interna per una trave nello spazio.

Con riferimento alla figura, osserviamo che per la forza si ha una componente normale alla sezione indicata con il simbolo N, e due componenti taglianti indicate con T_1 e T_2. Per il momento si hanno due componenti di momento flettente, M_{f1} e M_{f2} diretti nel piano della sezione, ed una componente normale, indicata con M_t. Quest'ultimo momento si chiama *monento torcente* perché è associato ad una torsione della trave stessa.

Per l'analisi ed il tracciamento dei diagrammi si procede nel solito modo. Si può osservare che è opportuno considerare congiuntamente i diagrammi di (T_1, M_{f1}) e (T_2, M_{f2}) perché la presenza del taglio T_i è associata ad una variazione del momento M_{fi}.

Per indicare a scopo introduttivo come si possono studiare le azioni interne in qualche caso semplice ma significativo si ricorre all'esempio di **Figura 3.44**. In questo caso è possibile considerare la struttura ancora come bidimensionale solo dal punto di vista geometrico, mentre questo non è possibile dal punto di vista strutturale perché la forza agisce in direzione normale rispetto al piano nel quale si sviluppa la struttura.

Per poter analizzare la distribuzione delle azioni interne, utilizziamo come al solito il modello delle travi, "condensando" le proprietà geometriche sull'asse del componente reale, che in questo caso ha una forma a L (**Figura 3.45**).

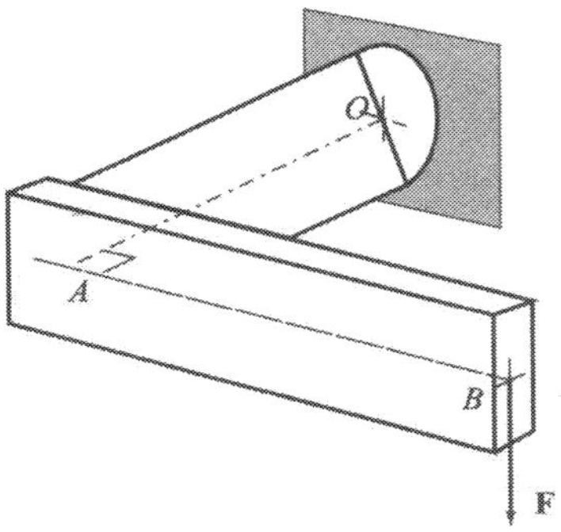

Figura 3.39 - Un semplice caso di organo di macchina tridimensionale.

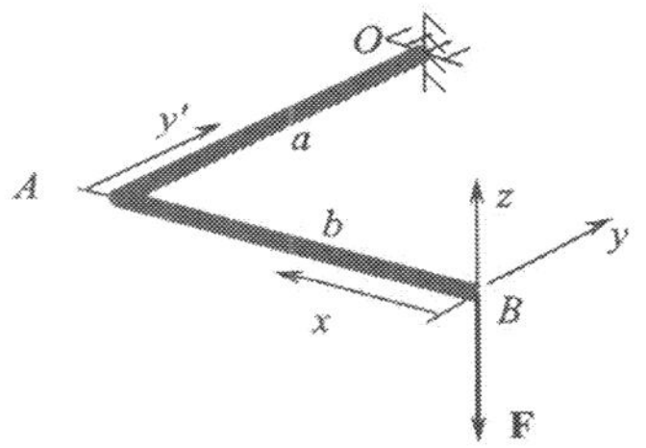

Figura 3.40 - Schema strutturale e sistema di riferimento.

Per ricavare le componenti dell'azione interna si procede partendo dall'estremo libero B (si tratta comunque di una mensola caricata all'estremità). I diagrammi delle azioni interne sono riportati nella **Figura 3.47**.

Nel tratto AB il momento flettente che sollecita la mensola nel piano xz cresce linearmente con la coordinata x fino a raggiungere il massimo in corrispondenza del punto A e tende le fibre superiori della trave di lunghezza b.

Per analizzare la distribuzione delle azioni interne nel tratto AO, si può pensare di spostare la forza F in A e di aggiungere un opportuno momento di trasporto che agisce in maniera tale da "torcere" la sezione circolare alla quale è applicato ed è appunto detto *momento torcente* (**Figura 3.46**).

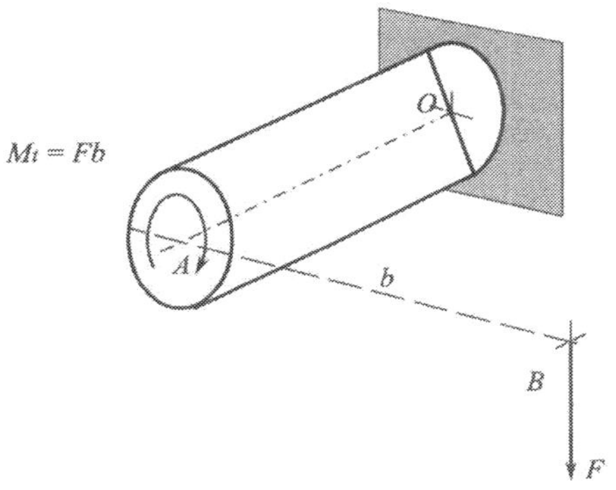

Figura 3.41 - Momento torcente.

Questo momento torcente assume lo stesso valore del momento flettente nel punto A (pensato appartenente al tratto BA): infatti il momento torcente M_{tA} deve essere tale da equilibrare il momento flettente che agisce sulla sezione immediatamente adiacente ma orientata a 90°, M_{fA} (**Figura 3.47**).

Il momento torcente è costante sull'intero tratto AO. Nel diagramma di **Figura 3.47** viene riportato nella direzione di z ma sarebbe stato assolutamente identico averlo riportato su uno qualsiasi dei piani scelti tra quelli che hanno per sostegno la direzione AO.

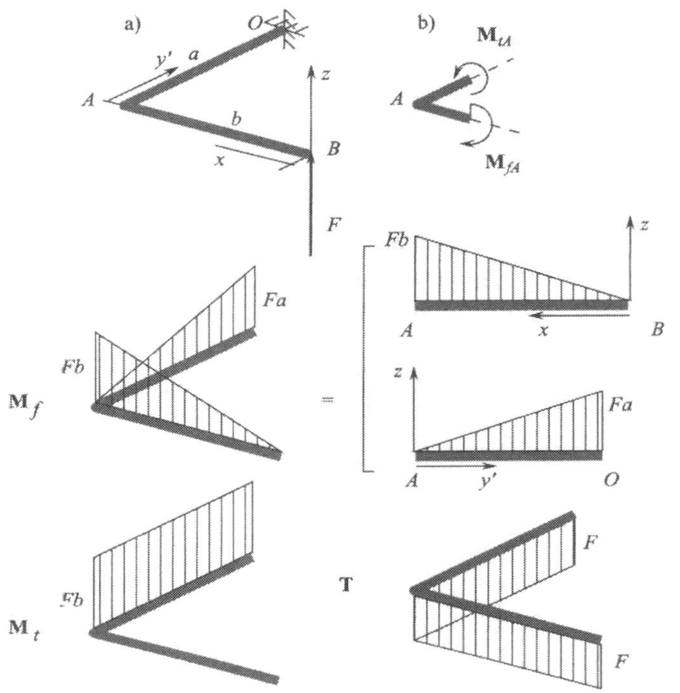

Figura 3.42 - Azioni interne nel componente riportato nella **Figura 3.39**.

Invece, lungo il tratto AO, il momento flettente che sollecita AO nel piano $y'z$ cresce linearmente con la coordinata y' e raggiunge il valore massimo in corrispondenza del vincolo in O. Il momento tende le fibre superiori della trave, motivo per il quale è riportato dal lato positivo dell'asse z.

Il taglio assume invece valore costante pari a F in entrambi i tratti nei quali è stata suddivisa la struttura.

Esercizi

3.1 Tracciare i diagrammi delle azioni interne per la struttura isostatica riportata nella **Figura 3.38**. La struttura è costituita da due elementi mutuamente vincolati mediante una cerniera intermedia ("mezza cerniera") in C e un carrello nel punto B. L'insieme così formato è a sua volta vincolato al sistema di riferimento mediante una cerniera a terra in D e un carrello in A.

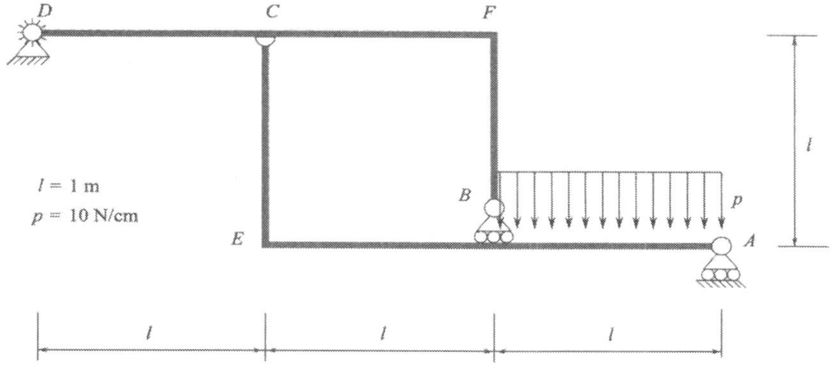

Figura 3.43 Struttura formata dal collegamento di due travi.

3.2 Si traccino i diagrammi delle azioni interne nella struttura mostrata nella **Figura 3.39**. Si segua il procedimento indicato nell'esercizio precedente. Si osservi che per calcolare le reazioni vincolari è possibile scrivere le equazioni di equilibrio senza dover "aprire" i vincoli interni della struttura. Si confronti il risultato ottenuto con i diagrammi riportati nella **Figura 3.40**.

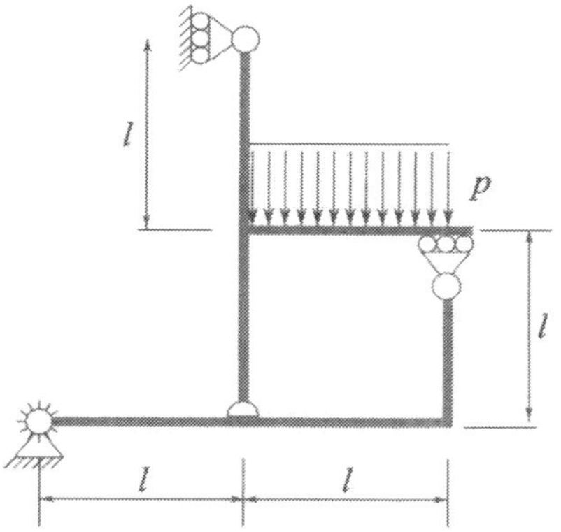

Figura 3.44 La struttura in figura costituisce un solo corpo vincolato al sistema di riferimento con cerniera e carrello.

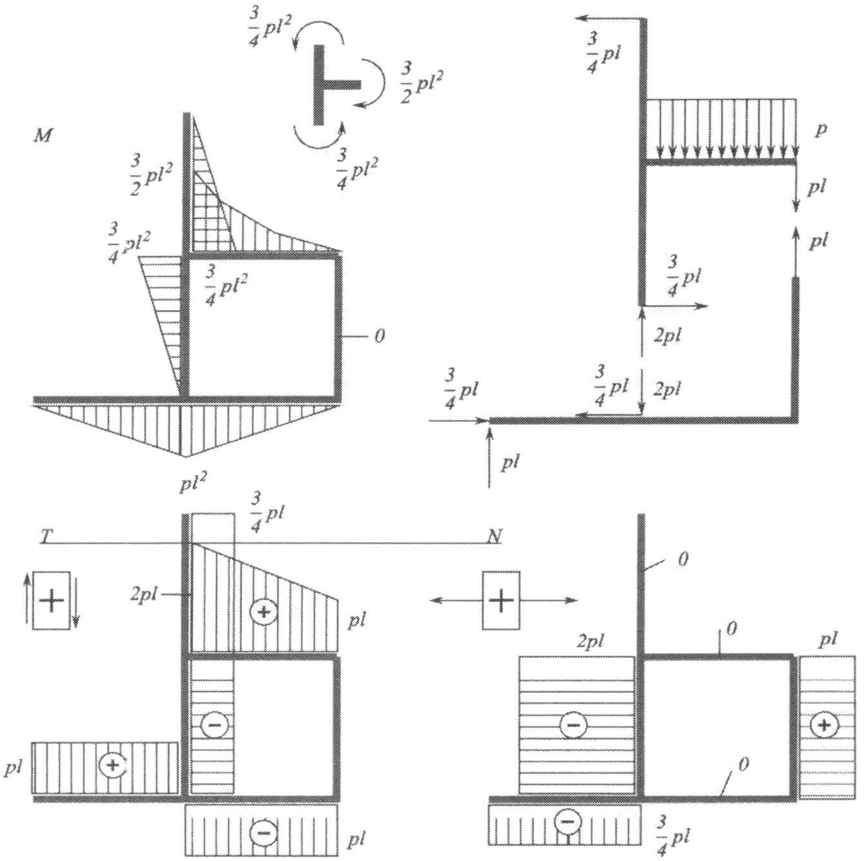

Figura 3.45 Diagrammi delle azioni interne della struttura mostrata nella Figura 7.61.

3.3 La struttura riportata nella **Figura 3.41** è un arco a tre cerniere delle quali una impropria (il manicotto in B). Alla struttura sono applicati un carico uniformemente distribuito di intensità p e un momento concentrato di valore pl^2 applicato nella mezzeria del tratto BC.

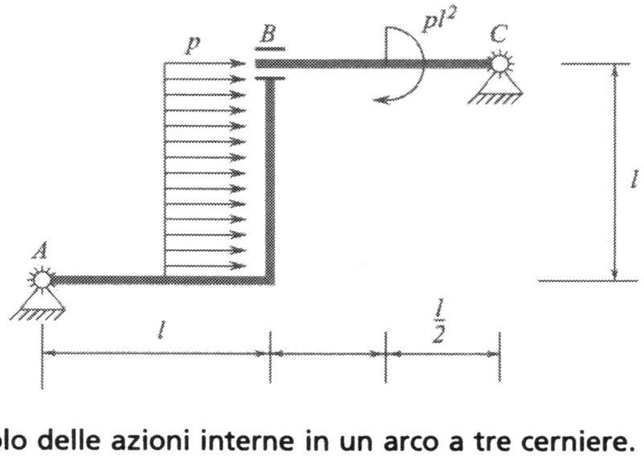

Figura 3.46 Calcolo delle azioni interne in un arco a tre cerniere.

3.4 La struttura rappresentata nella **Figura 3.42** è costituita da un anello chiuso isostatico (*ABCD*) vincolato a terra con una cerniera in *A* e da un carrello in *D*, sul quale si appoggia un secondo elemento a "L" (*EFG*) mediante un manicotto in *E* e un carrello in *G*. La struttura è isostatica ed è correttamente vincolata (non è labile).

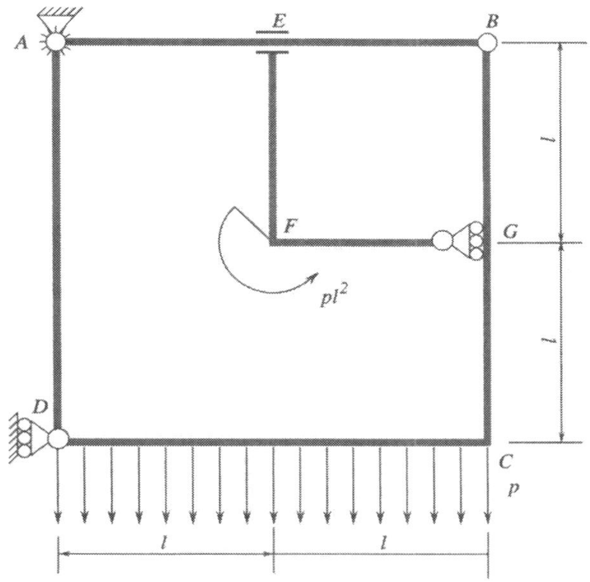

Figura 3.47 Questa struttura è costituita da un anello chiuso vincolato a terra con cerniera e carrello al quale si aggiunge una trave a "L".

3.5 Trovare le azioni interne nello scarificatore di trattore (ripper) di **Figura 3.48**b.

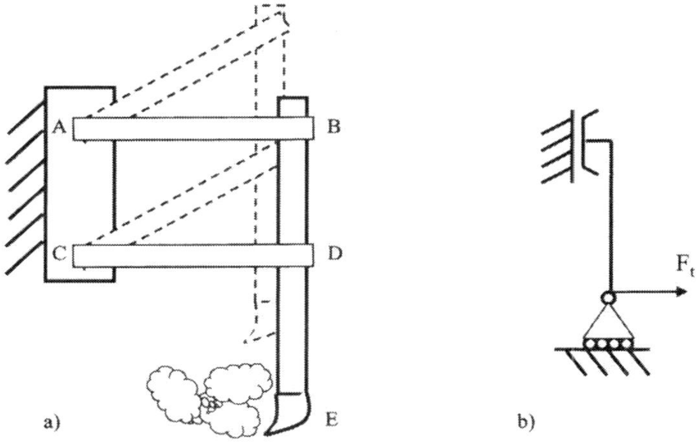

Figura 3.48

3.6 Tracciare i diagrammi delle azioni interne del telaio di **Figura 3.49**

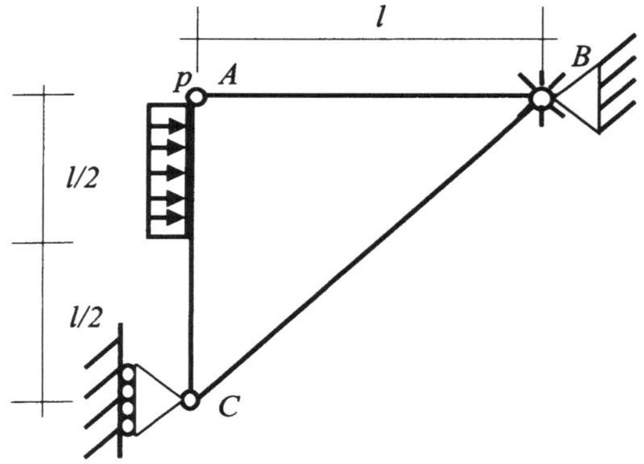

Figura 3.49

3.7 Tracciare i diagrammi delle azioni interne del telaio di **Figura 3.50**

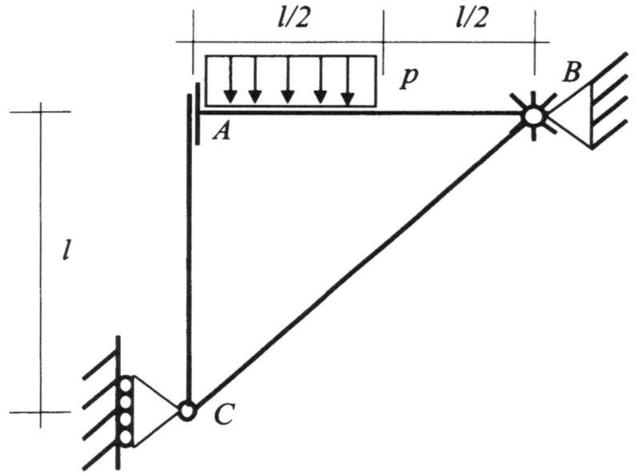

Figura 3.50

3.8 Tracciare i diagrammi delle azioni interne del telaio di **Figura 3.51**

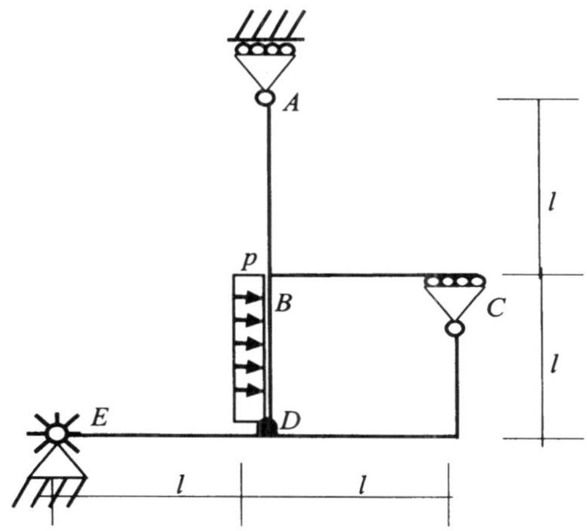

Figura 3.51

3.9 Tracciare i diagrammi delle azioni interne del telaio di **Figura 3.52**

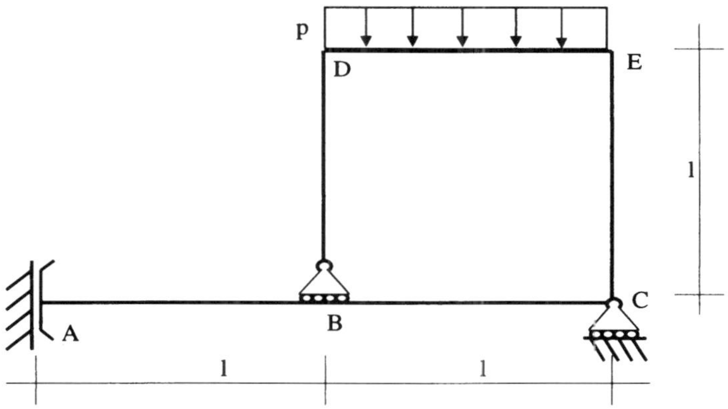

Figura 3.52

4 Sforzi e deformazioni

La statica e la cinematica delle strutture sono descritte in termini di azioni interne (forze e momenti) e spostamenti generalizzati (spostamenti e rotazioni). Queste nozioni però non sono sufficienti per determinare la resistenza e la rigidezza di un elemento strutturale: in questo capitolo si introducono i concetti propedeutici al corretto dimensionamento di un organo di macchine.

Se si considera un tirante di acciaio sottoposto ad una azione normale è evidente che la sua resistenza dipenderà dalla sezione: ci si può aspettare che un'azione $N = 100\text{kN}$ provoca la rottura di un elemento con una sezione $A = 1\ \text{mm}^2$, mentre la stessa azione è trascurabile su una sezione $A = 10\,000\ \text{mm}^2$. La sperimentazione insegna che è proprio la grandezza specifica, forza/area, che governa la resistenza statica degli elementi strutturali. A questa grandezza si dà il nome di sforzo, o tensione; essa è indicata dalla lettera sigma e si scrive $\sigma = N/A$; lo sforzo è dimensionalmente omogeneo ad una pressione e si misura dunque in Pascal (Pa).

Analogamente l'allungamento $\Delta\ell$ dello stesso tirante deve essere rapportato alla sua lunghezza iniziale ℓ_0, per poter dare una valutazione quantitativa della sua deformazione. Infatti $\Delta\ell = 1$ mm è trascurabile su un elemento di lunghezza iniziale $\ell_0 = 10\,000$ mm, mentre rappresenta una deformazione cospicua su una lunghezza iniziale di $\ell_0 = 10$ mm. Di nuovo è utile introdurre una grandezza specifica, allungamento/lunghezza iniziale, detta deformazione ingegneristica: il simbolo è la lettera epsilon, e si scrive $\varepsilon = \Delta\ell/\ell_0$. La deformazione, essendo il rapporto di due lunghezze, è un numero puro e perciò privo di unità di misura.

Un tirante sottoposto ad azione assiale si allunga secondo una certa legge fisica che può essere determinata mediante un'apposita macchina che registra la trazione applicata N e l'allungamente $\Delta\ell$. L'analisi dei dati sperimentali mostra che i diagrammi espressi in termini di σ–ε (cioè N/A–$\Delta\ell/\ell_0$) dipendono solo dal materiale; inoltre per molti materiali la relazione tra σ ed ϵ è rappresentata da una retta su un ampio intervallo di valori. Si dà il nome di *legge di Hooke* all'equazione che esprime questa osservazione:

$$\sigma = E\varepsilon,$$

dove E è una costante, nota come modulo di Young o di elasticità, caratteristica di ogni materiale.

4.1 Sforzi in elementi strutturali

L'analisi e la progettazione di un componente meccanico richiede la determinazione degli sforzi nel componente stesso. Anche nel caso di componenti meccanici di forma semplice, come trave, tirante, albero, per i quali si riescono a definire le azioni interne: trazione, compressione, taglio, momento flettente, momento torcente lo stato di sforzo che ne consegue è complesso ed è sempre tridimensionale, anche se molto spesso alcune componenti sono nulle. Le formule che permettono di determinare gli sforzi nei casi semplici di trazione, flessione, taglio e torsione forniscono lo stato di sforzo in qualsiasi punto dell'elemento che si considera, rispetto a un particolare sistema di riferimento. Al variare del sistema di riferimento, però, variano le componenti dello stato di sforzo; in particolare si trova che esistono direzioni, dette principali, che definiscono alcune componenti di sforzo, dette anch'esse principali, che corrispondono ai valori estremi degli sforzi in quel punto. Risulta chiaro, anche intuitivamente, che per eseguire un dimensionamento o una verifica è necessario poter valutare la posizione e l'entità degli sforzi massimi, che sono anche i più pericolosi. È indispensabile quindi disporre di strumenti per calcolare i valori delle componenti dello stato di sforzo rispetto a qualunque piano. Scopo di questo capitolo è analizzare in dettaglio lo stato di sforzo per fornire gli strumenti atti a calcolare gli sforzi principali e quelli che agiscono su un piano comunque orientato.

Per semplicità, si consideri un elemento strutturale (un tirante) sollecitato solo da un carico assiale **Figura 4.1**. Se si definisce sforzo (o tensione), la forza per unità di superficie, il valore dello sforzo agente in una sezione trasversale A normale all'asse dell'elemento strutturale soggetto ad un carico assiale P è dato da:

$$\sigma_x = \frac{P}{A}$$

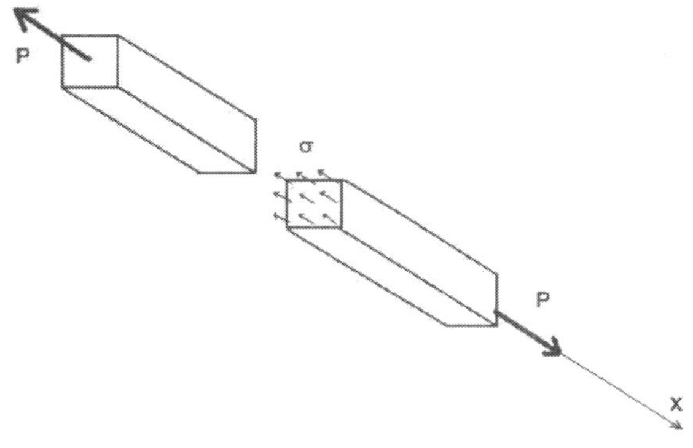

Figura 4.1 - Elemento strutturale sollecitato a trazione.

Si sceglie di indicare con σ le componenti di sforzo dirette come la normale alla superficie sulla quale agiscono. Il pedice indica la direzione della normale alla superficie.

Il valore di σ_x così calcolato rappresenta il valore medio dello sforzo normale, agente sulla sezione trasversale, che ha x come direzione di riferimento.

Lo sforzo normale in un punto Q della sezione si valuta considerando un'area ΔA nell'intorno di Q, dividendo la quota di forza ΔF trasmessa attraverso l'area per l'area stessa e facendo tendere a zero ΔA:

$$\sigma_{x_Q} = \lim_{\Delta A \to 0} \frac{\Delta F}{\Delta A}$$

Si supponga, ora, di voler determinare gli sforzi agenti su di un piano inclinato di un angolo θ rispetto al piano trasversale, come si vede in **Figura 4.2**.

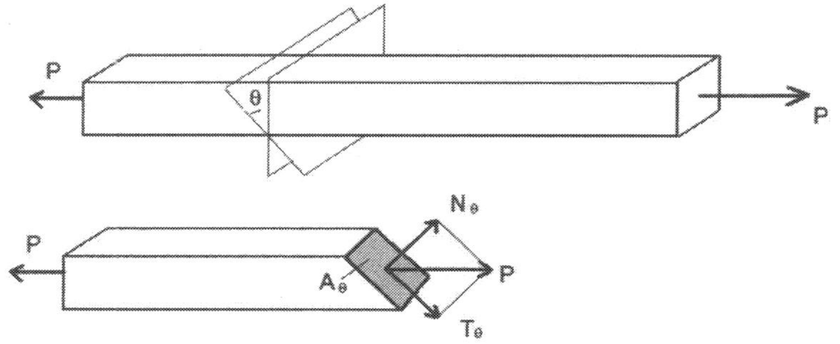

Figura 4.2 - Elemento strutturale sollecitato a trazione, risultante normale N_θ e tangenziale T_θ su di un piano inclinato di un angolo θ.

La forza P può essere scomposta in una componente normale N_θ e una tangenziale T_θ rispetto alla sezione obliqua

$$N_\theta = P \cos\theta$$

$$T_\theta = P \sin\theta$$

Si sceglie di indicare con τ le componenti di sforzo che giacciono sulla superficie sulla quale agiscono.

Gli sforzi medi corrispondenti ad azione normale e tangenziale sono: sforzi normali σ_θ, e tangenziali τ_θ, evidenziati nella **Figura 4.3**, che agiscono sulla superficie inclinata di un angolo θ **Figura 4.2**:

$$\sigma_\theta = \frac{N_\theta}{A_\theta} = \frac{P\cos\theta}{\dfrac{A}{\cos\theta}} = \frac{P}{A}\cos^2\theta$$

$$\tau_\theta = \frac{T_\theta}{A_\theta} = \frac{P\sin\theta}{\dfrac{A}{\cos\theta}} = \frac{P}{A}\sin\theta\cos\theta$$

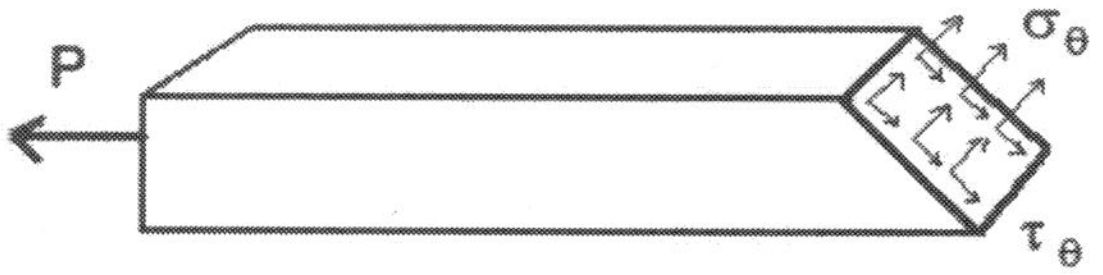

Figura 4.3 - Elemento strutturale sollecitato a trazione, sforzi normali e tangenziali su di un piano inclinato di un angolo θ.

È importante notare che lo stato di sforzo nel punto rimane comunque il medesimo, ma si determinano diversi valori delle componenti dello stato di sforzo al variare della giacitura del piano di appoggio.

Già considerando questa semplice distribuzione degli sforzi, si evidenzia la particolare struttura delle formule di variazione delle componenti di sforzo σ_θ e τ_θ che includono le funzioni trigonometriche $\sin\theta$ e $\cos\theta$ in forma quadratica.

Al variare dell'angolo θ si ricercano i piani sui quali la tensione tangenziale o normale raggiunge il valore massimo

$$\theta = 0 \qquad \sigma_{\theta=0} = \frac{P}{A} \qquad \tau_{\theta=0} = 0$$

$$\theta = \pm 45 \qquad \sigma_{\theta=45} = \frac{P}{2A} \qquad \tau_{\theta=45} = \frac{P}{2A}$$

In condizioni di carico e per forme più complesse lo studio dello stato di sforzo deve partire da una descrizione locale adottando come elemento di appoggio per gli sforzi il tetraedro di Cauchy.

4.1.1 Tetraedro di Cauchy

I componenti meccanici possono essere sollecitati in condizioni molto diverse da quella di trazione considerata nel paragrafo precedente; lo stato di sforzo che ne consegue è quindi complesso e composto da sforzi normali e tangenziali, che variano in direzione e in ampiezza nelle diverse zone del componente. Lo stato di sforzo è sempre tridimensionale, anche se alcune componenti possono essere nulle.

Analizziamo la condizione di sforzo di un corpo deformabile, riferito ad un sistema di assi cartesiani ortogonali x, y, z, in equilibrio sotto l'azione di un definito sistema di forze.

Si suddivida in parti il corpo mediante un piano arbitrario **Figura 4.4**. Condizione necessaria e sufficiente per l'equilibrio di tutto il corpo è che risulti in equilibrio (equazioni cardinali della statica) ogni sua parte, sotto l'azione delle forze esterne che le competono e delle forze interne che rappresentano l'azione delle parti contigue sulla parte considerata.

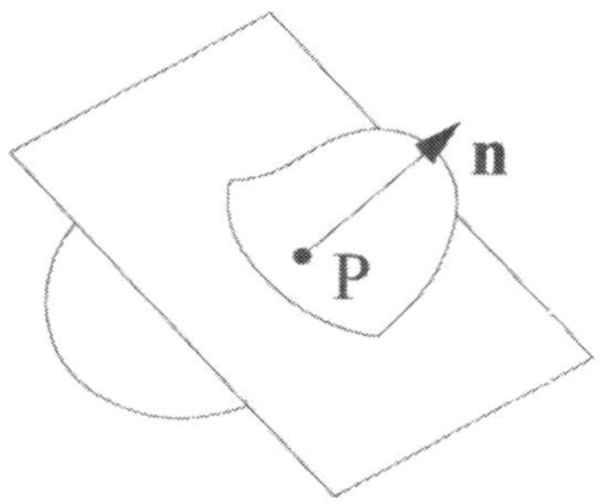

Figura 4.4 - Corpo sezionato tramite un piano di normale $\bar{n}$ passante per P.

È possibile rappresentare lo stato di sforzo in un punto P sfruttando la condizione precedentemente riportata. Si considerino tre assi cartesiani ortogonali con origine in P orientati come x, y, z, si costruisca a distanza infinitesima da P, un piano di normale $\overline{n}$; tale piano individua, assieme ai tre piani coordinati, un tetraedro con volume infinitesimo.

Si indichi con $d\Sigma$,l'area della faccia con normale $\overline{n}$, le aree delle altre tre facce valgono $d\Sigma n_x$, $d\Sigma n_y$ e $d\Sigma n_z$, essendo n_x, n_y, n_z i coseni direttori di $\overline{n}$

Le forze agenti sulle facce del tetraedro sono riportate in **Figura 4.5**.

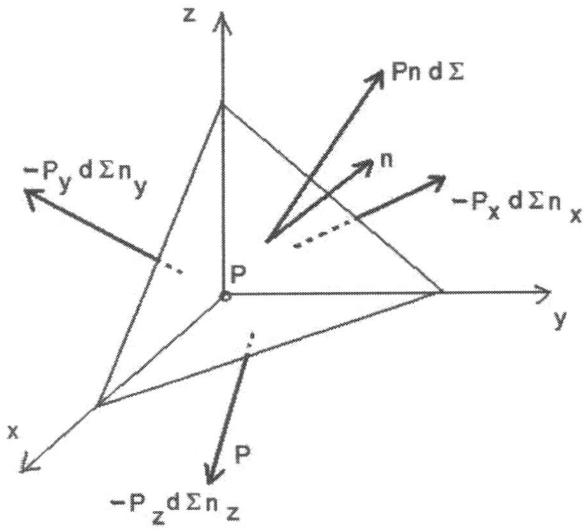

Figura 4.5 - Tetraedro di Cauchy.

La prima equazione cardinale della statica deve essere rispettata perchè il tetraedro fa parte di un corpo continuo in equilibrio (relazione di Cauchy):

$$\overline{p}_n d\Sigma - \overline{p}_x d\Sigma n_x - \overline{p}_y d\Sigma n_y - \overline{p}_z d\Sigma n_z = 0 \qquad \textbf{(4.1)}$$

È evidente che, noti in P i tre vettori $\overline{p}_x\overline{p}_y\overline{p}_z$, sia possibile calcolare lo sforzo $\overline{p}_n$ su qualunque elemento superficiale caratterizzato dalla normale $\overline{n}$: i tre vettori $\overline{p}_x\overline{p}_y\overline{p}_z$ definiscono completamente lo stato di sforzo in P. È possibile rappresentare i tre vettori $\overline{p}_x\overline{p}_y\overline{p}_z$ tramite le relative componenti scalari secondo gli assi x, y, z; la componente di sforzo è indicata tramite un doppio pedice p_{ij}, ove i indica che lo sforzo agisce sull'elemento di superficie che ha per normale l'asse i e j indica che deve essere considerata la componente lungo l'asse j; ad esempio: p_{xy} indica la componente in direzione y dello sforzo agente sulla superficie che ha per normale l'asse x.

Lo sforzo $\overline{p}_n$ inoltre può essere rappresentato tramite una componente in direzione normale alla superficie σ_n e una in direzione tangenziale **Figura 4.6** τ_n:

$$|\overline{p}_n|^2 = \sigma_n^2 + \tau_n^2$$

Un generico stato di sforzo può essere quindi rappresentato tramite nove componenti: σ_x, σ_y, σ_z, τ_{xy}, τ_{yx}, τ_{yz}, τ_{zy}, τ_{zx}, τ_{xz} ed è un tensore: un ente le cui componenti scalari variano, al variare del sistema di riferimento, secondo specifiche leggi di trasformazione.

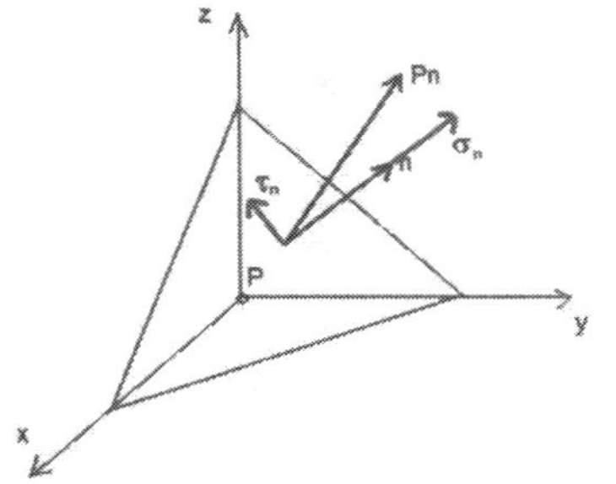

Figura 4.6 - Tetraedro di Cauchy. Componente dello sforzo $\overline{p}_n$ in direzione normale e tangenziale.

Il tensore dello sforzo è scritto come

$$\sigma_{ij} = \begin{bmatrix} \sigma_x & \tau_{xy} & \tau_{xz} \\ \tau_{yx} & \sigma_y & \tau_{yz} \\ \tau_{zx} & \tau_{zy} & \sigma_z \end{bmatrix}$$

4.1.2 Equazioni indefinite di equilibrio

Si derivano nel seguito le *equazioni indefinite di equilibrio* per un elemento infinitesimo, un parallepipedo rettangolo di lati dx, dy e dz **Figura 4.7**, considerando la variazione degli sforzi da un lato all'altro dell'elemento.

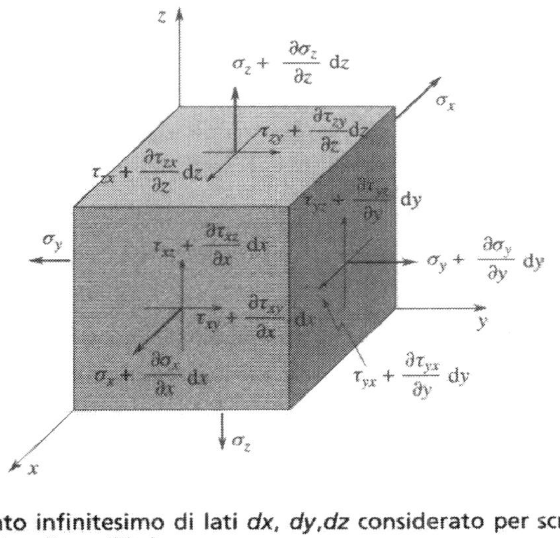

Figura 4.7 - Elemento infinitesimo di lati *dx*, *dy*,*dz* considerato per scrivere le equazioni indefinite di equilibrio.

Dalle equazioni di equilibrio alla traslazione nelle direzioni x, y, z si ottiene:

$$\begin{cases} \dfrac{\partial \sigma_x}{\partial x} + \dfrac{\partial \tau_{yx}}{\partial y} + \dfrac{\partial \tau_{zx}}{\partial z} = 0 \\ \dfrac{\partial \tau_{xy}}{\partial x} + \dfrac{\partial \sigma_y}{\partial y} + \dfrac{\partial \tau_{zy}}{\partial z} = 0 \\ \dfrac{\partial \tau_{xz}}{\partial x} + \dfrac{\partial \tau_{yz}}{\partial y} + \dfrac{\partial \sigma_z}{\partial z} = 0 \end{cases}$$

Dalle equazioni di equilibrio alla rotazione intorno agli assi x, y, z si ottiene:

$$\tau_{yz} = \tau_{zy} \qquad \tau_{zx} = \tau_{xz} \qquad \tau_{xy} = \tau_{yx}$$

In questo modo le componenti indipendenti dello stato di sforzo in un punto si riducono a sei. Il tensore degli sforzi è quindi simmetrico.

4.2 Sforzi principali e invarianti

Nel paragrafo precedente sono stati ottenuti i valori degli sforzi normali e tangenziali su un piano qualunque di normale $\overline{n}$ dove in generale il vettore $\overline{p_n}$ non è diretto come $\overline{n}$. Esistono piani chiamati *piani principali* per i quali la direzione e il modulo di $\overline{p_n}$ coincidono con quelli della sua componente normale σ_n, che è chiamata σ_p. Questi sforzi sono chiamati *sforzi principali* e queste partiolari direzioni *direzioni principali*.

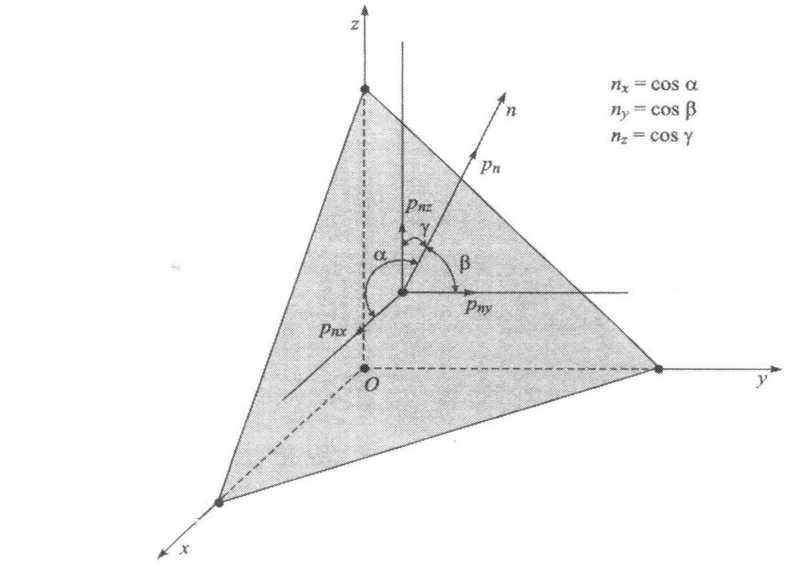

Figura 4.8 - Piano principale e risultante p_n diretta come la normale.

Si può dimostrare che per ogni condizione di sforzo, ci sono sempre tre direzioni e tre sforzi principali, che con riferimento alla **Figura 4.8**, possono essere così determinati:

$$\begin{aligned} p_{nx} &= \sigma_p n_x \\ p_{ny} &= \sigma_p n_y \\ p_{nz} &= \sigma_p n_z \end{aligned} \qquad \textbf{(4.2)}$$

Dalle equazioni (**4.1** e **4.2**) si ricava poi:

$$\begin{cases} (\sigma_x - \sigma_p)n_x + \tau_{yx}n_y + \tau_{zx}n_z = 0 \\ \tau_{xy}n_x + (\sigma_y - \sigma_p)n_y + \tau_{zy}n_z = 0 \\ \tau_{xz}n_x + \tau_{yz}n_y + (\sigma_z - \sigma_p)n_z = 0 \end{cases}$$

Considerando il sistema omogeneo in n_x, n_y, n_z, deve annullarsi il determinante dei coefficienti per avere soluzione non nulla:

$$\begin{vmatrix} \sigma_x - \sigma_p & \tau_{yx} & \tau_{zx} \\ \tau_{xy} & \sigma_y - \sigma_p & \tau_{zy} \\ \tau_{xz} & \tau_{yz} & \sigma_z - \sigma_p \end{vmatrix} = 0$$

Si ottiene un'equazione cubica:

$$\sigma_p^3 - I_{\text{I}}\sigma_p^2 - I_{\text{II}}\sigma_p - I_{\text{III}} = 0$$

dove:

$$\begin{aligned} I_{\text{I}} &= \sigma_x + \sigma_y + \sigma_z \\ I_{\text{II}} &= \tau_{xy}^2 + \tau_{yz}^2 + \tau_{zx}^2 - (\sigma_x\sigma_y + \sigma_y\sigma_z + \sigma_z\sigma_x) \\ I_{\text{III}} &= \sigma_x\sigma_y\sigma_z + 2\tau_{xy}\tau_{yz}\tau_{zx} - (\sigma_x\tau_{yz}^2 + \sigma_y\tau_{zx}^2 + \sigma_z\tau_{xy}^2) \end{aligned}$$

Si può dimostrare che, essendo simmetrica la matrice, l'equazione cubica ha tre radici reali (o *autovalori*): σ_{I}, σ_{II}, σ_{III}. Aggiungendo a due equazioni del sistema omogeneo il legame tra i coseni direttori $n_x^2 + n_y^2 + n_z^2 = 1$, si ottengono (previa sostituzione di una delle tre soluzioni dell'equazione cubica) tre terne di valori dei coseni direttori n_x, n_y, n_z e, quindi, si definiscono le direzioni principali (autovettori).

Se i tre valori degli sforzi principali, σ_{I}, σ_{II}, σ_{III}, sono distinti le tre corrispondenti direzioni principali sono distinte e ortogonali tra loro, se due degli sforzi principali sono uguali una direzione è definita, e corrisponde a quella dello sforzo diverso dagli altri, mentre le altre sono infinite perché sono tutte quelle normali alla prima, se tutti e tre i valori degli sforzi sono uguali ogni direzione è principale.

Una delle proprietà più importanti degli sforzi principali è quella che tra essi ci sono sia il valore massimo sia quello minimo che lo sforzo può assumere in un punto dell'elemento sollecitato.

I_{I}, I_{II}, I_{III} sono chiamati rispettivamente primo, secondo e terzo *invariante* del tensore degli sforzi e possono essere espressi in funzione degli sforzi principali:

$$\begin{aligned} I_{\text{I}} &= \sigma_{\text{I}} + \sigma_{\text{II}} + \sigma_{\text{III}} \\ I_{\text{II}} &= -(\sigma_{\text{I}}\sigma_{\text{II}} + \sigma_{\text{II}}\sigma_{\text{III}} + \sigma_{\text{III}}\sigma_{\text{I}}) \\ I_{\text{III}} &= \sigma_{\text{I}}\sigma_{\text{II}}\sigma_{\text{III}} \end{aligned}$$

Esempio svolto 4.1

In un componente meccanico sono stati determinati i seguenti sforzi (vedere **Figura 4.9**):

$$\sigma_x = 80 \text{ MPa} \qquad \sigma_y = -40 \text{ MPa} \qquad \sigma_z = 20 \text{ MPa}$$
$$\tau_{xy} = 80 \text{ MPa} \qquad \tau_{yz} = \tau_{xz} = 0 \text{ MPa}$$

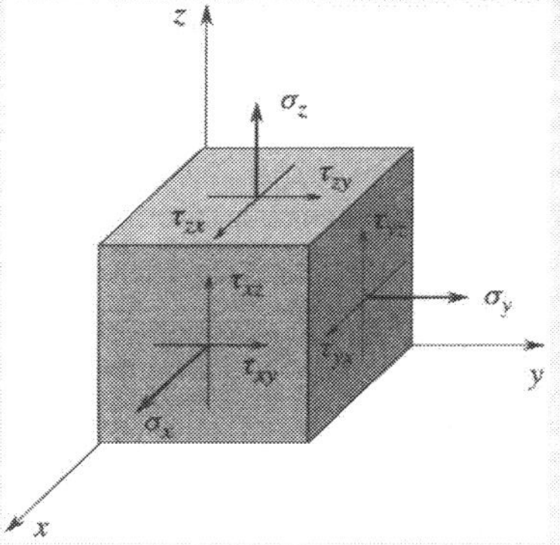

Figura 4.9 - Rappresentazione di un generico stato di sforzo.

Si chiede di determinare gli sforzi principali e le direzioni principali.

Soluzione

Occorre valutare il determinante di

$$\begin{vmatrix} 80 - \sigma_p & 80 & 0 \\ 80 & (-40 - \sigma_p) & 0 \\ 0 & 0 & 20 - \sigma_p \end{vmatrix} = 0$$

Da cui si ottiene:

$$(20 - \sigma_p)[(80 - \sigma_p)(-40 - \sigma_p) - 6400] = 0$$

La prima radice è:

$$\sigma_{\text{II}} = 20 \text{ MPa}$$

mentre per determinare le altre due si deve risolvere l'equazione:

$$\sigma_p^2 - 40\sigma_p - 9600 = 0$$

si ottiene:

$$\sigma_{\text{I}} = 120 \text{ MPa} \qquad \sigma_{\text{III}} = -80 \text{ MPa}$$

Risultano così determinati gli sforzi massimi e minimi tra tutti i possibili sistemi di coordinate:

$$\sigma_{\text{max}} = 120 \text{ MPa} \qquad \sigma_{\text{min}} = -80 \text{ MPa}$$

Sostituendo i valori delle sollecitazioni principali, si ottengono tre terne di valori dei coseni direttori n_x, n_y, n_z ognuna delle quali rappresenta una direzione principale rispetto ai tre assi. In particolare:

$$\sigma_{\text{I}} = 120 \text{ MPa}$$

$$n_x(80 - 120) + n_y 80 = 0$$
$$n_x 80 + n_y(-40 - 120) = 0$$
$$n_z(20 - 120) = 0$$

da cui, ricordando che $n_x^2 + n_y^2 + n_z^2 = 1$:

$$n_x = \pm 0{,}894 \quad n_x = \cos\alpha_\text{I} \quad \alpha_\text{I} = 26°34'$$
$$n_y = \pm 0{,}447 \quad n_y = \cos\beta_\text{I} \quad \beta_\text{I} = 63°26'$$
$$n_z = 0 \quad n_z = \cos\gamma_\text{I} \quad \gamma_\text{I} = 90°$$

dove gli angoli α_I, β_I, γ_I sono quelli che definiscono la direzione principale 1 considerando la radice positiva di n_x, n_y e n_z.

Analogamente si determina:

$$\sigma_\text{III} = -80 \text{ MPa}$$

$$n_x(80 + 80) + l80 = 0$$
$$n_y 80 + l(-40 + 80) = 0$$
$$n_z(20 + 80) = 0$$

da cui:

$$n_x = \pm 0{,}447 \quad n_x = \cos\alpha_\text{III} \quad \alpha_\text{III} = 63°26'$$
$$n_y = \pm 0{,}894 \quad n_y = \cos\beta_\text{III} \quad \beta_\text{III} = 26°34'$$
$$n_z = 0 \quad m = \cos\gamma_\text{III} \quad \gamma_\text{III} = 90°$$

$$\sigma_\text{II} = 20 \text{ MPa}$$

La direzione II coincide con la z, che è già principale, quindi:

$$n_z = 1 \quad m = \cos\gamma_\text{II} \quad \gamma_\text{II} = 0°$$
$$n_x = 0 \quad \cos\alpha_\text{II} = 0 \quad \alpha_\text{II} = 90°$$
$$n_y = 0 \quad \cos\beta_\text{II} = 0 \quad \beta_\text{II} = 90°$$

4.3 Tensore deviatore degli sforzi

Un qualunque tensore degli sforzi può essere rappresentato come somma del *tensore idrostatico degli sforzi* e del *tensore deviatore degli sforzi*.

Il tensore idrostatico, σ'_{ij}, ha elementi tutti uguali e pari allo sforzo medio:

$$\sigma'_\text{I} = \sigma'_\text{II} = \sigma'_\text{III} = \frac{\sigma_\text{I} + \sigma_\text{II} + \sigma_\text{III}}{3} = \sigma_\text{m} = \frac{I_1}{3} \qquad \sigma'_{ij} = \begin{bmatrix} \sigma_\text{m} & 0 & 0 \\ 0 & \sigma_\text{m} & 0 \\ 0 & 0 & \sigma_\text{m} \end{bmatrix}$$

Il tensore deviatore degli sforzi, S_{ij}, si ricava dal tensore degli sforzi sottraendo la componente idrostatica. Risulta:

$$S_{ij} = \begin{bmatrix} \sigma_x - \sigma_\text{m} & \tau_{xy} & \tau_{xz} \\ \tau_{yx} & \sigma_y - \sigma_\text{m} & \tau_{yz} \\ \tau_{zx} & \tau_{zy} & \sigma_z - \sigma_\text{m} \end{bmatrix}$$

È chiaro che, togliendo la stessa componente in tutte le direzioni al tensore degli sforzi originale, le direzioni principali non variano, quindi le direzioni principali del tensore deviatore degli sforzi sono le stesse del tensore degli sforzi. In termini di sforzi principali il tensore deviatore degli sforzi risulta:

$$S_{ij} = \begin{bmatrix} \sigma_{\mathrm{I}} - \sigma_{\mathrm{m}} & 0 & 0 \\ 0 & \sigma_{\mathrm{II}} - \sigma_{\mathrm{m}} & 0 \\ 0 & 0 & \sigma_{\mathrm{III}} - \sigma_{\mathrm{m}} \end{bmatrix}$$

dove:

$$S_{\mathrm{I}} = \sigma_{\mathrm{I}} - \sigma_{\mathrm{m}} = \frac{2}{3}\sigma_{\mathrm{I}} - \frac{\sigma_{\mathrm{II}}}{3} - \frac{\sigma_{\mathrm{III}}}{3}$$
$$S_{\mathrm{II}} = \sigma_{\mathrm{II}} - \sigma_{\mathrm{m}} = \frac{2}{3}\sigma_{\mathrm{II}} - \frac{\sigma_{\mathrm{III}}}{3} - \frac{\sigma_{\mathrm{I}}}{3}$$
$$S_{\mathrm{III}} = \sigma_{\mathrm{III}} - \sigma_{\mathrm{m}} = \frac{2}{3}\sigma_{\mathrm{III}} - \frac{\sigma_{\mathrm{I}}}{3} - \frac{\sigma_{\mathrm{II}}}{3}$$

Gli invarianti del tensore deviatore degli sforzi risultano:

$$J_{\mathrm{I}} = S_{\mathrm{I}} + S_{\mathrm{II}} + S_{\mathrm{III}} = 0$$
$$J_{\mathrm{II}} = \frac{1}{2}(S_{\mathrm{I}}^2 + S_{\mathrm{II}}^2 + S_{\mathrm{III}}^2) = -(S_{\mathrm{I}}S_{\mathrm{II}} + S_{\mathrm{II}}S_{\mathrm{III}} + S_{\mathrm{III}}S_{\mathrm{I}})$$
$$J_{\mathrm{III}} = S_{\mathrm{I}}S_{\mathrm{II}}S_{\mathrm{III}} = \frac{1}{3}(S_{\mathrm{I}}^3 + S_{\mathrm{II}}^3 + S_{\mathrm{III}}^3)$$

In termini di sforzi principali si può scrivere:

$$J_{\mathrm{II}} = \frac{1}{6}\left[(\sigma_{\mathrm{I}} - \sigma_{\mathrm{II}})^2 + (\sigma_{\mathrm{II}} - \sigma_{\mathrm{III}})^2 + (\sigma_{\mathrm{III}} - \sigma_{\mathrm{I}})^2\right]$$

4.3.1 Sforzi ottaedrali

Si consideri un piano di normale n, ugualmente inclinata rispetto agli assi principali I, II, III. Essendo $\alpha = \beta = \gamma$ (**Figura 4.8**), i coseni direttori valgono

$$n_x = n_y = n_z = \pm\frac{1}{\sqrt{3}} \tag{4.3}$$

I piani caratterizzati da una normale i cui coseni direttori hanno i valori dati dalla **4.3** sono chiamati ottaedrali. Lo sforzo normale che agisce su un piano ottaedrale vale

$$\sigma_n = \frac{1}{3}(\sigma_{\mathrm{I}} + \sigma_{\mathrm{II}} + \sigma_{\mathrm{III}}) = \sigma_m = \frac{I_1}{3}$$

e coincide, quindi, con lo sforzo medio. Lo sforzo tangenziale ottaedrale τ_{OTT} è pari a:

$$\tau_{\mathrm{OTT}} = \frac{1}{3}\left[(\sigma_{\mathrm{I}} - \sigma_{\mathrm{II}})^2 + (\sigma_{\mathrm{II}} - \sigma_{\mathrm{III}})^2 + (\sigma_{\mathrm{III}} - \sigma_{\mathrm{I}})^2\right]^{1/2}$$

$$\tau_{\mathrm{OTT}} = \frac{1}{\sqrt{3}}\left[(\sigma_{\mathrm{I}} - \sigma_m)^2 + (\sigma_{\mathrm{II}} - \sigma_m)^2 + (\sigma_{\mathrm{III}} - \sigma_m)^2\right]^{1/2}$$

4.4 Circonferenze di Mohr

La determinazione delle componenti dello stato di sforzo su un piano qualunque passante per un punto può essere effettuata anche per via grafica. Se consideriamo le generiche componenti su di un piano dello stato di sforzo, σ e τ, in funzione delle sollecitazioni principali si può scrivere

$$\sigma = n_x^2\sigma_\mathrm{I} + n_y^2\sigma_\mathrm{II} + n_z^2\sigma_\mathrm{III}$$
$$\tau^2 + \sigma^2 = n_x^2\sigma_\mathrm{I}^2 + n_y^2\sigma_\mathrm{II}^2 + n_z^2\sigma_\mathrm{III}^2$$

insieme alla relazione $n_\mathrm{I}^2 + n_\mathrm{II}^2 + n_\mathrm{III}^2 = 1$ abbiamo tre equazioni per le tre incognite n_I^2, n_II^2, n_III^2. Si ottiene:

$$\begin{aligned} n_x^2 &= \frac{\tau^2 + (\sigma - \sigma_\mathrm{II})(\sigma - \sigma_\mathrm{III})}{(\sigma_\mathrm{I} - \sigma_\mathrm{II})(\sigma_\mathrm{I} - \sigma_\mathrm{III})} \\ n_y^2 &= \frac{\tau^2 + (\sigma - \sigma_\mathrm{III})(\sigma - \sigma_\mathrm{I})}{(\sigma_\mathrm{II} - \sigma_\mathrm{III})(\sigma_\mathrm{II} - \sigma_\mathrm{I})} \\ n_z^2 &= \frac{\tau^2 + (\sigma - \sigma_\mathrm{I})(\sigma - \sigma_\mathrm{II})}{(\sigma_\mathrm{III} - \sigma_\mathrm{I})(\sigma_\mathrm{III} - \sigma_\mathrm{II})} \end{aligned} \tag{4.4}$$

Se si considera $\sigma_\mathrm{I} > \sigma_\mathrm{II} > \sigma_\mathrm{III}$, poiché $n_x^2 > 0$ e $(\sigma_\mathrm{I} - \sigma_\mathrm{II})(\sigma_\mathrm{I} - \sigma_\mathrm{III}) \geq 0$, si ottiene

$$\tau^2 + (\sigma - \sigma_\mathrm{II})(\sigma - \sigma_\mathrm{III}) \geq 0$$

$$\tau^2 + \left(\sigma - \frac{\sigma_\mathrm{II} + \sigma_\mathrm{III}}{2}\right)^2 \geq \left(\frac{\sigma_\mathrm{II} - \sigma_\mathrm{III}}{2}\right)^2$$

Se si considera il segno di uguaglianza l'equazione precedente diventa l'equazione di un cerchio nel piano σ-τ come si vede nella **Figura 4.10**, che ha centro nel punto di coordinate $\frac{\sigma_\mathrm{II} + \sigma_\mathrm{III}}{2}$, 0 e raggio pari a $\frac{\sigma_\mathrm{II} - \sigma_\mathrm{III}}{2}$. La regione definita dall'equazione rappresenta, quindi, i cerchi di raggio uguale o maggiore a $\frac{\sigma_\mathrm{II} - \sigma_\mathrm{III}}{2}$.

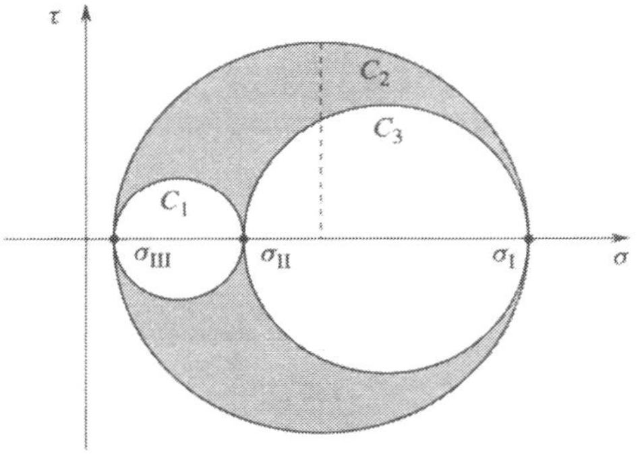

Figura 4.10 - Rappresentazione delle circonferenze di Mohr.

Se si utilizza la seconda delle equazioni (**4.4**) poiché $(\sigma_\mathrm{II} - \sigma_\mathrm{III}) > 0$ e $(\sigma_\mathrm{II} - \sigma_\mathrm{I}) < 0$ il numeratore deve essere minore o uguale a zero:

$$\tau^2 + (\sigma - \sigma_{III})(\sigma - \sigma_I) \leq 0$$

oppure:

$$\tau^2 + \left(\sigma - \frac{\sigma_I + \sigma_{III}}{2}\right)^2 \leq \left(\frac{\sigma_I - \sigma_{III}}{2}\right)^2$$

che rappresenta una famiglia di cerchi di centro $\frac{\sigma_I + \sigma_{III}}{2}$, 0 e raggio uguale o minore di $\frac{\sigma_I - \sigma_{III}}{2}$.

Dalla terza delle (**4.4**) si ricava poi:

$$\tau^2 + (\sigma - \sigma_I)(\sigma - \sigma_{II}) \leq 0$$

oppure:

$$\tau^2 + \left(\sigma - \frac{\sigma_I + \sigma_{II}}{2}\right)^2 \geq \left(\frac{\sigma_I - \sigma_{II}}{2}\right)^2$$

che rappresenta la regione esterna al cerchio di centro 0, $\frac{\sigma_I + \sigma_{II}}{2}$ e raggio uguale o maggiore di $\frac{\sigma_I - \sigma_{II}}{2}$.

Da queste relazioni si capisce che la regione di possibili valori di σ e τ è quella tratteggiata nella **Figura 4.10** e compresa tra i cerchi C_1, C_2 e C_3. Da questa figura si nota che i valori degli sforzi principali sono quelli sull'asse delle σ e che il valore massimo delle τ è rappresentato dal raggio del cerchio C_3.

Esempio svolto 4.2

Come applicazione si può considerare l'albero sottoposto a una pressione esterna p, sollecitato da un momento flettente M_f e da un momento torcente M_t della **Figura 4.11**.

Gli sforzi maggiori sono in corrispondenza del diametro esterno e valgono:

$$\begin{aligned} \sigma_{max} &= \sigma_a = \frac{32 M_f}{\pi d^3} \\ \tau_{max} &= \tau_{at} = \frac{16 M_t}{\pi d^3} \\ \sigma_r &= \sigma_t = -p \end{aligned}$$

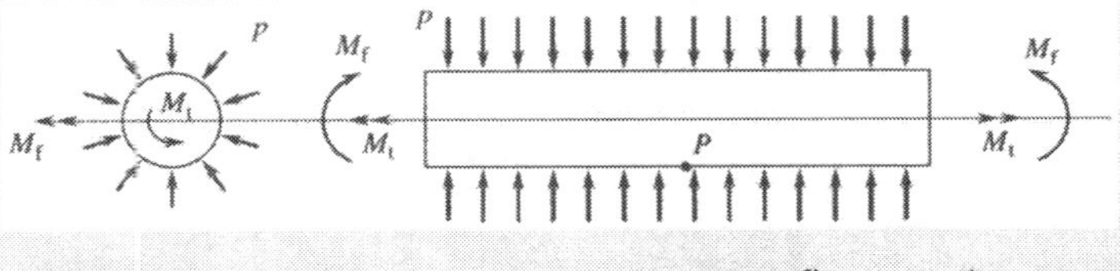

Figura 4.11 - Albero con pressione esterna e sottoposto a flesso-torsione.

Nella **Figura 4.12** è rappresentato lo stato di sforzo di un punto sulla superficie esterna (per esempio, il punto P).

Una direzione principale è già nota: infatti sulla superficie esterna dell'elemento non agiscono sollecitazioni tangenziali e, quindi, la direzione radiale è principale.

Gli altri sforzi principali possono essere determinati analiticamente risolvendo la seguente equazione algebrica:

$$\begin{vmatrix} (\sigma_a - \sigma_p) & \tau_{at} & 0 \\ \tau_{ta} & (\sigma_t - \sigma_p) & 0 \\ 0 & 0 & (\sigma_r - \sigma_p) \end{vmatrix} = 0$$

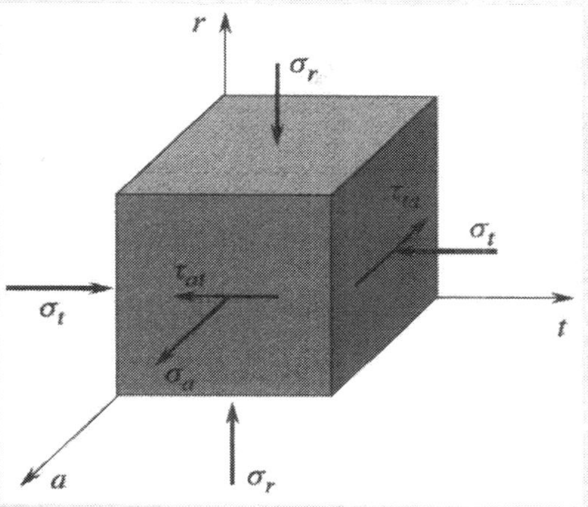

Figura 4.12 - Stato di sforzo di un generico punto sulla superficie esterna dell'albero di **Figura 4.11**.

oppure graficamente utilizzando le circonferenze di Mohr: conoscendo infatti una direzione principale (quella radiale), le altre due giacciono in un piano a questa ortogonale e sono, quindi, gli estremi del diametro della circonferenza su un piano normale alla tensione principale nota.

Consideriamo nella **Figura 4.13** lo stato di sforzo sul piano normale alla direzione radiale. Sulla superficie A agiscono:

- uno sforzo normale σ_a di trazione, che, per le convenzioni assunte, è positivo;
- uno sforzo tangenziale τ_{at}, che tende a far ruotare l'elemento in senso orario e che, quindi, consideriamo positivo.

Sulla superficie B invece agiscono:

- uno sforzo σ_t di compressione, dunque negativo;
- uno sforzo τ_{ta}, negativo perché dà una rotazione antioraria.

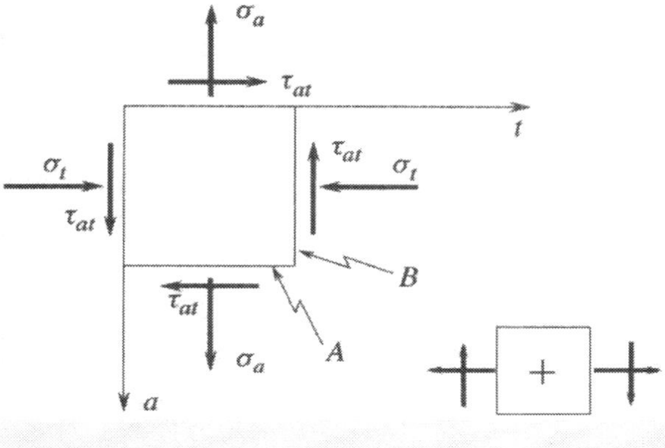

Figura 4.13 - Stato di sforzo sul piano normale alla direzione radiale, principale.

Abbiamo quindi i punti A (σ_a, τ_{at}) e B $(\sigma_{ta}, -\tau_{ta})$ che riportiamo sul piano σ-τ, ricordando che $\sigma_t = -p$.

Tali punti sono relativi a sforzi agenti su due piani ortogonali tra loro e paralleli alla direzione principale III (la direzione radiale). Dalla prima considerazione segue che A e B giacciono sulla stessa circonferenza di Mohr, mentre dalla seconda deriva che sono gli estremi di uno stesso diametro **Figura 4.15**. Sia, infatti, γ l'angolo formato dalla normale η alla superficie A con la direzione I, come si vede nella ; sia, inoltre, γ' l'analogo di η' per la superficie B: essendo A e B normali tra loro, allora dovrà essere anche $\gamma' = \gamma + \pi/2$.

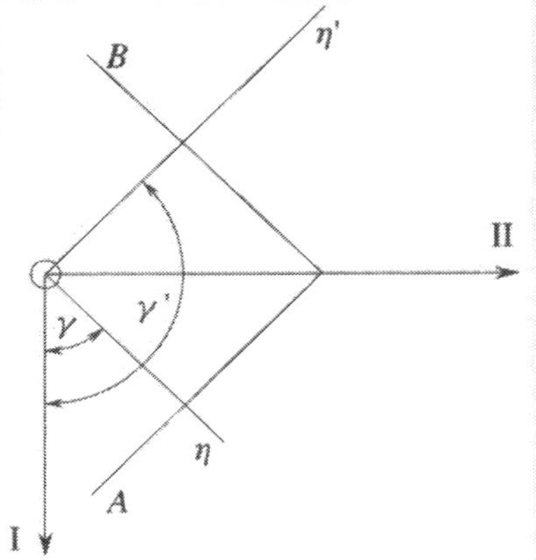

Figura 4.14 - Piani principali e piani di sforzo generici per la costruzione della circonferenza di Mohr.

Supponiamo di aver già trovato la circonferenza di Mohr passante per A e B: A e B saranno le intersezioni della circonferenza con le semirette uscenti da C $(\sigma_{II}, 0)$ e inclinate rispettivamente di γ e $\gamma' = \gamma + \pi/2$ **Figura 4.14**. Le due semirette sono quindi tra loro normali, il triangolo ABC è rettangolo in C, e AB è un diametro della circonferenza.

In base a tutto questo, noto lo sforzo su due piani tra loro ortogonali e paralleli a una direzione principale, possiamo dire che la circonferenza di Mohr relativa a tali piani ha per diametro il segmento che congiunge i punti rappresentativi dello stato di sforzo agente su essi.

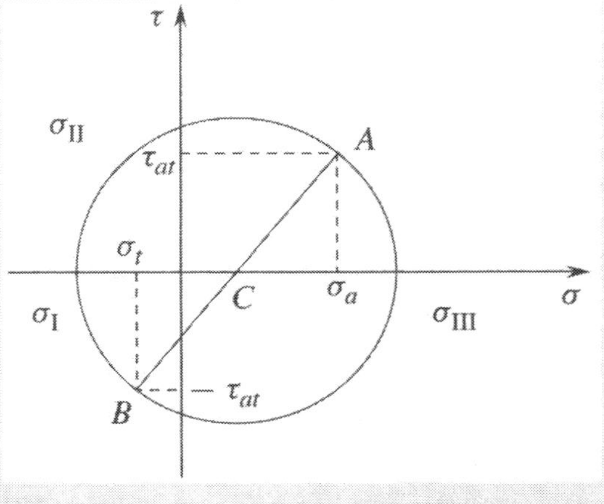

Figura 4.15 - Circonferenza di Mohr per l'albero soggetto a flessione e torsione.

Nel nostro caso, dati A e B, la relativa circonferenza ha diametro AB e centro nel punto medio di tale segmento.

Sia A (σ_A, τ) e B $(\sigma_B, -\tau)$: si ha allora:

- centro della circonferenza di Mohr:

$$C = \left(\frac{\sigma_A + \sigma_B}{2}, 0\right)$$

- raggio:

$$\begin{aligned} R &= \sqrt{\left(\frac{\sigma_A - \sigma_B}{2}\right)^2 + \tau^2} \\ \sigma_{\mathrm{I}} &= -p \\ \sigma_{\mathrm{II}} &= \frac{\sigma_A + \sigma_B}{2} + \sqrt{\left(\frac{\sigma_A - \sigma_B}{2}\right)^2 + \tau^2} \\ \sigma_{\mathrm{III}} &= \frac{\sigma_A + \sigma_B}{2} - \sqrt{\left(\frac{\sigma_A - \sigma_B}{2}\right)^2 + \tau^2} \end{aligned}$$

Esempio svolto 4.3

Determinare per il caso dell'esempio precedente le direzioni principali per mezzo delle circonferenze di Mohr.

Le circonferenze di Mohr possono essere tracciate segnando due punti che rappresentano due facce a 90° del cubetto che rappresenta lo stato di sforzo: essi corrispondono agli estremi di un diametro. In questo modo è stata definita una circonferenza di Mohr; per determinare anche le altre occorre segnare la terza direzione principale, che è già nota ($\sigma_{\mathrm{II}} = 20$ MPa).

$$\tau_{\mathrm{II}} = \frac{\sigma_{\mathrm{I}} - \sigma_{\mathrm{III}}}{2} = \frac{120 + 80}{2} = 100 \text{ MPa}$$

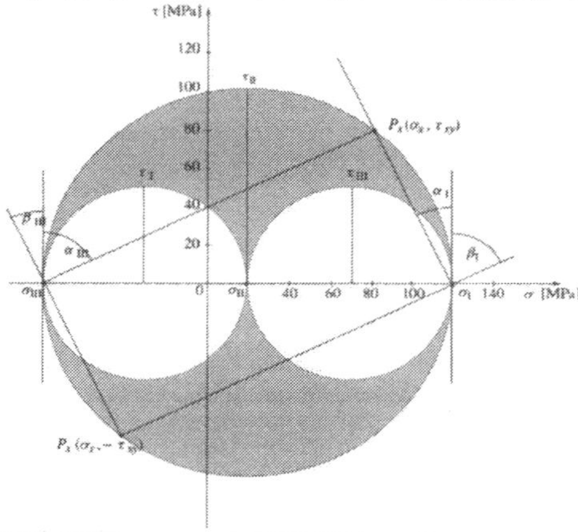

Figura 4.16 - Rappresentazione delle circonferenze di Mohr per determinare le direzioni principali per l'esempio.

I centri e le sollecitazioni tangenziali massime delle circonferenze di Mohr sono semplici da calcolare:

$$\text{cerchio } 1-2: \quad \sigma_c = \frac{\sigma_\text{I} + \sigma_\text{II}}{2} = \frac{20+120}{2} = 70 \text{ MPa}$$

$$\tau_\text{III} = \frac{\sigma_\text{I} - \sigma_\text{II}}{2} = \frac{120-20}{2} = 50 \text{ MPa}$$

$$\text{cerchio } 2-3: \quad \sigma_c \frac{\sigma_\text{II} + \sigma_\text{III}}{2} = \frac{20-80}{2} = -30 \text{ MPa}$$

$$\tau_\text{I} = \frac{\sigma_\text{II} - \sigma_\text{III}}{2} = \frac{20+80}{2} = 50 \text{ MPa}$$

$$\text{cerchio } 3-1: \quad \sigma_c = \frac{\sigma_\text{III} + \sigma_\text{I}}{2} = \frac{-80+120}{2} = 20 \text{ MPa}$$

Nella figura sono anche indicati gli angoli delle direzioni principali.

4.5 Stato di sforzo piano

Nelle più comuni applicazioni (ad esempio in ogni punto di un bordo scarico) le tre componenti dello sforzo che giacciono su una faccia dell'elemento sono nulle, per esempio:

$$\sigma_z = \tau_{zx} = \tau_{zy} = 0$$

Lo stato di sforzo viene detto *piano* e può essere rappresentato nel piano *x-y* come illustrato nella **Figura 4.17**.

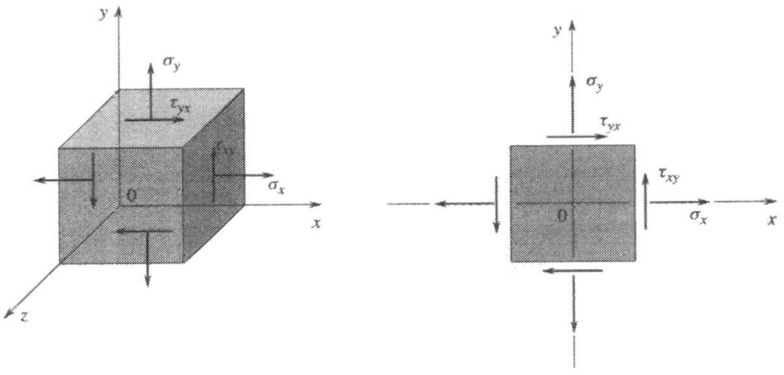

Figura 4.17 - Rappresentazione dello stato di sforzo piano.

Le convenzioni di segno sono: gli sforzi normali sono positivi se di trazione, quelli tangenziali sono positivi se la normale alla faccia su cui agiscono e il verso lungo cui agiscono sono concordi.

Una sollecitazione ($\sigma_z = 0$) e una direzione principale (z) sono già note; le altre sollecitazioni possono essere calcolate analiticamente:

$$\sigma_\text{I}, \sigma_\text{II} = \frac{\sigma_x + \sigma_y}{2} \pm \sqrt{\left(\frac{\sigma_x - \sigma_y}{2}\right)^2 + \tau_{xy}^2}$$

La direzione principale è ricavata da:

$$\tan 2\alpha = \frac{2\tau_{xy}}{\sigma_x - \sigma_y}$$

(l'altro angolo è $\beta = 90° - \alpha$) oppure graficamente per mezzo delle circonferenze di Mohr, come si vede nella **Figura 4.18**, dove sono rappresentate alcune possibili soluzioni dello stato di sforzo piano.

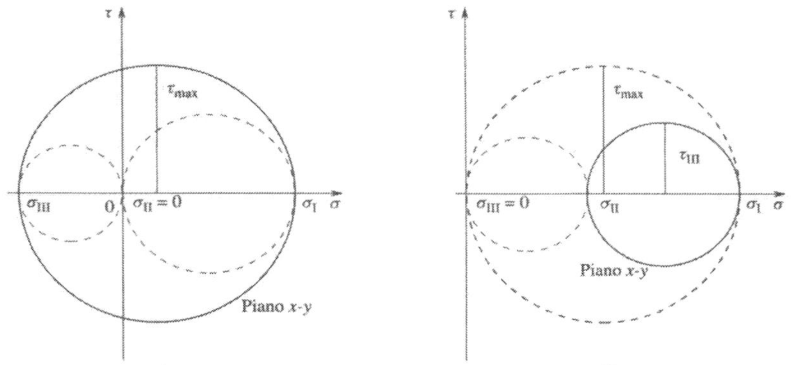

a) b)

Figura 4.18 - Rappresentazione grafica nel piano di Mohr di alcuni casi di stato di sforzo piano. a) $\sigma_I > 0$, $\sigma_{II} = 0$, $\sigma_{III} < 0$; b) $\sigma_I > 0$, $\sigma_{II} > 0$, $\sigma_{III} = 0$.

L'angolo α è l'angolo di cui deve ruotare l'elemento sul quale è rappresentato lo stato di sforzo perché risulti orientato secondo gli assi principali, e quindi sulle sue facce agiscano solo gli sforzi principali, come illustra la **Figura 4.19**.

Nella stessa figura è rappresentata anche la situazione di elemento ruotato di un angolo γ in modo che sulle sue facce agiscano le massime sollecitazioni tangenziali.

Anche questo angolo può essere determinato analiticamente:

$$\tan 2\gamma = -\frac{\sigma_x - \sigma_y}{2\tau_{xy}}$$

oppure:

$$\gamma = \alpha \pm 45°$$

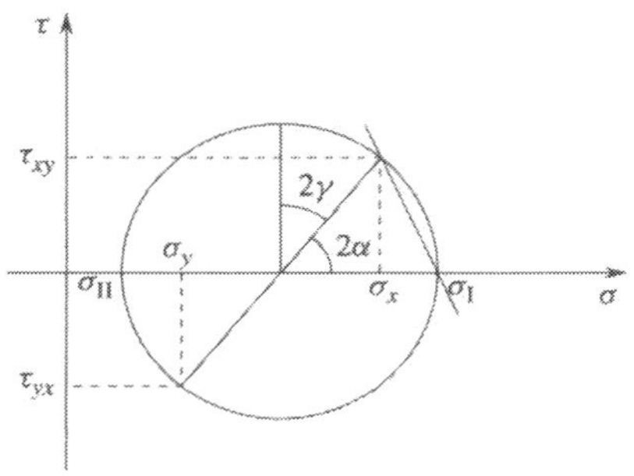

Figura 4.19 - Rappresentazione di un generico stato di sforzo e degli angoli α per ottenere gli sforzi principali e γ per ottenere le massime sollecitazioni tangenziali.

Si nota che quando agiscono le sollecitazioni tangenziali massime, la sollecitazione normale non è nulla, ma vale:

$$\sigma_m = \frac{\sigma_x + \sigma_y}{2}$$

Esempio svolto 4.4

Noto lo stato di sforzo piano :

$$\sigma_x = 100 \text{ MPa} \qquad \sigma_y = 20 \text{ MPa} \qquad \tau_{xy} = 80 \text{ MPa}$$

determinare le sollecitazioni e le direzioni principali.

Soluzione

$$\sigma_{\mathrm{I}}, \sigma_{\mathrm{III}} = \frac{100+20}{2} \pm \sqrt{\left(\frac{100-20}{2}\right)^2 + 80^2} = 60 \pm 89{,}4$$

$$\sigma_{\mathrm{I}} = 149{,}4 \text{ MPa}$$

$$\sigma_{\mathrm{III}} = -29{,}4 \text{ MPa}$$

$$\tan 2\alpha = \frac{2 \cdot 80}{100-20} = 2$$

$$a = 31°43'$$

$$\gamma = \alpha - 45° = -13°17'$$

Nella **Figura 4.20** sono rappresentate le circonferenze di Mohr.

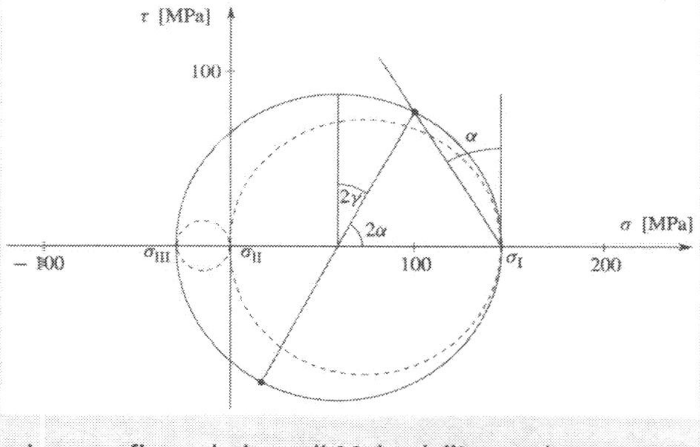

Figura 4.20 - Soluzione grafica nel piano di Mohr dell'esempio.

Si consideri, come esempio di un caso piano, un albero sollecitato contemporaneamente a torsione e a flessione, come nella **Figura 4.21**.

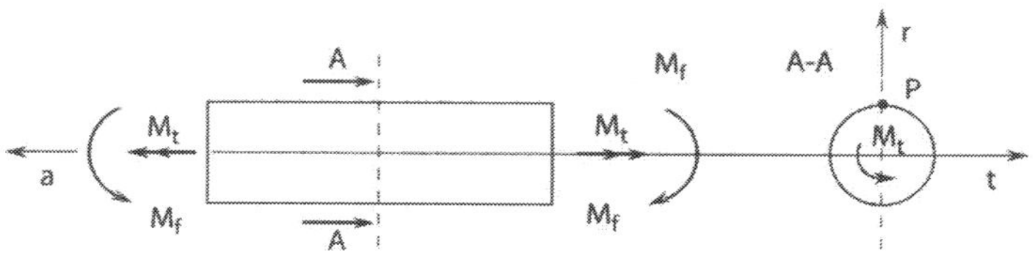

Figura 4.21 - Albero sollecitato a flessione e torsione.

I punti più sollecitati sono quelli più lontani dall'asse di sollecitazione; su quello soggetto a trazione agiscono gli sforzi riportati nella **Figura 4.22**:

$$\sigma_a = \sigma_{\max}$$
$$\tau_{at} = \tau_{ta} = \tau_{\max}$$

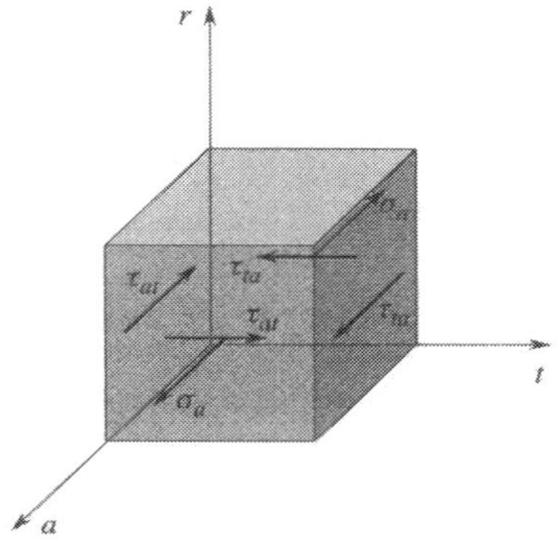

Figura 4.22 - Stato di sforzo sull'elemento infinitesimo nel sistema di riferimento locale.

Gli sforzi principali son dati da:

$$\begin{vmatrix} (\sigma_a - \sigma_p) & \tau_{at} & 0 \\ \tau_{at} & -\sigma_p & 0 \\ 0 & 0 & -\sigma_p \end{vmatrix} = 0$$
$$\sigma_p \cdot \left\{(\sigma_a - \sigma_p) \cdot (-\sigma_p) - \tau_{at}^2\right\} = 0$$
$$\sigma_p \cdot \{\sigma_p^2 - \sigma_a \cdot \sigma_p - \tau_{at}^2\} = 0$$

Una direzione principale è già nota, quella radiale; infatti non ci sono τ sulla superficie esterna. Inoltre è noto anche il valore di questa sollecitazione principale, perché la superficie è scarica. Si può scrivere:

$$\sigma_{\mathrm{II}} = 0$$
$$\sigma_{\mathrm{I}} = \frac{\sigma_a + \sqrt{\sigma_a^2 + 4\tau_{at}^2}}{2} = \frac{\sigma_a}{2} + \sqrt{\frac{\sigma_a^2}{4} - \tau_{at}^2}$$
$$\sigma_{\mathrm{III}} = \frac{\sigma_a - \sqrt{\sigma_a^2 + 4\tau_{at}^2}}{2} = \frac{\sigma_a}{2} - \sqrt{\frac{\sigma_a^2}{4} - \tau_{at}^2}$$

4.6 Deformazioni in elementi strutturali

Un solido elastico soggetto a forze subisce un cambiamento di configurazione definito deformazione. Ogni punto di coordinate x,y,z appartenente al solido è soggetto ad uno spostamento le cui componenti nelle direzioni dei tre assi di riferimento x,y,z sono $u(x,y,z)$, $v(x,y,z)$, $w(x,y,z)$.

Per semplicità, si consideri un elemento strutturale (un tirante) sollecitato solo da un carico assiale. Il rapporto tra l'allungamento $\Delta\ell$ dell'elemento dovuto al carico assiale e la sua lunghezza iniziale ℓ_0 rappresenta la deformazione media del tirante. La deformazione ε è il rapporto di due lunghezze, quindi un numero puro.

$$\varepsilon_{media} = \Delta\ell/\ell_0$$

In generale, in riferimento alle **Figura 4.23** e **Figura 4.24**, si consideri una fibra infinitesima appartentene ad un solido (evidenziata in grassetto in figura) soggetto a forze. Come evidenziato in **Figura 4.23**, la fibra subisce un allungamento in direzione x pari a:

$$\Delta u = u(x + \Delta x, y, z) - u(x, y, z)$$

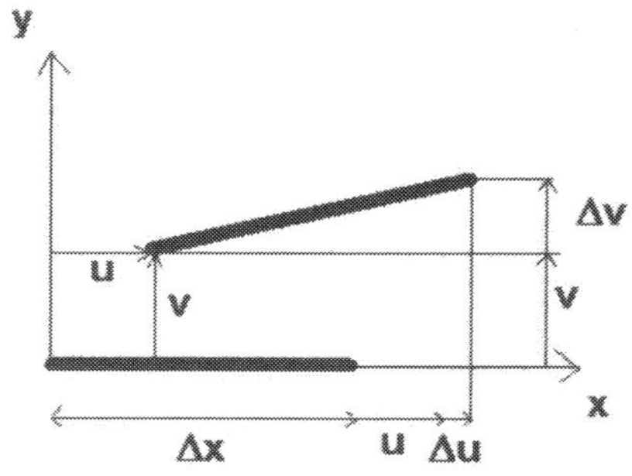

Figura 4.23 - Piano $x - y$. Allungamento fibra di un solido deformato.

Si definisce deformazione in direzione x, il limite per $\Delta x \to 0$ del rapporto $\frac{\Delta u}{\Delta x}$:

$$\varepsilon_x = \frac{\partial u}{\partial x}$$

Analogamente si valuta l'allungamento e la deformazione in direzione y e z:

$$\varepsilon_y = \frac{\partial v}{\partial y}$$

$$\varepsilon_z = \frac{\partial w}{\partial z}$$

Come mostrato in **Figura 4.24**, le fibre disposte inizialmente paralellamente agli assi coordinati per effetto dei carichi, ruotano di $\gamma_1 = \frac{\Delta v}{\Delta x}$ e $\gamma_2 = \frac{\Delta u}{\Delta y}$; l'angolo di rotazione complessivo γ è dato dalla somma di γ_1 e γ_2.

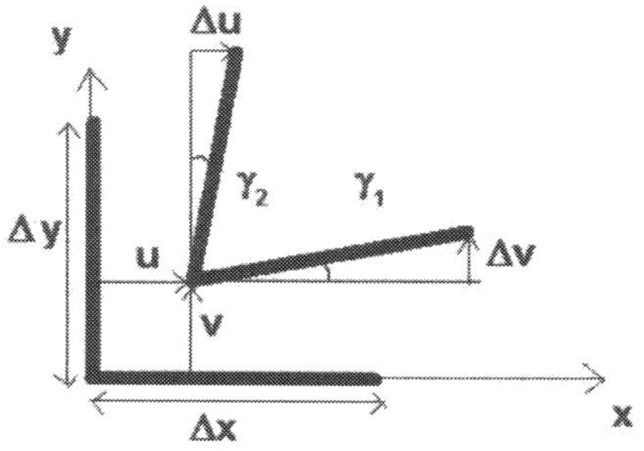

Figura 4.24 - Piano $x - y$. Scorrimento fibre di un solido deformato.

Si definisce scorrimento γ_{xy}, il limite per $\Delta x \to 0$ e $\Delta y \to 0$ di γ:

$$\gamma_{xy} = \frac{\partial v}{\partial x} + \frac{\partial u}{\partial y}$$

Analogamente considerando gli altri piani (y-z e x-z) si ottengono i seguenti scorrimenti:

$$\gamma_{yz} = \frac{\partial v}{\partial z} + \frac{\partial w}{\partial y}$$

$$\gamma_{zx} = \frac{\partial w}{\partial x} + \frac{\partial u}{\partial z}$$

Possiamo definire il tensore delle deformazioni analogamente a quanto fatto per gli sforzi; il tensore è simmetrico del secondo ordine:

$$\varepsilon_{ij} = \begin{bmatrix} \varepsilon_x & \varepsilon_{xy} & \varepsilon_{xz} \\ \varepsilon_{yx} & \varepsilon_y & \varepsilon_{yz} \\ \varepsilon_{zx} & \varepsilon_{zy} & \varepsilon_z \end{bmatrix}$$

Bisogna notare che ε_{xy} sono le *deformazioni tangenziali del tensore*, che corrispondono alla metà degli scorrimenti o *deformazioni tangenziali ingegneristiche:*

$$\varepsilon_{xy} = \frac{\gamma_{xy}}{2}$$

Esistono le *deformazioni e le direzioni principali* così come esistono gli sforzi e le direzioni principali. Nel caso più generale di stato di deformazione tridimensionale, per determinare le direzioni delle deformazioni principali si deve annullare il determinante dei coefficienti:

$$\begin{vmatrix} \varepsilon_x - \varepsilon_p & \varepsilon_{xy} & \varepsilon_{xz} \\ \varepsilon_{yx} & \varepsilon_y - \varepsilon_p & \varepsilon_{yz} \\ \varepsilon_{zx} & \varepsilon_{zy} & \varepsilon_z - \varepsilon_p \end{vmatrix} = 0$$

Si ottiene un'equazione analoga a quella trovata per gli sforzi:

$$\varepsilon_p^3 - I'_{\mathrm{I}}\varepsilon_p^2 - I'_{\mathrm{II}}\varepsilon_p - I'_{\mathrm{III}} = 0$$

dove:

$$I'_{\mathrm{I}} = \varepsilon_x + \varepsilon_y + \varepsilon_z$$
$$I'_{\mathrm{II}} = \varepsilon_{xy}^2 + \varepsilon_{yz}^2 + \varepsilon_{zx}^2 - (\varepsilon_x\varepsilon_y + \varepsilon_y\varepsilon_z + \varepsilon_z\varepsilon_x)$$
$$I'_{\mathrm{III}} = \varepsilon_x\varepsilon_y\varepsilon_z + 2\varepsilon_{xy}\varepsilon_{yz}\varepsilon_{zx} - (\varepsilon_x\varepsilon_{yz}^2 + \varepsilon_y\varepsilon_{zx}^2 + \varepsilon_z\varepsilon_{xy}^2)$$

sono gli invaranti del tensore delle deformazioni. L'equazione ha tre radici reali, ε_{I}, $\varepsilon_{\mathrm{II}}$ e $\varepsilon_{\mathrm{III}}$, che sono *le deformazioni principali.* Gli invarianti del tensore delle deformazioni possono essere espressi in funzione delle deformazioni principali:

$$I'_{\mathrm{I}} = \varepsilon_{\mathrm{I}} + \varepsilon_{\mathrm{II}} + \varepsilon_{\mathrm{III}}$$
$$I'_{\mathrm{II}} = -(\varepsilon_{\mathrm{I}}\varepsilon_{\mathrm{II}} + \varepsilon_{\mathrm{II}}\varepsilon_{\mathrm{III}} + \varepsilon_{\mathrm{III}}\varepsilon_{\mathrm{I}})$$
$$I'_{\mathrm{III}} = \varepsilon_{\mathrm{I}}\varepsilon_{\mathrm{II}}\varepsilon_{\mathrm{III}}$$

Analogamente al caso degli sforzi, si può definire il piano su cui agisce la massima deformazione tangenziale, che è lo stesso su cui agisce lo sforzo tangenziale massimo. I massimi scorrimenti risultano:

$$\frac{\gamma_I}{2} = \pm\frac{1}{2}(\varepsilon_{II} - \varepsilon_{III})$$
$$\frac{\gamma_{II}}{2} = \pm\frac{1}{2}(\varepsilon_{III} - \varepsilon_{I})$$
$$\frac{\gamma_{III}}{2} = \pm\frac{1}{2}(\varepsilon_{I} - \varepsilon_{II})$$

Si può definire anche il valore dello scorrimento ottaedrale:

$$\frac{\gamma_{ott}}{2} = \frac{1}{3}\left[(\varepsilon_I - \varepsilon_{II})^2 + (\varepsilon_{II} - \varepsilon_{III})^2 + (\varepsilon_{III} - \varepsilon_I)^2\right]^{1/2}$$

Come il tensore degli sforzi anche quello delle deformazioni può essere scomposto in due parti: la componente idrostatica, q_{ij}, e la deviatorica, e_{ij}.

La componente idrostatica è:

$$q_{ij} = \begin{bmatrix} \varepsilon_m & 0 & 0 \\ 0 & \varepsilon_m & 0 \\ 0 & 0 & \varepsilon_m \end{bmatrix}$$

dove ε_m è la deformazione media:

$$\varepsilon_m = \frac{\varepsilon_I + \varepsilon_{II} + \varepsilon_{III}}{3}$$

In termini di deformazioni principali, il deviatore delle deformazioni diventa:

$$e_{ij} = \begin{bmatrix} \varepsilon_I - \varepsilon_m & 0 & 0 \\ 0 & \varepsilon_{II} - \varepsilon_m & 0 \\ 0 & 0 & \varepsilon_{III} - \varepsilon_m \end{bmatrix}$$

Si definiscono gli invarianti del tensore deviatore delle deformazioni:

$$J'_I = 0$$
$$J'_{II} = -(e_I e_{II} + e_{II} e_{III} + e_{III} e_I)$$
$$J'_{III} = e_I e_{II} e_{III}$$

dove:

$$e_i = \varepsilon_i - \varepsilon_m$$

Esempio svolto 4.5

Noto lo stato di deformazione rilevato sulla superficie esterna di un componente meccanico realizzato in acciaio:

$$\varepsilon_x = -0{,}0005 \quad \varepsilon_y = 0{,}0020 \quad \varepsilon_z = -0{,}0005 \quad \varepsilon_{xy} = 0{,}0015$$

calcolare le deformazioni principali e le massime deformazioni tangenziali.

Soluzione

La deformazione ε_z è principale; per determinare le altre due si utilizza l'equazione (2.48) sostituendo σ con ε e τ con $\gamma/2$:

$$\varepsilon_{\mathrm{I}}, \varepsilon_{\mathrm{II}} = \frac{\varepsilon_x + \varepsilon_y}{2} \pm \sqrt{\left(\frac{\varepsilon_x - \varepsilon_y}{2}\right)^2 + \left(\frac{\gamma_{xy}}{2}\right)^2}$$

da cui: $\varepsilon_{\mathrm{I}} = 0{,}0022$ $\varepsilon_{\mathrm{III}} = -0{,}00071$. Si può calcolare anche l'angolo della direzione principale:

$$\tan 2\alpha = \frac{\gamma_{xy}}{\varepsilon_x - \varepsilon_y}$$

da cui: $\alpha = 22{,}5°$ La deformazione tangenziale massima vale: $\gamma_{\mathrm{II}} = \varepsilon_{\mathrm{I}} - \varepsilon_{\mathrm{III}} = 0{,}0029$. È possibile anche tracciare le circonferenze di Mohr nel piano ε-$\gamma/2$ **Figura 4.25**.

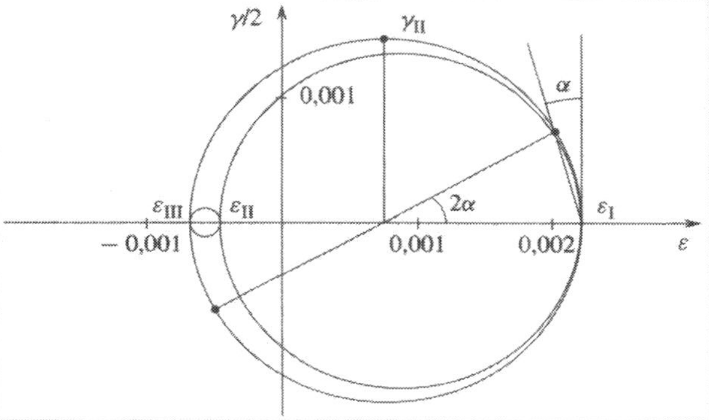

Figura 4.25 - Circonferenze di Mohr nel piano ε-$\gamma/2$ per la ricerca delle deformazioni principali.

4.6.1 Deformazione volumetrica

Oltre ad ε, che misura la variazione unitaria di lunghezza, γ che misura la variazione di angolo, è utile introdurre una misura unitaria di variazione di volume: la *variazione volumetrica* v, definita come

$$v = \frac{V - V_0}{V_0}, \tag{4.5}$$

dove V è il volume di un piccolo elemento di solido nella configurazione deformata, V_0 il volume nella configurazione di riferimento. L'espressione di v non è indipendente dalle componenti del tensore di deformazione. Per ricavare l'espressione desiderata si deve osservare inizialmente che gli scorrimenti angolari γ non provocano variazioni di volume: si consideri perciò un cubetto di lato ℓ_0, con le faccie parallele ai piani coordinati, soggetto alle sole deformazioni normali ε_x, ε_y, ε_z. Il volume iniziale è $V_0 = \ell_0^3$; in configurazione deformata i tre spigoli del cubetto hanno lunghezza $\ell_0(1+\varepsilon_x)$, $\ell_0(1+\varepsilon_y)$, $\ell_0(1+\varepsilon_z)$ e dunque il volume finale vale

$$V = V_0(1+\varepsilon_x)(1+\varepsilon_y)(1+\varepsilon_z),$$

e perciò

$$v = (1+\varepsilon_x)(1+\varepsilon_y)(1+\varepsilon_z) - 1. \tag{4.6}$$

Nell'ipotesi di piccole deformazioni $\varepsilon \ll 1$ e le potenze di ε superiori alla prima possono essere trascurate; si ottiene dunque

$$v = \varepsilon_x + \varepsilon_y + \varepsilon_z. \tag{4.7}$$

Si osservi l'analogia con la pressione idrostatica $p = \frac{1}{3}(\sigma_x + \sigma_y + \sigma_z)$; nel caso della deformazione volumetrica manca però il termine $\frac{1}{3}$.

4.7 Legge di Hooke

Qualsiasi solido reale sottoposto ad uno stato di sforzo subisce una deformazione: si attribuisce al fisico inglese Robert Hooke (1635–1703) la scoperta della legge fisica secondo la quale, nella formulazione originale, per piccoli spostamenti questi sono funzione delle forze applicate[(1)]. Questa legge implica anche che il fenomeno sia reversibile e rimosso lo sforzo, la deformazione si annulli (comportamento elastico): nella sua forma più semplice la legge di Hooke descrive un comportamento elastico lineare. Tra i solidi elastici qui si tratterà il caso particolare di un solido:

- *omogeneo*: le proprietà elastiche non dipendono dal punto,
- *isotropo*: le proprietà elastiche non dipendono dall'orientamento delle fibre[(2)].

4.7.1 Sforzi e deformazioni normali

Per introdurre la legge di Hooke si consideri inizialmente un elemento cilindrico sottoposto ad uno stato di sforzo $\sigma_x > 0$ omogeneo, con tutte le altre componenti del tensore di sforzo nulle. Questo stato di sforzo si chiama *monoassiale* e la corrispondente prova *trazione semplice*. Sperimentalmente si osservano un allungamento in direzione x ($\varepsilon_x > 0$), e contrazioni uguali nelle direzioni trasversali ($\varepsilon_y = \varepsilon_z < 0$) e l'assenza di scorrimenti angolari ($\gamma_{xy} = \gamma_{yz} = \gamma_{zx} = 0$)[(3)]. Essendo la dipendenza tra sforzi e deformazioni lineare si avrà in generale

$$\varepsilon_x = \frac{1}{E}\sigma_x, \qquad \varepsilon_y = \varepsilon_z = -\nu\frac{1}{E}\sigma_x;$$

dove si sono introdotte due costanti, il modulo elastico longitudinale E, detto anche modulo di Young, ed il coefficiente di contrazione laterale ν, detto anche coefficiente di Poisson; quest'ultimo è definito, per uno sforzo monoassiale, come

$$\nu = -\frac{\varepsilon_t}{\varepsilon_l}.$$

---

(1) Hooke espresse la sua scoperta con la celebre frase *"Ut tensio, sic vis"*.

(2) Quando le proprietà di un materiale cambiano nelle varie direzioni dello spazio si parla di materiale *anisotropo*. Molti materiali sono anisotropi, spesso a seguito delle lavorazioni meccaniche: per esempio un acciaio laminato presenta proprietà differenti nella direzione di laminazione rispetto alle direzioni ad essa ortogonali.

(3) La proprietà $\varepsilon_y = \varepsilon_z$ è una evidente conseguenza dell'ipotesi di isotropia. Ciò vale anche per l'annullarsi degli scorrimenti angolari: $\gamma_{xy} = \gamma_{yz} = \gamma_{zx} = 0$. Senza fornire una dimostrazione rigorosa si può osservare che se gli scorrimenti angolari fossero diversi da zero le direzioni principali di deformazione non coinciderebbero con quelle di sforzo. Se così fosse però la deviazione delle direzioni principali individuerebbe una direzione particolare dello spazio, contraddicendo all'ipotesi di isotropia.

In questa equazione ε_l è la deformazione nella direzione dello sforzo monoassiale, mentre ε_t è la deformazione longitudinale nel piano normale.

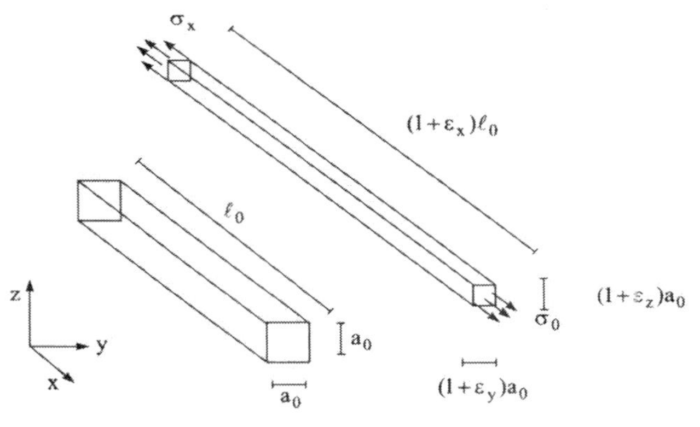

Figura 4.26 - Trazione semplice

Analoghe espressioni valgono in presenza di σ_y e σ_z. La linearità della legge di Hooke permette di sovrapporre gli effetti e di ottenere l'espressione generale per sforzi normali

$$\varepsilon_x = \frac{1}{E}\big(\sigma_x - \nu\sigma_y - \nu\sigma_z\big), \quad \varepsilon_y = \frac{1}{E}\big(-\nu\sigma_x + \sigma_y - \nu\sigma_z\big), \quad \varepsilon_z = \frac{1}{E}\big(-\nu\sigma_x - \nu\sigma_y + \sigma_z\big). \tag{4.8}$$

4.7.2 Sforzi e deformazioni tangenziali

La legge di Hooke per sforzi tangenziali

$$\gamma_{xy} = \frac{1}{G}\tau_{xy}, \quad \gamma_{yz} = \frac{1}{G}\tau_{yz}, \quad \gamma_{zx} = \frac{1}{G}\tau_{zx}. \tag{4.9}$$

può essere ricavata, sotto l'ipotesi di isotropia, sfruttando la nozione di sforzi principali. Si consideri uno stato di sforzo in cui si ha solo $\tau_{xy} \neq 0$, mentre tutt le le altre componenti sono nulle. In un sistema di riferimento $x'y'z$ ruotato di $\pi/4$ attorno all'asse z, si hanno gli sforzi principali $\sigma_{x'} = -\sigma_{y'} = \tau_{xy}$, $\sigma_{z'} = 0$, a cui corrispondono le deformazioni principali

$$\varepsilon_{x'} = \frac{1+\nu}{E}\tau_{xy}, \quad \varepsilon_{y'} = -\frac{1+\nu}{E}\tau_{xy}, \quad \varepsilon_z = \phi.$$

Dato che $\varepsilon_{x'} = -\varepsilon_{y'}$, nel sistema xyz si ha soltanto $\gamma_{xy} = 2\varepsilon_{x'}$, e dunque

$$\gamma_{xy} = \frac{2(1+\nu)}{E}\tau_{xy} = \frac{1}{G}\tau_{xy}. \qquad (\mathbf{4.10})$$

In quest'ultima equazione si è introdotto il modulo di elasticità tangenziale

$$G = \frac{E}{2(1+\nu)}. \qquad (\mathbf{4.11})$$

Per sovrapposizone di effetti, nel caso generale, nel quale tutte le componenti del tensore di sforzo sono diverse da zero, valgono contemporaneamente le equazioni (**4.8**) e (**4.9**). Si osservi come componenti normali di sforzo provocano solo allungamenti, e come componenti tangenziali di sforzo provocano solo scorrimenti angolari.

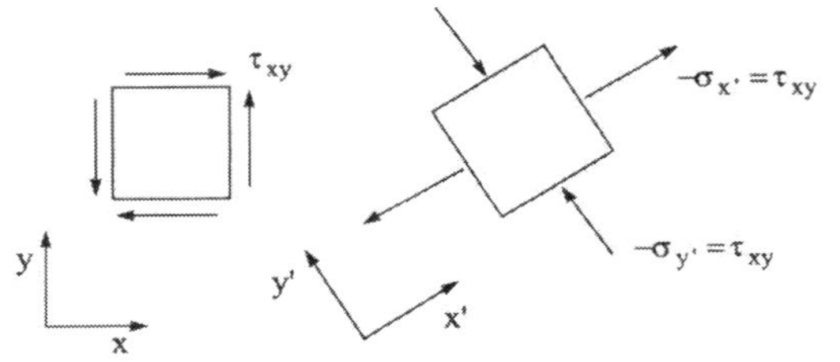

Figura 4.27 - Trazione compressione, o taglio puro.

4.7.3 Sforzo idrostatico e deformazione volumetrica

In presenza solo di sforzo idrostatico è facile calcolare la corrispondente deformazione volumetrica. Ponendo infatti $\sigma_x = \sigma_y = \sigma_z = p$ si ha $\varepsilon_x = \varepsilon_y = \varepsilon_z = \frac{1-2\nu}{E}p$, e dunque

$$v = \frac{3(1-2\nu)}{E}p = \frac{1}{K}p, \qquad (\mathbf{4.12})$$

dove si è introdotto il modulo di compressibilità

$$K = \frac{E}{3(1-2\nu)}. \qquad (\mathbf{4.13})$$

4.7.4 Considerazioni finali

I moduli elastici ed il coefficiente di Poisson sono grandezze caratteristiche che variano da materiale a materiale e devono essere determinati sperimentalmente. Per materiali isotropi ciò avviene mediante una prova di trazione semplice: si applica uno sforzo monoassiale σ_l e si misurano ε_l e ε_t; si ricava perciò immediatamente $E = \sigma_l/\varepsilon_l$ e $\nu = -\varepsilon_t/\varepsilon_l$. I moduli G e K sono normalmente calcolati tramite le espressioni (**4.11**) e (**4.13**).

È intuitivo osservare che tutti i moduli elastici devono essere maggiori di zero: in base a considerazioni energetiche è impossibile che un corpo soggetto a trazione si accorci, o soggetto a pressione idrostatica aumenti di volume. Deve valere perciò

$$E > 0, \quad G = \frac{E}{2(1+\nu)} > 0, \quad K = \frac{E}{3(1-2\nu)} > 0;$$

Dalle ultime due disequazioni si ricava

$$-1 < \nu < \frac{1}{2}. \tag{4.14}$$

Si osserva sperimentalmente che quasi tutti i materiali hanno $\nu > 0$; materiali come le gomme, per le quali $K \gg G$, hanno invece coefficiente di Poisson prossimo a 0,5. Al limite $\nu = 0{,}5$ implicherebbe $K = \infty$ e dunque un materiale perfettamente incompressibile.

Esercizi

4.1 In un punto di un elemento meccanico viene determinato il seguente stato di sforzo piano ($\sigma_z = \tau_{xz} = \tau_{yz} = 0$):

$$\sigma_x = 150 \text{ MPa} \quad \sigma_y = 50 \text{ MPa} \quad \tau_{xy} = 40 \text{ MPa}$$

Calcolare gli sforzi e le direzioni principali sia analiticamente sia graficamente con il metodo di Mohr.

4.2 Ripetere il problema 1 considerando il seguente stato di sforzo:

$$\sigma_x = 100 \text{ MPa} \quad \sigma_y = 0 \text{ MPa} \quad \tau_{xy} = 80 \text{ MPa}$$

4.3 Un tubo di diametro interno $d = 100$ mm e spessore $s = 5$ mm è sollecitato con un momento torcente $M_t = 500$ Nm. Calcolare le sollecitazioni in un punto sul bordo esterno e in un punto sul bordo interno; valutare le direzioni principali.

4.4 Una mensola di lunghezza $l = 600$ mm con una sezione circolare di diametro $d = 20$ mm è sollecitata con una coppia $T = 100$ Nm e una forza $P = 500$ N **Figura 4.28**. Determinare nella sezione più sollecitata gli sforzi massimi e le direzioni principali.

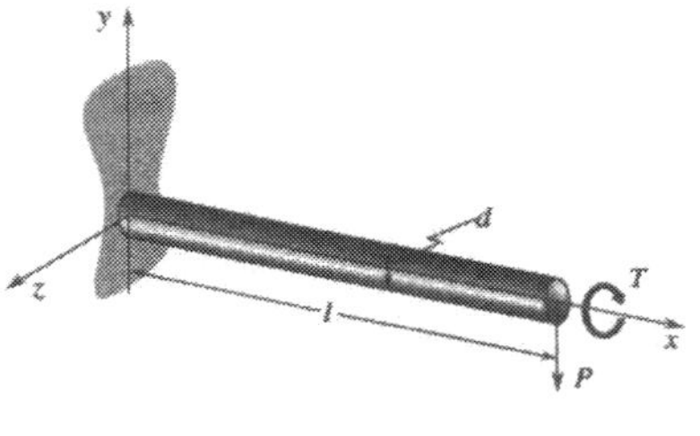

Figura 4.28 Schema della mensola.

4.5 Calcolare gli sforzi ottaedrali normali e tangenziali massimi nel caso del problema 1.

4.6 Considerando il seguente stato di sforzo piano:

$$\sigma_x = 120 \text{ MPa} \quad \sigma_y = 80 \text{ MPa} \quad \tau_{xy} = 80 \text{ MPa}$$

calcolare lo sforzo tangenziale massimo.

4.7 In un punto sulla superficie esterna di un componente meccanico sono state misurate le seguenti deformazioni:

$$\varepsilon_x = 0{,}0006 \qquad \varepsilon_y = 0{,}0003 \qquad \gamma_{xy} = 0{,}0006$$

Determinare le deformazioni principali.

4.8 Dato lo stato di sforzo illustrato in **Figura 4.29**, si chiede di:
1) calcolare per via analitica gli sforzi principali;
2) calcolare il massimo sforzo di taglio (τ_{max}) e lo sforzo di taglio ottaedrale (τ_{ott}).

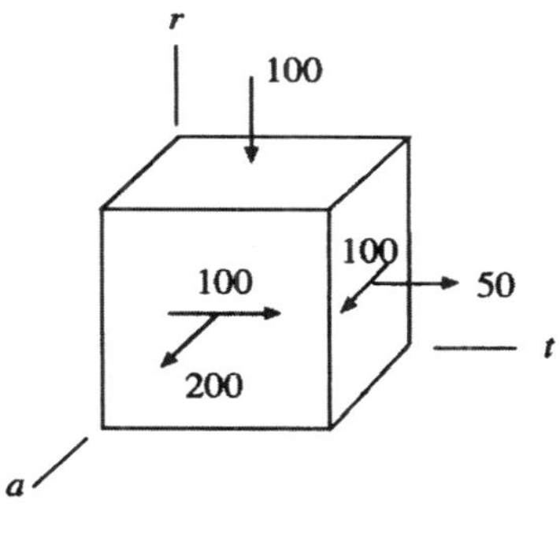

Figura 4.29

4.9 Data la struttura a travi illustrata in **Figura 4.30**, si chiede di tracciare i diagrammi delle azioni interne (azione assiale, taglio, momento flettente, momento torcente) e calcolare gli sforzi nei punti P_1 e P_2 della sezione *H-H*, trascurando gli sforzi dovuti all'azione interna di taglio.
Dati:

d	$= 30$ mm	F_1	$= 1\,000$ N	F_2	$= 2\,000$ N
a	$= 100$ mm	b	$= 150$ mm	r	$= 200$ mm

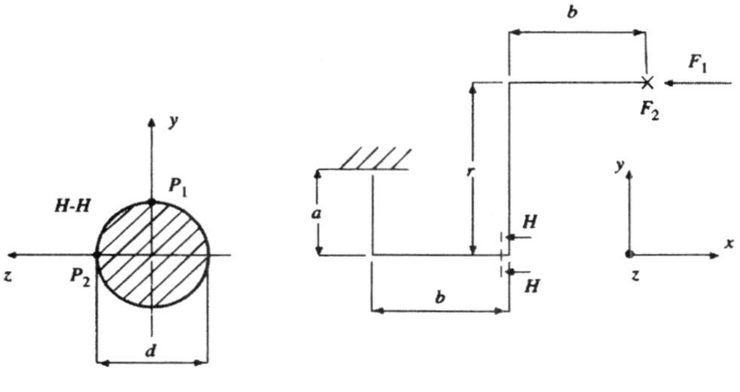

Figura 4.30

4.10 Dato l'albero cavo illustrato in **Figura 4.31** si calcolino gli sforzi principali nei punti$A$ e B.
Dati:

D	$= 40$ mm	d	$= 30$ mm	M_f	$= 50$ Nm
M_t	$= 70$ Nm	N	$= 1$ kN		

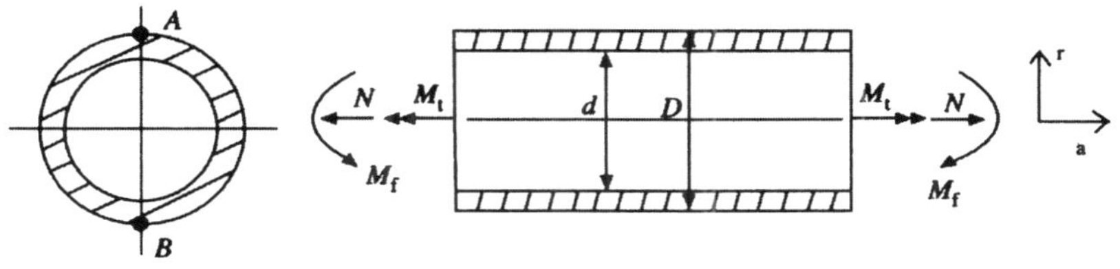

Figura 4.31

5

Casi di De Saint-Venant

Il calcolo della distribuzione degli sforzi e delle deformazioni in un componente meccanico è in generale un problema complesso, risolto in alcune situazioni semplici per via analitica e per condizioni più complicate mediante calcolo numerico.

I componenti di forma più semplice possono essere ridotti (modellati) con strutture, cioè con quegli insiemi di corpi elastici monodimensionali (rettilinei o non), variamente vincolati, per i quali si è imparato a determinare (Capitolo 3) i quattro tipi di azione interna (azione assiale, taglio, momento flettente, momento torcente).

Il Capitolo 5 riporta le soluzioni del calcolo di sforzi e deformazioni per questi casi (noti come *casi di De Saint-Venant*), cioè descrive come azioni cumulative, quali forze interne (azione assiale o taglio), o momenti interni (come momento flettente o torcente) si distribuiscono interessando ogni punto del componente in studio.

Nel primo paragrafo, preliminarmente ai quattro successivi che trattano separatamente i vari casi, sono richiamati i concetti della cosidetta "*geometria delle aree*" necessari per tenere conto della estensione trasversale dei corpi monodimensionali (le aste rigide o deformabili), di cui nel calcolo delle azioni interne in strutture isostatiche (Capitolo 3) non è stato necessario trattare.

5.1 Geometria delle aree

In questo capitolo si introducono i concetti relativi alle proprietà geometriche delle sezioni, che compaiono frequentemente nella *Meccanica delle Strutture*: definizioni del tutto generali che vanno di volta in volta applicate ai casi particolari delle sezioni di uso più frequente nella pratica costruttiva. Nei manuali, molte di queste grandezze sono date in forma di tabella oppure, per i casi più semplici o più comuni, sono anche riportate semplici formule che consentono un calcolo immediato delle proprietà richieste.

5.1.1 Baricentro di una sezione

Un primo concetto della geometria delle aree è quello di baricentro.

Il baricentro di un'area è caratterizzato soltanto dalla sua posizione che può essere calcolata inizialmente in riferimento a un sistema cartesiano generico XY:

$$X_G = \frac{\int_A X \, \mathrm{d}A}{A} \qquad Y_G = \frac{\int_A Y \, \mathrm{d}A}{A} \tag{5.1}$$

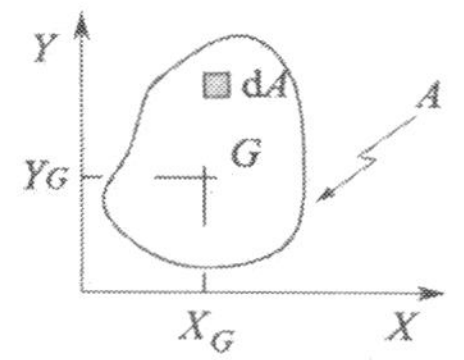

Figura 5.1 - Sezione riferita a un sistema d'assi generico *XY*.

5.1.2 Momenti statici

Considerando nuovamente la sezione di **Figura 5.1**, si definiscono *momenti statici* di A rispetto agli assi cartesiani del riferimento adottato le quantità:

$$S_X = \int_A Y \, \mathrm{d}A \qquad S_Y = \int_A X \, \mathrm{d}A \tag{5.2}$$

dove S_X è il *momento statico* rispetto all'asse X, mentre S_Y è il *momento statico* rispetto all'asse Y.

Si può immediatamente osservare dalla (**5.1**) che i momenti statici si possono ottenere anche come prodotti delle coordinate del baricentro (X_G, Y_G) per l'area della sezione:

$$S_Y = X_G A \qquad S_X = Y_G A \tag{5.3}$$

Essendo nota la posizione del baricentro, si può prendere come riferimento un sistema cartesiano xy centrato nel baricentro G **Figura 5.2**.

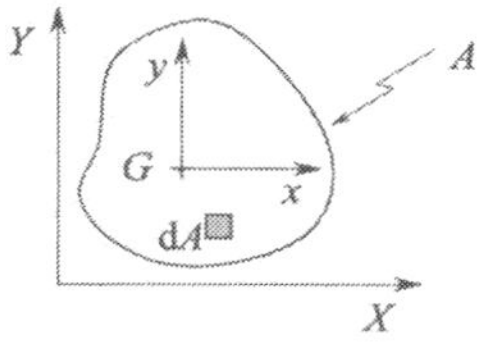

Figura 5.2 - Sezione riferita a un sistema d'assi baricentrico *XY*.

Poiché le coordinate del baricentro in questo nuovo sistema di riferimento assumono necessariamente i valori $(0, 0)$, risulta che:

$$x_G = 0 = \frac{\int_A x \, \mathrm{d}A}{A} = \frac{S_y}{A}$$

$$y_G = 0 = \frac{\int_A y \, \mathrm{d}A}{A} = \frac{S_x}{A}$$

Le relazioni precedenti indicano che i *momenti statici* S_x e S_y, come qualsiasi altro momento statico riferito a un asse baricentrico, sono tutti *nulli*.

La definizione che è stata impiegata in precedenza è valida in generale[1] ed è spesso il modo più comodo per ricercare la posizione del baricentro di sezioni di forma complessa.

Esempio svolto 5.1

Momenti statici di una sezione rettangolare

Possiamo determinare i momenti statici rispetto agli assi x e y sovrapposti ai lati di una sezione rettangolare **Figura 5.3**, applicando la definizione data dalle equazioni **(5.2)**.

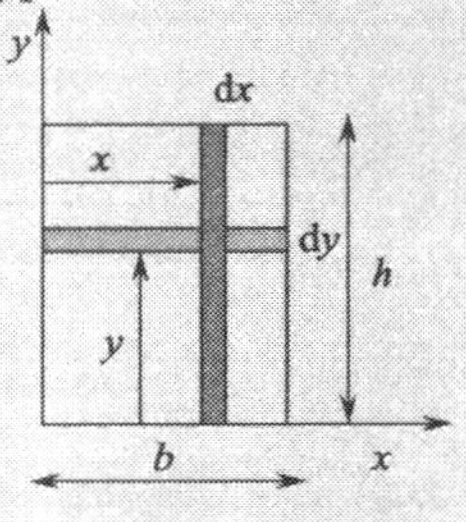

Figura 5.3 - Baricentro di una sezione rettangolare.

Soluzione

Basta considerare che l'integrale doppio esteso all'area A si può ridurre a un integrale semplice, tenendo conto che $\mathrm{d}A = b\,\mathrm{d}y$ per il calcolo di S_x (oppure $\mathrm{d}A = h\,\mathrm{d}x$ quando integriamo rispetto a x, per calcolare il momento statico S_y). Quindi:

$$S_x = \int_A y\,\mathrm{d}A = \int_0^h ybdy = \frac{1}{2}bh^2$$

$$S_y = \int_A x\,\mathrm{d}A = \int_0^b xhdx = \frac{1}{2}b^2h$$

Per determinare gli stessi momenti statici con un metodo alternativo, basta osservare che il baricentro coincide con il centro del rettangolo **Figura 5.4**.

$$S_x = Ay_G = (bh)\left(\frac{1}{2}h\right) = \frac{1}{2}bh^2$$

$$S_y = Ay_G = (bh)\left(\frac{1}{2}b\right) = \frac{1}{2}b^2h$$

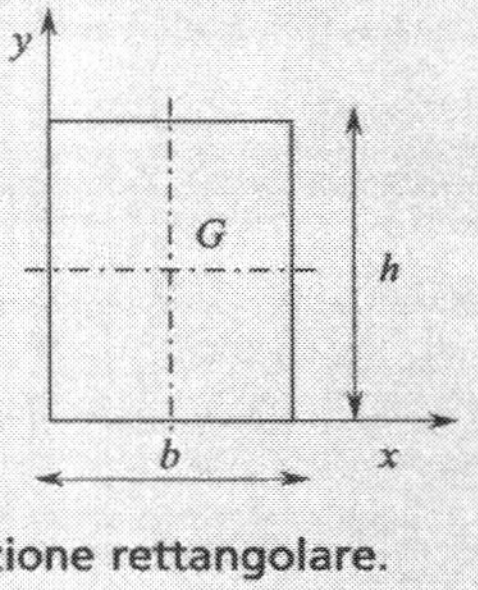

Figura 5.4 - Baricentro di una sezione rettangolare.

[1] Infatti, non è stato necessario adottare alcuna ipotesi particolare.

Esempio svolto 5.2

Si vuole determinare l'ordinata del baricentro di un triangolo di base b e altezza h e il momento statico rispetto all'asse x indicato nella **Figura 5.5**.

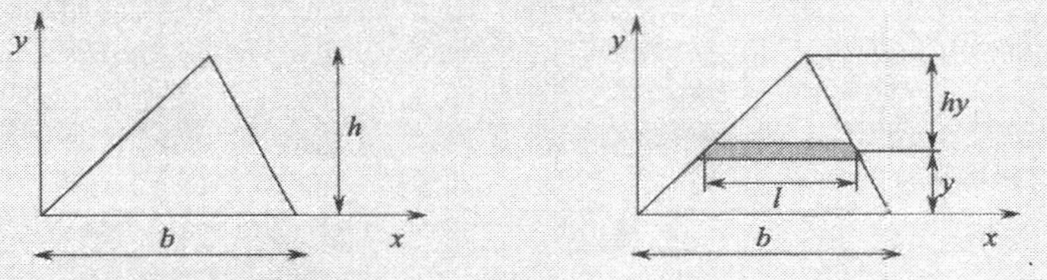

Figura 5.5 - Baricentro di un triangolo.

Soluzione

Applicando una semplice proporzione fra i lati dei triangoli simili:

$$l = b\frac{h-y}{h}$$

quindi

$$\mathrm{d}A = l\mathrm{d}y = b\frac{h-y}{h}\mathrm{d}y$$

Si può dunque calcolare il *momento statico* S_x rispetto all'asse x:

$$S_x = \int_A y\,\mathrm{d}A = \int_0^h yb\frac{h-y}{h}\mathrm{d}y = \frac{b}{h}\int_0^h (hy - y^2)\mathrm{d}y = \frac{b}{h}\left[h\frac{y^2}{2} - \frac{y^3}{3}\right]_0^h = \frac{1}{6}bh^2$$

Per calcolare l'ordinata del baricentro basta considerare che $S_x = y_G A$:

$$y_G = \frac{S_x}{A} = \frac{\frac{1}{6}bh^2}{\frac{1}{2}bh} = \frac{1}{3}h.$$

5.1.2.1 Momenti statici di sezioni composte

Per determinare i momenti statici (e quindi la posizione del baricentro) di sezioni di forma complessa di area A, ma che si possono facilmente scomporre in figure elementari $(A_1, A_2, \dots A_n)$ delle quali sono già note le posizioni dei baricentri, si può sfruttare la proprietà additive e sottrattive degli integrali assumendo come positive le aree aggiunte e negative le aree mancanti :

$$S_x = \int_A y\,\mathrm{d}A = \int_{A_1} y\,\mathrm{d}A_1 + \int_{A_2} y\,\mathrm{d}A_2 + \dots + \int_{A_i} y\,\mathrm{d}A_i + \dots + \int_{A_n} y\,\mathrm{d}A_n \quad (5.4)$$

che si può anche scrivere come:

$$S_x = A_1 y_{G_1} + A_2 y_{G_2} + \dots + A_i y_{G_i} + \dots + A_n y_{G_n} = \sum_{i=1}^{n} A_i y_{G_i} \quad (5.5)$$

avendo indicato con A_i e con y_{G_i} le aree e le ordinate rispetto all'asse x dei baricentri delle singole aree elementari. Procedendo in maniera analoga si trova il momento statico rispetto all'asse y:

$$S_y = A_1 x_{G_1} + A_2 x_{G_2} + \ldots + A_i x_{G_i} + \ldots + A_n x_{G_n} = \sum_{i=1}^{n} A_i x_{G_i} \qquad (5.6)$$

La posizione del baricentro della sezione completa si calcola dunque mediante le formule seguenti:

$$x_G = \frac{\sum_{i=1}^{n} A_i x_{G_i}}{A} \qquad y_G = \frac{\sum_{i=1}^{n} A_i y_{G_i}}{A} \qquad (5.7)$$

In altre parole, le coordinate del baricentro della sezione complessiva si ottengono come media pesata delle coordinate dei baricentri delle aree parziali, avendo assunto come pesi i valori delle aree stesse.

Esempio svolto 5.3

Si vuole determinare la posizione del baricentro di una sezione a "L" dalle dimensioni indicate nella **Figura 5.6**. I calcoli relativi sono riportati nella **Tabella 5.1**.

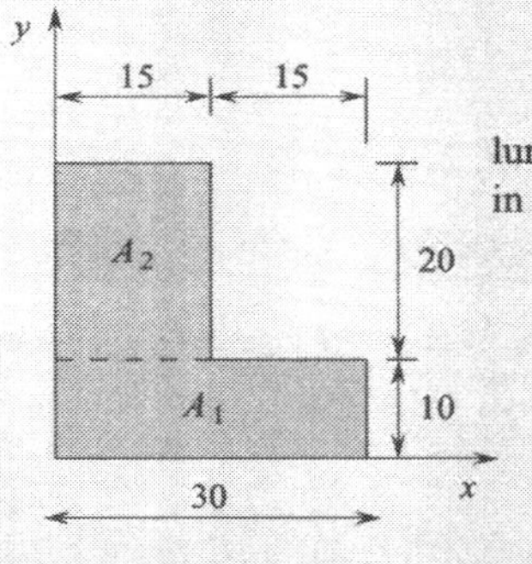

Figura 5.6 - Baricentro di una sezione a "L".

Tabella 5.1 - Calcolo della posizione del baricentro della sezione di **Figura 5.6**.

	Area [mm²]	x_{G_i} [mm²]	S_{y_i} [mm]	y_{G_i} [mm³]	S_{x_i} [mm]
A_1	300	15	15 × 300 = 4500	5	5 × 300 = 1500
A_2	300	7,5	7,5 × 300 = 2250	20	20 × 300 = 6000
A	600		$S_y = 6750$		$S_x = 7500$

Soluzione

In questo caso si possono ottenere le coordinate del baricentro utilizzando la formula (**5.7**):

$$x_G = \frac{S_y}{A} = \frac{6750}{600} = 11{,}25\text{mm}$$

$$y_G = \frac{S_y}{A} = \frac{7500}{600} = 12{,}2\text{mm}$$

5.1.3 Momenti d'inerzia

5.1.3.1 Momenti d'inerzia rispetto a un asse

Nello stesso modo attraverso il quale sono stati definiti i momenti statici di una sezione, si possono introdurre delle nuove grandezze che vengono chiamate *momenti d'inerzia*[2] o *momenti d'area del second'ordine*:

$$J_x = \int_A y^2 \, \mathrm{d}A \quad J_y = \int_A x^2 \, \mathrm{d}A \tag{5.8}$$

Il momento d'inerzia J_x (oppure J_y) si può pensare come la somma dei prodotti delle areole $\mathrm{d}A$ per la loro distanza dall'asse x (oppure y) al quadrato **Figura 5.7**.

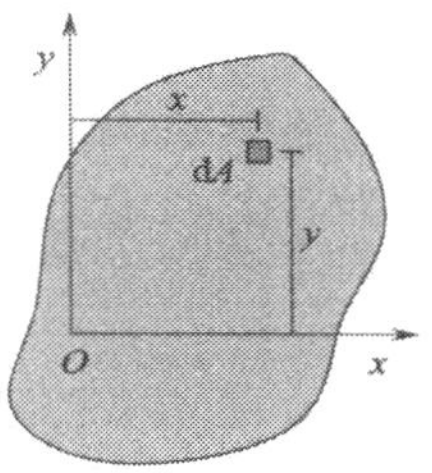

Figura 5.7 - Momento d'inerzia di una sezione.

Il *momento d'inerzia centrifugo* o *misto* rispetto a una coppia d'assi xy ortogonali **Figura 5.7** viene definito nel seguente modo:

$$J_{xy} = \int_A xy \, \mathrm{d}A \tag{5.9}$$

Mentre i momenti d'inerzia (**5.8**) sono sempre positivi, il momento d'inerzia centrifugo può essere anche negativo o nullo. Perché sia nullo basta che uno dei due assi x o y sia di simmetria per la sezione.

Se si considera per esempio una sezione a semplice simmetria come quella di **Figura 5.8**, il momento centrifugo rispetto agli assi xy è nullo; infatti nell'integrale che definisce J_{xy} si sommano contributi di segno opposto che si annullano a coppie ($xy\,\mathrm{d}A$ si annulla con $(-x)y\,\mathrm{d}A$, come indicato in **Figura 5.8**).

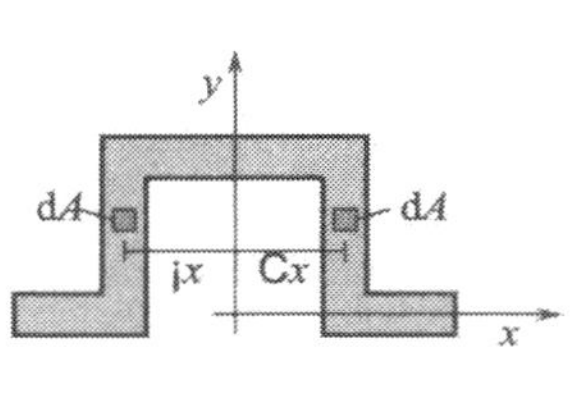

Figura 5.8 - Sezione a semplice simmetria.

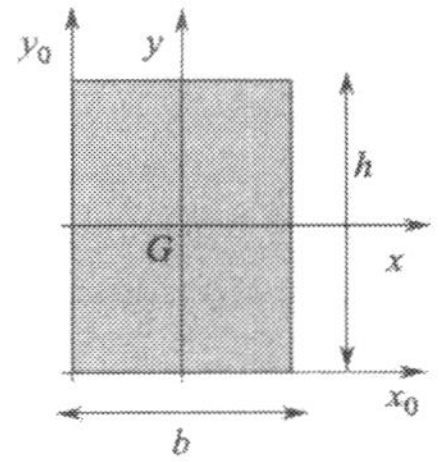

Figura 5.9 - Momento d'inerzia di una sezione rettangolare.

[2] Più propriamente queste quantità dovrebbero essere denominate momenti d'inerzia *assiali*, per distinguerli dai momenti d'inerzia *polari* e *centrifughi*.

Esempio svolto 5.4

Per determinare il momento d'inerzia rispetto all'asse x baricentrico e parallelo ai lati di una sezione rettangolare **Figura 5.9**, basta applicare la definizione data dalle (**5.8**):

$$J_x = \int_{-h/2}^{h/2} y^2 \, dA = \int_{-h/2}^{h/2} y^2 (b dy) = b \int_{-h/2}^{h/2} y^2 dy =$$
$$= b \left[\frac{y^3}{3} \right]_{-h/2}^{h/2} = b \left[\frac{h^3}{24} - \left(-\frac{h^3}{24} \right) \right]$$
$$= \frac{1}{12} bh^3$$

5.1.3.2 Momento d'inerzia polare

Il momento d'area del second'ordine così definito:

$$J_P = \int_A r^2 \, dA \qquad (5.10)$$

viene detto *momento d'inerzia polare* **Figura 5.10**. Se la sezione è riferita a un sistema di riferimento cartesiano **Figura 5.10**, la distanza dall'origine degli assi di ciascun punto è $r = \sqrt{x^2 + y^2}$. Sostituendo questa nell'equazione (**5.10**), si può ottenere una relazione tra il momento d'inerzia polare e i momenti d'inerzia J_x e J_y:

$$J_P = \int_A (x^2 + y^2) \, dA = \int_A x^2 \, dA + \int_A y^2 \, dA = J_y + J_x \qquad (5.11)$$

In tal modo si rende agevole il calcolo di momenti polari di sezioni rettangolari, oppure, al contrario, quello dei momenti d'inerzia (assiali) in sezioni circolari, per le quali è più semplice il calcolo del momento polare d'inerzia.

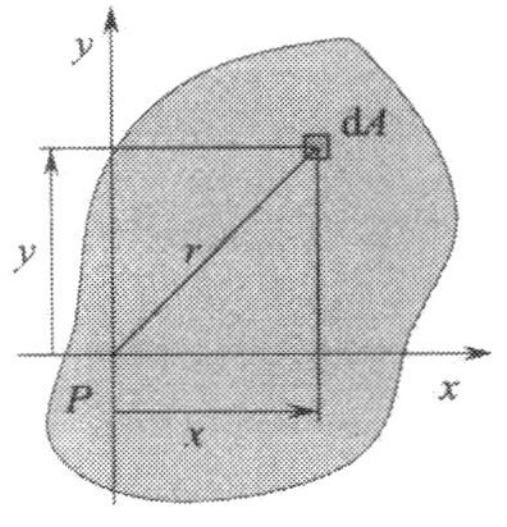

Figura 5.10 - Momento d'inerzia polare.

Esempio svolto 5.5

Momento d'inerzia polare di sezioni rettangolari

Per calcolare il momento d'inerzia polare di una sezione rettangolare , basta applicare la relazione (**5.11**):

$$J_P = J_x + J_y = \frac{1}{12}bh^3 + \frac{1}{12}hb^3 =$$
$$= \frac{1}{12}bh(b^2 + h^2)$$

Esempio svolto 5.6

Momento d'inerzia polare e assiale di sezioni circolari

Per calcolare il momento d'inerzia rispetto a un asse diametrale di una sezione circolare di raggio $R = \frac{1}{2}D$ possiamo sfruttare l'equazione (**5.11**) e semplici considerazioni sulla simmetria. Infatti, se consideriamo una sezione circolare **Figura 5.11**, la scelta dell'asse diametrale rispetto al quale calcolare il momento d'inerzia J_x è assolutamente arbitraria. Per questo motivo allora:

$$J_x = J_y$$

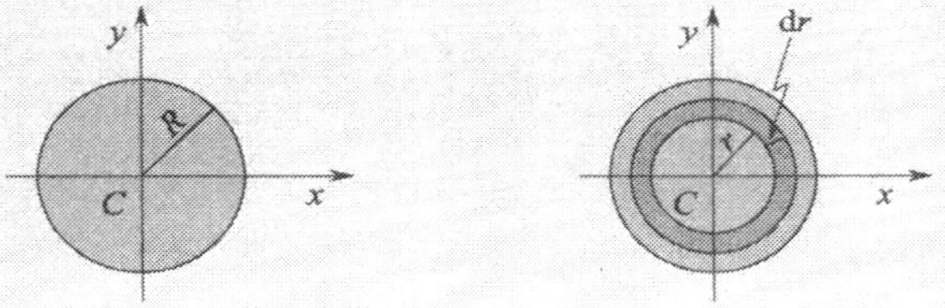

Figura 5.11 - Momento d'inerzia polare di una sezione circolare.

Una volta che sia noto il momento d'inerzia polare della sezione circolare si può ottenere

$$J_x = J_y = \frac{J_C}{2}$$

Il momento d'inerzia polare rispetto al centro della sezione J_C (baricentro C) si calcola facilmente mediante l'integrale:

$$J_C = \int_0^R r^2 2\pi r \, \mathrm{d}r = \frac{\pi}{2}R^4 = \frac{\pi}{32}D^4$$

Quindi i momenti d'inerzia J_x e J_y valgono:

$$J_x = J_y = \frac{\pi}{64}D^4$$

5.1.4 Trasformazione dei momenti d'inerzia per traslazione degli assi

Se sono noti i momenti d'inerzia J_x, J_y e J_{xy} rispetto a un sistema di riferimento baricentrico, è possibile calcolare i momenti d'inerzia rispetto ad assi paralleli (Figura 8.17). Se si sceglie un sistema di riferimento XY con:

$$\begin{cases} X = x + X_G \\ Y = y + Y_G \end{cases}$$

il momento d'inerzia rispetto all'asse X si calcola come:

$$J_X = \int_A Y^2 \, \mathrm{d}A = \int_A (y + Y_G)^2 \, \mathrm{d}A = \int_A y^2 \, \mathrm{d}A + 2Y_G \int_A y \, \mathrm{d}A + Y_G^2 \int_A \mathrm{d}A =$$
$$= J_x + 2Y_G S_x + Y_G^2 A$$

Fino a questo punto le relazioni precedenti sono valide anche se il riferimento scelto *non* è baricentrico.

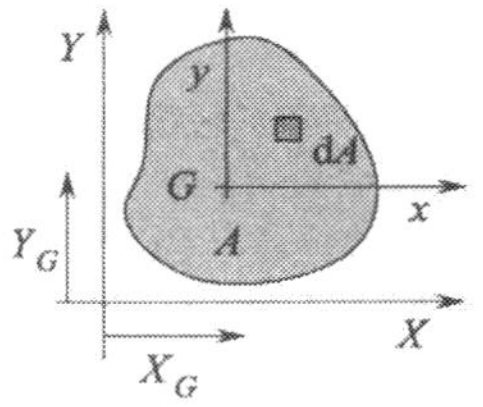

Figura 5.12 - Sezione riferita a un sistema d'assi baricentrico.

Se si applica la condizione che il sistema di riferimento xy di partenza sia baricentrico, allora il momento statico S_x rispetto all'asse baricentrico è nullo e quindi:

$$J_X = J_x + Y_G^2 A$$

Allo stesso modo si può calcolare il momento d'inerzia centrifugo rispetto al nuovo sistema d'assi XY:

$$J_{XY} = \int_A XY \, \mathrm{d}A = \int_A (x + X_G)(y + Y_G) \, \mathrm{d}A =$$
$$= J_{xy} + X_G Y_G A$$

Riassumiamo qui le formule di trasformazione per transizione:

$$\begin{aligned} J_X &= J_x + Y_G^2 A \\ J_X &= J_x + X_G^2 A \\ J_{XY} &= J_{xy} + X_G Y_G A \end{aligned} \qquad (\mathbf{5.12})$$

Si osservi dalle formule precedenti che il momento d'inerzia baricentrico è il minimo di tutti i momenti d'inerzia calcolati rispetto ad assi tra loro paralleli.

Le formule di trasporto (**5.12**) sono molto utili perché spesso nella pratica costruttiva si impiegano strutture che sono ottenute mediante la giunzione di profili semplici oppure la giunzione di piastre rettangolari, per le quali è richiesto di conoscere il momento d'inerzia complessivo.

Una volta noto il momento d'inerzia delle singole parti e la posizione del baricentro della sezione composta, è semplice determinare il momento d'inerzia della sezione composta.

Esempio svolto 5.7

Momenti d'inerzia di sezioni composte

Si vuole calcolare il momento d'inerzia rispetto all'asse baricentrico x della sezione a "L" dell'esempio 5.3, riportata in **Figura 5.13**.

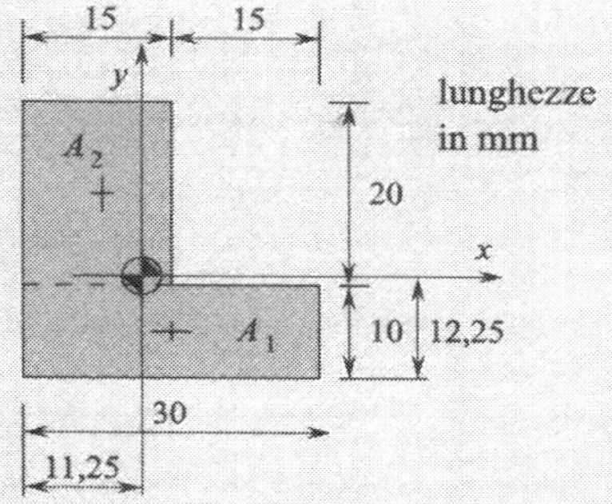

Figura 5.13 - Calcolo del momento d'inerzia di una sezione composta.

Soluzione

Il momento d'inerzia rispetto all'asse x si calcola come:

$$J_{1x} = \frac{1}{12}30 \cdot 10^3 + (12{,}5 - 5)^2 300 = 19\,375 \text{ mm}^4$$

$$J_{2x} = \frac{1}{12}15 \cdot 20^3 + (20 - 12{,}25)^2 300 = 26\,875 \text{ mm}^4$$

$$J_x = J_{1x} + J_{2x} = 46\,250 \text{ mm}^4$$

Analogamente si può calcolare il momento d'inerzia J_y:

$$J_{1y} = \frac{1}{12}10 \cdot 30^3 + (15 - 11{,}25)^2 300 = 26\,718{,}75 \text{ mm}^4$$

$$J_{2y} = \frac{1}{12}20 \cdot 15^3 + (11{,}25 - 7{,}5)^2 300 = 9843{,}75 \text{ mm}^4$$

$$J_y = J_{1y} + J_{2y} = 36\,562{,}5 \text{ mm}^4$$

Si faccia attenzione che in questo caso il momento d'inerzia centrifugo rispetto al baricentro *non* è nullo, mentre invece sono nulli i momenti centrifughi delle sezioni parziali rispetto ai rispettivi assi baricentrici. Quindi il momento d'inerzia centrifugo della sezione composta si calcola nel seguente modo, utilizzando la terza delle equazioni (8.15):

$$J_{1xy} = 0 + (15 - 11.25)(-12{,}5 + 5)300 = -8437.5 \text{ mm}^4$$

$$J_{2xy} = 0 + (7{,}5 - 11{,}25)(20 - 12{,}5)300 = -8437.5 \text{ mm}^4$$

$$J_{xy} = J_{1xy} + J_{2xy} = -16\,875 \text{ mm}^4$$

In questo caso il momento d'inerzia centrifugo J_{xy} risulta negativo perché la sezione di **Figura 5.13** si sviluppa principalmente nel II e nel IV quadrante del sistema d'assi baricentrico.

5.2 Azione assiale

Esistono organi di macchine e componenti di strutture caratterizzati dalla presenza della sola azione assiale N, (applicava nel baricentro della sezione) come per esempio i bulloni, i tiranti o le bielle.

Molti di questi organi possono essere rappresentati idealmente da solidi ad asse rettilineo a sezione costante, con una dimensione prevalente rispetto alle altre due. È allora possibile la loro rappresentazione sintetica per mezzo dell'asse baricentrico, della forma e dell'area della sezione **Figura 5.14**.

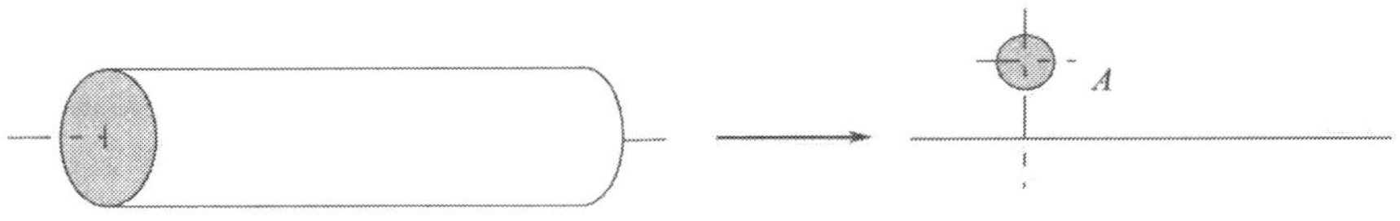

Figura 5.14 - Passaggio dal solido reale alla rappresentazione schematica.

5.2.1 Lo stato di sforzo

Se si immagina di dividere il solido in due parti, con una sezione *m-n* perpendicolare all'asse baricentrico **Figura 5.15**, affinché le due parti siano ancora in equilibrio le due superfici dovranno trasmettersi un'azione interna uguale alla N applicata. Ciò avviene con la collaborazione di tutti i punti della sezione, sui quali agisce una forza per unità di area, detta *sforzo*, che si rappresenta con il vettore $\overline{\phi}$.

Sulla superficie normale all'asse baricentrico del corpo soggetto a trazione lo sforzo $\overline{\phi}$ è uguale in ogni punto ed è diretto normalmente alla superficie.

Il vettore $\overline{\phi}$ viene quindi a coincidere con la sua componente normale $\overline{\phi}_n = \overline{\mathbf{n}} \cdot \sigma$ e il valore di σ si ricava imponendo che la risultante della distribuzione (uniforme) di σ sulla superficie di area A sia uguale all'azione interna N;

$$\int_A \sigma_x \mathrm{d}A = N \quad \textbf{(5.13)}$$

da cui, essendo σ_x costante

$$\sigma_x = \frac{N}{A} \quad \textbf{(5.14)}$$

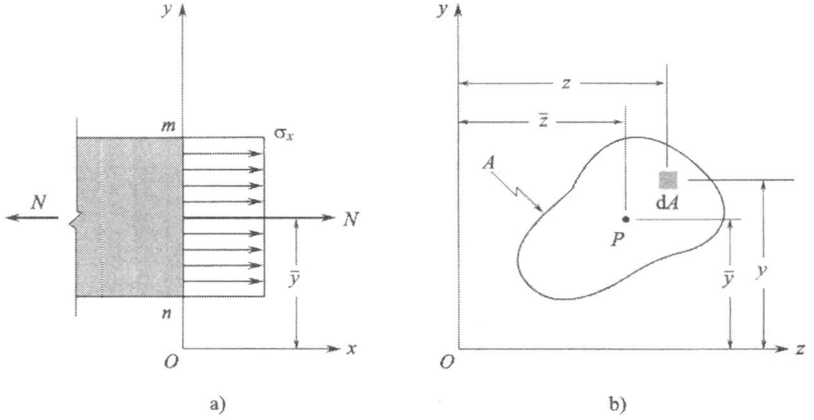

Figura 5.15 - Stato di sforzo in una sezione di solido prismatico soggetto a trazione.

Per meglio visualizzare lo stato di sforzo, come evidenziato nel Capitolo 4 si fa riferimento alla rappresentazione su un *volume elementare*.

Nel caso della trazione, in ogni punto della sezione trasversale *m-n* conviene immaginare questo elemento come un *cubetto* con due facce parallele alla superficie della sezione. Le altre quattro facce possono invece avere orientamento arbitrario (purché ovviamente ortogonali a due a due), ovvero il cubetto può essere ruotato a piacere attorno all'asse longitudinale. Sulle facce del cubetto si possono evidenziare gli sforzi normali σ_x appena calcolati, uguali sulle due facce opposte, di normale x, come mostrato in **Figura 5.16**. Sulle altre facce (di normale y e z) non agiscono sforzi.

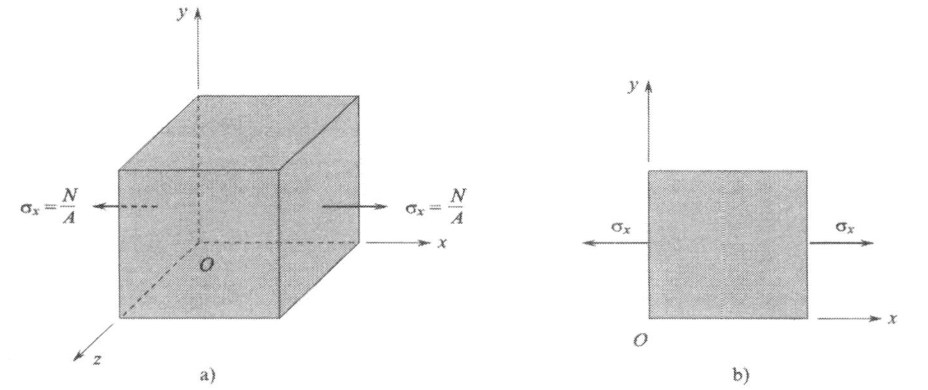

Figura 5.16 - Trazione: sforzo normale.

5.2.2 Lo stato di sforzo su superfici inclinate

Se la sezione considerata non è normale all'asse baricentrico, ma è inclinata di un angolo θ (sezione *p-q* di **Figura 5.16**), per l'equilibrio deve agire su di essa ancora una distribuzione di sforzi $\overline{\phi}_\theta$, orientati come l'asse del solido prismatico. Questa distribuzione di sforzi è ancora uniforme e la risultante in direzione assiale delle forze $\overline{\phi}_\theta \cdot \mathrm{d}A'$ deve essere in equilibrio con la forza N, da cui

$$\overline{\phi}_\theta = \overline{\phi}\frac{\mathrm{d}A}{\mathrm{d}A'} \tag{5.15}$$

La risultante N può essere scomposta in due parti, N' normale alla sezione e V tangente alla sezione

$$N' = N\cos(\theta) \qquad V = N\sin(\theta) \tag{5.16}$$

A esse sono associati sforzi normali σ_θ e sforzi tangenziali τ_θ, rispettivamente proiezione di $\overline{\phi}_\theta$ in direzione normale e tangente alla sezione, deve cioè valere la relazione

$$\overline{\phi}_\theta = \overline{\mathbf{n}} \cdot \sigma_\theta + \overline{\mathbf{t}} \cdot \tau_\theta \tag{5.17}$$

con $\overline{\mathbf{n}}$ vettore normale alla superficie, $\overline{\mathbf{t}}$ tangente, entrambi appartenenti al piano xy.

Tenendo conto che l'area della sezione ora è A_1, che dipende dall'angolo θ, ($A_1 = A/\cos\theta$), gli sforzi σ_θ si ricavano da

$$\sigma_\theta = \frac{N'}{A_1} = \frac{N}{A}\cos^2(\theta) = \sigma_x\cos^2(\theta) \tag{5.18}$$

Gli sforzi tangenziali invece sono dati dalla ripartizione uniforme su ogni punto della sezione della forza V, che agisce tangente al piano della sezione inclinata. Anche gli sforzi quindi agiscono lungo la stessa direzione ed essendo tangenti alla superficie, sono detti *sforzi di taglio* e sono indicati con la lettera greca τ.

Nel caso della sezione inclinata p-q deve essere

$$\tau_\theta = \frac{V}{A_1} = \frac{N}{A}\sin(\theta)\cos(\theta) = \sigma_x \sin(\theta)\cos(\theta) \tag{5.19}$$

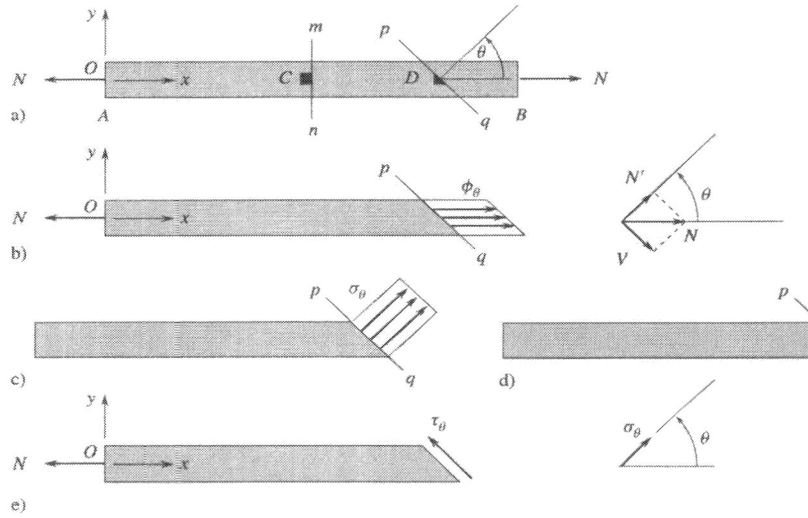

Figura 5.17 - Trazione: sforzi su sezioni inclinate.

Quindi il modo in cui è sollecitata la superficie inclinata varia al variare dell'angolo θ. Come si vede dalla **Figura 5.19** lo sforzo normale è massimo per $\theta = 0°$, è nullo per $\theta = 90°$ mentre della (**5.19**) si vede che lo sforzo tangenziale invece è nullo per $\theta = 0°$ e per $\theta = 90°$, mentre raggiunge il valore massimo per $\theta = \pm 45°$ e vale

$$\tau_{\max} = \frac{\sigma_x}{2} \tag{5.20}$$

La rappresentazione dello stato di sforzo in questa condizione particolare ($\theta = \pm 45°$) è riportata in **Figura 5.18**.

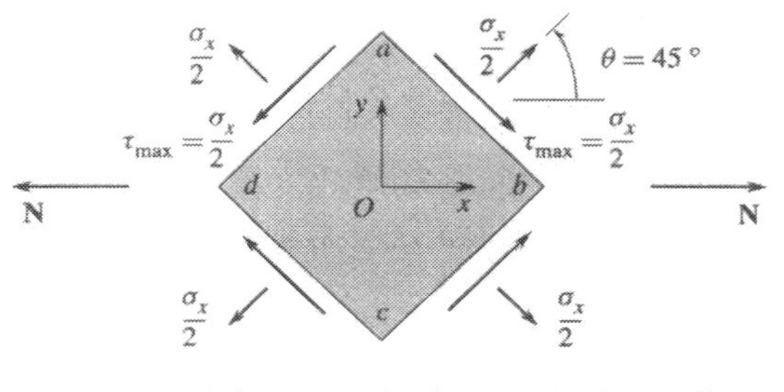

Figura 5.18 - Rappresentazione dello stato di sforzo sulle facce di un volume elementare orientato a 45°.

5.2.3 Lo stato di deformazione

Se il corpo soggetto a trazione, di cui si è discusso lo stato di sforzo nei paragrafi precedenti, non è rigido, le sezioni iniziale e finale (A e B della **Figura 5.19**) si allontanano di una quantità δ.

Lo spostamento δ, se rapportato alla lunghezza iniziale dell'elemento considerato, diventa la deformazione longitudinale (l'allungamento per unità di lunghezza del corpo), vale cioè la relazione

$$\varepsilon_e = \frac{\delta}{L} \qquad (\mathbf{5.21})$$

Visto che per effetto dell'azione N due sezioni normali adiacenti, cioè separate da una distanza infinitesima $\mathrm{d}x$, sono interessate da una distribuzione uniforme di sforzi σ, queste si allontanano l'una dall'altra della quantità $\varepsilon \cdot \mathrm{d}x$ a causa della deformazione delle fibre comprese tra le due sezioni **Figura 5.19**.

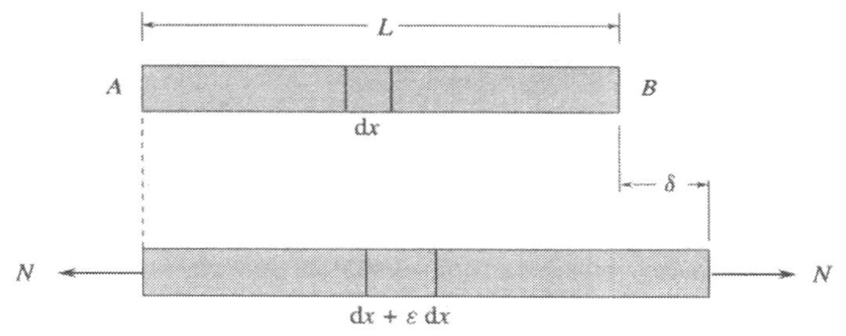

Figura 5.19 - Variazione della lunghezza di un solido prismatico soggetto a trazione.

Richiamiamo quindi la legge di Hooke applicata alla trazione monoassiale.

$$\sigma_x = E \cdot \varepsilon_x \qquad (\mathbf{5.22})$$

che esprime una proporzionalità diretta tra sforzi σ_x e deformazioni ε_x per mezzo della costante E, caratteristica del materiale, denominata **modulo di elasticità**.

Combinando le equazioni che esprimono il valore dello sforzo normale (**5.14**) e della deformazione (**5.21**) con la legge di Hooke (**5.22**) si può allora esprimere l'allungamento elastico della barra come

$$\delta = \frac{NL}{EA} \qquad (\mathbf{5.23})$$

Questa relazione ci permette di introdurre il concetto di **rigidezza** di un corpo soggetto a trazione; facendo riferimento allo schema ideale di una molla, di cui sia nota la forza necessaria per ottenere un allungamento unitario, cioè la sua rigidezza k, il legame tra forza e spostamento è rappresentato dalla relazione

$$N = k\delta \qquad (\mathbf{5.24})$$

Se assimiliamo allora il comportamento di un corpo elastico soggetto a trazione a quello della molla, la sua rigidezza è

$$k = \frac{EA}{L} \qquad (\mathbf{5.25})$$

L'inverso della rigidezza si dice **cedevolezza** e si esprime come

$$l = \frac{L}{EA} \tag{5.26}$$

5.2.4 Il coefficiente di Poisson

Contemporaneamente alla deformazione assiale, in un solido prismatico soggetto a trazione, si verifica una variazione della grandezza della sezione, come mostra la **Figura 5.20**, nella quale sono visibili delle contrazioni laterali. Il rapporto tra la contrazione e la dimensione iniziale delle fibre traversali è la deformazione trasversale ε_{tr}. Nella situazione che stiamo trattando di un solido elastico soggetto a trazione, questa deformazione è proporzionale alla deformazione assiale e ha lo stesso valore in qualunque punto del solido elastico (a condizione che sia *omogeneo*, cioè che possegga le stesse proprietà in tutti i suoi punti); se poi il materiale è *isotropo* (le sue caratteristiche meccaniche non dipendono dall'orientamento) il rapporto tra le deformazioni trasversale e assiale, che si trovano nel caso di trazione semplice, prende il nome di **coefficiente di Poisson**(3).

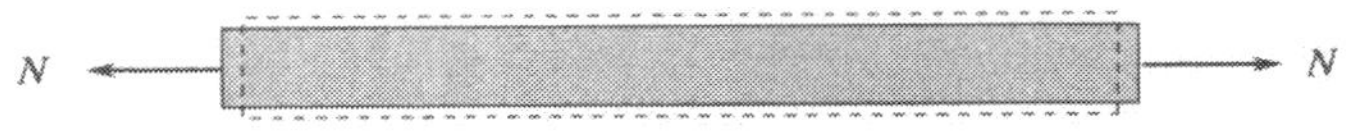

Figura 5.20 - Contrazione trasversale.

$$\nu = \left| \frac{\varepsilon_{\text{trasversale}}}{\varepsilon_{\text{longitudinale}}} \right| \tag{5.27}$$

5.3 Il lavoro di deformazione

Un corpo, quando si deforma per effetto dell'applicazione di una forza, accumula energia il cui valore si può calcolare per qualsiasi tipo di deformazione.

Nel caso della trazione, ipotizzando che il carico P cresca da zero al valore massimo gradualmente, cioè in maniera quasi statica, attraverso una successione di stati di equilibrio, gli estremi del prisma si allontanano della quantità δ. Se si riporta in un diagramma l'andamento di P in funzione di δ, si ottiene il grafico di **Figura 5.21**. Si vede chiaramente che un aumento dP del carico rispetto al valore di partenza P provoca un allungamento dδ. Il lavoro di P in questo intervallo è allora $P \cdot \mathrm{d}\delta$; la somma di tutti questi lavori elementari, fino all'allungamento finale δ_1, è data da

$$L = \int_0^{\delta_1} P\mathrm{d}\delta \tag{5.28}$$

che è rappresentato dall'area sottesa dalla curva P, δ. Questo lavoro rappresenta l'energia di deformazione accumulata dal solido a seguito della deformazione provocata dal carico P.

(3) La deformazione trasversale è un esempio di come si possa avere una deformazione in una direzione lungo la quale non agisce alcuno sforzo.

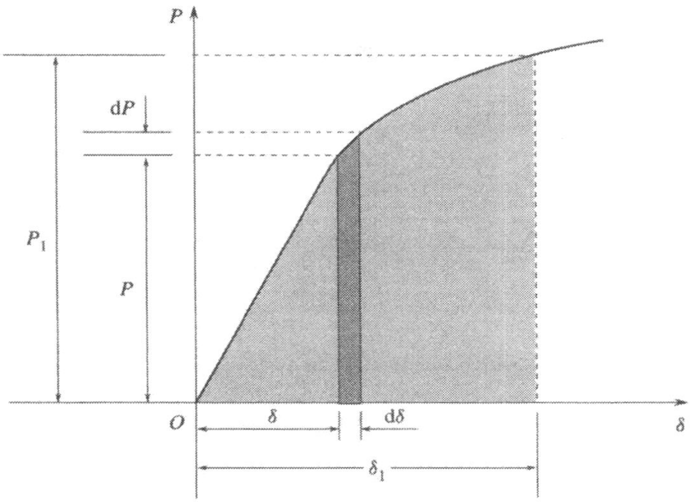

Figura 5.21 - Il lavoro di deformazione.

Se la legge di variazione di δ in funzione di P è lineare (come accade per la maggior parte dei materiali elastici (**Figura 5.22**), l'espressione dell'energia di deformazione diventa

$$L = \frac{P_1 \delta_1}{2} \quad [\mathrm{N \cdot m}] \tag{5.29}$$

Si osserva quindi che nel caso di un materiale elastico lineare il lavoro fatto da una forza che aumenta gradualmente fino al valore massimo è la metà del lavoro che si calcolerebbe assumendo costante la forza per tutto il campo di spostamento (questo risultato è noto come *teorema di Clapeyron*).

Sempre nel caso di un materiale elastico lineare è possibile definire l'energia accumulata da un volume unitario, o densità di energia di deformazione; la sua espressione è

$$\Psi = \frac{L}{V} = \frac{\frac{1}{2} P\delta}{Al} = \frac{1}{2}\frac{P}{A}\frac{\delta}{l} = \frac{1}{2}\sigma\varepsilon = \frac{\sigma^2}{2E}. \tag{5.30}$$

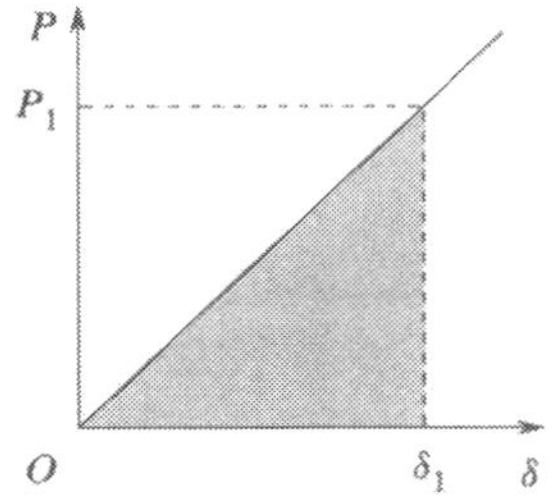

Figura 5.22 - Il lavoro di deformazione per materiali elastici lineari.

Esempio svolto 5.8

Si debba calcolare lo spostamento del punto di applicazione della forza F e il lavoro di deformazione della struttura di **Figura 5.23**, le cui caratteristiche sono riportate a fianco.

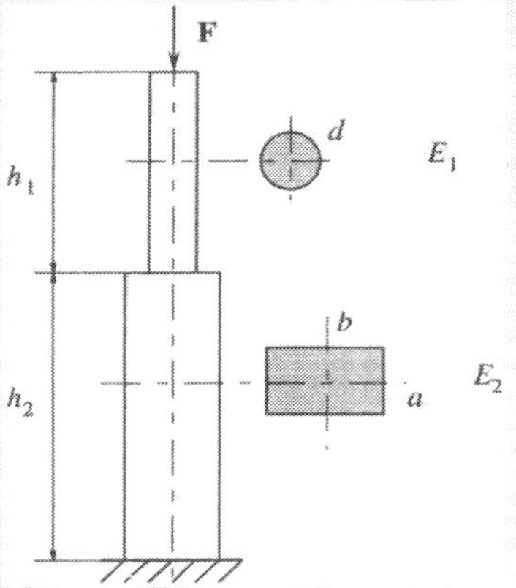

F	=	100	kN
h_1	=	0,7	m
h_2	=	1	m
E_1	=	70 000	MPa
E_2	=	210 000	MPa
d	=	30	mm
b	=	40	mm
a	=	30	mm

Figura 5.23 - Struttura caricata con carico assiale.

Soluzione

Assumendo positivi sforzi e azione assiale se di trazione, l'azione assiale è uguale nei due tratti e vale

$$N_1 = N_2 = -F = -100\,000 \text{ N}$$

Le aree sono

$$A_1 = \pi \frac{d^2}{4} = 706{,}9 \text{ mm}^2$$

$$A_2 = a \cdot b = 1200 \text{ mm}^2$$

Gli sforzi sono rispettivamente

$$\sigma_1 = \frac{N_1}{A_1} = -141,5 \frac{\text{N}}{\text{mm}^2} \sigma_2 = \frac{N_2}{A_2} = -83,3 \frac{\text{N}}{\text{mm}^2}$$

Applicando la legge di Hooke si calcolano le deformazioni

$$\varepsilon_1 = \frac{\sigma_1}{E_1} = -2021 \text{ E} - 06$$

$$\varepsilon_2 = \frac{\sigma_2}{E_2} = -397 \text{ E} - 06$$

da cui le variazioni di lunghezza

$$\Delta h_1 = h_1 \cdot \varepsilon_1 = -1{,}41 \text{ mm}$$

L'abbassamento del punto di applicazione della forza **F** è dato da

$$\delta = \Delta h_1 + \Delta h_2 = -1{,}41 - 0{,}39 = -1{,}81 \text{ mm}$$

Il lavoro è dato da

$$L = \frac{1}{2} F \Delta h_1 + \frac{1}{2} F \Delta h_2 = 90{,}57 \text{ J}$$

I due solidi possono anche essere visti come due molle in serie, ciascuna di rigidezza

$$K_1 = \frac{E_1 A_1}{h_1} = 70\,685\ \text{N/mm}\ K_2 = \frac{E_2 A_2}{h_2} = 252\,000\ \text{N/mm}$$

La rigidezza complessiva di due molle in serie è data da

$$K_{\text{tot}} = \frac{1}{1/K_1 + 1/K_2} = 55\,201\ \text{N/mm}$$

e quindi si ritrova ovviamente lo stesso risultato

$$\delta = \frac{N}{K_{\text{tot}}} = -1{,}81\ \text{mm}$$

5.4 Flessione

Un altro tipo di sollecitazione particolarmente importante per solidi prismatici snelli è denominata *flessione*; si tratta ora di determinare la distribuzione degli sforzi prodotti da questa componente di azione interna.

In realtà insieme alle azioni di momento flettente si presentano spesso anche il taglio o il momento torcente.

Si veda per esempio la trave incastrata a un'estremità, detta mensola, sulla quale agisce un carico trasversale **P** applicato all'altra estremità **Figura 5.24**.

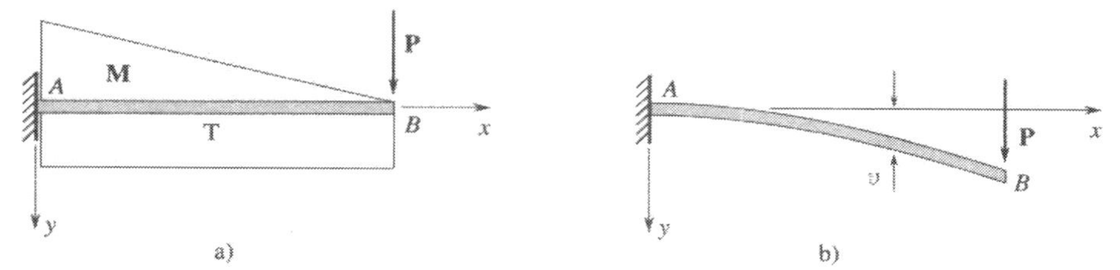

Figura 5.24 - Schema di una trave incastrata inflessa.

Chiamato x l'asse indeformato della mensola, l'asse trasversale y, lungo il quale agisce la forza **P**, è per questo detto **asse di sollecitazione**; infine z, l'asse perpendicolare agli altri due, forma con questi una terna destrorsa.

Il momento flettente è un vettore perpendicolare all'asse x e allineato con l'asse z. L'azione di taglio è costante lungo l'asse della mensola, mentre il momento flettente cresce linearmente dal punto di applicazione del carico, dove è nullo, fino all'incastro, dove è massimo.

Il punto di partenza per la determinazione degli sforzi in una trave inflessa è l'analisi del modo di deformarsi di una trave soggetta a solo momento flettente e per di più costante lungo l'asse.[4]

[4] Esempi di strutture soggette a momento flettente costante sono:
- mensola con momento flettente applicato a un'estremità (molla di flessione)
- macchina di prova a flessione
- assile ferroviario, limitatamente al tratto compreso tra le due ruote

Per ora ci si limiterà all'analisi di sezioni di travi prismatiche con forma simmetrica rispetto a un asse (y) e soggette a momento flettente giacente nel piano xy (usando la notazione simbolica che rappresenta i momenti con archi di cerchio orientati) oppure allineate come l'asse z (usando la notazione vettoriale). Per effetto del momento, un tratto di trave, inizialmente rettilineo, s'inflette e la linea d'asse si deforma, mantenendosi nel piano xy, detto **piano d'inflessione**. Nel piano xy lo spostamento lungo y di un punto è indicato con v.

5.4.1 Deformazioni in una trave soggetta a momento flettente costante

Le fibre longitudinali di una trave inflessa, inizialmente rettilinee e di lunghezza uguale, per effetto della flessione si deformano secondo linee curve. Dalla *curvatura* delle varie linee dipendono le deformazioni e di conseguenza gli sforzi L'ipotesi di base per il calcolo delle curvature e quindi delle lunghezze delle fibre deformate accetta che due sezioni trasversali prossime si mantengano piane dopo le deformazioni.

Per curvatura di una linea in un punto s'intende la grandezza

$$\Gamma = \frac{1}{\rho}\ [\mathrm{m}^{-1}] \tag{5.31}$$

dove ρ è il **raggio di curvatura** (è il raggio della circonferenza osculatrice alla linea nel punto). Se si osserva la **Figura 5.25**, si nota che due punti adiacenti disposti lungo una fibra longitudinale, separati nella configurazione indeformata dalla distanza dx, nella configurazione deformata formano il segmento infinitesimo ds. Poiché, come si vedrà meglio nel paragrafo seguente, per ipotesi le sezioni ruotano restando piane, esiste una fibra che non si allunga né si accorcia.

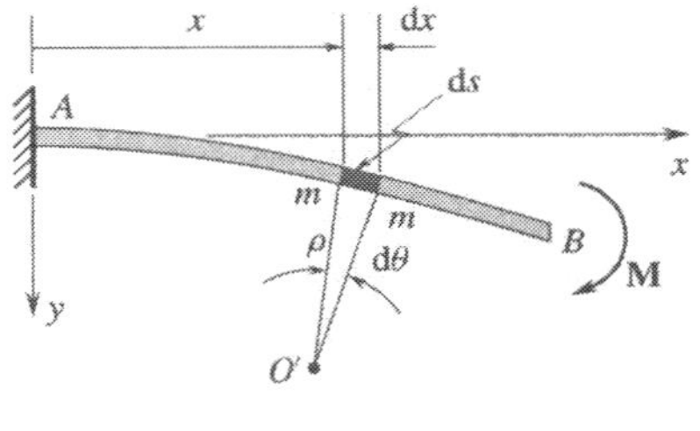

Figura 5.25 - Curvatura di una trave inflessa.

Le normali alle fibre nei due punti, prima tra loro parallele, dopo l'inflessione s'intersecano nel punto O', **centro di curvatura**, e la relazione che lega il raggio di curvatura a ds, elemento infinitesimo appartenente alla fibra indeformata, è

$$\rho \mathrm{d}\theta = \mathrm{d}s \tag{5.32}$$

Essendo per ipotesi dx = ds, la curvatura si può esprimere.

In strutture che presentino un andamento del momento flettente non uniforme, lo stato di sforzo si può ricavare applicando la soluzione trovata per le travi soggette a momento flettente costante, a condizione che le sezioni considerate si trovino lontane dai vincoli e dai punti di applicazione dei carichi.

$$\Gamma = \frac{1}{\rho} = \frac{d\theta}{ds} = \frac{d\theta}{dx} \qquad (5.33)$$

La convenzione riguardo al segno della curvatura prevede il segno positivo quando la concavità è rivolta verso la direzione positiva degli spostamenti v, il segno negativo nell'altro caso, come illustrato nella **Figura 5.26**.

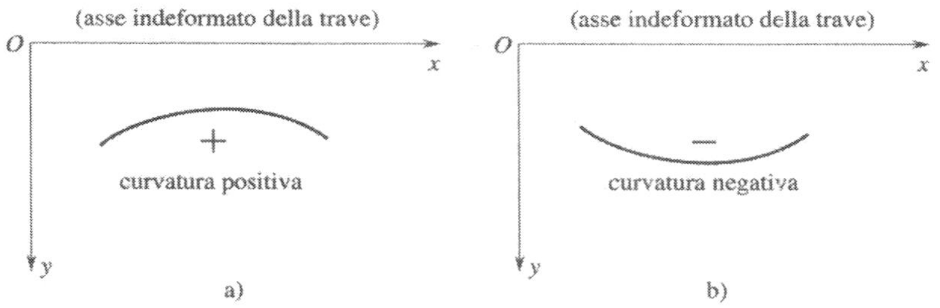

Figura 5.26 - Convenzione di segno per la curvatura.

5.4.2 Le deformazioni assiali

Per trovare le deformazioni associate alle curvature della trave, si faccia riferimento alla porzione di trave soggetta al momento flettente M_0, preso con verso tale da produrre curvature positive, riportata nella **Figura 5.27**.

Due sezioni adiacenti (*m-n* e *p-q*) ruotano l'una rispetto all'altra attorno a un asse perpendicolare al piano xy, mantenendosi piane. Per effetto di questa rotazione le fibre situate dalla parte convessa si allungheranno, mentre quelle situate dalla parte concava si accorceranno. Le fibre che non si allungano né si accorciano sono disposte nella configurazione indeformata in un piano che, intersecando una generica sezione normale all'asse x, forma un segmento che prende il nome di **asse neutro** (lungo l'asse z nell'esempio di **Figura 5.27**).

Chiamata $d\theta$ la rotazione relativa tra due sezioni adiacenti, poste cioè alla distanza dx, le fibre che passano per l'asse neutro mantengono invariata la propria lunghezza, vale a dire $dx = \rho_n d\theta$, mentre tutte le altre fibre, che non passano per l'asse neutro, o si allungano o si accorciano e quindi subiscono una variazione di lunghezza assiale ΔL_x. Il valore di ΔL_x si può ricavare sottraendo alla lunghezza iniziale dx di una fibra posta alla distanza y dall'asse neutro (fibra *e-f* di **Figura 5.27**) la lunghezza L_1, assunta a seguito della flessione,

$$L_1 = (\rho_n - y)d\theta = dx - \frac{y}{\rho_n}dx \ [\text{m}] \qquad (5.34)$$

La variazione di lunghezza ΔL_1 è

$$\Delta L_1 = L_1 - dx = (\rho_n - y)d\theta - dx = -\frac{y}{\rho_n}dx \ [\text{m}] \qquad (5.35)$$

La deformazione ε_x della fibra è per definizione il rapporto tra la variazione di lunghezza e la lunghezza iniziale; vale quindi

$$\varepsilon_x = \frac{\Delta L_1}{\mathrm{d}x} = -\frac{y}{\rho} = -\Gamma y \ [\mathrm{m/m}] \qquad (5.36)$$

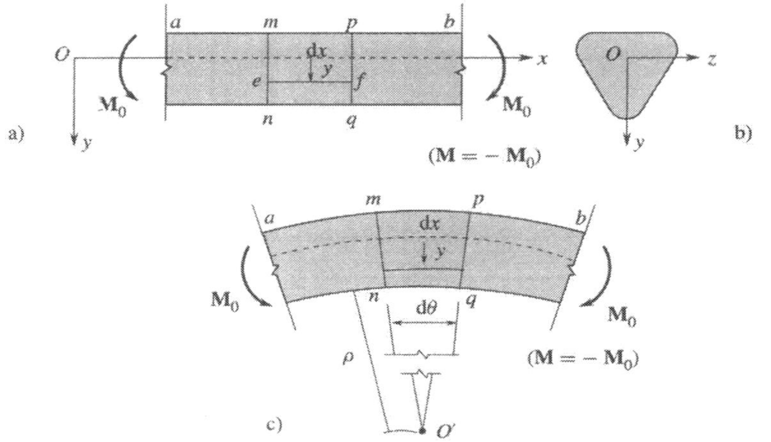

Figura 5.27 - Deformazioni in una trave inflessa.

Si può notare come le deformazioni siano proporzionali alla curvatura e varino linearmente con la distanza y dall'asse neutro.

5.4.3 Le deformazioni trasversali

Per effetto della contrazione trasversale, alle deformazioni assiali ε_x si accompagnano deformazioni trasversali, legate alle prime dal coefficiente di Poisson

$$\begin{aligned} \varepsilon_y &= -\nu\varepsilon_x = \nu\Gamma y \\ \varepsilon_z &= -\nu\varepsilon_x = \nu\Gamma y \end{aligned} \qquad (5.37)$$

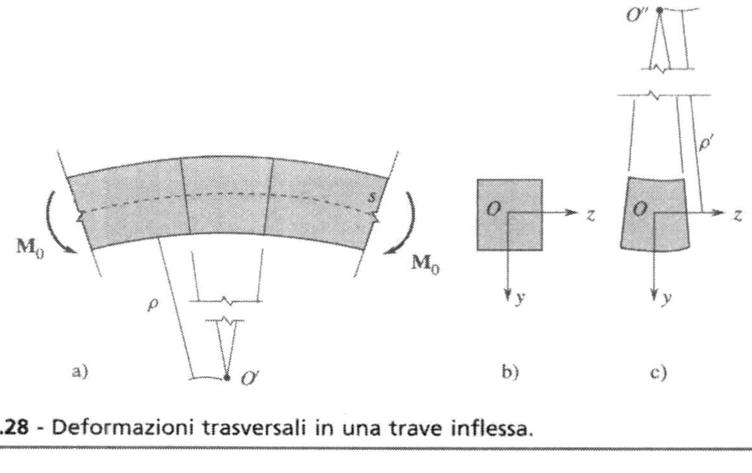

Figura 5.28 - Deformazioni trasversali in una trave inflessa.

Ciò fa sì che le sezioni trasversali cambino forma: la larghezza della sezione diminuisce sopra l'asse neutro e aumenta sotto di esso. Per semplicità si faccia riferimento al caso di una sezione rettangolare. Poiché le deformazioni assiali variano linearmente con y, per le relazioni (**5.37**), i lati di questa sezione si mantengono rettilinei, mentre le basi s'incurvano in modo tale da mantenere la perpendicolarità delle stesse con i lati (**Figura 5.28**). Si ha quindi una curvatura secondaria, in direzione perpendicolare a quella principale dell'asse della trave

$$\rho_n 1 = \frac{\rho_n}{\nu} \qquad (5.38)$$

L'effetto globale è rappresentato nella (**Figura 5.29**), dove si mostra, esagerando le deformazioni a scopo illustrativo, come per effetto del momento $\mathbf{M_0}$ si abbiano due curvature su piani mutuamente perpendicolari e di segno opposto, che danno alla trave una forma simile a quella di una sella.

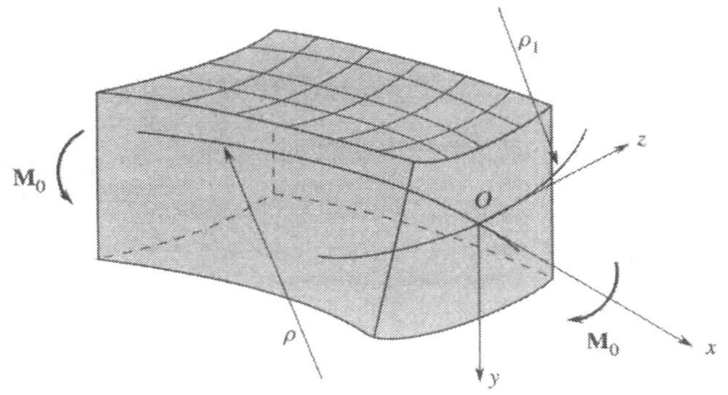

Figura 5.29 - Forma assunta da una trave inflessa.

5.5 Sforzi in una trave inflessa

Note le deformazioni, gli sforzi si possono ricavare introducendo il legame elastico lineare espresso dalla legge di Hooke; in campo monoassiale:

$$\sigma_x = E\varepsilon_x = -E\Gamma y \qquad (5.39)$$

Si vede così che anche gli sforzi variano linearmente con la coordinata y, che esprime la distanza dall'asse neutro, come mostrato nella **Figura 5.30**.

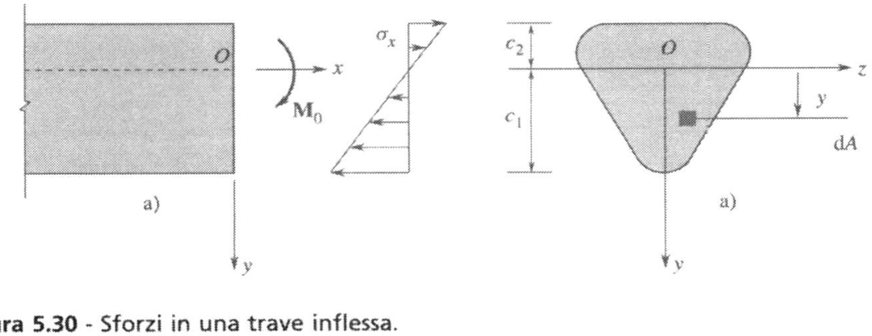

Figura 5.30 - Sforzi in una trave inflessa.

Finora la posizione dell'asse neutro è stata data per nota, ma può essere ricavata da una considerazione di equilibrio

- l'azione assiale è nulla, quindi la somma delle forze $\sigma_x \cdot \mathrm{d}A$ agenti sulla sezione deve essere anch'essa nulla;[5]

Questa prima condizione si esprime attraverso l'integrale

$$\int \sigma_x \mathrm{d}A = -\int E\Gamma y \mathrm{d}A = 0 \qquad (5.40)$$

Poiché la curvatura Γ e il modulo elastico E sono costanti, deve risultare

$$\int y \mathrm{d}A = 0 \qquad (5.41)$$

cioè deve essere nullo il momento statico della sezione rispetto all'asse neutro.

Per la definizione di baricentro, questa relazione esprime la condizione in cui l'asse neutro passa per il baricentro della sezione; ciò consente quindi di posizionare facilmente l'asse neutro sulla base della sola forma della sezione. Inoltre per l'ipotesi di simmetria rispetto all'asse y, anche questo passa per il baricentro e risulta asse principale d'inerzia; l'asse z a esso perpendicolare e passante per il baricentro è il secondo asse principale d'inerzia[6]. In conclusione se l'asse baricentrico y (di simmetria) è l'asse di sollecitazione, l'asse baricentrico z, normale a y nel piano di sezione, è l'asse neutro.

Una volta posizionato l'asse neutro, una seconda condizione d'equilibrio permette di trovare il legame tra momento e curvatura.

La seconda condizione, riguardante l'equilibrio dei momenti, si esprime con

$$\mathbf{M_0} = -\int \sigma_\mathbf{x} \mathbf{y} \mathbf{dA} \qquad (5.42)$$

Poiché per le convenzioni adottate $\mathbf{M} = -\mathbf{M_0}$ si può scrivere

$$\mathbf{M} = \int \sigma_\mathbf{x} \mathbf{y} \mathbf{dA} = -\boldsymbol{\Gamma}\mathbf{E} \int \mathbf{y^2 dA} \qquad (5.43)$$

o in forma più compatta

$$\mathbf{M} = -\boldsymbol{\Gamma}\mathbf{EJ} \qquad (5.44)$$

dove

$$J = \int y^2 \mathrm{d}A \qquad (5.45)$$

è il **momento d'inerzia** della sezione rispetto all'asse neutro z.

La curvatura della trave può allora essere legata al momento flettente attraverso la relazione

---

[5] Si noti che il momento $\mathbf{M_0}$, che genera una curvatura positiva, per le convenzioni adottate sul segno delle azioni interne, ha segno negativo.

[6] Si noti come la condizione di simmetria rispetto all'asse y comporti che l'asse y sia principale d'inerzia, ma non viceversa; inoltre, quanto visto per sezioni simmetriche vale per qualunque tipo di sezione, a condizione che si consideri un sistema di riferimento costituito dagli assi principali d'inerzia e che il momento flettente sia rappresentato da un vettore allineato con uno degli assi principali d'inerzia.

$$\Gamma = \frac{1}{\rho} = -\frac{M}{EJ} \qquad (5.46)$$

che esprime un legame di proporzionalità diretta tra la curvatura e il momento applicato, di proporzionalità inversa tra la curvatura e il termine *EJ*, detto **rigidezza flessionale** (questa relazione è nota come *legge di Euleo-Bernoulli*).

Il segno negativo che compare nella relazione (**5.46**) esprime che, per le convenzioni adottate sul segno della curvatura (il centro di curvatura sta sempre dalla parte delle fibre compresse) e dei momenti (positivo quando le fibre tese si trovano dalla parte delle *y* positive), un momento flettente positivo genera una curvatura negativa e viceversa.

L'espressione degli sforzi si ricava sostituendo nella relazione (**5.39**) l'espressione della curvatura data dalla (**5.46**), ottenendo la cosiddetta *formula di Navier*

$$\sigma_x = \frac{My}{J} \qquad (5.47)$$

Essa mostra come gli sforzi dipendano da **M**, da y, dal momento d'inerzia J della sezione e si distribuiscano linearmente lungo la coordinata y. Gli sforzi sui piani trasversali (di normali y e z) sono invece tutti nulli.

Il segno degli sforzi è fissato da quello del momento flettente. Se il momento è positivo, gli sforzi di trazione saranno dalla parte delle y positive, mentre se il momento è negativo, gli sforzi di trazione saranno dalla parte delle y negative, **Figura 5.31**.

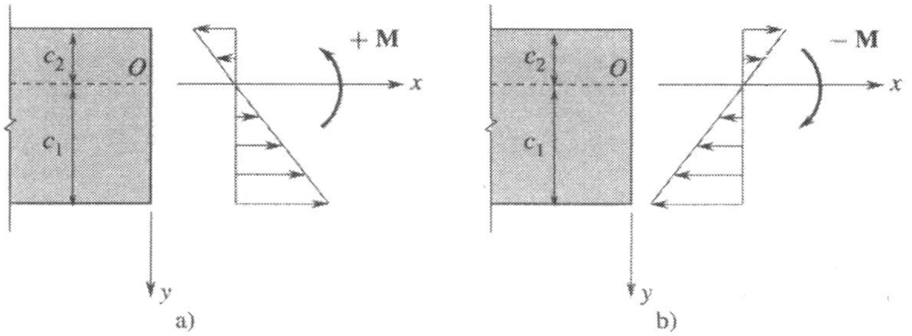

Figura 5.31 - Legame tra il segno degli sforzi e quello del momento.

Esempio svolto 5.9

Espressione degli sforzi dovuti a un momento flettente **M**, nelle seguenti sezioni:

- **Circolare piena**

Il momento d'inerzia di una sezione circolare (**Figura 5.32**) è

$$J = \frac{\pi}{64} D^4$$

Dall'espressione degli sforzi dovuti al momento flettente

$$\sigma_x = \frac{M}{J} y$$

si ricava quindi la formula[7]

$$\sigma_{x,\max} = \frac{M}{J}\frac{D}{2} = \frac{32M}{\pi D^3}$$

Circolare cava

In questo caso **Figura 5.33** vale la

$$J = J_{\text{pieno}} - J_{\text{vuoto}} = \frac{\pi}{64}D^4 - \frac{\pi}{64}d^4$$

da cui

$$\sigma_{x,\max} = \frac{32MD}{\pi(D^4 - d^4)}$$

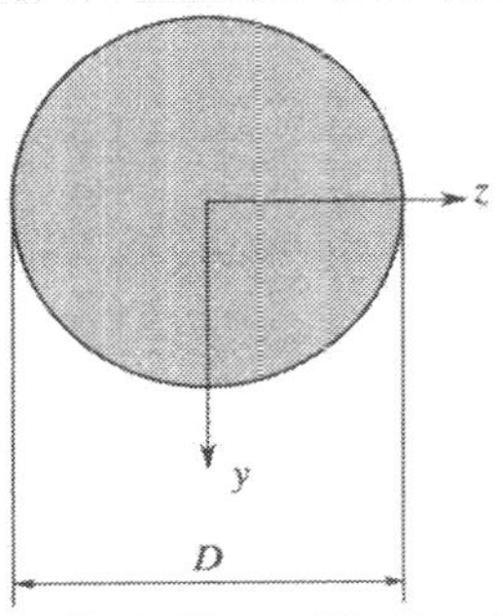

Figura 5.32 - Sezione circolare piena.

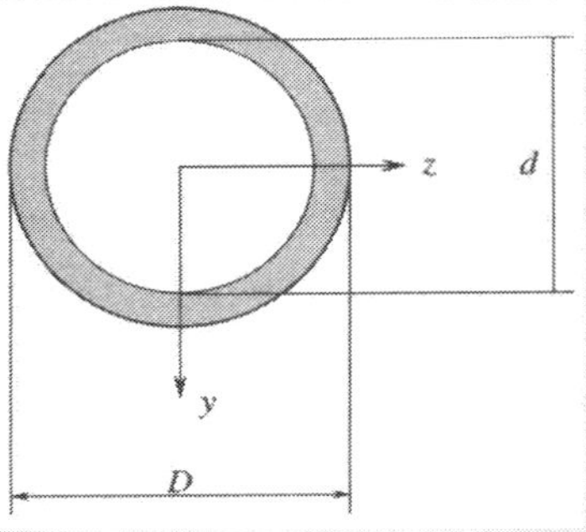

Figura 5.33 - Sezione circolare cava.

Rettangolare piena

Per la sezione rettangolare piena (**Figura 5.34**) vale

$$J = \frac{1}{12}bh^3$$

da cui

$$\sigma_{x,\max} = \frac{M}{J}\frac{h}{2} = \frac{6M}{bh^2}$$

Rettangolare cava

La sezione rettangolare cava, di spessore uniforme s (Figura 10.12), ha

$$J = J_{\text{pieno}} - J_{\text{vuoto}} = \frac{1}{12}bh^3 - \frac{1}{12}(b-2s)(h-2s)^3$$

da cui

$$\sigma_{x,\max} = \frac{M}{J}\frac{h}{2} = \frac{6Mh}{bh^3 - (b-2s)(h-2s)^3}$$

---

(7) Per definizione $J_z = \int y^2 \mathrm{d}A$, ma per la sezione circolare è più facile calcolare $J_p = \int r^2 \mathrm{d}A = \pi/32 D^4$ e tenere conto della relazione $J_p = J_y + J_z$, che per la sezione circolare diventa $J_p = 2J_y = 2J_z$.

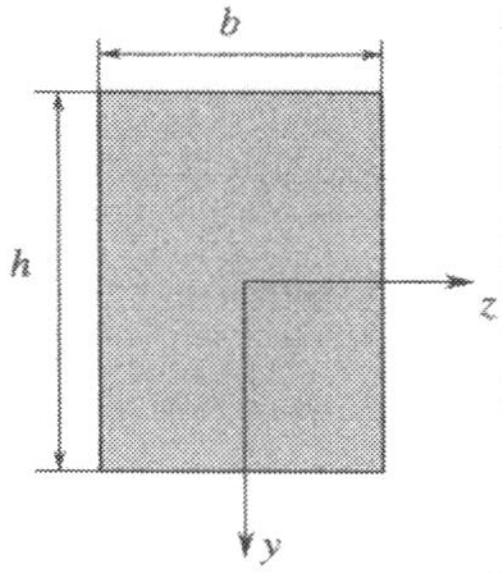

Figura 5.34 - Sezione rettangolare.

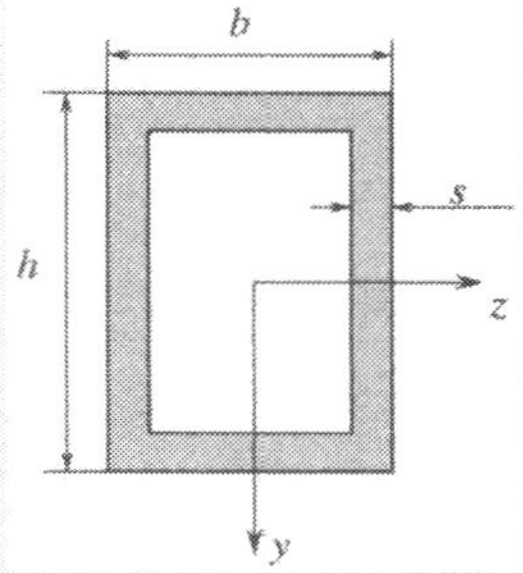

Figura 5.35 - Sezione rettangolare cava.

5.5.1 Il lavoro di deformazione

Il lavoro di deformazione può essere calcolato applicando il teorema di Clapeyron, secondo il quale il lavoro elastico è dato dalla metà del prodotto tra i valori finali della forza e dello spostamento. Forze e spostamenti s'intendono in senso generalizzato, quindi mentre nel caso della trazione si trattava di moltiplicare la forza assiale per lo spostamento relativo degli estremi della trave, per la flessione il lavoro è espresso come prodotto tra il momento flettente M e la rotazione relativa tra le sezioni estreme $\Delta\theta$;

$$L = \frac{1}{2} M \Delta\theta \ [\mathrm{J}] \qquad (5.48)$$

dove $\Delta\theta$ è la rotazione relativa tra le sezioni di estremità del solido considerato, poste alla distanza l, che si calcola

$$\Delta\theta = \int_0^l \mathrm{d}\theta = \int_0^l \frac{M}{EJ}\mathrm{d}x = \frac{Ml}{EJ} \qquad (5.49)$$

da cui[8]

$$L = \frac{1}{2}\frac{M^2 l}{EJ} \qquad (5.50)$$

5.5.2 Carico assiale eccentrico

Quando una trave è soggetta contemporaneamente a un momento flettente **M** e a un'azione assiale **N**, lo stato di sforzo si ottiene dalla sovrapposizione degli sforzi calcolati per le azioni considerate singolarmente.

$$\sigma_x = \sigma_N + \sigma_M = \frac{N}{A} + \frac{My}{J} \qquad (5.52)$$

[8] Il lavoro si può calcolare anche come integrale su tutto il volume della trave dell'energia di deformazione, ottenendo ovviamente lo stesso risultato. Essendo ogni volume elementare soggetto a trazione, l'espressione dell'energia di deformazione è la stessa trovata per la trazione, e quindi si ha

$$L = \int_V \Psi \mathrm{d}V = \int_A \frac{\sigma_x^2}{2E}\mathrm{d}A \int_0^l \mathrm{d}x = \int_A \frac{\left(\frac{My}{J}\right)^2}{2E}\mathrm{d}A \cdot l = \frac{1}{2E}\left(\frac{M}{J}\right)^2 \int_A y^2 \mathrm{d}A = \frac{1}{2}\frac{M^2 l}{EJ} \qquad (5.51)$$

A seconda del rapporto tra le sollecitazioni massime di flessione e di quelle dovute alla trazione o compressione, la posizione dell'asse neutro varia rispetto al caso di sola flessione, nel quale l'asse neutro passa per il baricentro della sezione.

Sono possibili infatti tre situazioni, tutte caratterizzate da una distribuzione lineare di sforzi:

- l'intera sezione è soggetta a sforzi dello stesso segno (asse neutro esterno alla sezione);
- lo sforzo σ_x si annulla a uno degli estremi (asse neutro sul bordo esterno della sezione);
- lo sforzo cambia segno, ma l'asse neutro non passa per il baricentro.

Un esempio reale di quest'ultima condizione è costituito da una barra rettilinea soggetta a un carico assiale eccentrico, applicato cioè lungo un'asse parallelo a quello baricentrico; il caso più semplice riguarda una barra a sezione simmetrica, con il carico **P** applicato sull'asse di simmetria y a una distanza e dall'asse baricentrico x, **Figura 5.37**.

In questo caso il carico eccentrico è staticamente equivalente alla sovrapposizione di un carico assiale centrato di pari entità **P** e di un momento flettente $M = Pe$.

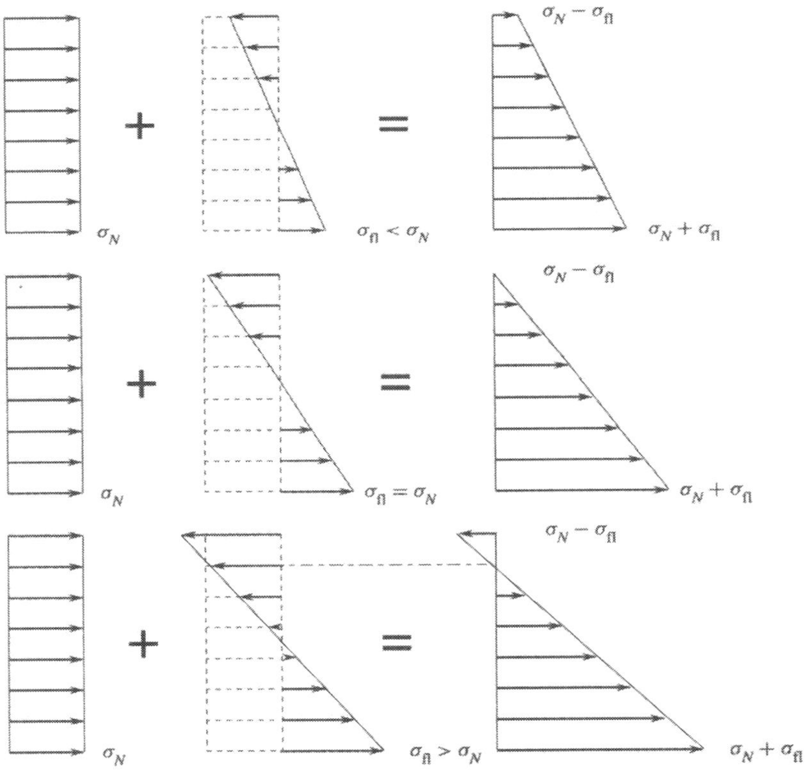

Figura 5.36 - Distribuzione degli sforzi in una trave soggetta ad azione assiale e momento flettente.

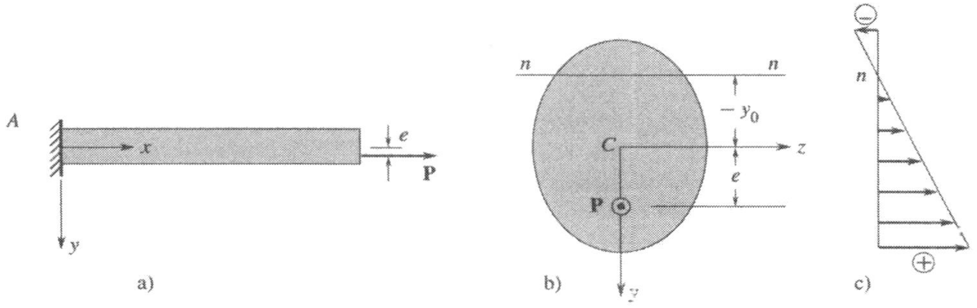

Figura 5.37 - Carico assiale eccentrico.

Gli sforzi normali sono dati dalla

$$\sigma_x = \frac{P}{A} + \frac{Pey}{J} \tag{5.53}$$

La posizione dell'asse neutro y_0 si ricava imponendo che in corrispondenza di questo lo sforzo σ_x sia nullo, da cui si ricava

$$y_0 = -\frac{J}{Ae} \tag{5.54}$$

Nel caso più generale, quando il punto di applicazione del carico P è posto alla distanza e_y dall'asse z e alla distanza e_z dall'asse y (**Figura 5.36**) (con y e z assi principali d'inerzia della sezione), il trasporto dell'azione assiale eccentrica nel baricentro produce un momento flettente con asse di sollecitazione che non è un asse principale d'inerzia della sezione. Si parla allora di **flessione deviata**.

Lo stato di sforzo è dato dalla sovrapposizione degli sforzi dovuti al carico assiale portato nel baricentro e ai momenti di trasporto calcolati rispetto agli assi y e z

$$\sigma_x = \frac{P}{A} + \frac{Pe_z z}{J_y} + \frac{Pe_y y}{J_z} \tag{5.55}$$

dove J_y e J_z sono i momenti d'inerzia della sezione rispetto agli assi y e z.

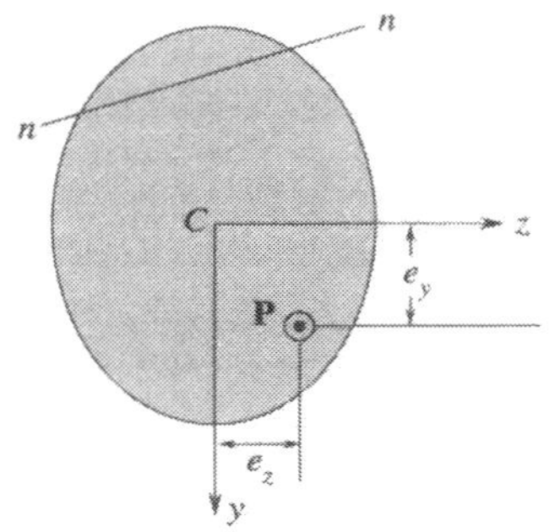

Figura 5.38 - Posizione dell'asse neutro in funzione delle eccentricità.

Il momento flettente risultante è dato dalla somma vettoriale dei momenti allineati agli assi principali e l'asse neutro, oltre a spostarsi rispetto al baricentro, per la presenza del carico assiale, non risulta più normale all'asse di sollecitazione (asse definito dalla traccia nel piano della sezione del piano individuato dall'asse del solido e dalla retta di applicazione del carico **P**). In questo caso l'asse di sollecitazione e quello neutro non sono assi principali d'inerzia.

5.5.3 Flessione deviata

Come detto nel paragrafo precedente, quando il momento flettente è rappresentato da un vettore non allineato con uno degli assi di simmetria della sezione la flessione si dice **deviata**.

Un esempio è costituito dalla mensola di **Figura 5.39**, la cui sezione ha doppia simmetria rispetto agli assi y e z e il carico **P** è inclinato dell'angolo θ rispetto all'asse y e applicato nel baricentro della sezione.

Le azioni interne di flessione riferite agli assi principali della sezione (y e z) sono

$$M_z = P\cos\theta(L-x) \qquad M_y = P\sin\theta(L-x) \tag{5.56}$$

e lo sforzo normale σ_x è dato dalla sovrapposizione degli sforzi di flessione relativi a questi momenti flettenti[9]

$$\sigma_x = \frac{M_y z}{J_y} - \frac{M_z y}{J_z}. \tag{5.57}$$

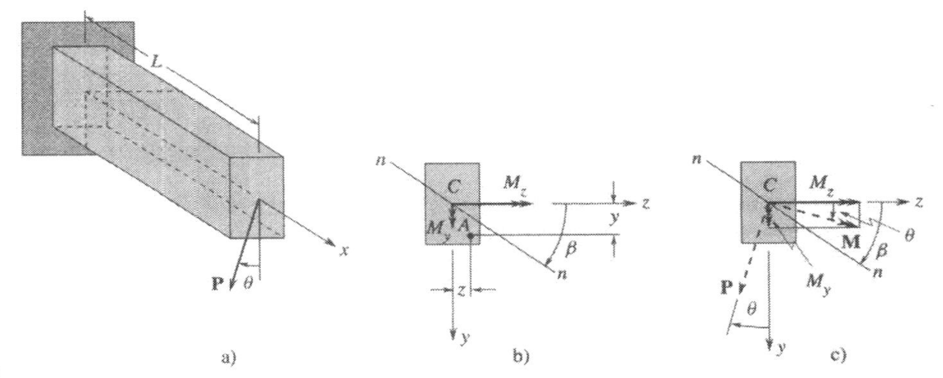

Figura 5.39 - Flessione deviata per effetto di un carico inclinato.

L'equazione della retta che rappresenta l'asse neutro si ricava imponendo che lo sforzo normale sia nullo

$$\frac{M_y z}{J_y} - \frac{M_z y}{J_z} = 0 \tag{5.58}$$

Questa equazione rappresenta una retta che passa per il baricentro della sezione, ma inclinata di un angolo β rispetto all'asse z, dato dalla

$$\tan\beta = \frac{y}{z} = \frac{M_y J_z}{M_z J_y} \tag{5.59}$$

[9] Il segno negativo nella (**5.57**) è dovuto alla scelta di orientare i momenti M_y e M_z come gli assi y e z; di conseguenza il momento M_y è orientato in modo da sollecitare con sforzi di trazione i punti della sezione posti dalla parte delle z positive, mentre il momento M_z fa nascere sforzi di trazione nei punti della sezione posti dalla parte delle y negative: da cui il segno negativo.

Il vettore del momento risultante, perpendicolare al carico **P**, forma invece con l'asse delle z l'angolo θ dato dalla

$$\tan\theta = \frac{M_y}{M_z} \tag{5.60}$$

Dalle ultime due relazioni si può trovare il legame tra gli angoli β e θ

$$\tan\beta = \frac{M_y J_z}{M_z J_y} = \frac{J_z}{J_y}\tan\theta \tag{5.61}$$

da cui risulta evidente che in genere β è diverso da θ, cioè l'asse neutro non è perpendicolare all'asse di sollecitazione (dato dalla traccia, nel piano della sezione, del piano formato dall'asse x della barra e dalla retta di applicazione carico **P**), tranne nei seguenti casi particolari

- $\theta = 0°$;
- $\theta = 90°$;
- $J_y = J_z$, per esempio nel caso di sezioni circolari o quadrate.

Si noti quindi come lo stato di sforzo possa essere grandemente influenzato da un erroneo allineamento dei carichi, soprattutto se risulta elevato il rapporto tra i momenti d'inerzia principali.

Esempio svolto 5.10

Data la struttura riportata in **Figura 5.40**, determinare, sulla base di dati riportati nella figura medesima, il valore degli sforzi massimo e minimo nella sezione dell'elemento verticale.

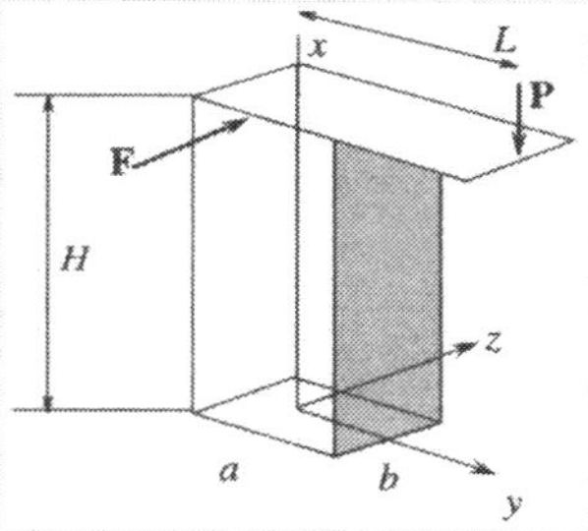

Figura 5.40 - Struttura soggetta a flessione deviata.

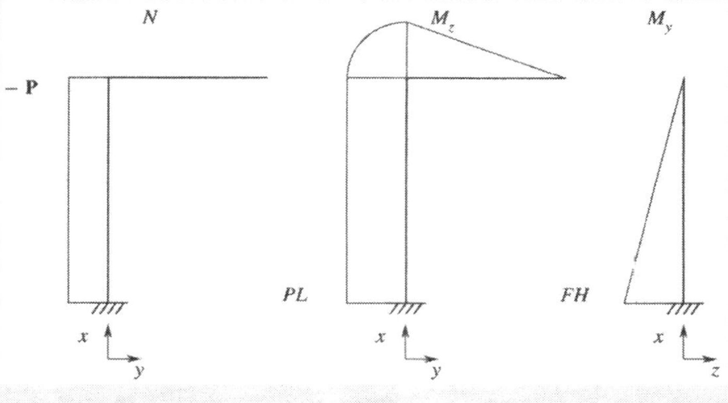

Figura 5.41 - Azioni interne alla struttura soggetta a flessione deviata.

Soluzione

Le azioni interne sono riportate nella **Figura 5.41**.

Gli sforzi sono dati dalla sovrapposizione dell'azione assiale, del momento flettente M_z e del momento flettente M_y, dando luogo quindi, nella sezione di base **Figura 5.42**, a un caso di flessione deviata

$$\sigma_x = -\frac{P}{A} - \frac{PL}{J_z}y - \frac{FH}{J_y}z \Rightarrow \sigma_x = -\frac{P}{ab} - \frac{12PL}{ba^3}y - \frac{12FH}{ab^3}z$$

Nel punto B si ha

$$\min \sigma_x = -\frac{P}{ab} - \frac{6PL}{ba^2} - \frac{6FH}{ab^2} = -48{,}6\ \frac{\text{N}}{\text{mm}^2}$$

mentre nel punto A

$$\max \sigma_x = -\frac{P}{ab} + \frac{6PL}{ba^2} + \frac{6FH}{ab^2} = 47{,}4\ \frac{\text{N}}{\text{mm}^2}$$

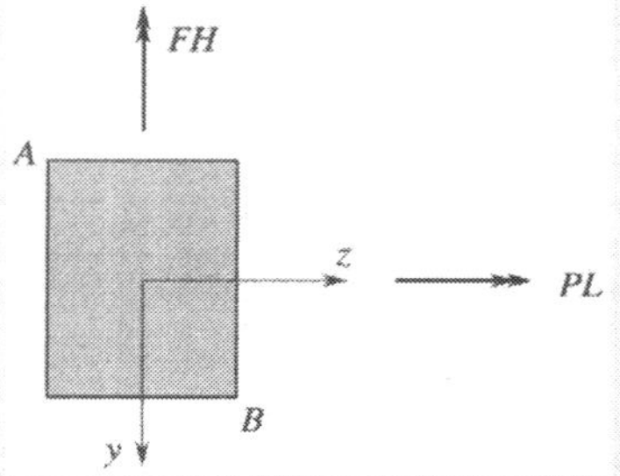

Figura 5.42 - La sezione di base della struttura di **Figura 5.41**.

5.6 Taglio

Nel paragrafo precedente è stato analizzato il caso di sezioni di strutture sollecitate solo da momento flettente e si è ricavata la soluzione per la distribuzione delle deformazioni e degli sforzi nella sezione. La condizione di momento flettente puro richiede che il momento flettente sia costante lungo l'asse, ed è un caso particolare, perché caratterizzato dall'assenza di azione tagliante (si ricordi il legame fra taglio e momento flettente $T = \mathrm{d}M/\mathrm{d}x$; solo se $M =$ cost. allora $T = 0$).

Se invece il momento flettente varia da sezione a sezione lungo l'asse della trave, lo stato di deformazione è diverso, così come anche lo stato di sforzo. Tuttavia, come accennato nel capitolo precedente e di seguito spiegato in dettaglio, risulta ancora lecito applicare la formula (**5.47**) che dà gli sforzi di flessione, ricavata per momento flettente costante, in quanto la presenza del taglio non modifica la distribuzione degli sforzi normali σ_x.

La presenza del taglio semplicemente aggiunge allo stato di sforzo dovuto alla flessione una distribuzione di sollecitazioni agenti tangenzialmente alla sezione, dette di *scorrimento*. La distribuzione delle sollecitazioni di taglio dipende essenzialmente dalla forma della sezione e, in generale, è di difficile determinazione. Il caso più semplice è rappresentato dalle sezioni compatte e simmetriche.

Una sezione è compatta quando costituisce un'area piana semplicemente connessa, per la quale qualsiasi linea chiusa che possa essere tracciata al suo interno contiene solo punti che appartengono all'area.

Per esempio la sezione di **Figura 5.43**b) non è compatta, mentre lo è quella di **Figura 5.43**a).

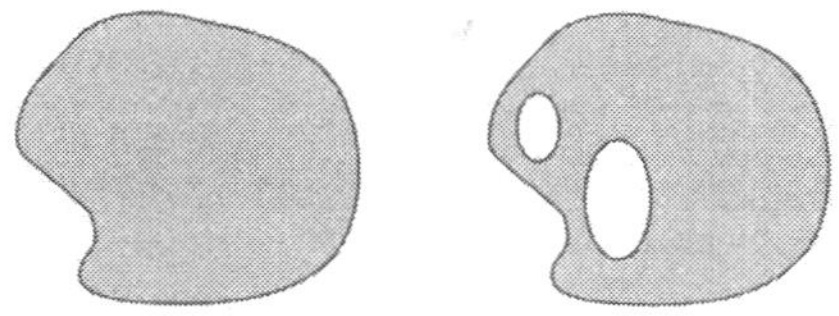

Figura 5.43 - a) sezione compatta; b) sezione non compatta.

5.6.1 Determinazione degli sforzi

Conviene partire trovando lo stato di sforzo nel caso di sezioni rettangolari sollecitate da taglio allineato con uno degli assi della sezione. Con sole considerazioni di equilibrio è infatti possibile derivare la distribuzione degli sforzi, assumendo due condizioni, che stanno poi alla base anche della soluzione generale:

- la distribuzione degli sforzi tangenziali si può ritenere costante lungo qualsiasi corda (m-n) perpendicolare alla direzione di applicazione del carico;
- ai due bordi laterali della sezione gli sforzi tangenziali sono tangenti ai bordi e quindi diretti parallelamente alla direzione del taglio.

Questa situazione è rappresentata nella **Figura 5.44**. Si vede anche che affinché l'elementino di materiale di facce parallele a quelle della trave (**Figura 5.44**b) resti in equilibrio alla rotazione intorno all'asse z, quando sulle facce normali all'asse della trave agiscono sforzi tangenziali, anche sulle altre di normale y devono esistere sforzi tangenziali uguali in modulo e diretti in modo tale che le punte dei vettori che li rappresentano si incontrino (**Figura 5.44**c).

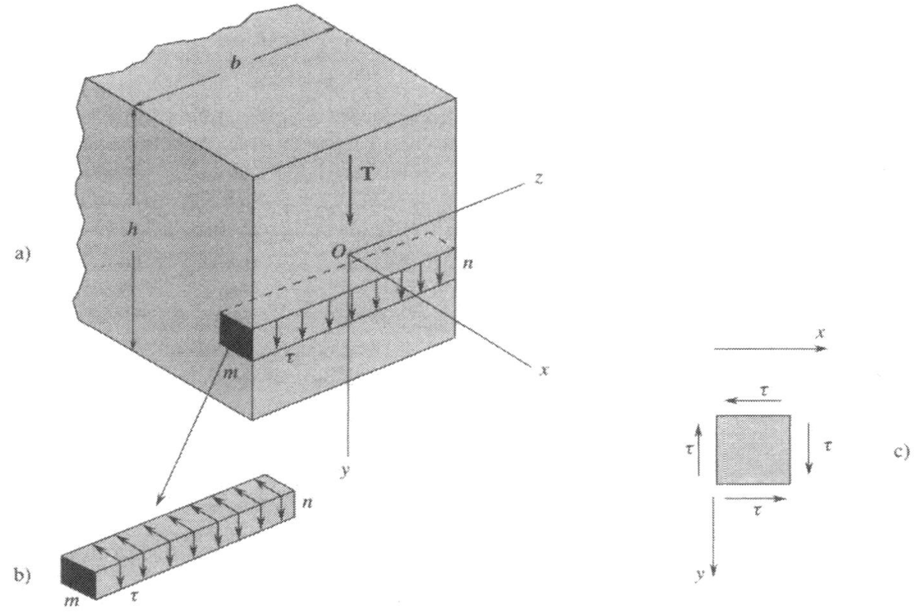

Figura 5.44 - Sforzi tangenziali in una sezione rettangolare.

Consideriamo la porzione di trave compresa tra due sezioni poste alla distanza dx e un piano parallelo alla faccia inferiore posto alla distanza y_1 dall'asse **Figura 5.45**.

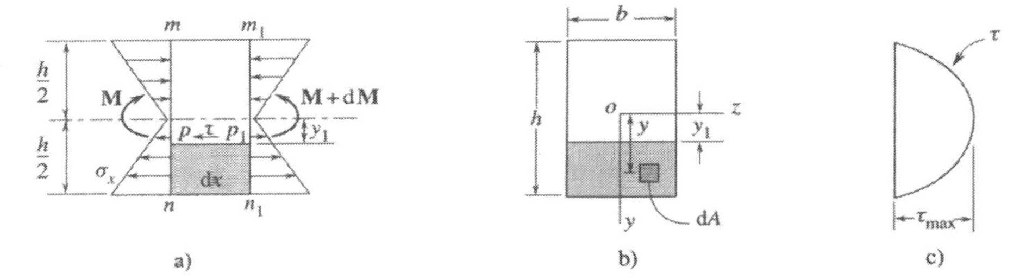

Figura 5.45 - Sforzi tangenziali: a) vista laterale; b) sezione; c) distribuzione degli sforzi su una corda.

Per trovare la distribuzione degli sforzi τ che si appoggiano alle superficie di traccia pp' è sufficiente imporre l'equilibrio alla traslazione lungo l'asse x di questa porzione di trave (nn_1p_1p) che è soggetta a tre forze $\mathbf{F_1}$, $\mathbf{F_2}$ e $\mathbf{F_3}$. $\mathbf{F_1}$ è dovuta agli sforzi σ_x di flessione sulla faccia np, $\mathbf{F_2}$ agli sforzi tangenziali sulla faccia pp_1 e infine $\mathbf{F_3}$ agli sforzi σ_x di flessione sulla faccia n_1p_1. Esistono anche forze verticali, risultanti degli sforzi sulle facce verticali, che però non entrano nell'equilibrio alla traslazione orizzontale (le componenti τ sulle facce di traccia p_1n_1 e pn non danno contributo all'equilibrio lungo x).

Innanzitutto si può osservare che gli sforzi σ_x sulle due facce adiacenti sono diversi, perché vi è un incremento del momento flettente dM passando da una sezione all'altra; è quello che succede se il taglio non è nullo.

L'espressione delle forze legate agli sforzi σ_x dovuti alla flessione si trova sommando tutti i contributi dei punti della sezione che si trovano a una distanza dall'asse z maggiore di y_1, corrispondenti a forze infinitesime

$$\sigma_x \, \mathrm{d}A = \frac{My}{J} \, \mathrm{d}A \tag{5.62}$$

F_1 è data quindi dall'integrale

$$F_1 = \int_A \frac{My}{J} \, \mathrm{d}A \tag{5.63}$$

dove A rappresenta l'area della parte di sezione sottostante la corda posta a $y = y_1$.

Per effetto dell'incremento del momento flettente, sulla faccia adiacente di traccia p_1n_1 agisce il momento $\mathbf{M} + \mathbf{dM}$, di conseguenza

$$F_3 = \int_A \frac{(M + \mathrm{d}M)y}{J} \, \mathrm{d}A \tag{5.64}$$

La risultante delle forze legate agli sforzi tangenziali τ_{yx} è data semplicemente da

$$F_2 = \tau b_{yx} \, \mathrm{d}x \tag{5.65}$$

dove b è la larghezza della sezione rettangolare.

La condizione di equilibrio richiede che sia

$$F_2 = F_3 - F_1 \tag{5.66}$$

che diventa

$$\tau b_{yx} \, \mathrm{d}x = \int_A \frac{(M + \mathrm{d}M)y}{J} \, \mathrm{d}A - \int_A \frac{My}{J} \, \mathrm{d}A \tag{5.67}$$

e infine

$$\tau_{yx} = \frac{dM}{dx}\left(\frac{1}{Jb}\right)\int_A y\,dA \tag{5.68}$$

L'integrale rappresenta il momento statico $S(y)$ rispetto all'asse baricentrico z della parte di sezione sottesa dalla corda posta alla distanza y_1 dall'asse z. Ricordando ancora una volta la relazione che lega il taglio al momento flettente $T = dM/dx$, gli sforzi tangenziali allora sono espressi dalla formula (detta *formula di Jourawski*)

$$\tau = \frac{TS(y)}{Jb} \tag{5.69}$$

Alle estremità superiore e inferiore della sezione, essendo nullo il momento statico la τ sarà nulla. Le superfici laterali del solido sono scariche, sarà dunque nulla qualunque sollecitazione, in particolare le τ_{yx} parallele all'asse del solido; per l'uguaglianza delle τ coniugate, anche gli sforzi dovuti al taglio, agenti in direzione z, devono essere nulli alle estremità nel piano di sezione.

La variazione delle τ_{yx} lungo y dipende soltanto dall'andamento di $S(y)$, essendo tutti per la sezione rettangolare gli altri termini costanti.

Il momento statico S può essere determinato semplicemente moltiplicando l'area della sezione sottesa dalla corda di lunghezza b per la distanza del suo baricentro dal baricentro della sezione totale.

$$S(y) = b\left(\frac{h}{2} - y_1\right)\left(\frac{h/2 + y_1}{2}\right) = \frac{b}{2}\left(\frac{h^2}{4} - y_1^2\right) \tag{5.70}$$

che inserita nella formula (**5.69**) dà

$$\tau_{xy} = \frac{T}{2J}\left(\frac{h^2}{4} - y_1^2\right) \tag{5.71}$$

L'andamento delle τ è quindi parabolico, con un massimo in corrispondenza dell'asse baricentrico e sollecitazioni nulle agli estremi, per $y_1 = \pm\frac{h}{2}$.

Il valore massimo è dato da

$$\tau_{max} = \frac{Th^2}{8J} = \frac{3T}{2A} \tag{5.72}$$

dove $A = bh$, area della sezione. Si può notare come per una sezione rettangolare ci sia una grande differenza (50%) tra il valore massimo degli sforzi tangenziali e il valore medio, dato da $\tau = T/A$.

5.6.2 Sforzi tangenziali in sezioni non rettangolari

Sezioni diverse da quella rettangolare presentano la difficoltà che una distribuzione di sforzi τ costante lungo la corda e diretta come il taglio non si abbina correttamente alla necessità di avere gli sforzi tangenti ai bordi della sezione. Infatti, per la proprietà di uguaglianza degli sforzi tangenziali coniugati, e poiché le facce esterne del solido sono scariche, sulle facce laterali della trave non possono esistere componenti di τ dirette normali al bordo: gli sforzi tangenziali devono essere quindi tangenti al bordo[10].

[10] L'annullarsi delle τ in corrispondenza di questa estremità può essere anche dedotta dall'equilibrio di un elementino come quello nella b posto all'estremità.

Per esempio in una sezione circolare questa proprietà è garantita solo in corrispondenza del diametro da una distribuzione costante e diretta come il taglio. Qualunque altra corda non rispetta questa condizione.

Ciò nonostante la formula di Jourawski si può applicare anche alle sezioni circolari, in quanto fornisce con sufficiente precisione il valore dello sforzi tangenziali là dove è massimo, cioè sul diametro perpendicolare alla forza di taglio, dove è lecito considerare una distribuzione di sforzi costante e allineata col taglio **T**. Di conseguenza si calcola

$$\tau_{\max} = \frac{TS}{Jb} = \frac{4T}{3\pi r^2} = \frac{4T}{3A} \tag{5.73}$$

essendo infatti

$$J = \frac{\pi r^4}{4} \qquad b = 2r \qquad S = \frac{\pi r^2}{2}\left(\frac{4r}{3\pi}\right) = \frac{2r^3}{3} \tag{5.74}$$

Nel caso più generale, mantenendo l'ipotesi di sezioni compatte e simmetriche, la determinazione degli sforzi richiede di sovrapporre una distribuzione di sforzi τ_{xz} paralleli all'asse z, che componendosi con gli sforzi agenti in direzione dell'asse y, allineati cioè all'azione interna **T**, possano rendere gli sforzi tangenti ai bordi della sezione. Queste componenti allineate coll'asse z hanno una distribuzione antisimmetrica (cambiano cioè di segno ma non di valore passando da un punto al suo simmetrico) rispetto all'asse y. Nella **Figura 5.46**, per esempio, è riportata la distribuzione di entrambe le componenti in una generica sezione compatta e simmetrica rispetto all'asse y.

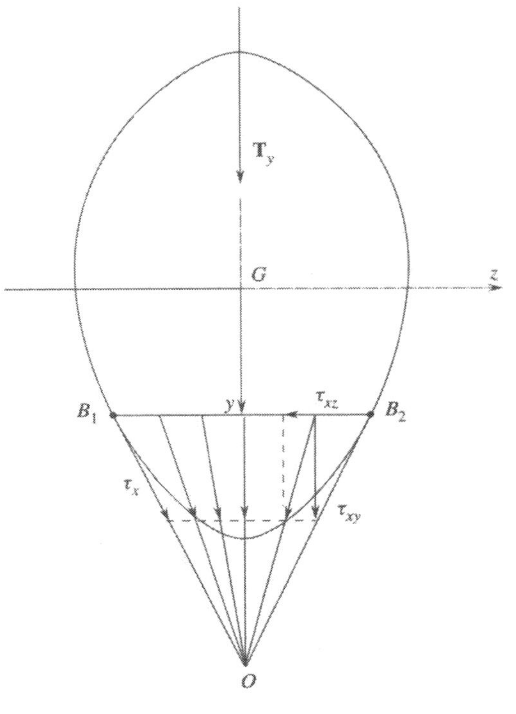

Figura 5.46 - Condizione di tangenza al profilo della sezione degli sforzi di taglio.

5.6.3 Calcolo delle deformazioni e degli spostamenti: ingobbamento della sezione

Poiché gli sforzi τ variano lungo y (altezza della sezione) seguendo nel caso della sezione rettangolare una legge parabolica, anche le deformazioni non potranno essere costanti nella sezione.

Il modo di deformarsi di un elementino di materiale sottoposto a sforzi tangenziali è rappresentato nella **Figura 5.47**, dove si vede che l'effetto degli sforzi tangenziali è la variazione degli angoli formati dalle facce dell'elementino.

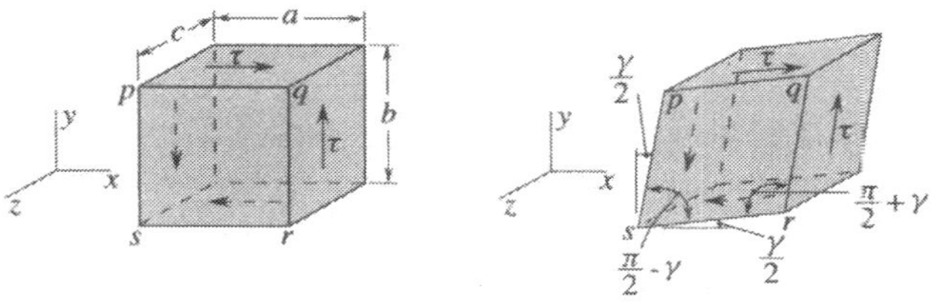

Figura 5.47 - Sforzi e deformazioni tangenziali.

Per i materiali elastici lineari la legge di Hooke per le componenti di scorrimento esprime una proporzionalità tra τ e γ per mezzo della caratteristica G, detta **modulo d'elasticità tangenziale**

$$\tau = G\gamma \qquad (5.75)$$

In una sezione rettangolare di un solido soggetto a taglio quindi le γ seguono l'andamento delle τ, dovendo valere

$$\gamma = \frac{\tau}{G} \qquad (5.76)$$

Non essendo questi angoli γ uguali in tutti i punti, la sezione, in origine piana, dopo la deformazione presenta un ingobbamento caratterizzato da un punto di flesso in corrispondenza dello sforzo di taglio massimo, mentre alle estremità, essendo $\gamma = 0$, il profilo della deformata resta perpendicolare alle superfici superiore e inferiore del solido **Figura 5.48**.

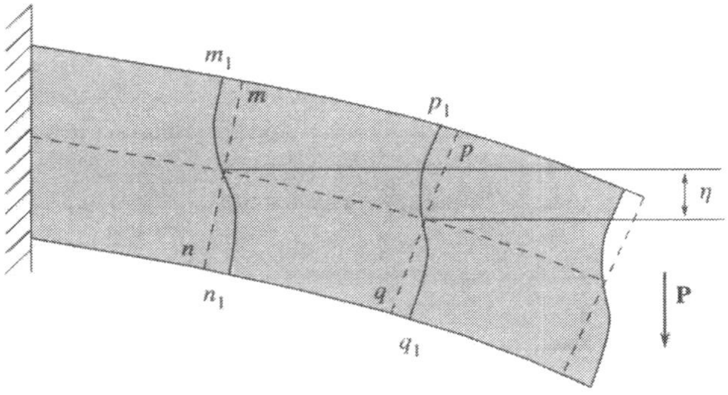

Figura 5.48 - Ingobbamento della sezione dovuto al taglio.

L'ingobbamento di un solido soggetto a taglio costante lungo il suo asse è uguale per tutte le sezioni. Di conseguenza se anche alcuni punti della sezione escono dal piano cui appartenevano in origine, quando il solido non era caricato, non nascono deformazioni di allungamento ϵ_x e di conseguenza sforzi assiali σ_x. È così giustificato l'impiego della formula che fornisce gli sforzi assiali dovuti alla flessione anche nei casi in cui il momento flettente non sia costante.

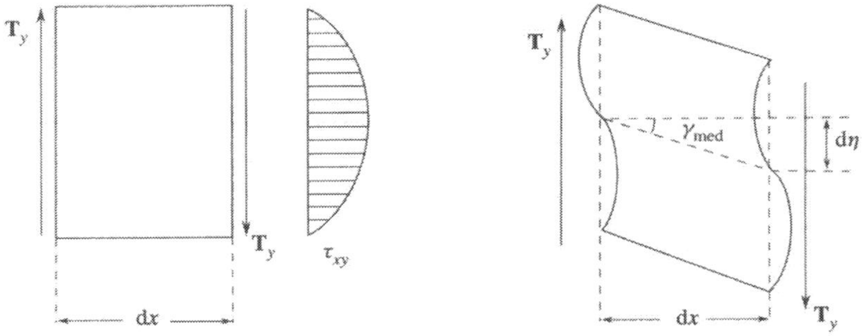

Figura 5.49 - Scorrimento medio.

Lo spostamento relativo $d\eta$ tra due sezioni adiacenti può essere valutato per mezzo della deformazione media γ_{med} (**Figura 5.49**), che consente di calcolare

$$d\eta = \gamma_{med}\, dx \tag{5.77}$$

La deformazione media si può esprimere in generale

$$\gamma_{med} = \frac{\chi T}{GA} \tag{5.78}$$

dove χ è una costante, detta **fattore di taglio**, che dipende dalla forma della sezione. Nella Tabella 11.1 sono riportati i valori di χ relativi alle sezioni più comuni.

	Sezione	χ
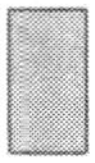	Rettangolare	$\frac{6}{5}$
	Circolare	$\frac{10}{9}$
	Circolare cava sottile	2
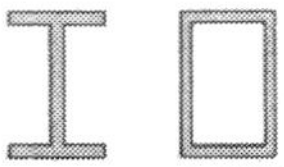	a I o scatolata	$\frac{A}{A_{anima}}$

Figura 5.50 - Valori del fattore di taglio per le sezioni più comuni.

5.7 Torsione

Un componente di una macchina o una parte di una struttura che sia caricato da un sistema di forze di taglio fuori asse o da momenti diretti come l'asse longitudinale si dice sottoposto a torsione. Esistono molti esempi di componenti soggetti a torsione

- alberi di veicoli;
- alberi di eliche;
- alberi di macchine utensili;
- componenti dello sterzo dei veicoli terrestri;
- viti (durante il serraggio).

Lo studio della maggior parte di questi componenti si può ricondurre al caso di torsione di solidi cilindrici a sezione circolare ai cui estremi siano applicati due momenti torcenti uguali e contrari.

5.7.1 Torsione in solidi a sezione circolare

Lo studio della torsione pura, cioè della torsione in solidi cilindrici circolari retti, può iniziare dal considerare le deformazioni.

A causa della simmetria geometrica e dei carichi, per effetto dell'applicazione dei momenti torcenti alle estremità si ipotizza che le sezioni trasversali ruotino rigidamente una rispetto all'altra attorno all'asse longitudinale, rimanendo quindi piane: segmenti radiali appartenenti alle sezioni rimangono rettilinei e inoltre, se gli spostamenti sono piccoli, anche la lunghezza dell'asse del solido non cambia.

La rotazione relativa tra le sezioni iniziale e finale prende il nome di **angolo di torsione** e, in genere, s'indica con la lettera greca φ.

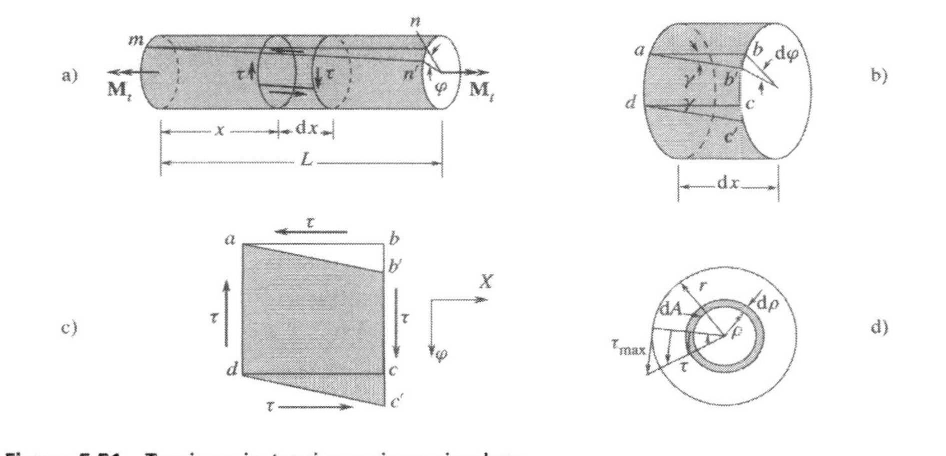

Figura 5.51 - Torsione in travi a sezione circolare.

Se si considera una porzione del solido compresa tra due sezioni trasversali poste alla distanza dx (**Figura 5.51**), l'elementino di superficie laterale $abcd$ si deforma in uno stato di scorrimento puro, nel quale i lati non variano di lunghezza, mentre si modifica l'angolo tra i lati longitudinale (ab) e circonferenziale (bc) prima e dopo l'applicazione del momento. Questa variazione di forma è quantificata dalla deformazione γ_{xy} (un angolo)

$$\gamma_{xy} = \frac{bb'}{ab} \tag{5.79}$$

che è legata alla rotazione $\mathrm{d}\varphi$ dalla relazione

$$\gamma_{xy}\,\mathrm{d}x = \mathrm{d}\varphi\; r \tag{5.80}$$

che esprime l'uguaglianza dello spostamento del punto b in b', visto come effetto nel punto posto alla distanza r della rotazione attorno all'asse x ($\mathrm{d}\varphi\; r$), oppure come spostamento dello stesso punto per effetto della deformazione di scorrimento γ_{xy} di un elementino di lato $\mathrm{d}x$ ($\gamma_{xy}\,\mathrm{d}x$). Si ha quindi

$$\gamma_{xy} = r\frac{\mathrm{d}\varphi}{\mathrm{d}x} = r\Phi \tag{5.81}$$

dove $\Phi = \mathrm{d}\varphi/\mathrm{d}x$ prende il nome di **angolo unitario di torsione**. Nel caso di torsione pura la rotazione relativa tra la sezione iniziale e una generica sezione posta alla distanza x da questa vale

$$\varphi = \Phi x \tag{5.82}$$

Le considerazioni fatte fin qui prescindono dalla caratteristica del materiale, essendo basate solo su osservazioni geometriche. Se s'introduce un legame tra sforzi e deformazioni, in particolare la legge di Hooke per i materiali elastici lineari (come già visto per il taglio), si possono calcolare gli sforzi in un elementino di materiale posto in superficie

$$\tau_{xy} = G\gamma_{xy} = Gr\Phi \tag{5.83}$$

Quanto detto per un elementino posto in superficie si può facilmente estendere a un elementino qualsiasi posto alla generica distanza radiale ρ dall'asse x. Infatti poiché i segmenti radiali si mantengono rettilinei, devono ancora valere la (**5.80**) e la (**5.83**) dove al raggio esterno r si sostituisca il raggio generico ρ

$$\gamma_{xy} = \rho\Phi \qquad \tau_{xy} = G\rho\Phi \tag{5.84}$$

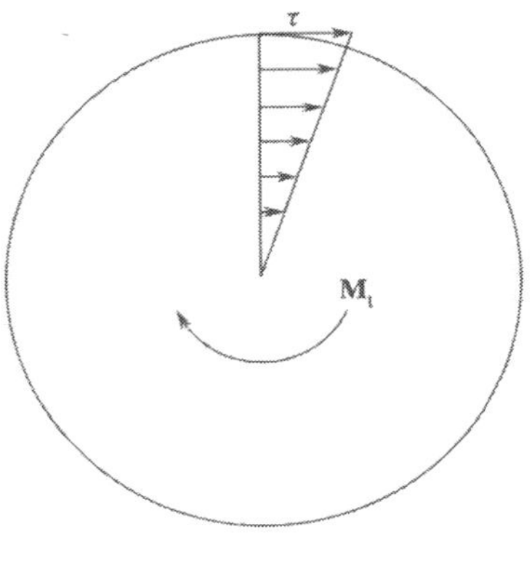

Figura 5.52 - Sforzi tangenziali.

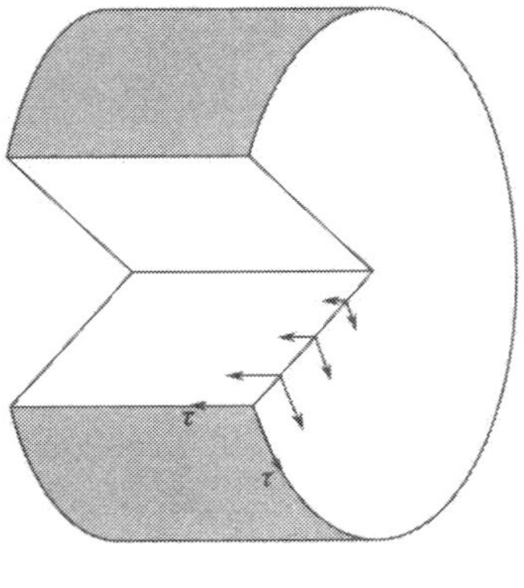

Figura 5.53 - Sforzi longitudinali.

Si osserva allora che gli sforzi τ dovuti alla torsione sono in ogni punto della sezione diretti circonferenzialmente (**Figura 5.52**) e variano in valore linearmente con la distanza dall'asse, dando luogo a una distribuzione triangolare degli sforzi, con il massimo in corrispondenza della superficie esterna. Come già visto per il taglio, anche questa distribuzione di sforzi è accompagnata da una distribuzione uguale in direzione longitudinale, come si può vedere dalla **Figura 5.53**. Le altre componenti di sforzo e di deformazione sono nulle.

Nota la distribuzione degli sforzi, si è ora in grado di determinare il legame tra l'angolo di rotazione φ e il momento torcente applicato $\mathbf{M}_t$, calcolando il momento risultan-

te delle forze agenti sull'intera sezione, che deve appunto essere in equilibrio col momento applicato.
Si consideri l'anello di raggio ρ e spessore dρ. Sull'elementino anulare di area dA vi è una distribuzione di τ, che produce risultante nulla di forze ma un momento attorno all'asse. La somma di questi momenti è

$$M_t = \int_A G\Phi\rho^2 \, dA = G\Phi \int_A \rho^2 \, dA = G\Phi J_p \tag{5.85}$$

dove con J_p s'indica il **momento polare d'inerzia** della sezione, definito appunto come

$$J_p = \int_A \rho^2 \, dA \tag{5.86}$$

Poiché in una sezione circolare questo momento vale

$$J_p = \frac{\pi r^4}{2} = \frac{\pi d^4}{32} \tag{5.87}$$

l'angolo unitario di torsione è dato dalla

$$\Phi = \frac{M_t}{GJ_p}, \tag{5.88}$$

quindi la rotazione tra le due sezioni estreme è

$$\varphi = \frac{M_t L}{GJ_p}, \tag{5.89}$$

È chiaro a questo punto perché la grandezza GJ_p/L prenda nome di **rigidezza torsionale**: rappresenta il momento che è necessario applicare per ottenere un angolo di rotazione unitario.

Lo sforzo massimo è dato da

$$\tau_{max} = \frac{M_t r}{J_p} \tag{5.90}$$

ed essendo $J_p = \frac{1}{32}\pi d^4$, si ha

$$\tau_{max} = \frac{16 M_t}{\pi d^3} \tag{5.91}$$

Esempio svolto 5.11

Un riduttore ad assi paralleli **Figura 5.54** è costituito da una coppia pignone/ruota con un rapporto di riduzione di 1:1,7. Nell'ipotesi di assenza di perdite (rendimento della trasmissione unitario), calcolare lo sforzo tangenziale massimo τ_{max}, cui sono sottoposti, rispettivamente, l'albero veloce e l'albero lento.

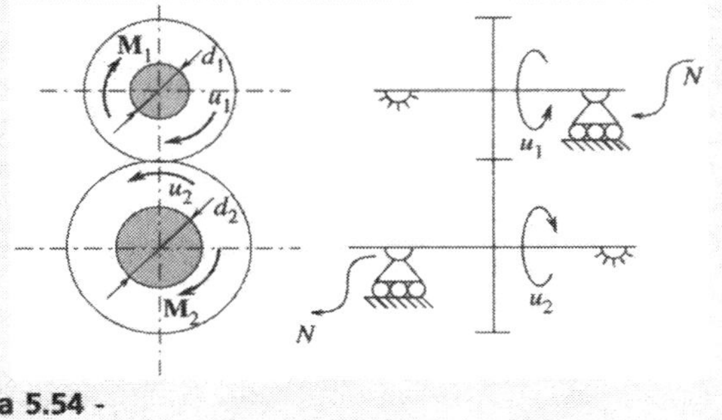

$N = 1$ kW
$u_1 = 100$ giri/min
$\frac{u_2}{u_1} = 1 : 1,7$
$d_1 = 15$ mm
$d_2 = 25$ mm

Figura 5.54 -

Soluzione

Il bilancio di potenza della trasmissione si scrive:

$$N = M_1\omega_1 = M_2\omega_2 \qquad \text{poiché } \eta = 1$$

dove ω è la velocità angolare in rad/s.

$$\omega = \frac{2\pi}{60}\cdot u \Rightarrow \begin{cases} \omega_1 = 10{,}472 \text{ rad/s} \\ \omega_2 = \dfrac{\omega_1}{1{,}7} = 6{,}16 \text{ rad/s} \end{cases}$$

$$\Rightarrow M_1 = \frac{N}{\omega_1} = \frac{1000}{10{,}472} \cong 95 \text{ N}\cdot\text{m}; \qquad M_2 = \frac{N}{\omega_2} \cong 162 \text{ N}\cdot\text{m}$$

$$\tau_{\max_1} = \frac{M_1}{\pi d_1^3} \cong 144 \text{ N/mm}^2 \qquad \tau_{\max_2} = \frac{16M_2}{\pi d_2^3} \cong 53 \text{ N/mm}^2$$

5.7.2 Sezioni circolari cave

Nel caso di sezioni circolari cave l'analisi della deformazione porta alle stesse espressioni per γ e τ trovate per le sezioni piene, a condizione di inserire nelle formule trovate per la sezione circolare piena il nuovo valore del momento polare J_p, che è dato da

$$J_p = \frac{\pi}{2}\left(r_2^4 - r_1^4\right) = \frac{\pi}{32}\left(d_2^4 - d_1^4\right) \tag{5.92}$$

Come si vede anche dalla **Figura 5.55**, la distribuzione di sforzi è ancora lineare, valendo sempre la (**5.83**), ma ovviamente gli sforzi sono definiti soltanto nell'intervallo compreso tra r_1 e r_2.

Il vantaggio dell'utilizzo di sezioni cave risiede nel miglior impiego del materiale, che è disposto prevalentemente nelle zone maggiormente sollecitate, e manca invece nelle zone vicine all'asse, dove gli sforzi sono di entità via via minore.

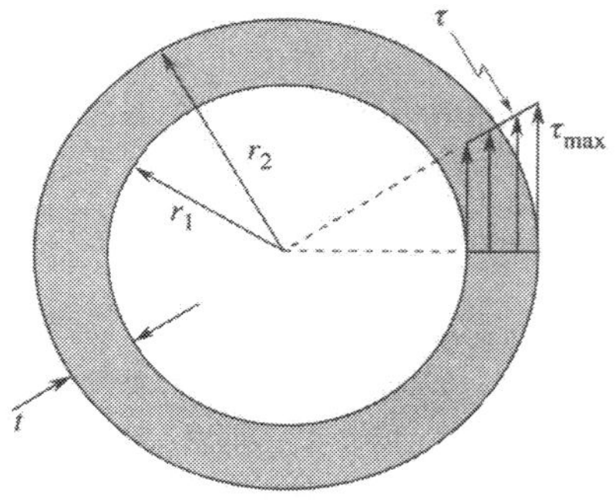

Figura 5.55 - Sezione circolare cava.

5.7.3 Lo stato di sforzo

Lo stato di sforzo in un elementino di materiale, ricavato da un solido cilindrico circolare soggetto a torsione in modo che due facce appartengano a due sezioni vicine (a distanza dx), due a piani longitudinali ruotati di dθ e le ultime due a distanza radiale dr, è richiamato nella **Figura 5.56**.

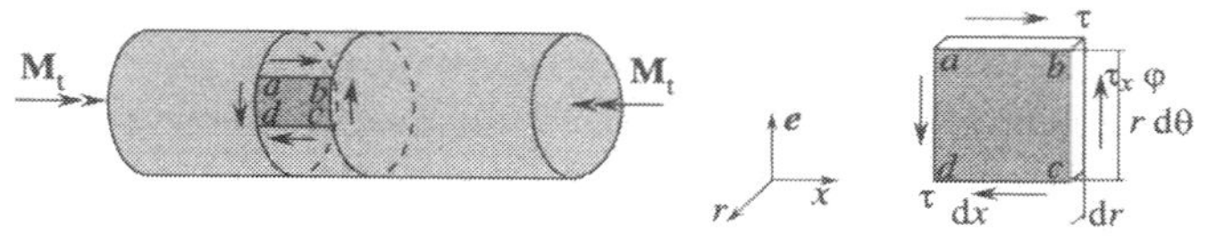

Figura 5.56 - Sforzi in un volume elementare in un solido soggetto a torsione.

Se adesso si considera un piano inclinato dell'angolo θ rispetto all'asse x, su esso agisce una componente di sforzo di scorrimento τ_θ e una normale σ_θ. Queste due componenti sono necessarie per l'equilibrio dell'elementino a pianta triangolare di **Figura 5.57**.

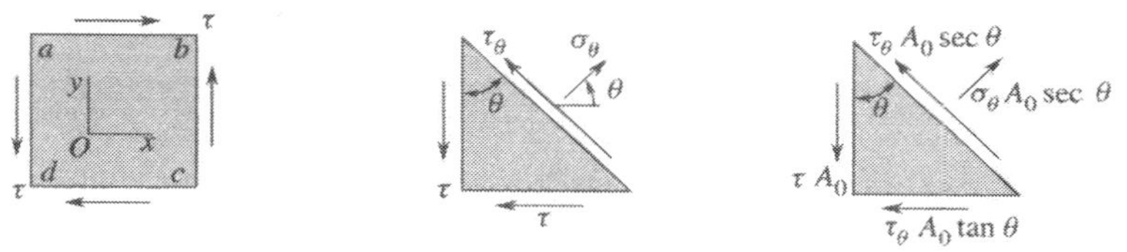

Figura 5.57 - Stato di sforzo su piani inclinati rispetto alle sollecitazioni di taglio.

L'equilibrio deve essere verificato sotto l'azione di forze date dal prodotto degli sforzi per le aree infinitesime sulle quali agiscono. Se l'area della faccia perpendicolare all'asse x è A_0, la faccia parallela all'asse x ha area $A_0 \tan\theta$, mentre quella inclinata è $A_0 \sec\theta$.

Le equazioni di equilibrio vanno scritte nella direzione di σ_θ e in quella di τ_θ, ottenendo

$$\sigma_\theta A_0 \sec\theta = \tau A_0 \sin\theta + \tau A_0 \tan\theta \cos\theta \qquad \textbf{(5.93)}$$

$$\tau_\theta A_0 \sec\theta = \tau A_0 \cos\theta - \tau A_0 \tan\theta \sin\theta \qquad \textbf{(5.94)}$$

che diventano

$$\sigma_\theta = 2\tau \sin\theta \cos\theta \qquad \textbf{(5.95)}$$

$$\tau_\theta = \tau(\cos^2\theta - \sin^2\theta)$$

e infine, ricordando che

$$2\sin\theta\cos\theta = \sin 2\theta \qquad \cos^2\theta - \sin^2\theta = \cos 2\theta \qquad \textbf{(5.96)}$$

si ha finalmente

$$\sigma_\theta = \tau_x \sin 2\theta \qquad \textbf{(5.97)}$$

$$\tau_\theta = \tau_x \cos 2\theta \qquad \textbf{(5.98)}$$

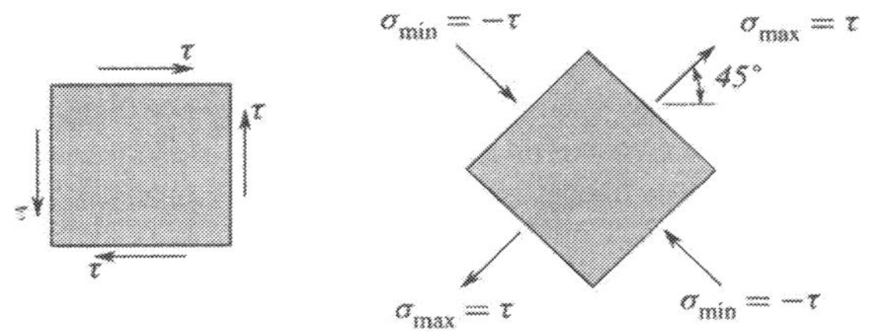

Figura 5.58 - forzi su piani inclinati di $\theta = 0°$ e $\theta = 45°$.

5.7.4 Il lavoro di deformazione

Si può dimostrare che nel caso di torsione circolare il lavoro di deformazione per un cilindro di lunghezza l è espresso dalla;

$$L = \frac{1}{2} M_t \Delta\varphi = \frac{M_t^2 l}{2GJ_t} \tag{5.99}$$

Esercizi

5.1 Calcolare il valore dei momenti d'inerzia e del momento centrifugo rispetto ai due assi baricentrici x e y dell'area in **Figura 5.59**.

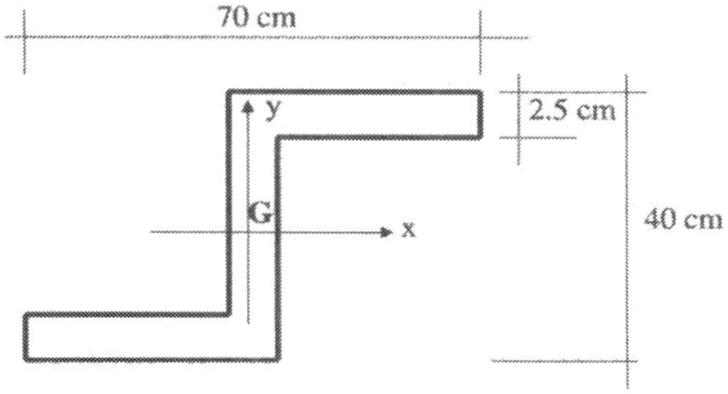

Figura 5.59

5.2 Calcolare i valori dei due momenti d'inerzia rispetto agli assi x e y e del momento centrifugo J_{xy} dell'area in **Figura 5.60**.

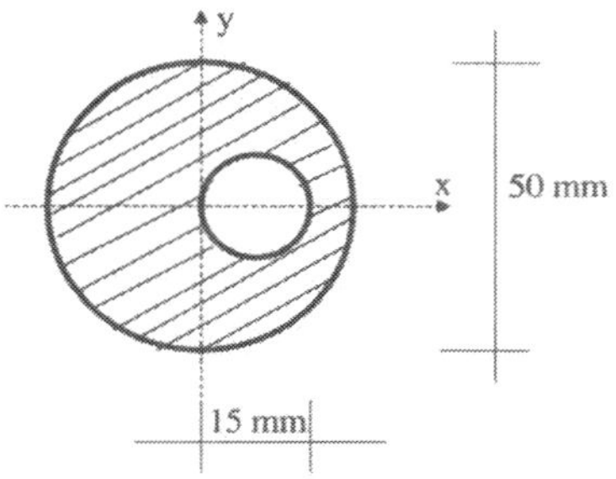

Figura 5.60

5.3 Calcolare i valori dei due momenti d'inerzia rispetto agli assi x e y e del momento centrifugo J_{xy} dell'area in **Figura 5.61**.

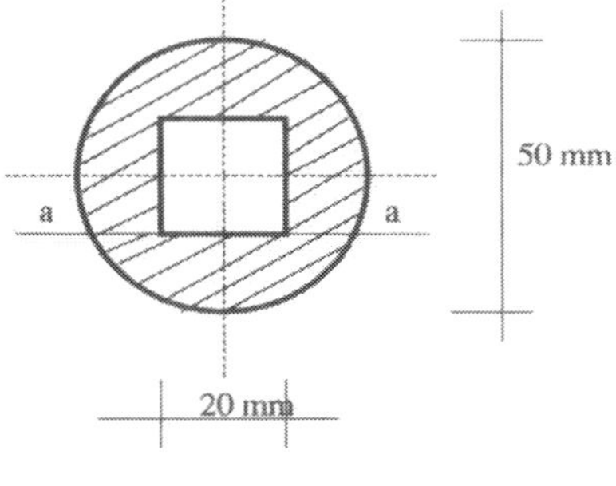

Figura 5.61

5.4 Si debba calcolare lo sforzo massimo nel braccio di sostegno della massa rotante M di **Figura 5.62** sulla base dei dati riportati a fianco.

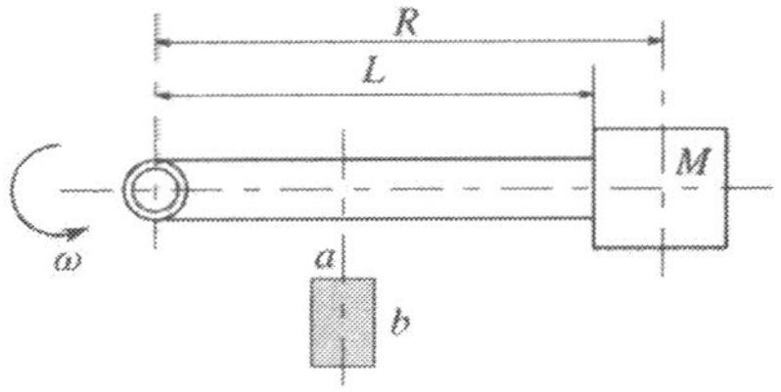

$R = 2{,}2$ m
$L = 2$ m
$a = 20$ mm
$b = 40$ mm
$\omega = 75$ giri/minuto
$M = 300$ kg
$\rho = 7860$ kg/m^3

Figura 5.62 Braccio rotante e massa M.

L'azione assiale nel braccio è data dalla somma di due contributi

- forza di massa, dovuta alla massa concentrata M,
- forza di massa, dovuta alla massa distribuita lungo il braccio di sostegno.

Il primo contributo si ricava da

$$F_M = MR\omega^2 = 40\,712 \text{ N}$$

dove ω deve essere espresso in radianti/secondo.
La massa distribuita, per effetto dell'accelerazione centripeta che dipende dalla distanza r dal centro di rotazione, genera una distribuzione lineare di forze assiali per unità di lunghezza

$$F_{\mathrm{a}}(r) = \rho \mathrm{ab}\omega^2 r$$

In una generica sezione, posta alla distanza r' dal centro di rotazione, l'azione assiale vale dunque

$$N(r') = MR\omega^2 + \int_{r'}^{L} \rho\omega^2 \mathrm{ab} r \mathrm{d}r$$

da cui

$$N(r') = MR\omega^2 + \rho\omega^2 \mathrm{ab}\left(\frac{L^2}{2} - \frac{r'^2}{2}\right)$$

L'azione assiale è massima per $r' = 0$ e vale

$$N_{\max} = MR\omega^2 + \rho\omega^2 \mathrm{ab}\frac{L^2}{2} = 41\,487 \text{ N}$$

Lo sforzo normale in questa sezione vale

$$\sigma_{\max} = \frac{N_{\max}}{\mathrm{ab}} = 51{,}9 \ \frac{\mathrm{N}}{\mathrm{mm}^2}$$

5.5 Si confronti il valore degli sforzi di flessione a pari momento flettente **M**, per le due sezioni di **Figura 5.63**, aventi la stessa area A. Per la sezione cava inoltre si assuma $d = 4/5D'$.

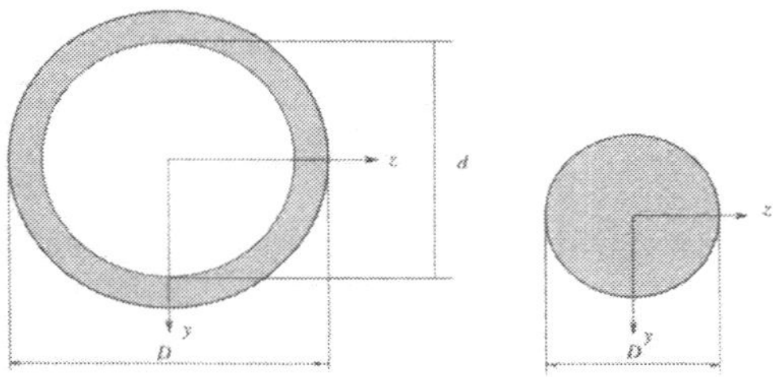

Figura 5.63 Due sezioni di pari area.

5.6 Trovare la posizione dell'asse neutro in una sezione della struttura di **Figura 5.64**, soggetta alla forza trazione **F** e momento flettente **M**, i cui dati sono riportati a fianco.

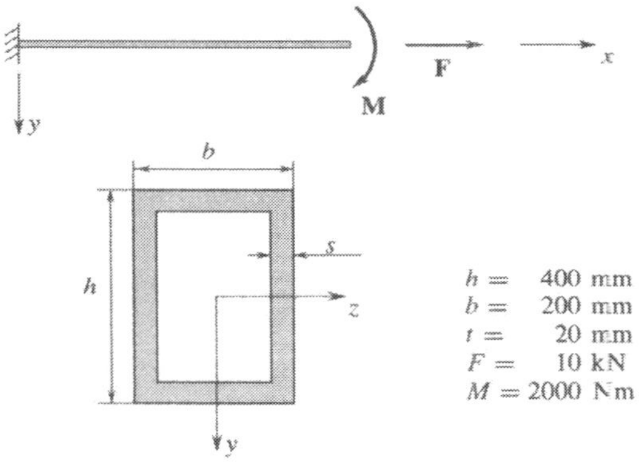

Figura 5.64 Sezione di cui si deve trovare la posizione dell'asse neutro.

5.7 Data la sezione di **Figura 5.65** e i dati riportati in essa, trovare il valore del momento flettente **M** che dia come valore di sforzo massimo

$$\sigma_x = 235 \text{ N/mm}^2$$

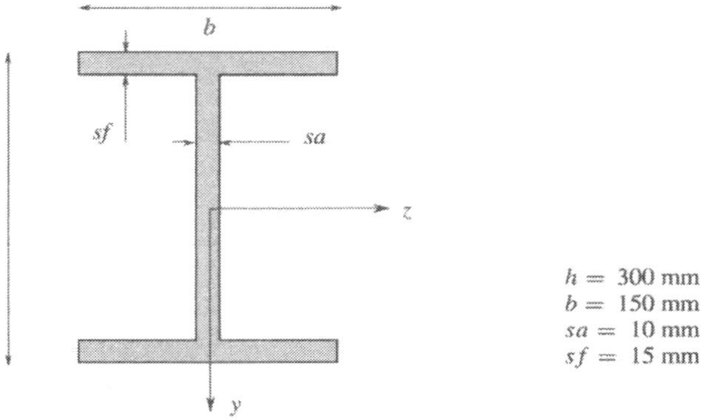

Figura 5.65 Trave a doppio T.

5.8 Calcolare gli sforzi massimo e minimo nella sezione maggiormente sollecitata della struttura di **Figura 5.66**, dati $P = 30$ kN e $L = 30$ m.

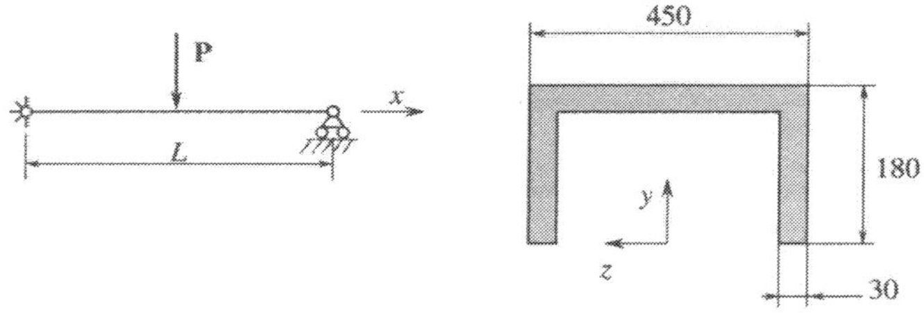

Figura 5.66 Sforzi in un profilo a C.

5.9 Calcolare la rotazione totale $\Delta\varphi$ tra le sezioni A e C e il massimo sforzo tangenziale τ_{max}.

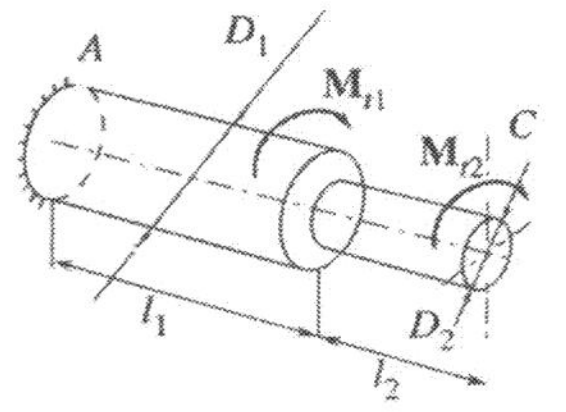

$M_{t1} = 1000$ Nm
$M_{t2} = 700$ Nm
$l_1 = 600$ mm $\quad D_1 = 64$ mm
$l_2 = 450$ mm $\quad D_2 = 50$ mm
$G = 80\,000$ MPa

Figura 5.67

5.10 Calcolare lo sforzo tangenziale massimo τ_{max} e la rotazione relativa totale tra le sezioni A e D.

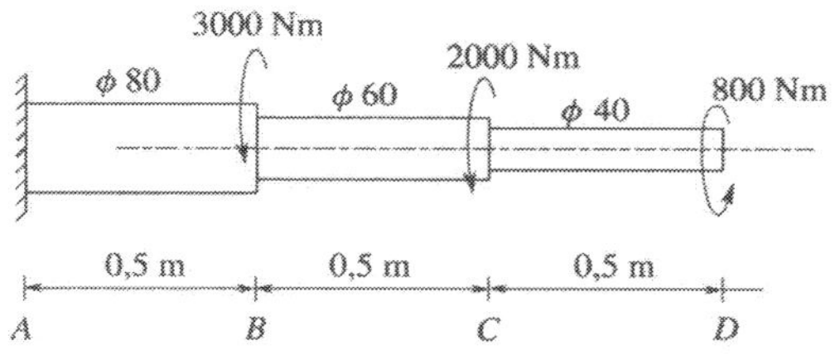

Figura 5.68

5.11 Determinare lo stato di sforzo nel punto P della struttura riportata in **Figura 5.69**

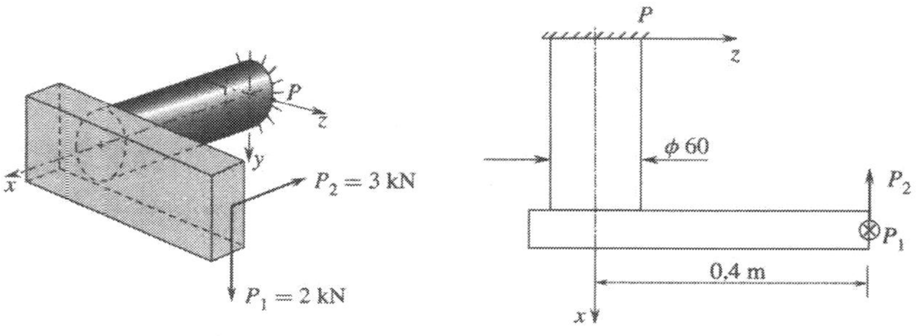

Figura 5.69

5.12 Tracciare i diagrammi delle azioni interne nell'albero a gomiti in **Figura 5.70**. Valutare lo stato di sforzo nelle sezioni A-A e B-B.

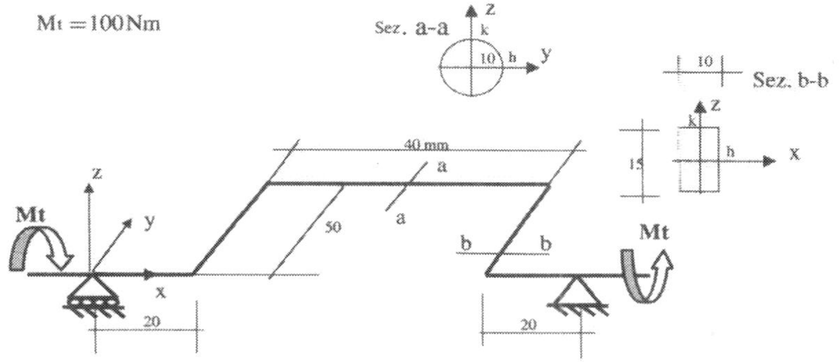

Figura 5.70

5.13 Tracciare i diagrammi delle azioni interne nella campata dell'albero a gomiti in **Figura 5.71**. Descrivere lo stato di sforzo nelle sezioni a-a e b-b.

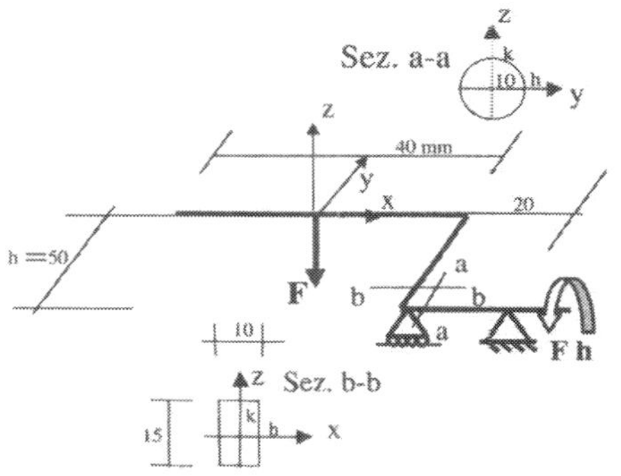

Figura 5.71

5.14 Determinare l'andamento delle azioni interne nel sistema di pedalata di una bicicletta schematizzato in **Figura 5.72** e calcolare gli sforzi nella sezione dell'albero motore.

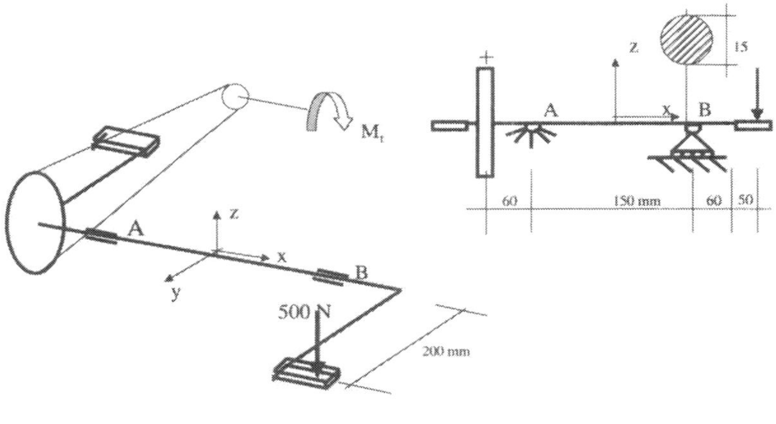

Figura 5.72

5.15 Calcolare le azioni interne nell'albero di **Figura 5.73** e i valori degli sforzi nella sezione più sollecitata.

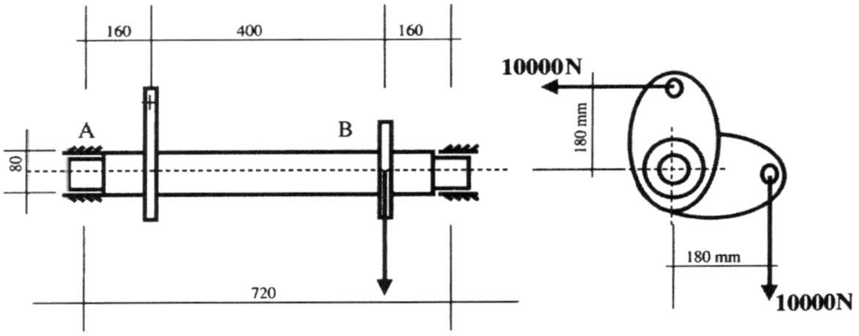

Figura 5.73

5.16 Calcolare il valore della forza T perché l'albero di **Figura 5.74** sia in equilibrio, le azioni interne nell'albero e i valori degli sforzi nella sezione a-a tenendo conto anche dell'azione di taglio.

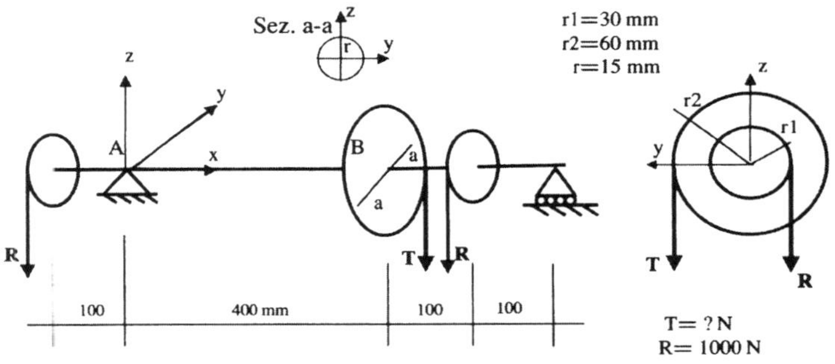

Figura 5.74

5.17 Calcolare le azioni interne nell'albero di **Figura 5.75** e i valori degli sforzi nella sezione a-a.

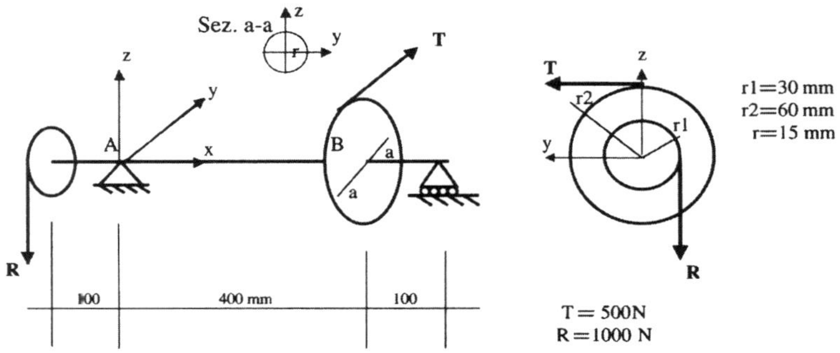

Figura 5.75

5.18 A quale raggio minimo r_2 si deve mettere T per cominciare a sollevare il peso R? Calcolare le azioni interne e gli sforzi massimi sull'albero in questa condizione.

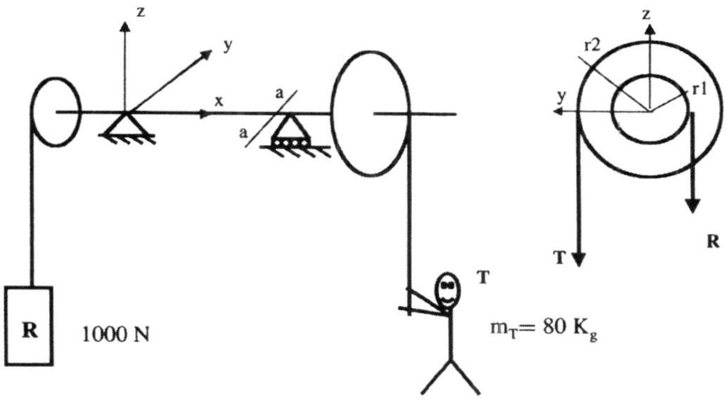

Figura 5.76

5.19 Calcolare il valore della forza T perché l'albero di sia in equilibrio, le azioni interne nell'albero e i valori degli sforzi nella sezione a-a tenendo conto anche del taglio.

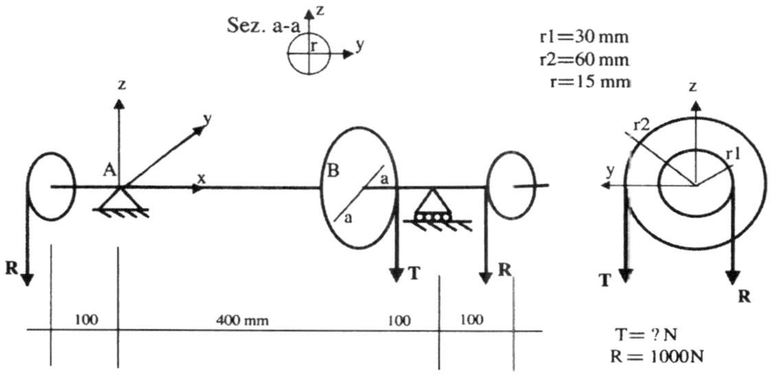

Figura 5.77

6 Linea elastica

Nei capitoli precedenti sono stati illustrati i metodi per la determinazione dello stato di sforzo e di deformazione di elementi di macchina nel caso particolare, ma molto diffuso tra gli organi di macchina, di componenti con una dimensione predominante rispetto alle altre due, quali per esempio assi e alberi. Alcuni esempi di alberi e di assi sono stati mostrati nell'introduzione, altri sono riportati nelle Figure 6.1 e 6.2.

Un aspetto complementare, ma spesso importante, nella progettazione di questi elementi di macchina è il calcolo dello spostamento trasversale, assegnate le condizioni di carico. È a questo aspetto che si rivolge la teoria della linea elastica.

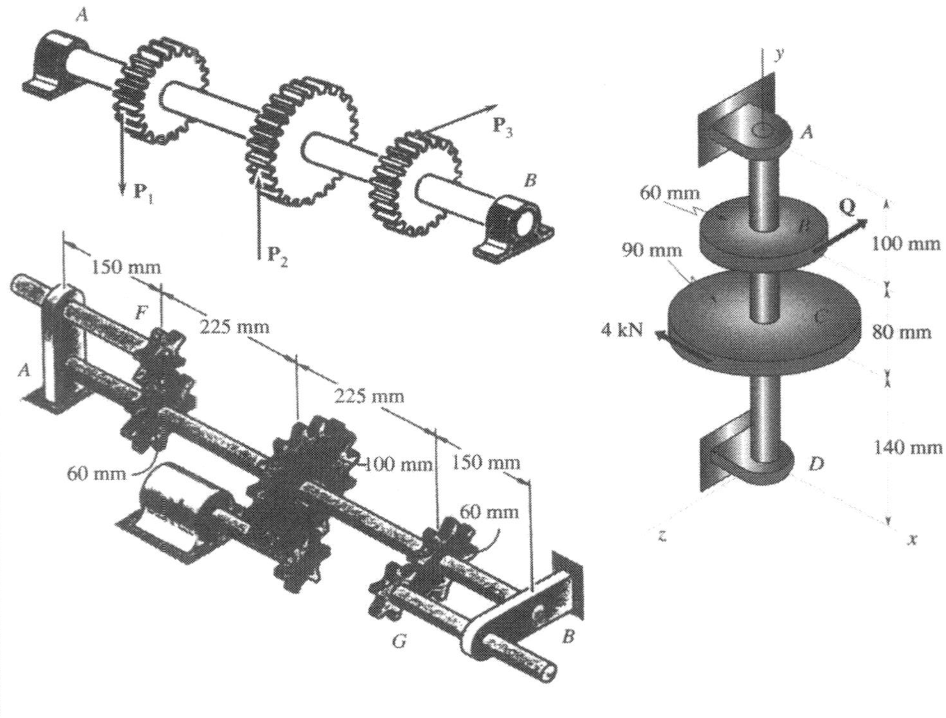

Figura 6.1 - Esempi di alberi di trasmissione.

Per esempio nella progettazione di assi e alberi, il controllo dello spostamento massimo (freccia) è importante per evitare interferenze pericolose e prevenire vibrazioni indesiderate.

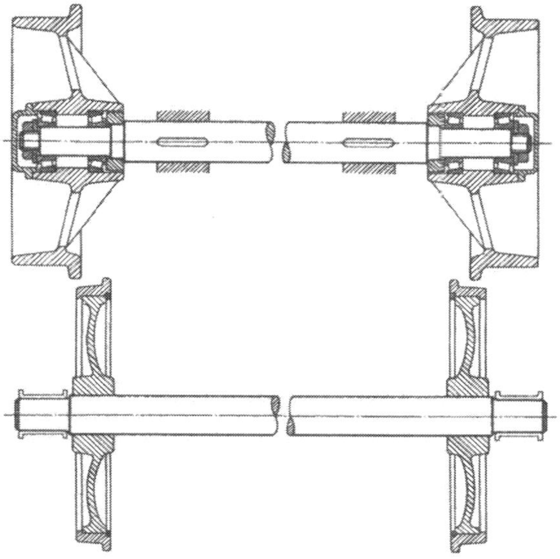

Figura 6.2 - Esempi di assi.

6.1 Definizione di configurazione deformata

In un elemento di macchina, in cui una dimensione è predominante rispetto alle altre due, il calcolo della configurazione deformata sotto l'azione di carichi trasversali può essere condotto utilizzando il metodo della linea elastica.

Il metodo è di validità molto generale, ma per chiarezza di esposizione si considera un albero, di geometria semplice, appoggiato su due supporti rigidi, come rappresentato in **Figura 6.3**, e caricato con un carico concentrato in mezzeria.

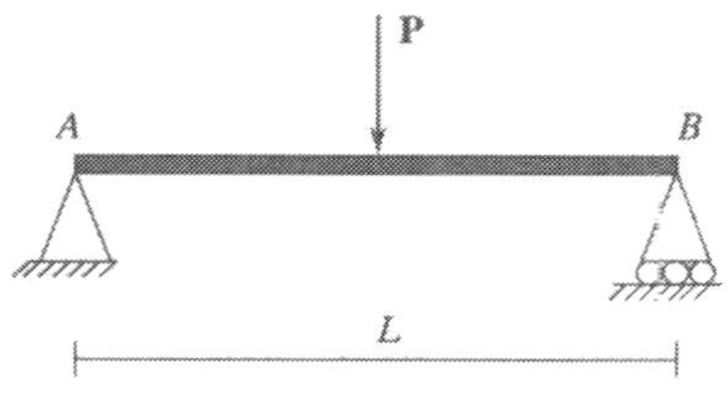

Figura 6.3 - Albero su due appoggi con carico concentrato applicato in mezzeria.

L'asse longitudinale dell'albero, inizialmente rettilineo, si deforma atteggiandosi secondo una curva, compatibile con la condizione di vincolo, che rappresenta la configurazione deformata dell'albero. Nella **Figura 6.4** si mettono a confronto la configurazione indeformata e quella deformata.

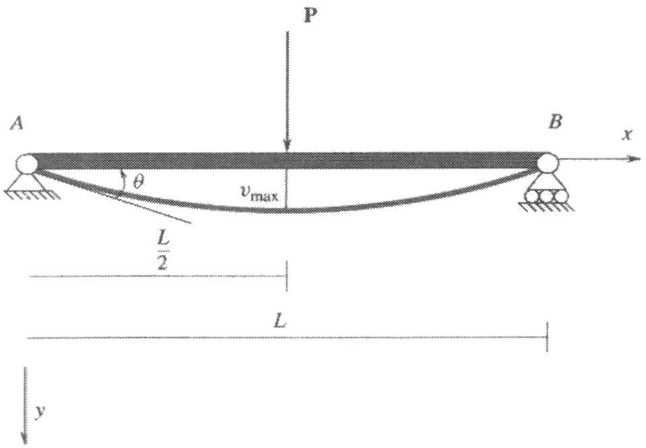

Figura 6.4 - Configurazione indeformata e deformata dell'asse dell'albero della **Figura 6.3**.

6.2 Deformazione sotto carichi trasversali

6.2.1 Considerazioni geometriche

Si assume un sistema di riferimento centrato sull'estremo di sinistra dell'albero **Figura 6.5**; l'asse x, allineato con l'asse dell'albero, è diretto verso destra e l'asse y è diretto verso il basso. Si suppone inoltre che il piano xy in cui agisce il carico sia piano di simmetria per le sezione della struttura (asse y principale d'inerzia della sezione).

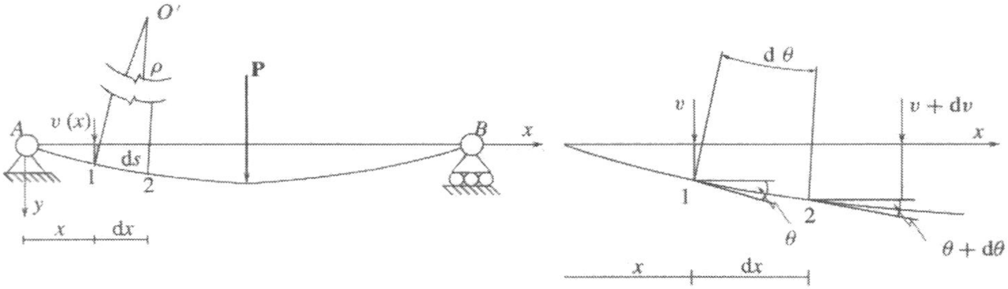

Figura 6.5 - Grandezze geometriche che definiscono la configurazione deformata.

In un generico punto distante x dall'origine, la freccia è definita come lo spostamento $v(x)$ nella direzione y subito dal punto quando passa dalla configurazione indeformata alla configurazione deformata. Nel sistema di riferimento assunto uno spostamento verso il basso rappresenta una freccia positiva, uno verso l'alto una freccia negativa.

L'angolo di rotazione θ dell'asse dell'albero nel generico punto dell'asse x è l'angolo tra l'asse x e la tangente alla curva $v(x)$. Si assume che l'angolo sia positivo in senso orario.

Si consideri un secondo punto sull'asse posto a una distanza dx dal precedente; sull'asse deformato i due punti sono a una distanza ds. Nel punto 2 si avrà una freccia pari a $v + \mathrm{d}v$ e una rotazione $\theta + \mathrm{d}\theta$, avendo indicato con d$v$ e $d\theta$ rispettivamente la variazione della freccia e dell'angolo di rotazione passando dal punto 1 al punto 2.

Come si è visto nel capitolo 5, nel generico punto posto a distanza x dall'origine si possono allora definire il centro di curvatura (punto O'), quale intersezione delle normali alla deformata dell'albero nei punti 1 e 2, e il raggio di curvatura (ρ), come distanza dei punti dal centro di curvatura.

Dalla **Figura 6.5** si ricava che

$$\rho = \frac{\mathrm{d}s}{\mathrm{d}\theta} \qquad (6.1)$$

quindi la curvatura, data dall'inverso del raggio di curvatura risulta

$$\Gamma = \frac{1}{\rho} = \frac{\mathrm{d}\theta}{\mathrm{d}s} \qquad (6.2)$$

che assume valore positivo quando l'angolo θ cresce muovendosi nella direzione positiva dell'asse x.

Il segno della curvatura è definito in funzione della direzione positiva degli assi coordinati. Se l'asse x è positivo da sinistra verso destra e l'asse y è positivo verso il basso come mostrato nella **Figura 6.5** allora la curvatura dell'asse deformato è positiva quando la concavità è diretta verso il basso e negativa quando la concavità è diretta verso l'alto. La convenzione di segno adottata, già vista quando è stata studiata la flessione, è illustrata nella **Figura 6.6**.

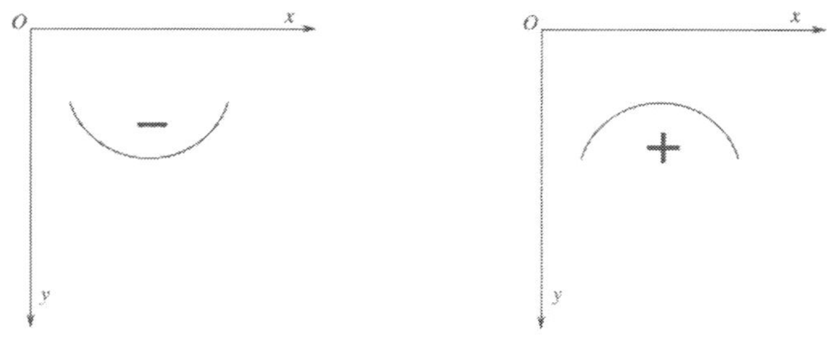

Figura 6.6 - Convenzione di segno per la curvatura.

Dalla **Figura 6.5** risulta inoltre che la derivata della funzione incognita $v(x)$ è uguale alla tangente dell'angolo di rotazione θ

$$\frac{\mathrm{d}v}{\mathrm{d}x} = \tan\theta \qquad \theta = \arctan\frac{\mathrm{d}v}{\mathrm{d}x} \qquad (6.3)$$

dove per definizione dx è infinitesimo.

Quanto scritto finora, su basi puramente geometriche, è di validità generale e può essere applicato senza alcun vincolo sull'entità delle frecce e delle rotazioni.

6.2.2 Piccola curvatura

In molti casi pratici, e in particolare nel caso degli alberi, i carichi applicati sono tali da indurre solo piccole curvature. Nell'ipotesi che l'angolo θ sia molto piccolo si ottiene

$$\mathrm{d}s = \frac{\mathrm{d}x}{\cos\theta} \approx \mathrm{d}x \tag{6.4}$$

essendo $\cos\theta \approx 1$ per θ molto piccolo. Sulla base di tale ipotesi la curvatura (Equazione (**6.2**)) si scrive

$$\frac{1}{\rho} = \frac{\mathrm{d}\theta}{\mathrm{d}x} \tag{6.5}$$

L'ipotesi di piccola curvatura permette anche di scrivere

$$\frac{\mathrm{d}v}{\mathrm{d}x} = \tan\theta \approx \theta \tag{6.6}$$

da cui risulta

$$\frac{\mathrm{d}\theta}{\mathrm{d}x} = \frac{\mathrm{d}^2 v}{\mathrm{d}x^2} \tag{6.7}$$

Dalle Equazioni (**6.5**) e (**6.7**) risulta

$$\frac{1}{\rho} = \frac{\mathrm{d}\theta}{\mathrm{d}x} = \frac{\mathrm{d}^2 v}{\mathrm{d}x^2} \tag{6.8}$$

6.2.3 Equazione della linea elastica

Richiamando i risultati ottenuti nel caso della flessione pura per il calcolo delle deformazioni si può scrivere

$$\varepsilon_x = \frac{\Delta l}{l_0} = y\,\frac{\mathrm{d}\theta}{\mathrm{d}x} \tag{6.9}$$

Nell'ipotesi di materiale elastico lineare si ha inoltre

$$\sigma_x = E\,\varepsilon_x = E\,\frac{\mathrm{d}\theta}{\mathrm{d}x}\,y \tag{6.10}$$

Considerando adesso una sezione rettangolare di base b e altezza h, come nella **Figura 6.7**, il momento flettente risultante sulla sezione è

$$\begin{aligned} M &= \int_{-h/2}^{h/2} \sigma b y\,\mathrm{d}y = \int_{-h/2}^{h/2} E y\,\frac{\mathrm{d}\theta}{\mathrm{d}x} b y\,\mathrm{d}y = \\ &= \frac{\mathrm{d}\theta}{\mathrm{d}x}\,E \int_{-h/2}^{h/2} b y^2\,\mathrm{d}y = \frac{\mathrm{d}\theta}{\mathrm{d}x}\,E J \end{aligned} \tag{6.11}$$

da cui, tenendo conto delle convenzioni di segno, si ottiene

$$\frac{\mathrm{d}\theta}{\mathrm{d}x} = -\frac{M(x)}{EJ} \tag{6.12}$$

Quindi la curvatura è legata al momento flettente applicato dalla seguente relazione

$$\frac{1}{\rho} = -\frac{M(x)}{EJ} \qquad (\mathbf{6.13})$$

dove

- $M(x)$ = momento flettente;
- E = modulo di Young;
- J = momento d'inerzia della sezione rispetto all'asse neutro.

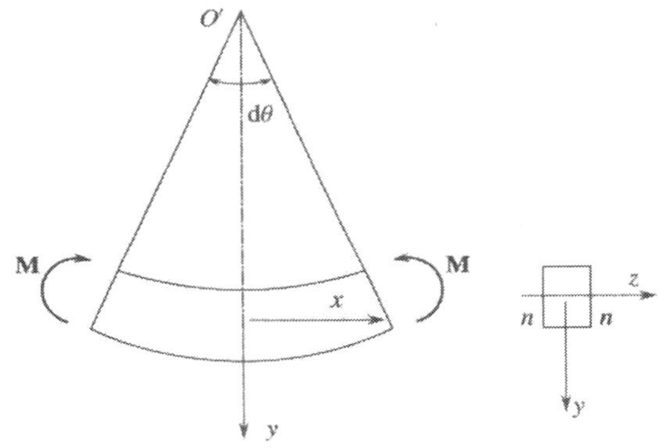

Figura 6.7 - Trave di sezione rettangolare a cui è applicato un momento flettente M.

Il legame curvatura momento flettente è stato qui calcolato nel caso particolare di una sezione rettangolare, ma risulta di validità generale e permettere di scrivere l'equazione della linea elastica.

Combinando l'Equazione (**6.13**), valida per rotazioni generiche, con la (**6.8**), valida solo per piccole rotazioni, si ottiene l'equazione differenziale

$$\frac{d^2v}{dx^2} = -\frac{M(x)}{EJ} \qquad (\mathbf{6.14})$$

che rappresenta l'equazione della linea elastica. La soluzione $v(x)$ di questa equazione differenziale è la curva nella quale si trasforma l'asse dell'albero sotto l'azione dei carichi assegnati.

Il prodotto EJ prende il nome di rigidezza flessionale della trave e, nel caso di trave di sezione variabile lungo il suo asse, deve essere espressa in funzione di x, essendo variabile con x il momento d'inerzia della sezione rispetto all'asse neutro (J). Nel caso particolare di trave prismatica, come quella qui considerata, la rigidezza flessionale rimane invece costante.

Si osservi che l'equazione ottenuta è valida solo per materiali lineari elastici e nel caso di piccola curvatura. Inoltre, l'equazione è stata ricavata considerando solo la deformazione dovuta al momento flettente e trascurando la deformazione dovuta al taglio, come si può assumere in molti casi pratici.

Nella **Tabella 6.1** si riporta una sintesi delle convenzioni di segno adottate per scrivere l'equazione della linea elastica (**6.14**).

Tabella 6.1 - Convenzioni di segno.

x	positivo da sinistra verso destra
y	positivo dall'alto verso il basso
θ	positivo orario e misurato a partire dall'asse x
M	positivo quando comprime le fibre superiori
$1/\rho$	positiva quando la concavità è verso il basso

Se rispetto alle convenzioni adottate si inverte il segno del momento oppure si inverte il verso dell'asse y allora l'equazione (**6.15**) si scrive

$$\frac{d^2 v}{dx^2} = \frac{M(x)}{EJ} \qquad (\mathbf{6.15})$$

Se si invertono contemporaneamente il segno del momento e il verso dell'asse y l'equazione (**6.14**) resta invariata.

6.3 Utilizzo dell'equazione della linea elastica

L'equazione della linea elastica (**6.14**)

$$\frac{d^2 v}{dx^2} = -\frac{M(x)}{EJ}$$

permette attraverso una doppia integrazione di trovare la funzione $v(x)$ che esprime la configurazione deformata della trave di rigidezza flessionale EJ sottoposta al momento flettente $M(x)$.

Nell'ipotesi di trave prismatica, possiamo moltiplicare entrambi i termini della (**6.14**) per EJ e integrare rispetto a x

$$\begin{aligned} EJ \int_0^x \frac{d^2 v}{dx^2}\, dx &= -\int_0^x M(x)\, dx + C_1 \\ EJ \frac{dv}{dx} &= -\int_0^x M(x)\, dx + C_1 \end{aligned} \qquad (\mathbf{6.16})$$

Ricordando che

$$\frac{dy}{dx} = \tan\theta \approx \theta(x) \qquad (\mathbf{6.17})$$

la (**6.16**) permette di calcolare la rotazione $\theta(x)$ in ogni punto della trave.

Integrando una seconda volta rispetto a x si ha

$$\begin{aligned} EJ \int_0^x \frac{dv}{dx}\, dx &= -\int_0^x \left[\int_0^x M(x)\, dx + C_1\right] dx + C_2 \\ EJ\, v(x) &= -\int_0^x \left[\int_0^x M(x)\, dx + C_1\right] dx + C_2 \end{aligned} \qquad (\mathbf{6.18})$$

dove C_2 è una seconda costante d'integrazione.

Le costanti C_1 e C_2 sono determinate dalle condizioni al contorno, vale a dire dalle condizioni, in termini di spostamento e rotazione, che i vincoli impongono alla trave nei loro punti di applicazione.

Determinati i valori delle due costanti C_1 e C_2 in funzione dei vincoli imposti, il termine a sinistra dell'Equazione (**6.18**) rappresenta, a meno di EJ, lo spostamento verticale della trave in ogni punto di coordinata x.

Se oltre ai carichi distribuiti, sono presenti anche carichi concentrati, il procedimento illustrato deve essere ripetuto in ognuno dei campi in cui i carichi concentrati dividono l'asse della trave.

6.4 Determinazione in base alla distribuzione dei carichi

Si è visto che è possibile ottenere l'equazione della linea elastica integrando due volte l'equazione differenziale (**6.14**)

$$\frac{d^2 v}{dx^2} = -\frac{M}{EJ}$$

Si ricorda inoltre che quando una trave è caricata con carico distribuito $q(x)$ per ogni valore della coordinata x si ha

$$\begin{aligned} \frac{dM}{dx} &= V \\ \frac{dV}{dx} &= -q \end{aligned} \qquad (\mathbf{6.19})$$

dove V è il taglio e q è il carico distribuito per unità di lunghezza.

Differenziando entrambi i membri dell'Equazione (**6.14**) e assumendo costante la rigidezza flessionale della trave EJ si ottiene:

$$\frac{d^3 v}{dx^3} = -\frac{1}{EJ}\frac{dM}{dx} = -\frac{V(x)}{EJ} \qquad (\mathbf{6.20})$$

e differenziando ancora rispetto a x

$$\frac{d^4 v}{dx^4} = -\frac{1}{EJ}\frac{dV}{dx} = \frac{q(x)}{EJ} \qquad (\mathbf{6.21})$$

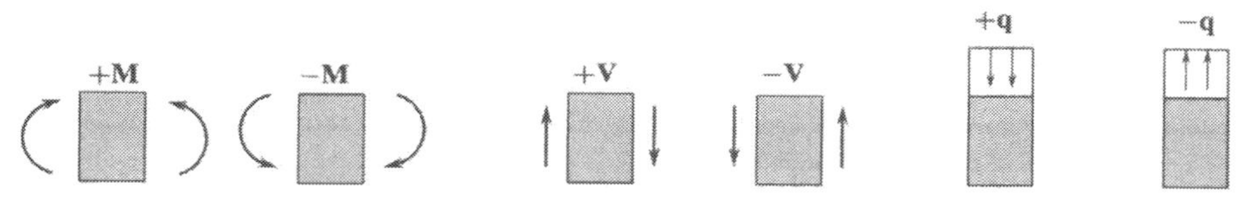

Figura 6.8 - Convenzioni di segno per M, V e q.

Si può allora concludere che quando una trave prismatica è caricata con un carico distribuito $q(x)$ e assumendo le convenzioni di segno della **Figura 6.8**, la sua linea elastica è definita dall'equazione differenziale lineare del quarto ordine

$$\frac{d^4 v}{dx^4} = \frac{q(x)}{EJ} \qquad (\mathbf{6.22})$$

Dall'equazione precedente integrando successivamente si ottiene

$$
\begin{aligned}
&EJ\,\frac{d^4 v}{dx^4} = q(x) \\
&EJ\,\frac{d^3 v}{dx^3} = -V(x) = \int q(x)\,dx + C_1 \\
&EJ\,\frac{d^2 v}{dx^2} = -M(x) = \int dx \int q(x)\,dx + C_1 x + C_2 \\
&EJ\,\frac{dv}{dx} = EJ\theta(x) = \int dx \int dx \int q(x)\,dx + \frac{1}{2}\,C_1 x^2 + C_2 x + C_3 \\
&EJ\,v(x) = \int dx \int dx \int dx \int q(x)\,dx + \frac{1}{6}\,C_1 x^3 + \frac{1}{2}\,C_2 x^2 + C_3 x + C_4
\end{aligned}
\qquad (6.23)
$$

Le quattro costanti possono essere determinate a partire dalle condizioni al contorno. Nella **Figura 6.9** sono rappresentate, come esempio, le condizioni al contorno nel caso di trave a mensola e di trave semplicemente appoggiata agli estremi.

a)

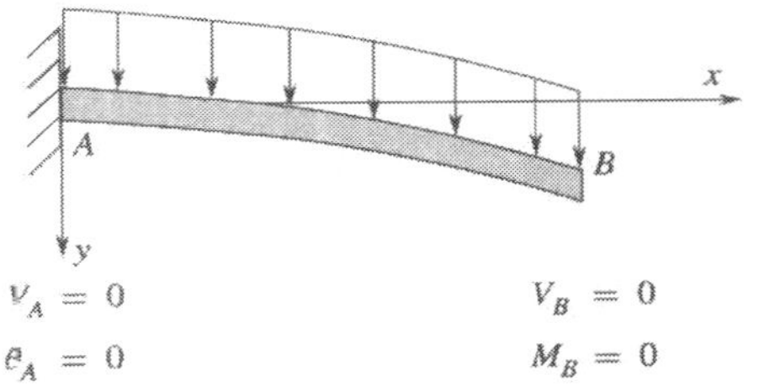

b)

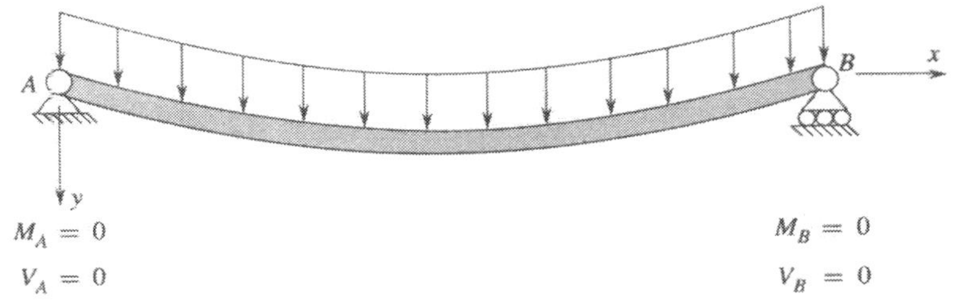

Figura 6.9 - Condizioni al contorno nel caso di trave soggetta a carico distribuito: a) trave a mensola, b) trave semplicemente appoggiata.

Esempio svolto 6.1

La trave a mensola AB (**Figura 6.10**a) ha sezione uniforme e sostiene un carico **P** all'estremità libera A. Si ricavino l'equazione della linea elastica, lo spostamento trasversale e la rotazione nel punto A.

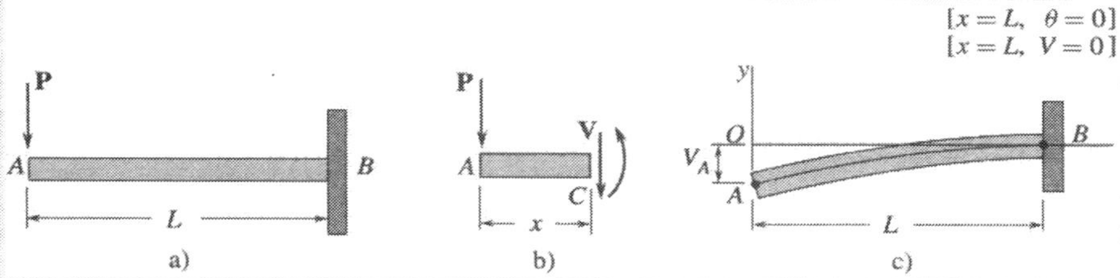

Figura 6.10 - Trave a mensola: a) condizione di carico; b) concio di trave; c) configurazione deformata.

Soluzione

Per la trave a mensola caricata con carico concentrato all'estremo libero della trave stessa, assumendo le convenzioni riportate in **Figura 6.10**b il momento flettente è

$$M(x) = -P\,x \tag{6.24}$$

per cui dall'Equazione (**6.14**) si ottiene

$$\frac{d^2v}{dx^2} = \frac{-Px}{EJ} \tag{6.25}$$

mentre le condizioni al contorno sono (**Figura 6.10**c):

$$v(L) = 0 \qquad \text{(spostamento nullo nell'incastro } B\text{)}$$
$$\theta(L) = \frac{dv}{dx} = 0 \quad \text{(rotazione nulla nell'incastro } B\text{)}$$

Moltiplicando entrambi i termini della (**6.25**) per EJ e integrando rispetto a x si ottiene

$$EJ\,\frac{dv}{dx} = -\frac{1}{2}\,Px^2 + C_1 \tag{6.26}$$

imponendo la seconda condizione al contorno $\theta = \dfrac{dv}{dx} = 0$ per $x = L$ e risolvendo rispetto a C_1 si ricava

$$C_1 = \frac{1}{2}\,PL^2$$

per cui la (**6.26**) si riscrive

$$EJ\,\frac{dv}{dx} = -\frac{1}{2}\,Px^2 + \frac{1}{2}\,PL^2 \tag{6.27}$$

che integrata una seconda volta rispetto a x fornisce

$$EJ\,v = -\frac{1}{6}\,Px^3 + \frac{1}{2}\,PL^2x + C_2 \tag{6.28}$$

Imponendo ora alla precedente equazione la prima condizione al contorno $v = 0$ per $x = L$ si ottiene

$$0 = -\frac{1}{6}\,PL^3 + \frac{1}{2}\,PL^3 + C_2 \qquad C_2 = -\frac{1}{3}\,PL^3 \tag{6.29}$$

Infine l'equazione della linea elastica per la trave in esame dalla (**6.28**) si scrive

$$EJ\,v(x) = -\frac{1}{6}\,Px^3 + \frac{1}{2}\,PL^2x - \frac{1}{3}\,PL^3 \qquad (\mathbf{6.30})$$

ovvero

$$v(x) = \frac{P}{6EI}\,(-x^3 + 3L^2x - 2L^3) \qquad (\mathbf{6.31})$$

Dall'equazione precedente e dalla (**6.27**) per $x = 0$ si ottengono lo spostamento verticale e la rotazione nel punto A

$$v_A = -\frac{PL^3}{3EI} \qquad \theta_A = \left(\frac{\mathrm{d}v}{\mathrm{d}x}\right)_A = \frac{PL^2}{2EI} \qquad (\mathbf{6.32})$$

Esempio svolto 6.2

La trave prismatica AB semplicemente appoggiata (**Figura 6.11**a) è sottoposta a un carico per unità di lunghezza uniformemente distributito w. Si ricavino l'equazione della linea elastica e il massimo spostamento trasversale della trave.

Soluzione

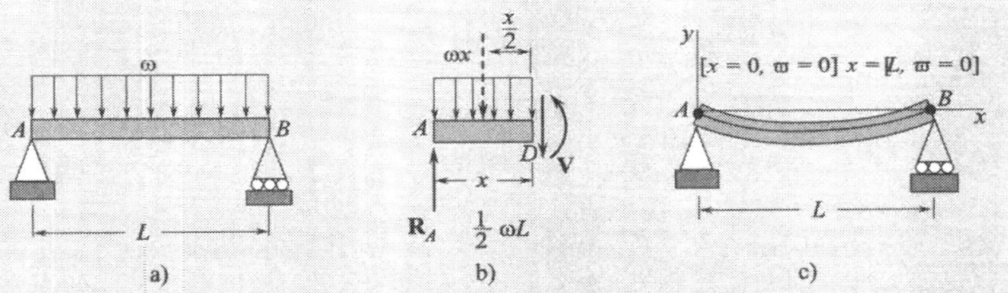

Figura 6.11 - Trave appoggiata con carico distribuitvo: a) condizione di carico; b) concio di trave; c) configurazione deformata.

Per la trave semplicemente appoggiata con carico uniformemente distribuito w, assumendo le convenzioni riportate nella **Figura 6.11**b il momento flettente è

$$M(x) = \frac{1}{2}\,L\,w\,x - \frac{1}{2}\,w\,x^2 \qquad (\mathbf{6.33})$$

per cui l'Equazione (**6.14**) si scrive

$$EJ\,\frac{\mathrm{d}^2v}{\mathrm{d}x^2} = -\frac{1}{2}\,w\,x^2 + \frac{1}{2}\,L\,w\,x \qquad (\mathbf{6.34})$$

mentre le condizioni al contorno sono (**Figura 6.11**c):

$v(0) = 0$ (spostamento nullo in corrispondenza dell'appoggio A)
$v(L) = 0$ (spostamento nullo in corrispondenza dell'appoggio B)

Integrando due volte l'Equazione (**6.34**) rispetto a x si ottiene

$$EJ\,\frac{\mathrm{d}v}{\mathrm{d}x} = -\frac{1}{6}\,w\,x^3 + \frac{1}{4}\,L\,w\,x^2 + C_1$$
$$EJ\,v = -\frac{1}{24}\,w\,x^4 + \frac{1}{12}\,L\,w\,x^3 + C_1\,x + C_2 \qquad (\mathbf{6.35})$$

Ponendo in quest'ultima equazione le condizioni al contorno viste prima si scrive

$$v(0) = 0 C_2 = 0$$

$$v(L) = 0 - \frac{1}{24} w L^4 + \frac{1}{12} w L^4 + C_1 L + 0 = 0 \quad C_1 = -\frac{1}{24} w L^3$$

Infine l'equazione della linea elastica si scrive

$$EJ\, v = -\frac{1}{24} w x^4 + \frac{1}{12} L w x^3 - \frac{1}{24} w L^3 x \tag{6.36}$$

e

$$v = \frac{w}{24EJ} \left(-x^4 + 2 L x^3 - L^3 x\right) \tag{6.37}$$

Il massimo spostamento trasversale si calcola per simmetria in $x = \frac{1}{2} L$

$$v_{\text{max}} = \frac{w}{24EJ} \left(-\frac{L^4}{16} + 2L \frac{L^3}{8} - L^3 \frac{L}{2}\right) = -\frac{5wL^4}{384EJ} \tag{6.38}$$

dove si verifica anche che la rotazione è nulla.

Esercizi

6.1 Per la trave prismatica AB semplicemente appoggiata e sottoposta a un carico P come nella **Figura 6.12**, si ricavino lo spostamento trasversale e la rotazione della trave nel punto D.

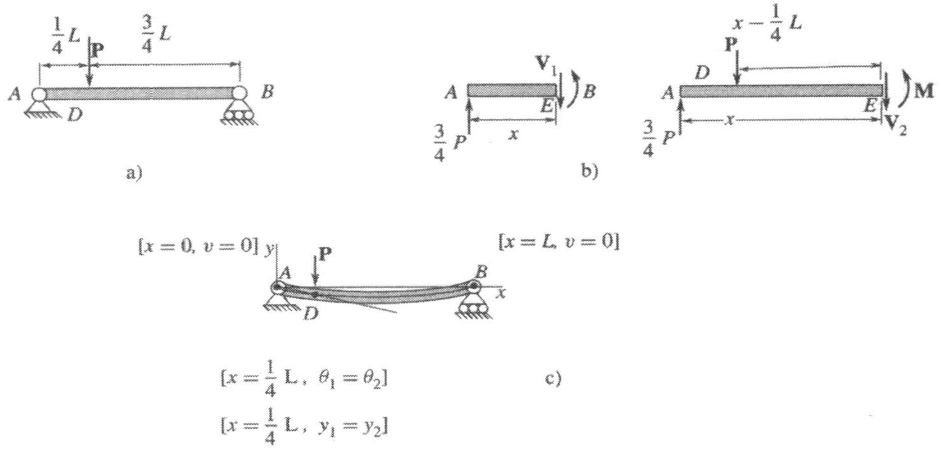

Figura 6.12 Trave semplicemente appoggiata: a) condizione di carico; b) concio di trave; c) configurazione deformata.

6.2 Si consideri la trave prismatica AB già esaminata nell'esempio 6.2 e si determini l'equazione $v = v(x)$ della deformata e il massimo spostamento trasversale lungo la trave.

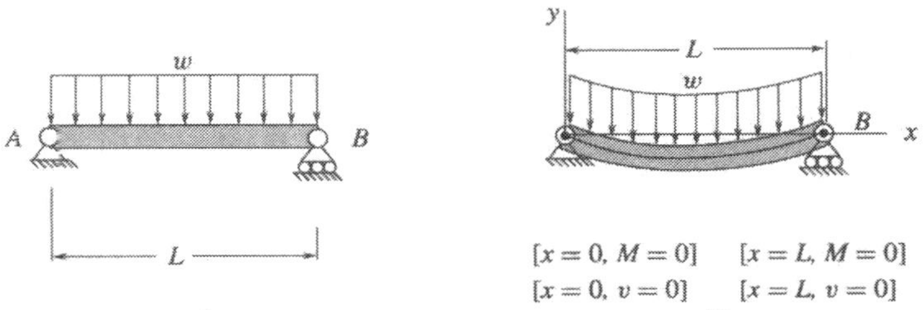

Figura 6.13 Trave semplicemente appoggiata: a) condizione di carico; b) configurazione deformata e condizioni al contorno.

6.3 Con riferimento alla struttura seguente, calcolare le reazioni vincolari e il valore della freccia *f*. Tracciare deformata della struttura.

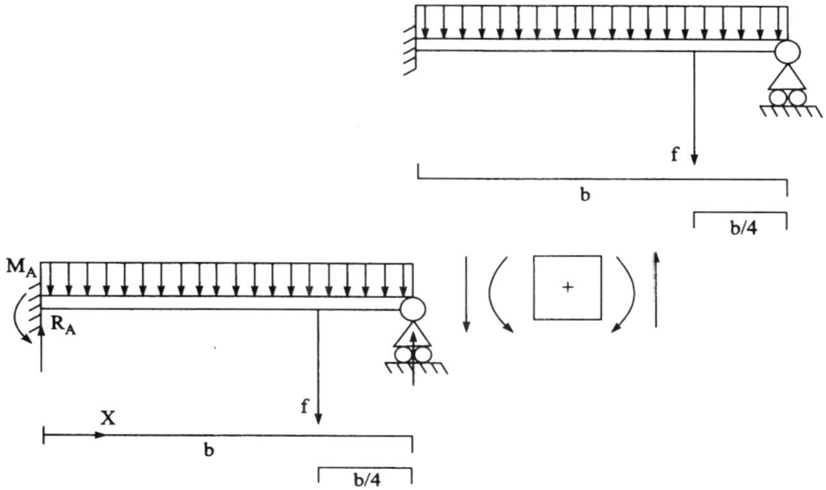

Figura 6.14 Trave iperstatica.

7

I materiali per la progettazione

7.1 Introduzione: la scelta dei materiali

Uno dei risultati del processo di progettazione è la scelta dei materiali da utilizzare per la costruzione delle macchine e degli organi che le compongono.

La *progettazione* di un organo comprende infatti quattro fondamentali attività, tra loro interconnesse:

- individuazione della funzione dell'organo;
- selezione del materiale;
- definizione della forma;
- scelta del processo produttivo.

La *funzione* definisce la rispondenza dell'oggetto agli scopi che deve soddisfare; il *materiale* è il risultato della scelta del più adatto fra quelli disponibili, dal punto di vista sia della resistenza meccanica sia del processo produttivo e dei relativi costi; la *forma* è il risultato della progettazione geometrica dell'oggetto, che deve soddisfare i vincoli funzionali e di resistenza meccanica ed essere compatibile con il ciclo di lavorazione scelto; infine il *processo* riguarda il ciclo di lavorazione dell'oggetto, che può essere molto differente a seconda della scala della produzione (pochi pezzi o grande serie).

L'aspetto della scelta dei materiali trattato in questo capitolo riguarda prevalentemente le caratteristiche meccaniche, ossia il modo in cui i materiali rispondono alle sollecitazioni applicate. Si tratta di un dato indispensabile per poter operare la scelta più opportuna, e per poter eseguire i calcoli di dimensionamento e di verifica indispensabili nella fase di definizione della forma che il componente stesso deve avere.

I materiali per uso ingegneristico (ossia che sono adatti alla realizzazione di organi meccanici, strutture e componenti soggetti a sollecitazioni di entità non trascurabile) possono essere classificati in quattro grandi categorie:

1. *metalli e leghe metalliche*: acciai, ghise, leghe di alluminio, di titanio, di rame, di magnesio, di nichel ecc.;
2. *ceramici e vetri*: cemento, prodotti argillosi, ceramici "tecnici" (allumina, carburo di silicio) ecc.;
3. *polimeri*: termoplastici, termoindurenti, elastomeri ecc.;

4. *compositi*: polimeri rinforzati con fibre corte o lunghe, pultrusi, compensati, pannelli sandwich con honeycomb ecc.

Nella **Tabella 7.1** sono indicate alcune caratteristiche dei materiali (meccaniche, fisiche, elettriche) fra quelle che sono di maggiore importanza per la scelta. Nel Paragrafo 7.1 è riportato un confronto fra alcune caratteristiche meccaniche dei materiali per uso ingegneristico.

Tabella 7.1 - Principali caratteristiche dei materiali che vengono utilizzati nella progettazione, e relativa unità di misura nel sistema.

Caratteristica	Simbolo	Unità di misura
Massa volumica	ρ	[kg/m^3]
Modulo elastico longitudinale (Young)	E	[MPa]
Modulo elastico tangenziale	G	[MPa]
Coefficiente Poisson	ν	–
Sollecitazione limite	σ_l	[MPa]
Coefficiente di dilatazione termica	α	[K^{-1}]

7.2 Prova di trazione

La prova di base per valutare le caratteristiche meccaniche dei materiali è la *prova di trazione*, che è abbastanza semplice da effettuare e poco costosa; questi fattori hanno contribuito alla diffusione delle macchine che ne permettono l'esecuzione (maggiori dettagli si trovano nell'Appendice A).

Da questa relativa semplicità deriva la pratica di mettere in relazione alcune caratteristiche meccaniche ricavate dalla prova di trazione (per esempio, il carico di rottura) con altre che comportano prove più complesse e costose come, per esempio, il limite di fatica. Si tratta di relazioni approssimate, ma comunque utili per valutazioni e calcoli di massima.

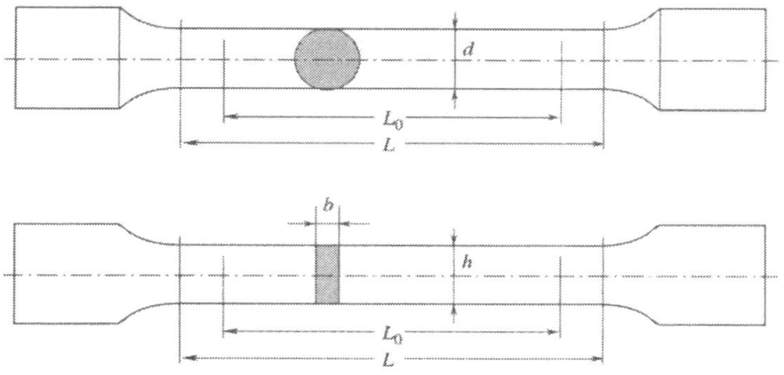

Figura 7.1 - Provini per prova di trazione a sezione circolare e rettangolare; il tratto L è il tratto calibrato, il tratto L_0 è quello di riferimento, del quale si misura l'allungamento con l'estensometro.

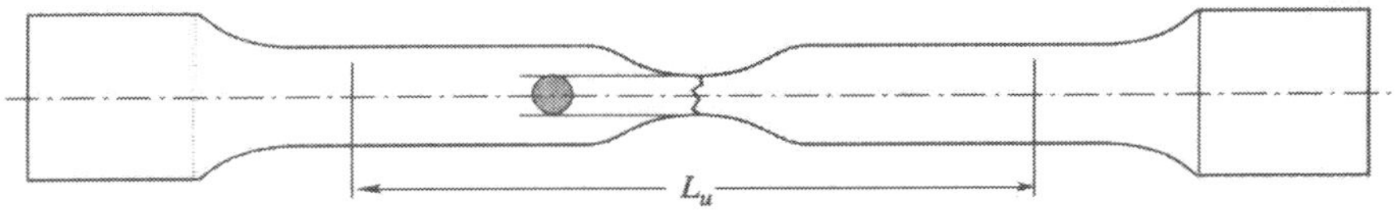

Figura 7.2 - Provino a sezione circolare dopo rottura e riaccostamento delle due metà (acciaio duttile).

La prova di trazione;trazione, prova di, che deve essere eseguita (per motivi di comparabilità dei risultati) attenendosi strettamente alle norme relative (per l'Italia la norma che regola la prova di trazione dei materiali metallici a temperatura ambiente è la UNI EN 10 002), consiste nel sottoporre un provino (a sezione uniforme, circolare o rettangolare) del materiale da esaminare a una forza lentamente crescente che agisce in direzione assiale, fino a portarlo a rottura; i dati della forza e del corrispondente allungamento vengono registrati su un diagramma, che rappresenta il risultato della prova e dal quale si ricavano i valori che interessano.

Nella **Figura 7.1** è riportato il disegno di un tipico provino per le prove di trazione: si osserva che, oltre al tratto a sezione uniforme (calibrato), cui si fa riferimento per la prova, il provino presenta due estremità con sezione maggiorata per l'afferraggio alle ganasce della macchina di prova. In genere la prova (vedi Appendice A) si esegue imponendo a una estremità del provino uno spostamento relativo assiale rispetto all'altra estremità (quindi imponendo al provino un allungamento) a velocità predeterminata, e misurando e registrando la forza con cui il provino si oppone alla deformazione. Nella **Figura 7.2** è disegnato un provino in acciaio duttile, dopo rottura e riaccostamento delle due metà.

I risultati delle prove di trazione, e i diagrammi relativi, fanno sempre riferimento a grandezze specifiche: la forza è riferita alla sezione del tratto calibrato del provino (quindi si indica lo sforzo, σ, ossia la forza divisa per l'area iniziale della sezione A_0); l'allungamento viene riferito alla lunghezza del tratto di riferimento, che è interno al tratto calibrato del provino (quindi si indica la deformazione, ε, ossia l'allungamento diviso per la lunghezza iniziale).

Nella **Figura 7.3** sono riportate le curve ottenute da prove di questo tipo effettuate su materiali metallici molto differenti fra loro: dall'ottone all'acciaio bonificato. Sono evidenti le notevoli differenze di comportamento, sia riguardo al carico massimo sostenibile sia riguardo all'allungamento raggiunto alla rottura.

7.2.1 Risultati della prova di trazione

Analizziamo con maggiore dettaglio la prova di trazione, utilizzando come riferimento quella eseguita su un materiale molto diffuso, come l'acciaio a basso tenore di carbonio.

Il provino, realizzato con questo materiale in una delle forme della **Figura 7.1**, afferrato nelle due ganasce della macchina di prova, come illustrato nella **Figura 7.4**, è soggetto allo spostamento di un estremo rispetto all'altro (solidale al telaio, che chiude le forze); lo spostamento avviene a velocità controllata, in quanto la velocità di deformazione può influenzare il risultato della prova.

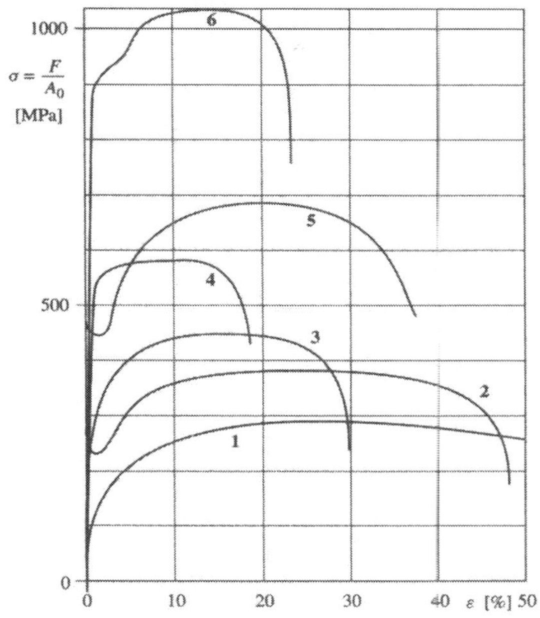

Figura 7.3 - Tipiche curve sforzo/allungamento ricavate da prove di trazione su differenti materiali metallici: (1) ottone; (2) acciaio a basso tenore di carbonio; (3) bronzo; (4) acciaio laminato a freddo; (5) acciaio a medio tenore di carbonio, ricotto; (6) lo stesso, ma bonificato.

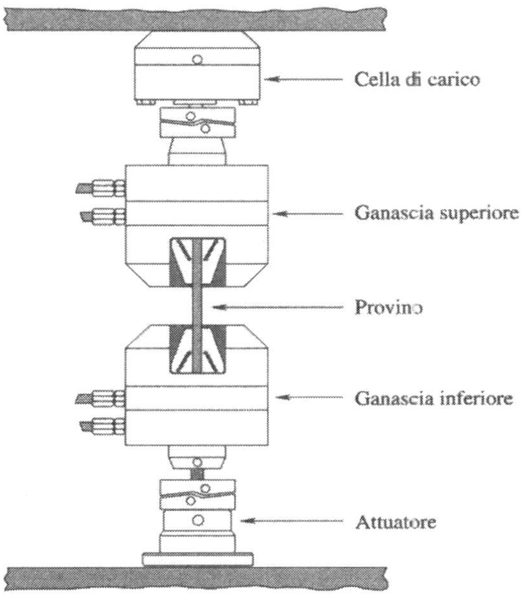

Figura 7.4 - Provino montato sulla macchina di prova (*fonte*: MTS).

La macchina è attrezzata con una cella di carico, per misurare la forza che il provino oppone alla deformazione, e con un estensometro, per misurare l'allungamento del tratto di riferimento del provino. Occorre osservare che questo allungamento, misurato sul tratto di riferimento del provino, è molto diverso dallo spostamento relativo delle due ganasce della macchina, che è influenzato fortemente dalla deformabilità del telaio, delle ganasce stesse e della parte di provino esterna al tratto calibrato di riferimento.

Le grandezze rilevate nel corso della prova sono quindi due: l'allungamento ΔL del tratto di riferimento del provino di lunghezza iniziale L_0, e la forza F che sollecita il provino. Ne derivano le due grandezze *nominali* che interessano:

$$\sigma = \frac{F}{A_0} \qquad \varepsilon = \frac{\Delta L}{L_0} \tag{7.1}$$

Le due grandezze σ (*sforzo* o *tensione*) e ε (*deformazione*) sono definite *nominali* o *ingegneristiche* perché si riferiscono alla *sezione iniziale* A_0 e alla *lunghezza iniziale* L_0 del tratto di riferimento del provino. Spesso la *deformazione* viene indicata in %:

$$\varepsilon = 100\frac{\Delta L}{L_0} \tag{7.2}$$

In realtà, come è intuitivo pensare, la *sezione attuale A* del provino diminuisce man mano che lo stesso si allunga per effetto della deformazione imposta: occorrerebbe quindi, a rigore, riferirsi allo *sforzo vero* definito come:

$$\sigma = \frac{F}{A} \tag{7.3}$$

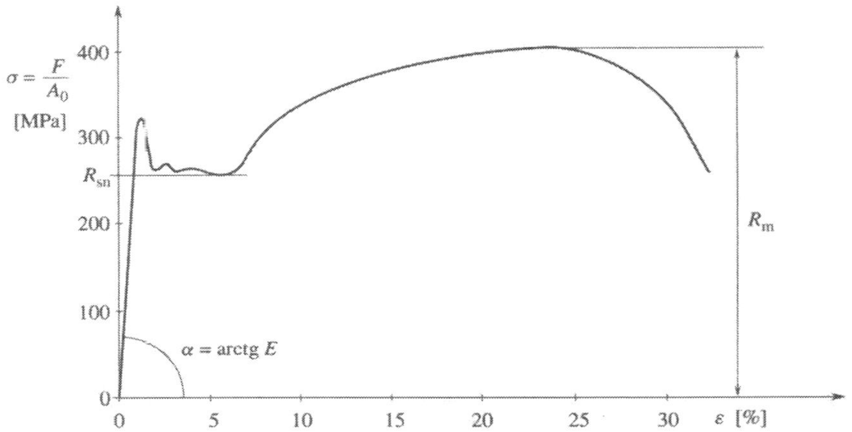

Figura 7.5 - Diagramma;diagramma fig tipico della prova di trazione di un acciaio a basso tenore di carbonio, e principali caratteristiche meccaniche che se ne ricavano: carico di snervamento marcato R_{sn}, carico di rottura R_m, modulo elastico E rappresentato dalla pendenza del tratto lineare (la cui ampiezza è esagerata per motivi di chiarezza).

La differenza è piccola nel campo di deformazioni che interessano la maggior parte dei problemi di dimensionamento e verifica (deformazioni inferiori allo 0,2-0,3%), ma può essere importante per altri tipi di problemi, che coinvolgono le grandi de-

formazioni (per esempio, i processi di stampaggio e di deformazione in campo plastico).
Analogamente, per quanto riguarda la deformazione, ci si può riferire alla *lunghezza attuale* L del tratto di riferimento del provino invece che a quella *iniziale* L_0; la definizione diventa la seguente:

$$\varepsilon = \int_{L_0}^{L} \frac{dL}{L} = \ln \frac{L}{L_0} \qquad (7.4)$$

La ε così definita prende il nome di *deformazione* naturale. La differenza con quella ingegneristica inizia a essere sensibile per valori dell'ordine di $\varepsilon = 0{,}4\%$. Ci riferiremo d'ora in avanti sempre e solo alle grandezze nominali o ingegneristiche. Dalla prova così effettuata su un acciaio a basso tenore di carbonio si ricava un diagramma σ-ε del tipo riportato nella **Figura 7.5**. Questo diagramma consente di definire diverse caratteristiche meccaniche e di misurarne il valore.

7.2.2 Campo di proporzionalità e modulo elastico

Il *tratto iniziale* presenta una sensibile linearità, ossia una proporzionalità fra forza e allungamento: in questo campo il provino ha anche un comportamento reversibile (rimuovendo l'azione esterna ritorna alle dimensioni iniziali) e la caratteristica meccanica che caratterizza questo tratto è l'inclinazione K della curva (in questo caso un segmento di retta) rispetto all'ascissa, che corrisponde alla proporzionalità tra forza e allungamento

$$F = K\Delta L \qquad (7.5)$$

che, con riferimento alle grandezze nominali sopra definite, diventa:

$$\sigma = E\varepsilon \qquad (7.6)$$

ossia il legame sforzi-deformazioni in campo lineare. La grandezza E si chiama *modulo elastico longitudinale* o *di Young*, e rappresenta il legame tra sforzi e deformazioni nello stato di sforzo monoassiale.

Materiali con elevati valori di E presentano, a parità di sforzo, deformazioni minori. Per esempio, gli acciai hanno valori di E intorno a 190 000-210 000 MPa, le poliammidi non rinforzate intorno a 1000-2000 MPa, quelle rinforzate raggiungono e superano i 10 000 MPa, le leghe di titanio hanno valori che si aggirano sui 100 000 MPa.

Alcuni materiali (per esempio le leghe di alluminio e i materiali polimerici) non presentano linearità; in questo caso il modulo elastico tangenziale E non è costante, ma è funzione della deformazione ($E = E(\varepsilon)$), e deve essere definito in base alla deformazione stessa.

Per molti materiali il modulo elastico utilizzato è quello *tangente nell'origine*. Si possono definire anche il modulo elastico *secante*, relativo al segmento che collega l'origine a un punto determinato della curva, oppure quello *tangente*, relativo a segmenti tangenti alla curva, oppure ancora quello *cordale*, che si riferisce a un tratto di curva compreso fra due valori di ε; naturalmente E in questi casi è funzione di ε. Nella **Figura 7.6** sono illustrate queste definizioni.

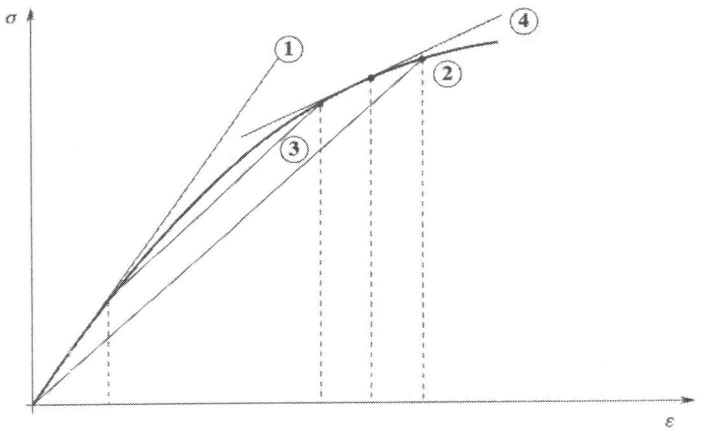

Figura 7.6 - Definizioni diverse del modulo elastico: tangente nell'origine (1), secante (2), cordale (3), tangente (4).

Si definisce *elastico* il comportamento di un materiale che allo scarico, ossia dopo aver rimosso l'azione esterna, ripercorre lo stesso legame forza-allungamento (ossia la stessa curva sul diagramma della **Figura 7.6**); non necessariamente questa curva, nel tratto *elastico*, è una retta, anche se lo è per molti materiali di interesse applicativo.

L'*elasticità* è quindi la caratteristica di un materiale che, allo scarico, segue la stessa legge sforzo-deformazione seguita nella fase di carico; è implicito il fatto che, rimosso il carico, il materiale ritorni alle dimensioni iniziali senza deformazioni permanenti. Il *limite elastico*, cioè il carico oltre il quale cessa il comportamento elastico (e il materiale segue allo scarico una curva differente con isteresi), e il *limite di proporzionalità*, cioè il carico oltre il quale cessa il comportamento lineare, nella pratica sono limiti quasi coincidenti per molti materiali.

7.2.3 Snervamento e rinforzamento

Parecchi materiali (fra questi l'acciaio a basso tenore di carbonio che è stato preso come esempio), raggiunto un determinato livello di deformazione e quindi di sforzo, presentano, in modo più o meno marcato, il fenomeno dello *snervamento*. Da un punto di vista fenomenologico ciò corrisponde al proseguire della deformazione (che diventa molto elevata in rapporto a quella raggiunta al termine del tratto di linearità) con carico pressoché costante o solo lievemente crescente.

Altri materiali non presentano questo passaggio in maniera netta; altri ancora hanno un legame sforzi-deformazioni sempre curvilineo, senza un apprezzabile tratto lineare iniziale. Infine, il vetro e taluni ceramici, cioè i materiali fragili, non presentano del tutto questo fenomeno e mostrano un andamento lineare del legame sforzi-deformazioni fino alla rottura.

Al fenomeno dello snervamento, che in pratica separa il campo delle piccole deformazioni, spesso in regime di proporzionalità, da quello delle grandi deformazioni, si associa un'importante caratteristica meccanica detta *carico unitario di snervamento*. Questo valore, chiamato R_{sn} (o, anche, σ_{sn}), si ricava direttamente dal diagramma quando è evidente e marcato (come nel caso dell'acciaio a basso tenore di carbonio preso come esempio).

Quando invece non c'è un passaggio evidente fra le due fasi, lo snervamento è definito convenzionalmente con riferimento a una deformazione residua prefissata (spesso $\varepsilon = 0{,}002$, ossia lo 0,2%), e viene chiamato $R_{p0,2}$. Nella **Figura 7.7** viene mostrato il significato di entrambe le definizioni, cioè per un materiale che presenta snervamento marcato ("superiore" e "inferiore": si utilizza in genere quello inferiore) e per uno che non lo presenta (per questo materiale si definisce lo snervamento convenzionale).

Se si sollecita oltre lo snervamento il provino di riferimento e poi si rimuove il carico, il provino non ritorna più nelle condizioni iniziali alle quali sarebbe ritornato se la sollecitazione fosse rimasta entro il campo elastico; la curva di scarico, indicata nella **Figura 7.8**, corre parallela al tratto di proporzionalità e incontra l'ascissa per un valore di deformazione diverso da zero. Questa deformazione (che è minore di quella alla quale è stato rimosso il carico, perché la parte elastica è stata recuperata durante lo scarico) è permanente e viene detta *deformazione plastica*. Nella figura sono messe in evidenza le componenti elastica e plastica della deformazione totale del provino.

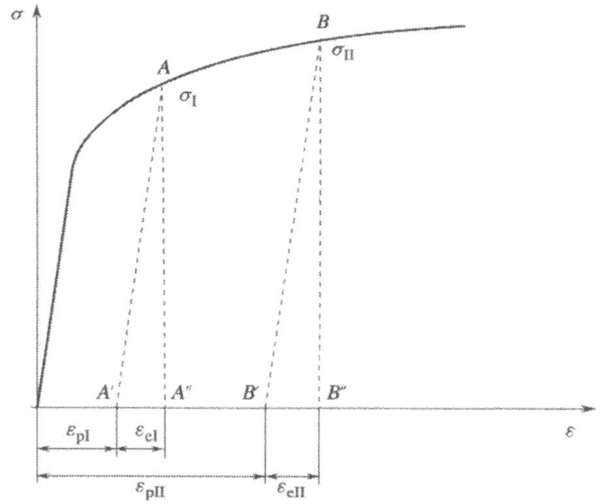

Figura 7.7 - Snervamento marcato R_{sn} (a sinistra) e carico unitario di snervamento convenzionale $R_{p0,2}$ per $\epsilon = 0{,}2\%$.

Terminato il tratto elastico e iniziato lo snervamento, il materiale può mostrare o meno il fenomeno del *rinforzamento*. Il rinforzamento consiste nella ripresa di resistenza dopo lo snervamento e differenzia il comportamento dei materiali che, come l'acciaio preso come esempio, arrivati a snervamento non accettano più incrementi di carico se non dopo un'ampia fase di snervamento, quindi con grandi deformazioni, da quelli che subito dopo lo snervamento accettano incrementi di carico. Nella **Figura 7.9** sono mostrate le curve di un materiale con rinforzamento e di uno senza.

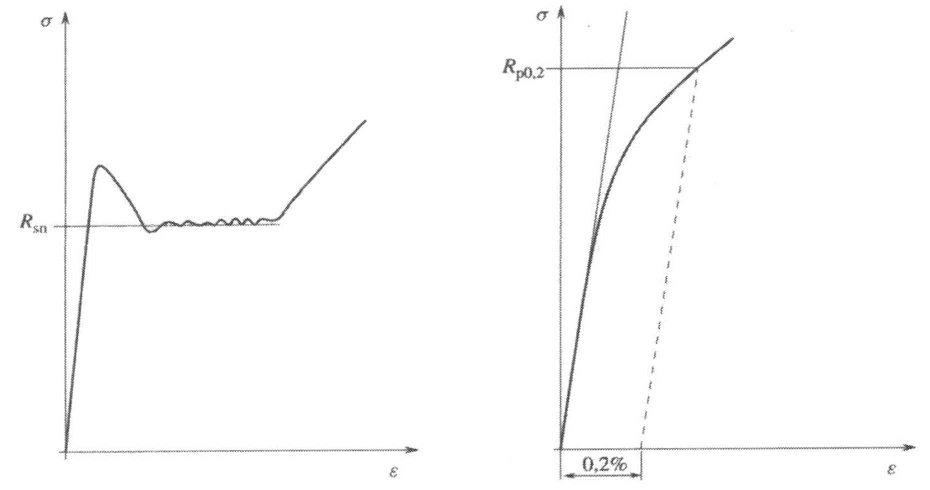

Figura 7.8 - Scarico di un provino sollecitato oltre lo snervamento e componenti elastica ε_e e plastica ε_p della deformazione totale.

7.2.4 Grandi deformazioni e rottura

La parte finale della prova porta il provino alla rottura, che può avvenire con deformazione elevata (dell'ordine del 30-40% e più) o limitata (pochi %) a seconda del tipo di materiale. I materiali che presentano elevate deformazioni si dicono *duttili*; quelli che hanno limitate deformazioni, *fragili*. Una frontiera spesso utilizzata per distinguere i due comportamenti è il 5% di allungamento a rottura.

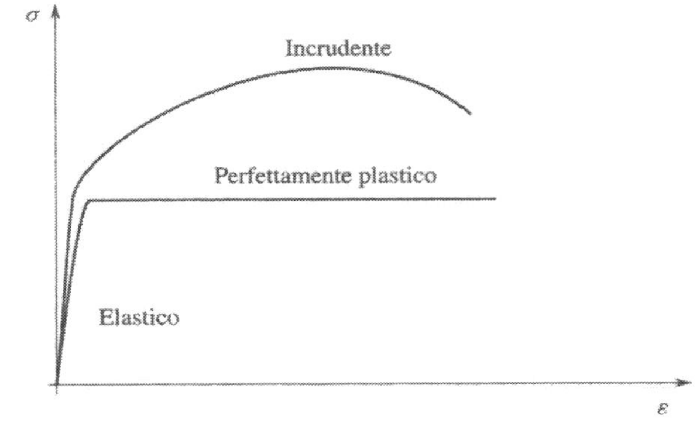

Figura 7.9 - Materiali con e senza rinforzamento dopo lo snervamento.

Quando la rottura avviene con deformazioni importanti (materiali duttili), all'allungamento del provino si associa una sensibile riduzione della sezione nella zona in cui si verifica la rottura (fenomeno detto *strizione*). È evidente che, in queste condizioni, a causa della forte riduzione della sezione più debole, lo sforzo nominale σ riferito alla sezione iniziale non è più un indicatore attendibile dello sforzo effettivo nella sezione di rottura, che sarà molto più elevato (in realtà questa differenza esiste fin dall'inizio della prova, ma diventa importante solo quando la sezione si riduce sensibilmente). Lo sforzo effettivo, rapporto fra forza applicata F e sezione effettiva A, è difficile da misurare: occorrerebbe infatti rilevare anche la contrazione diametrale del provino nella sezione di rottura, la cui posizione non è nota a priori; tutto sommato, nella maggioranza dei casi, l'utilizzo dei risultati di queste misure non è di grande utilità.

Di conseguenza si fa riferimento, fino al termine della prova, alle grandezze nominali e si definiscono:

- *carico unitario* di rottura R_m: rapporto tra forza massima F_m e sezione iniziale A_0;
- allungamento percentuale dopo rottura A: rapporto fra l'allungamento del provino $L_u - L_0$, misurato riaccostando dopo rottura le due metà (la parte elastica dell'allungamento è stata recuperata), e la lunghezza iniziale del tratto di riferimento L_0 (vedi **Figura 7.1**);
- *coefficiente percentuale di strizione* di strizione Z: rapporto fra la diminuzione di area della sezione;strizione, coefficiente percentuale di di rottura $(S_0 - S_u)$ e la sezione iniziale S_0.

$$R_m = \frac{F_m}{A_0}$$
$$A = \frac{L_u - L_0}{L_0} 100 \qquad (7.7)$$
$$Z = \frac{S_0 - S_u}{S_0} 100$$

Per quanto riguarda A, affinché i risultati siano comparabili, occorre che il rapporto fra lunghezza del tratto utile e sezione del provino rispetti quanto prescritto dalle norme.

7.2.5 Coefficiente di Poisson e variazione di volume

Nella fase elastica è intuitivo pensare che, aumentando la deformazione e quindi lo sforzo, il provino subisca un aumento di volume. Questa variazione di volume è più o meno pronunciata a seconda del materiale in prova. Invece, nel tratto plastico questa variazione può arrivare ad annullarsi, fino al verificarsi del fenomeno della plasticizzazione a *volume costante*.

L'indicatore di questo fenomeno è il rapporto tra la deformazione trasversale del provino ε_t (misurata per esempio sulla base della variazione del diametro se ha sezione circolare, della lunghezza di un lato se ha sezione prismatica) e la deformazione longitudinale ε, e viene *rapporto di deformazione trasversale* o *coefficiente di Poisson*:

$$\nu = -\frac{\varepsilon_t}{\varepsilon} \qquad (7.8)$$

il segno meno rende positivo il valore di ν, (ε_t ha segno contrario a ε). Per molti materiali in campo elastico i valori del coefficiente di Poisson oscillano fra 0,28 e 0,33. Per gli acciai normalmente $\nu = 0{,}3$.

In campo plastico, invece, il fenomeno avviene a volume costante o quasi costante. È facile dimostrare che alla deformazione a volume costante corrisponde $\nu = 0{,}5$. Infatti, posto $V = \frac{\pi d^2 l}{4}$ il volume del provino supposto cilindrico a sezione circolare, se le deformazioni sono piccole (come è il nostro caso) si ha la seguente variazione di volume:

$$\Delta V = \Delta\left(\frac{\pi d^2}{4}\right) l + \frac{\pi d^2}{4}\Delta l = \frac{2\pi d}{4}\Delta d\, l + \frac{\pi d^2}{4}\Delta l = \frac{\pi d^2 l}{4}(2\varepsilon_t + \varepsilon) \tag{7.9}$$

$$\Delta V = V\varepsilon(-2\nu + 1)$$

Se il volume resta costante $\Delta V = 0$ e quindi deve essere $\nu = 0{,}5$.

7.2.6 Schemi ideali

Per gli scopi ingegneristici occorre spesso schematizzare la risposta dei materiali alla prova di trazione; si utilizzano quindi schemi ideali, o modelli, che sono di agevole applicazione nel calcolo e che, nella grande maggioranza dei casi, consentono di riprodurre, con sufficiente precisione, il comportamento del materiale nel campo dei valori di sforzo e deformazione che interessano per la progettazione.

I modelli più semplici, che schematizzano il comportamento a trazione dei materiali visti nei paragrafi precedenti, sono i seguenti (**Figura 7.10**):

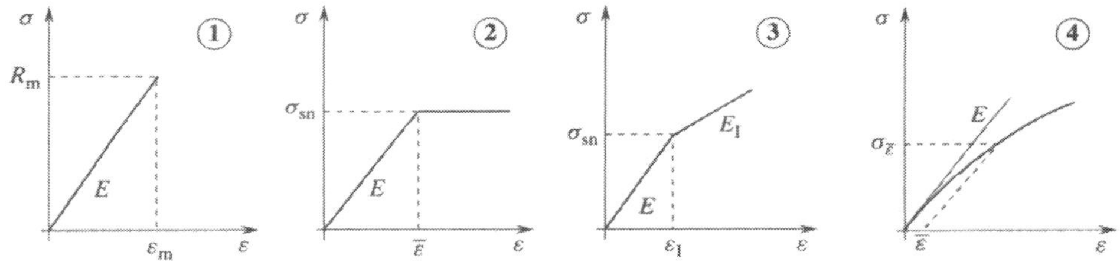

Figura 7.10 - Schemi ideali di materiali;materiali, schemi ideali di (1) perfettamente fragili; (2) elasto-perfettamente plastico; (3) lineare con incrudimento lineare, (4) curvilineo (elastico o plastico).

1. materiali *perfettamente fragili*: sono materiali (quali per esempio il vetro o alcuni ceramici) che presentano una risposta praticamente lineare dall'origine alla rottura; lo schema ideale comprende quindi una relazione sforzi-deformazioni lineare fino alla rottura. I parametri che individuano questo modello sono due: il modulo elastico E e lo sforzo alla rottura R_m;
2. materiali con *comportamento elasto-perfettamente plastico*: sono i materiali con comportamento elasto-perfettamente plastico (per esempio gli acciai a basso tenore di carbonio) che mostrano un tratto sensibilmente lineare e un passaggio marcato alla fase plastica (snervamento molto marcato); lo schema prevede quindi un tratto lineare fino allo snervamento e un tratto orizzontale, che corrisponde al tratto perfettamente plastico, fino alle grandi deformazioni; il tratto successivo, con ripresa del carico, che si osserva spesso in taluni materiali, non interessa perché, in genere, non corrisponde a un campo di applicazioni pratiche, quindi il modello si limita a queste due fasi; i parametri che individuano il modello sono il modulo elastico E e lo sforzo di snervamento σ_{sn} (ne consegue la deformazione $\bar{\varepsilon} = \sigma_{sn}/E$);
3. materiali con *rinforzamento* dopo lo snervamento: il modello prevede due tratti rettilinei, il primo fino allo snervamento e il secondo, dopo lo snervamento, che schematizza l'incrudimento, con pendenza più bassa; i parametri che definiscono

il modello sono il modulo elastico E, lo sforzo di snervamento σ_{sn} e il modulo E_I del tratto plastico con rinforzamento;

4. materiali con *legame curvilineo*, che può essere elastico o plastico: per esempio, materiali con le poliammidi, il rame e alcuni, materiali con acciai che fin dall'inizio non presentano un tratto rettilineo del legame sforzi-deformazioni; in questo caso occorre interpolare il tracciato sperimentale con una curva, che può essere un polinomio o una curva esponenziale del tipo $\sigma = A\varepsilon^b$; i parametri sono quindi il modulo elastico E nell'origine, il carico unitario di snervamento convenzionale (per esempio, $R_{p0,2}$), i parametri del polinomio o dell'esponenziale (A e b) che consentono di ricavare analiticamente i moduli elastici tangente nell'origine, tangente, secante o cordale.

Altri modelli più complessi possono essere sviluppati combinando questi modelli semplici.

7.2.7 Sollecitazione limite, sollecitazione ammissibile, coefficiente di sicurezza a trazione

Dalla semplice prova di trazione si ricavano diversi indicatori della capacità del materiale di opporsi alle azioni esterne: il carico unitario di snervamento R_{sn} o $R_{p0,2}$ (che nella pratica comprende sia il limite di elasticità sia quello di proporzionalità), il carico unitario massimo R_m detto, impropriamente, carico di rottura, nonché il modulo elastico longitudinale o di Young E, che individua la relazione tra sforzi e deformazioni in condizioni di sforzo monoassiale. È abbastanza logico utilizzare questi parametri per fissare i *limiti* di utilizzo del materiale nelle applicazioni ove sia soggetto ad azioni esterne semplici, corrispondenti a quelle della prova di trazione.

Sono necessarie alcune definizioni:

- *sollecitazione limite* σ_{lim}: rappresenta il valore di σ a cui si verifica un dato fenomeno fisico nel materiale (per esempio, superamento della proporzionalità, snervamento, rottura);
- *coefficiente di sicurezza* η: è un parametro, il cui valore deve essere deciso dal progettista, che tiene conto delle incertezze sulle caratteristiche del materiale e sulla determinazione dei carichi agenti, delle approssimazioni nei metodi di calcolo utilizzati e di altri aspetti ancora (per esempio, la sicurezza delle persone); le normative danno indicazioni per la scelta del valore di η, che è compreso fra 1,2 e 10 a seconda del materiale e dell'impiego;
- *sollecitazione ammissibile* σ_{amm}: rappresenta lo sforzo che il progettista *ammette* come valore massimo raggiungibile, in relazione al fenomeno fisico che non deve verificarsi e tenendo conto del *coefficiente di sicurezza* scelto.

Quindi la relazione di verifica di tipo generale è la seguente:

$$\sigma_{max} \leq \sigma_{amm} = \frac{\sigma_{lim}}{\eta} \tag{7.10}$$

Per esempio, se si vuole evitare che il materiale raggiunga lo snervamento, la sollecitazione ammissibile sarà pari alla sollecitazione limite (in questo caso quella di snervamento) divisa per il valore scelto di η.

È importante osservare che allo stesso fenomeno fisico, che si desidera non si verifichi per una data struttura costruita con un dato materiale (per esempio, lo snervamento), possono corrispondere valori differenti della sollecitazione ammissibile (e di conseguenza diverse dimensioni della struttura stessa) in relazione al valore di η, ossia in relazione alle incertezze sui carichi agenti e sui metodi di calcolo utilizzati, all'attendibilità dei dati sul materiale, all'importanza della struttura per la sicurezza delle persone.

Nella **Tabella 7.2** sono riportati alcuni valori tipici dei coefficienti di sicurezza in relazione ai materiali.

Tabella 7.2 - Coefficienti di sicurezza per sollecitazione statica.

Materiale	Coefficiente di sicurezza a snervamento	Coefficiente di sicurezza a rottura
acciai	1.2 – 2.5	2.3 – 4.2
ghise	//	7.0 – 9.0

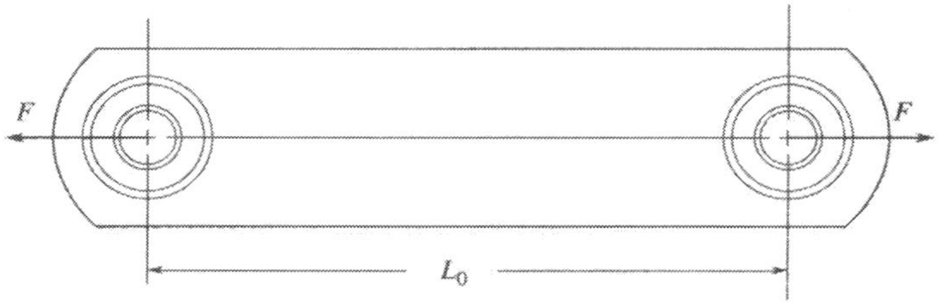

Figura 7.11 - Tirante a sezione rettangolare.

Esempio svolto 7.1

Dimensionamento di un tirante

Si deve, esempio realizzare un tirante che svolga la funzione di opporsi a una forza statica F nota, allungandosi (in modo puramente elastico) meno di un valore prefissato; nella **Figura 7.11** è rappresentato un tirante di questo genere.

Dal punto di vista dell'analisi delle strutture, un tirante di questo tipo, vincolato con due cerniere, è schematizzabile come una biella tesa; è soggetto solo a trazione. È quindi sollecitato esattamente nello stesso modo del provino nella prova di trazione (si prescinde qui dagli afferraggi del tirante, che avranno la forma necessaria a realizzare il vincolo di cerniera e a trasmettere la forza e per i quali valgono considerazioni differenti a causa del diverso stato di sforzo).

Poiché il fenomeno fisico che si vuole evitare nel materiale del tirante è lo snervamento, occorre porre come sollecitazione limite del materiale $\sigma_{\lim} = \sigma_{\mathrm{sn}}$. È anche opportuno (seppure non indispensabile) scegliere un materiale che manifesti un comportamento, oltre che elastico, anche lineare (o sensibilmente lineare) fino a questo valore della sollecitazione.

La sollecitazione del tirante, che ha sezione uniforme di area A ed è soggetto alla forza F, vale evidentemente:

$$\sigma_{\max} = \frac{F}{A} \tag{7.11}$$

mentre l'allungamento, dalla lunghezza iniziale L_0, sotto l'azione di questo carico vale

$$\Delta L = \varepsilon L_0 = \frac{\sigma}{E} L_0 = \frac{F L_0}{A E} \tag{7.12}$$

Per dimensionare il tirante occorre scegliere il materiale e conoscerne le due caratteristiche meccaniche necessarie (σ_{sn} ed E), non prima però di aver definito l'appropriato valore per il coefficiente di sicurezza η. Il dimensionamento deriva dalla seguente disequazione:

$$\sigma_{max} \leq \sigma_{amm} = \frac{\sigma_{lim}}{\eta} \tag{7.13}$$

che in questo caso, ponendo l'uguaglianza e avendo scelto come limite lo snervamento, diventa:

$$\sigma_{max} = \frac{F}{A} = \sigma_{amm} = \frac{\sigma_{sn}}{\eta} \tag{7.14}$$

da cui si ricava la dimensione che deve avere la sezione del tirante:

$$A = \frac{F}{\sigma_{amm}} = \frac{F\eta}{\sigma_{sn}} \tag{7.15}$$

Siano $F = 20\,000\ N$, $L = 2500$ mm e l'allungamento sotto carico debba essere contenuto in 5 mm; si scelga $\eta = 1{,}5$ dopo aver valutato le approssimazioni, le incertezze e la pericolosità della struttura; si può pensare di utilizzare un acciaio legato come il 38NiCrMo3 bonificato che presenta $R_{p0,2} = 600$ MPa ed $E = 206\,000$ MPa; ne consegue quindi:

$$\sigma_{amm} = \frac{\sigma_{lim}}{\eta} = \frac{600}{1{,}5} = 400 \text{ MPa}$$

$$A = \frac{20\,000}{400} = 50 \text{ mm}^2$$

che può essere realizzata con un tondo di diametro $d = 8$ mm o da un quadro 7,1 × 7,1 mm o da un rettangolo 10 × 5 mm. L'allungamento vale:

$$\Delta L = \varepsilon L_0 = \frac{\sigma_{max}}{E} L_0 = \frac{20\,000 \cdot 2500}{50 \cdot 206\,000} = 4{,}9 \text{ mm}$$

Se avessimo scelto la poliammide rinforzata con fibra vetro ($\sigma_{sn} = 80$ MPa, $E = 10\,000$ MPa) il tirante avrebbe avuto $A = 375$ mm^2 ($d = 22$ mm) e $\Delta L = 13$ mm, largamente superiore al valore prescritto. Questo materiale non consentirebbe, quindi, di realizzare un tirante che rispecchi le specifiche date.

7.3 Prova di compressione

Comportamento monotono a compressione

In una prova di compressione monoassiale su provini vergini (mai sollecitati prima) non tutti i materiali mostrano un comportamento simmetrico a quello di trazione. Ad esempio molti materiali fragili mostrano una resistenza a compressione superiore a quella di trazione.

La gran parte degli acciai comunque mostra comportamento a compressione sostanzialmente simmetrico, come illustrato dalla figura che mostra in modo comparativo una prova di trazione e una di compressione di un acciaio comune.

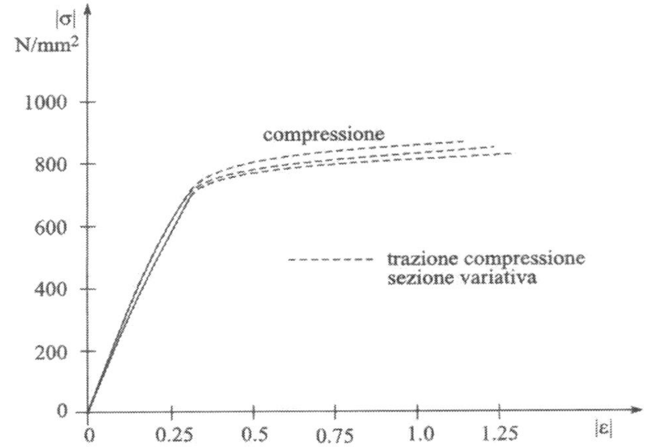

Figura 7.12 - Prova **monotana** di **compressione** monoassiale su un acciaio.

In generale però prove effettuate su provini già sollecitati prima oltre il limite di snervamento indicano che nel materiale restano le tracce della storia di carico precedente che può manifestarsi in una dissimetria trazione-compressione, in un accumulo di tensioni residue e talora di danneggiamento.

7.4 Principali caratteristiche meccaniche dei materiali per uso ingegneristico

I materiali per uso ingegneristico per uso ingegneristico, cioè i materiali utilizzabili per costruire organi, componenti e strutture soggette a sollecitazioni di entità non trascurabile, sono moltissimi e in continua evoluzione.

Una classificazione di maggiore dettazglio rispetto a quella indicata all'inizio del capitolo è la seguente, proposta da Ashby:

1. *metalli e leghe metalliche*: acciai, ghise, leghe di titanio, di rame, di magnesio, di nichel ecc.;
2. *polimeri per uso ingegneristico*: termoplastici, termoindurenti, resine epossidiche ecc.;
3. *ceramici "fini" per uso ingegneristico*: allumina, zirconio, carburo di silicio ecc.;
4. *compositi per uso ingegneristico*: polimeri rinforzati con fibre di carbonio, di vetro o di kevlar ecc.;
5. *ceramici porosi tradizionali*: mattoni, cemento, rocce, porcellana ecc.;
6. *vetro*: a base di borosilicati, silice ecc.;
7. *legno*: balsa, pino, quercia ecc.;
8. *elastomeri*: gomme naturali e sintetiche, poliuretano ecc.;
9. *schiume di polimeri*: schiume ed espansi a base di poliesteri, poliuretano ecc.

Per apprezzare in maniera comparativa le caratteristiche meccaniche delle diverse classi di materiali sono utili le tavole sinottiche, o mappe che mettono in relazione due caratteristiche (per esempio, la massa volumica e il carico di rottura oppure il modulo elastico). In questo modo è possibile apprezzare comparativamente le caratteristiche di ogni classe e, all'interno di ogni classe, di ogni tipo di materiale.

Per conoscere i dati specifici di ogni singolo materiale occorre poi riferirsi alle normative o alle indicazioni del produttore.
Nella **Figura 7.13** e **Figura 7.14** sono riportate due mappe: nella prima le caratteristiche in ascissa e ordinata sono la massa volumica e il modulo di elasticità tangenziale; nella seconda, a pari ascissa, è indicata in ordinata la resistenza statica (che può essere il carico di rottura o di snervamento a seconda delmateriale).

Nella Tabella 1.2 sono riportati, per differenti materiali, i valori di alcune caratteristiche meccaniche e proprietà fisiche.

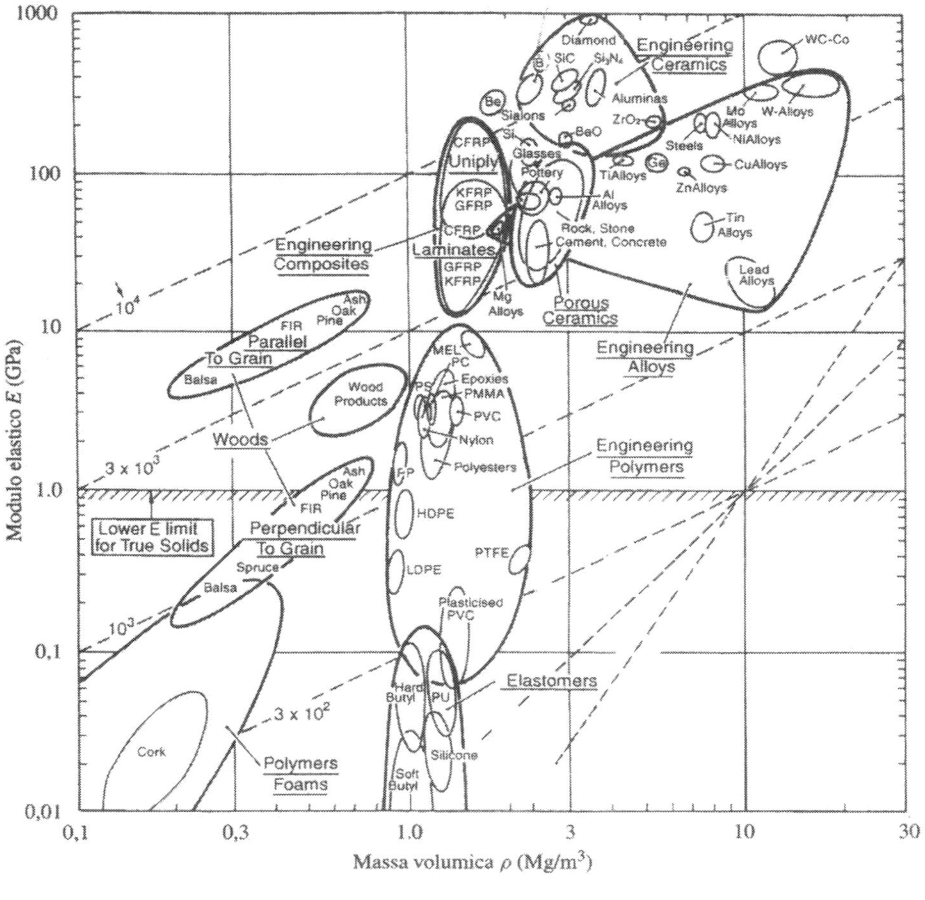

Figura 7.13 - Mappa ripresa da Ashby (1999) con massa volumica in ascissa e modulo elastico in ordinata.

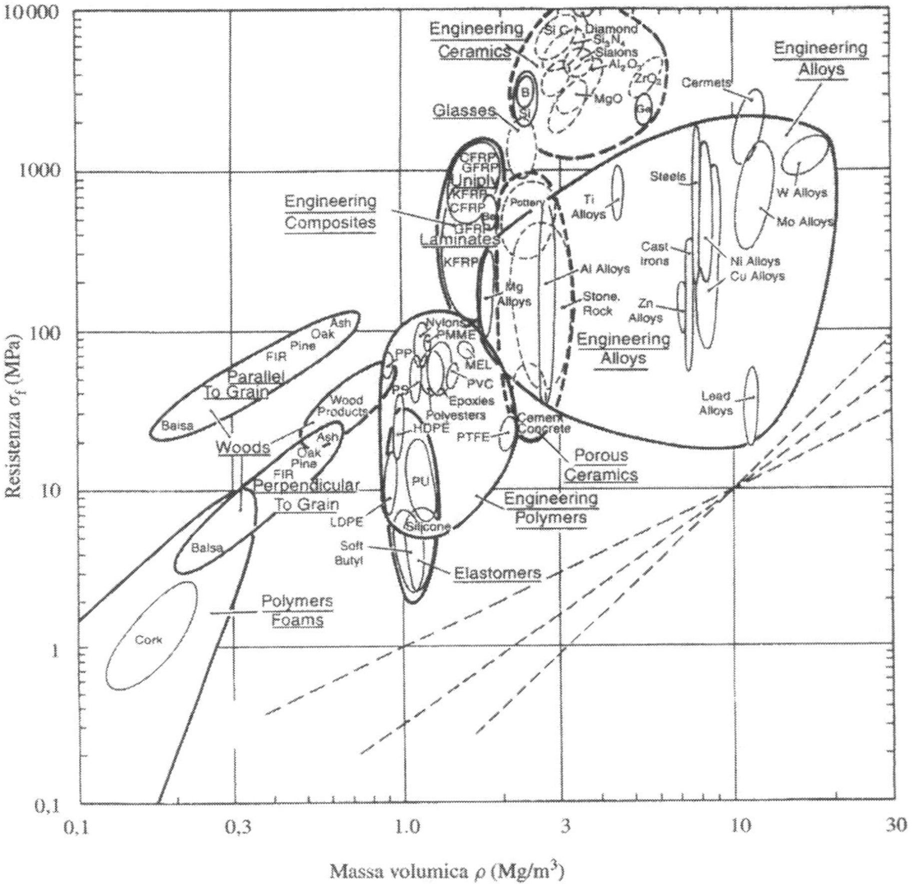

Figura 7.14 - Mappa ripresa da Ashby (1999) con massa volumica in ascissa e resistenza in ordinata.

Esercizi

7.1 Si consideri il telaio piano rappresentato nella **Figura 7.15**, soggetto al carico q distribuito uniformemente lungo la traversa F-G. Le travi costituenti il telaio siano realizzate in acciaio Fe510 (modulo elastico $E = 206\,000$ MPa, carico unitario di rottura $R_m = 510$ MPa, carico unitario di snervamento $R_{sn} = 355$ MPa), siano del tipo *HEA* 100 ad ali larghe parallele (Figura 1.20) e il telaio sia vincolato a terra mediante cerniere ai nodi E, H. Fissate le lunghezze l_1 e l_2 delle travi che compongono il telaio determinare il valore del carico q per il quale la trave verticale EF risulti verificata con un coefficiente di sicurezza minimo $\eta = 1{,}5$. Ricavare l'allungamento della trave EF.

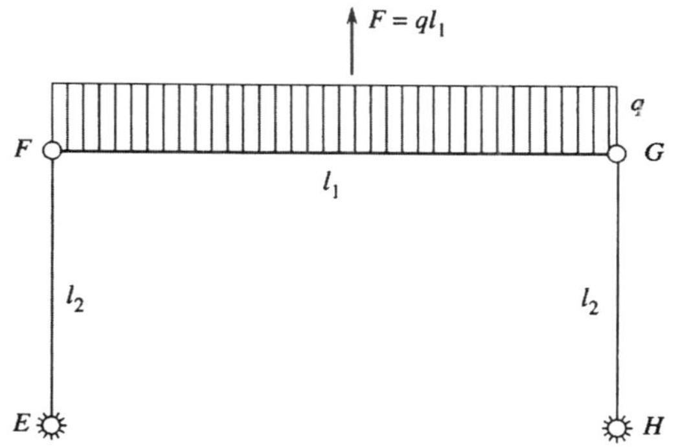

Figura 7.15 Telaio piano soggetto al carico q uniformemente distribuito e vincolato mediante cerniere ai nodi E, H.

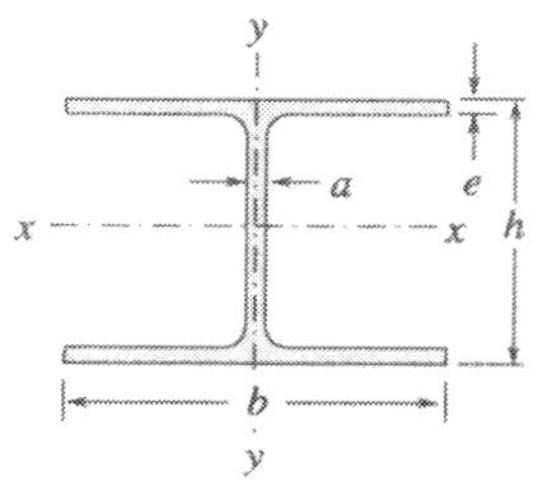

$h = 96$ mm
$b = 100$ mm
$a = 5$ mm
$e = 8$ mm
$r = 12$ mm

A (sezione della trave) $= 2120$ mm^2
I_x (momento di inerzia rispetto all'asse x) $= 3\,490\,000$ mm^4
I_y (momento di inerzia rispetto all'asse y) $= 1\,340\,000$ mm^4

Figura 7.16 Caratteristiche geometriche e inerziali della trave ad ali larghe parallele *HEA* 100 (UNI 5397).

Dati: $l_1 = 1000$ mm $\quad l_2 = 500$ mm

7.2 Determinare l'allungamento δ dell'asta in acciaio riportata nella **Figura 7.17** sottoposta ai carichi dati ($E = 200\,000$ MPa).

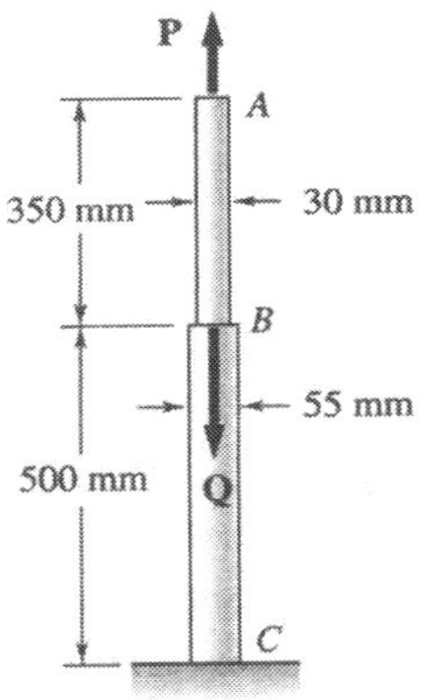

Figura 7.17

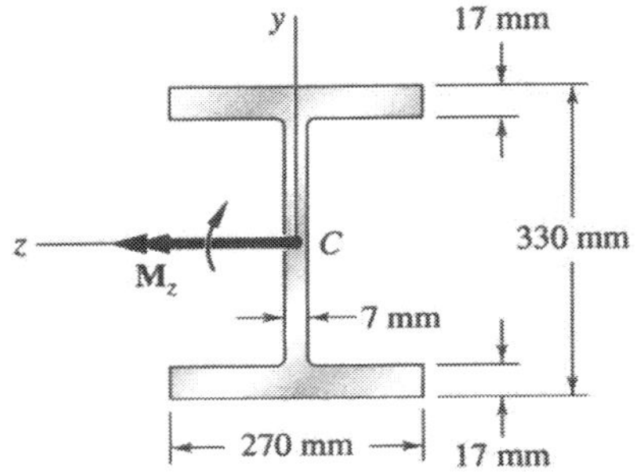

Figura 7.18

7.3 L'elemento strutturale di un sistema meccanico è realizzato in alluminio, è a sezione circolare cava ed è lungo 1300 mm. Per assicurare il corretto funzionamento del sistema meccanico l'elemento strutturale non deve allungarsi più di 1,25 mm. Dato il modulo di elasticità longitudinale $E = 70\,000$ MPa, determinare l'area minima della sezione dell'elemento strutturale quando viene applicato un carico pari a 400 kN. Dato lo sforzo di snervamento del materiale del tubo, pari a 100 MPa, valutare il carico massimo sopportabile dall'elemento strutturale e verificare se è necessario sostituire il materiale (con uno avente carico unitario di snervamento superiore) nel caso di allungamento pari 1,25 mm.

7.4 La trave a doppio T rappresentata nella **Figura 7.18** è realizzata in acciaio inossidabile ($E = 200\,000$ MPa, $R_m = 430$ MPa, $R_{sn} = 340$ MPa). Determinare il massimo momento M_z che può essere applicato alla trave. Si utilizzi un coefficiente di sicurezza $\eta = 1,5$ e si trascuri l'effetto della presenza dei raccordi.

7.5 Risolvere l'esercizio precedente ipotizzando che la trave sia inflessa attorno all'asse y.

7.6 Determinare il massimo momento applicabile a ciascuno dei due tubi riportati nella Figura 1.23 ipotizzando che la tensione ammissibile del materiale sia pari a 200 MPa.

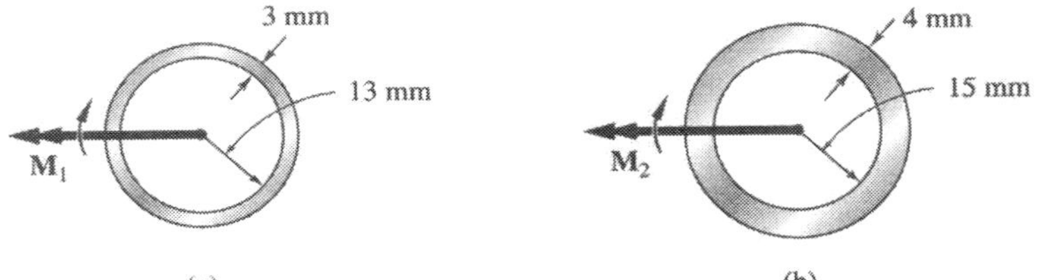

Figura 7.19

7.7 Data la trave a sezione rettangolare cava, rappresentata nella Figura 1.24, realizzata in acciaio inossidabile (con modulo elastico $E = 200\,000$ MPa, carico unitario di rottura $R_m = 430$ MPa, carico unitario di snervamento $R_{sn} = 340$ MPa), determinare il momento di prima plasticizzazione quando la trave è inflessa attorno all'asse z. Si ipotizzi un comportamento del materiale elastico perfettamente plastico.

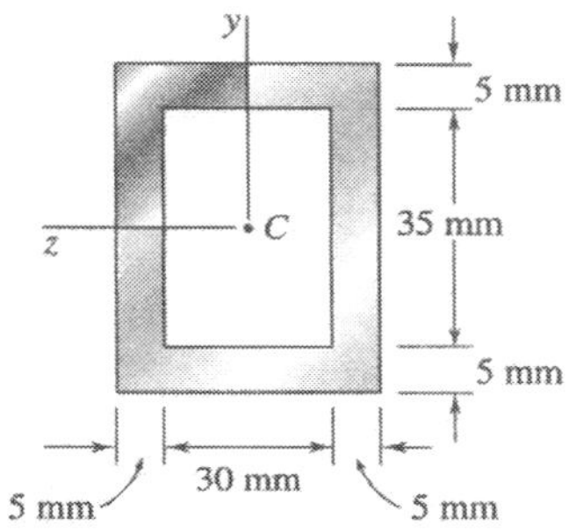

Figura 7.20

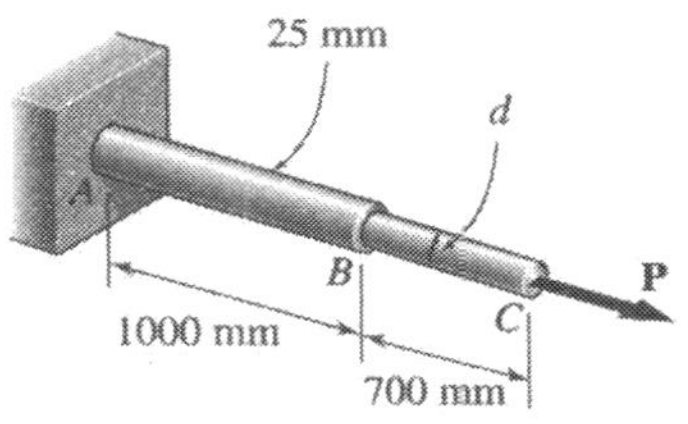

Figura 7.21

7.8 Un carico assiale $P = 70$ kN è applicato all'estremità C dell'elemento strutturale ABC riportato nella Figura 1.25. L'elemento è realizzato in ottone e ha modulo elastico pari a $E = 105\,000$ MPa. Determinare il diametro d della porzione BC per il quale lo spostamento del punto C sarà 3,5 mm.

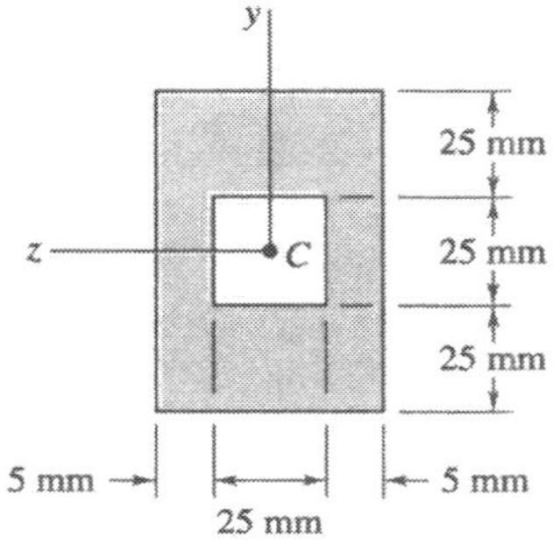

Figura 7.22

7.9 Un cavo in accaio (con modulo elastico $E = 206\,000$ MPa) è soggetto a una forza di trazione pari a $F = 10\,000$ N. Sapendo che la lunghezza del filo aumenta dello 0,7%, quando viene applicata la forza F, determinare il diametro del filo.

8 Effetto di intaglio

8.1 Introduzione

Lo stato di sforzo e deformazione in un componente reale si differenzia, a volte sensibilmente, rispetto alla distribuzione calcolata utilizzando gli schemi strutturali sino ad ora visti (casi di De Saint-Venant). La presenza di discontinuità geometriche, differenti modalità di applicazione di carichi e vincoli, comportano modifiche nello stato di sforzo generalmente con sollecitazioni più elevate, nella maggioranza dei casi limitate ad una zona circostante la discontinuità.

Nei componenti meccanici quasi sempre le esigenze funzionali e costruttive delle diverse applicazioni ingegneristiche impediscono il rispetto delle ipotesi di sezioni uniformi o variabili con continuità: ciò dà luogo a una concentrazione degli sforzi che può essere quantificata tramite il *coefficiente di intaglio teorico* e di *forma* o di *sovrasollecitazione*.

Nelle zone circostanti la discontinuità geometrica in molte applicazioni (ad esempio nelle verifiche di resistenza) non è ammissibile riferirsi allo stato di sforzo teorico (*distribuzione nominale*), ma occorre conoscerne il reale andamento (*distribuzione reale*), e in particolare il valore della massima sollecitazione e il punto nel quale essa è presente.

Per affrontare questo problema introdurremo dapprima il concetto di *intaglio* e poi definiremo il *coefficiente di intaglio teorico*, che quantifica l'effetto della discontinuità sulla sollecitazione e che ci permetterà di ricavare la sollecitazione massima della particolare geometria di interesse. Successivamente esamineremo la *condizione limite* di un componente di macchina al variare del tipo di materiale e della sollecitazione imposta, per ricavare il carico massimo che un organo di macchina può sopportare.

8.2 Coefficiente di intaglio

Consideriamo una trave a sezione rettangolare di dimensioni $h \times b$, con sezione uniforme lungo l'asse della trave stessa, sottoposta a trazione. Gli sforzi, secondo la trattazione teorica, sono monoassiali diretti secondo la direzione del carico applicato e valgono:

$$\sigma = \frac{F}{h \cdot b}$$

mentre le deformazioni longitudinale e trasversale valgono:

$$\epsilon_l = \frac{\sigma}{E} = \frac{1}{E} \cdot \frac{F}{h \cdot b} \qquad \varepsilon_t = -\nu \cdot \varepsilon_l$$

Consideriamo ora una trave con sezione variabile lungo l'asse **Figura 8.1**: essa in particolare presenta una variazione geometrica repentina che non la rende assimilabile a una trave di De Saint-Venant. Infatti, nella zona 2, interessata dalla discontinuità geometrica (variazione della larghezza da h a H con raccordo di raggio r) non è verificata l'uniformità della sezione.

Con le ipotesi di De Saint-Venant possiamo allora calcolare lo stato di sforzo esclusivamente nelle zone 1 e 3, lontane dalla variazione di sezione, per le quali risulta

$$\sigma_1 = \frac{F}{h \cdot b} \qquad \sigma_3 = \frac{f}{H \cdot b}$$

Nella zona 2, per i motivi sopra esposti, lo sforzo non è calcolabile con le relazioni sopra riportate; in tale zona di discontinuità lo stato di sollecitazione può essere ottenuto ad esempio partendo da attività sperimentali o con modellazione analitica e/o numerica (simulazione FEM).

Un valido strumento per ottenere informazioni qualitative sull'andamento delle tensioni in tale zona è la cosiddetta "analogia idrodinamica".

Con riferimento a un fluido ideale incomprimibile, esiste un'analogia formale tra la velocità del fluido all'interno di un condotto, la geometria dell'elemento illustrato nella **Figura 8.1** e le formulazioni che descrivono lo stato di sforzo nel medesimo. Nel caso di sezione uniforme, indicando con V la velocità del fluido e con Q la portata, in ogni punto del condotto si ha:

$$V = \frac{Q}{A}$$

formalmente analoga a

$$\sigma = \frac{F}{A}$$

che descrive lo sforzo di trazione in una trave con sezione uniforme.

Se il condotto presenta una variazione di sezione, la costanza della portata ($Q = cost$) permette di affermare che il moto del fluido sarà perturbato da tale variazione. Con riferimento alla **Figura 8.1**, nella zona della sezione 2 le linee di flusso della velocità risulteranno perciò perturbate e tenderanno qualitativamente ad addensarsi maggiormente vicino alla parete del condotto per diradarsi, essendo $Q = cost$, al centro della sezione.

Il profilo di velocità del fluido nel condotto presenta quindi un massimo sulla parete e un minimo in corrispondenza dell'asse: l'analogia formale del problema idrodinamico e della trave sollecitata a trazione permette allora di affermare che anche l'andamento delle sollecitazioni, nella zona 2, non sarà uniforme e che si avrà il massimo valore dello sforzo alla base del raccordo, nel punto in cui è massima la velocità del fluido.

Tale situazione è esemplificata nella **Figura 8.1**(b) in cui il flusso del fluido è rappresentato mediante linee la cui densità (numero di linee per unità di lunghezza nella sezione trasversale) è proporzionale alla portata.

L'effettiva distribuzione degli sforzi nella sezione 2, rappresentata qualitativamente nella **Figura 8.1**(c), è quindi caratterizzata da un valore massimo dello sforzo σ_{max} in corrispondenza del bordo che è maggiore dello sforzo nominale σ_{nom}, calcolato facendo riferimento alle formule di De Saint-Venant. Tale concentrazione degli sforzi è detta *effetto d'intaglio*. La sezione 2, la sezione minima della trave in corrispondenza della variazione di forma, è detta *sezione d'intaglio* o *sezione intagliata*.

Lo sforzo al centro della sezione è invece minore di σ_{nom}, in quanto nella sezione intagliata deve essere verificata la relazione di equilibrio nella direzione dell'asse della trave:

$$F = \int_A \sigma \, dA$$

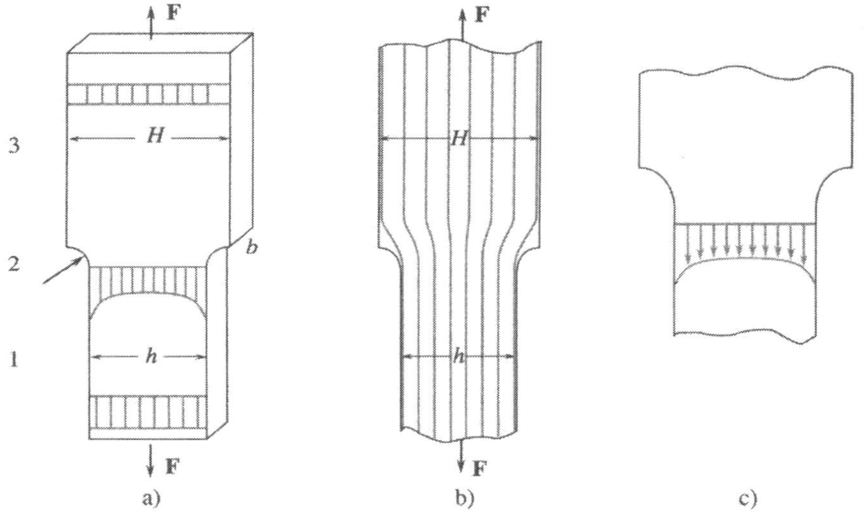

Figura 8.1 - Trave sottile intagliata sottoposta a trazione: a) geometria della trave; b) analogia idraulica; c) andamento reale degli sforzi nella sezione 2 (zona intagliata).

L'analogia idraulica permette anche, intuitivamente, di capire che quanto più brusca è la variazione di sezione, tanto maggiore è l'addensamento delle linee di flusso e più elevato è quindi lo sforzo in tali zone (**Figura 8.2**).

Poiché l'addensamento delle linee di flusso dipende dai rapporti tra le dimensioni che caratterizzano la discontinuità, si può intuire come le grandezze dalle quali dipende l'effetto di intaglio siano ancora i rapporti adimensionali H/h, che descrive l'entità della variazione della sezione, e r/h, che descrive la severità dell'intaglio.

Le variazioni di sezione e il conseguente effetto di intaglio sono molto comuni negli elementi delle macchine, e derivano dalle tipiche morfologie funzionali dei diversi organi. Esempi di intagli molto diffusi sono: i fori per il passaggio delle viti in una giunzione bullonata, lo spallamento di un albero realizzato per permettere l'alloggiamento di un cuscinetto, la filettatura di una vite, il raccordo al piede dei denti delle ruote dentate, la sede delle linguette, una giunzione saldata (**Figura 8.3**).

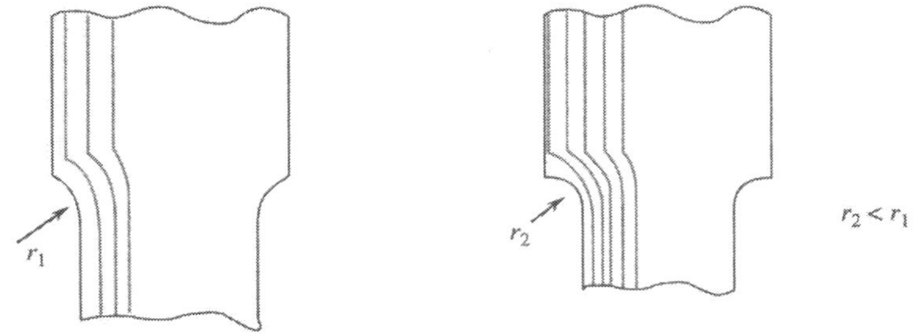

Figura 8.2 - Linee di flusso in trave con variazione di sezione realizzata con raccordi differenti.

La valutazione dell'effetto di intaglio si affronta dal punto di vista quantitativo introducendo un coefficiente correttivo, detto *coefficiente di intaglio teorico* o *coefficiente di sovrasollecitazione teorico* K_t, che esprime il rapporto tra lo sforzo reale massimo dovuto all'intaglio e lo sforzo in assenza di intaglio: quest'ultimo è definito *sforzo nominale*.

Considerando la trave rappresentata in **Figura 8.1** lo sforzo nominale nella sezione intagliata 2 risulta:

$$\sigma_{\text{nom}} = \frac{F}{h \cdot b}$$

Detta σ_{max} la massima sollecitazione reale presente nella sezione, si definisce *coefficiente di intaglio teorico* K_t, il rapporto:

$$K_t = \frac{\sigma_{\text{max}}}{\sigma_{\text{nom}}}$$

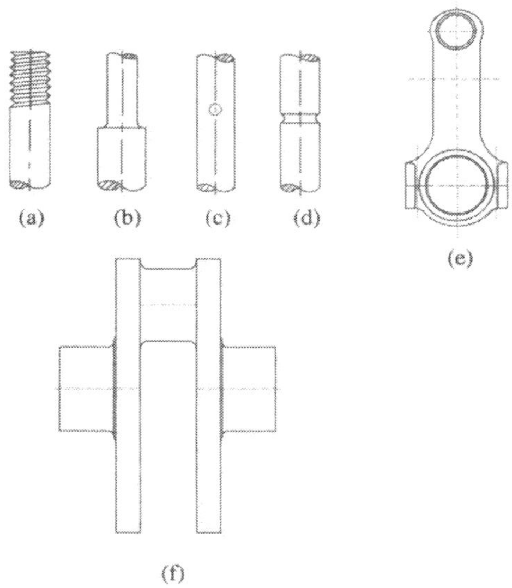

Figura 8.3 - Esempi di intagli negli elementi delle macchine: a) filettatura; b) spallamento; c) foratura; d) gola di scarico; e) biella; f) albero a gomiti.

Tale definizione presuppone il rispetto della linearità del legame costitutivo del materiale (ipotizzato anche omogeneo e isotropo): in tale ipotesi K_t dipende allora solo dalla geometria del problema in esame e dalla tipologia di azione interna presente (flessione, trazione, torsione ecc.), come sarà illustrato tra breve, e non dal materiale. Quindi con geometrie che presentano gli stessi rapporti geometrici caratteristici il valore di K_t è lo stesso. Si noti inoltre come in campo di proporzionalità e per stato monoassiale di sforzo è valida la relazione:

$$K_t = \frac{\sigma_{\max}}{\sigma_{\mathrm{nom}}} = \frac{\varepsilon_{\max}}{\varepsilon_{\mathrm{nom}}}$$

Noto il coefficiente d'intaglio è quindi molto semplice risalire allo sforzo massimo agente in una sezione a partire dal calcolo delle sollecitazioni nominali, ed evitare così calcoli o misure sperimentali.

Il coefficiente di intaglio teorico K_t di solito è rappresentato graficamente (come nella **Figura 8.4**, relativa alla geometria della **Figura 8.1**) in funzione dei parametri adimensionali che caratterizzano la geometria dell'intaglio.

Nella **Figura 8.5** è invece rappresentato l'andamento di K_t della lastra rettangolare intagliata, soggetta a momento flettente.

È interessante notare come il coefficiente di intaglio K_t della trave inflessa sia diverso, a parità di geometria, rispetto a quello della trave soggetta ad azione assiale. Questa osservazione può essere estesa alla generalità dei casi, in quanto la distribuzione nominale delle sollecitazioni, e quindi la perturbazione indotta dall'intaglio, varia con la tipologia di carico applicato.

L'analisi dello stato di sforzo in corpi di forma semplice, come quello della **Figura 8.1**, o di componenti meccanici molto complicati è un problema generalmente complesso che può essere affrontato con diverse tecniche.

Per le geometrie più diffuse in genere esistono delle raccolte di soluzioni del coefficiente di intaglio teorico, in forma di diagrammi simili a quelli mostrati nelle **Figura 8.4** e **Figura 8.5**. Qualora queste soluzioni non siano disponibili per il caso in esame, la determinazione del K_t richiede il ricorso ad analisi teoriche, applicando la Teoria dell'Elasticità, o, più comunemente, a indagini sperimentali, mediante estensimetri o modelli fotoelastici o, ancora, a calcoli numerici, eseguite con il metodo degli Elementi Finiti o degli Elementi di Contorno.

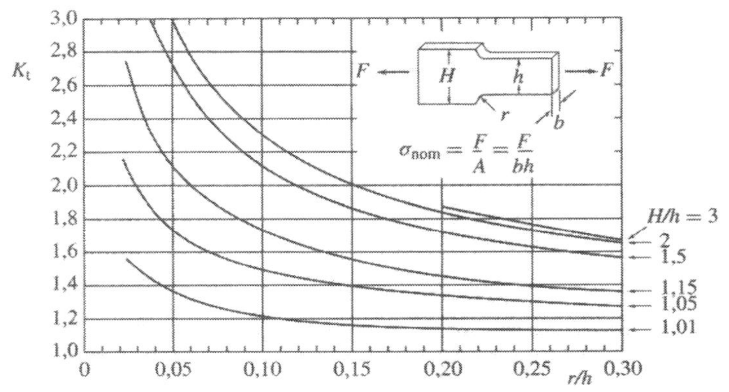

Figura 8.4 - Andamento di K_t in una trave sottile a sezione rettangolare, con variazione di sezione, soggetta a trazione.

Esempio svolto 8.1

Una trave rettangolare sottile con variazione di sezione ($H = 120$ mm, $h = 80$ mm, $r = 10$ mm) e spessore $b = 10$ mm, è soggetta a un carico di trazione $F = 100$ kN. Si ricavi lo sforzo massimo nella sezione minima resistente.

Soluzione

Lo sforzo nominale risulta:

$$\sigma_{nom} = F/(h \cdot b) = 125 \text{ MPa}$$

I parametri geometrici adimensionali della sezione risultano: $H/h = 1{,}5$ e $r/h = 0{,}125$. Tramite questi due valori dal grafico della **Figura 8.4** si ottiene: $K_t \approx 2$.

Lo sforzo massimo agente risulta quindi:

$$\sigma_{max} = K_t \cdot \sigma_{nom} = 250 MPa$$

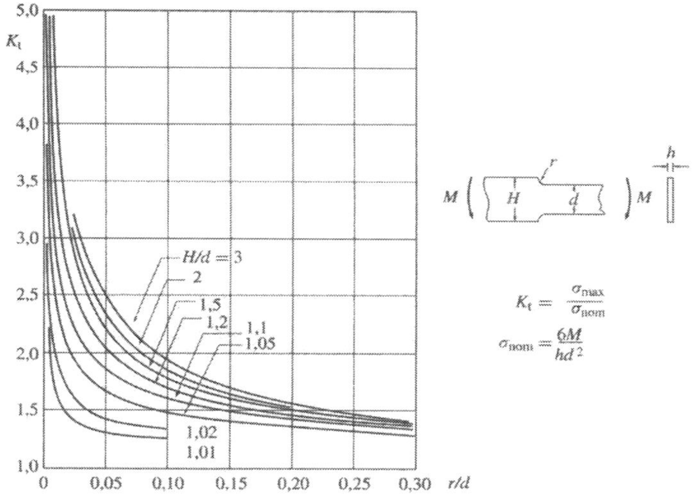

Figura 8.5 - Andamento di K_t per una trave sottile a sezione rettangolare con variazione di sezione soggetta a un momento flettente.

8.3 Effetto di intaglio in geometrie comuni

Di seguito vediamo i valori del coefficiente di intaglio teorico ricavati per alcuni casi caratteristici.

Lastra forata

Un tipo comune di intaglio in una lastra a sezione rettangolare è il foro passante, con asse perpendicolare al piano della lastra e caricato con una forza diretta secondo l'asse. In questo caso **Figura 8.6** la massima perturbazione del flusso degli sforzi si ha in corrispondenza del piano contenente l'asse del foro e normale all'asse della lastra stessa, e il massimo valore degli sforzi è posto su questo piano, in corrispondenza del bordo del foro.

La sollecitazione nominale nella sezione minima della lastra è data da:

$$\sigma_{nom} = \frac{F}{(H - d) \cdot h}$$

che è il rapporto tra la forza F e la sezione netta resistente $(H - d) \cdot h$.

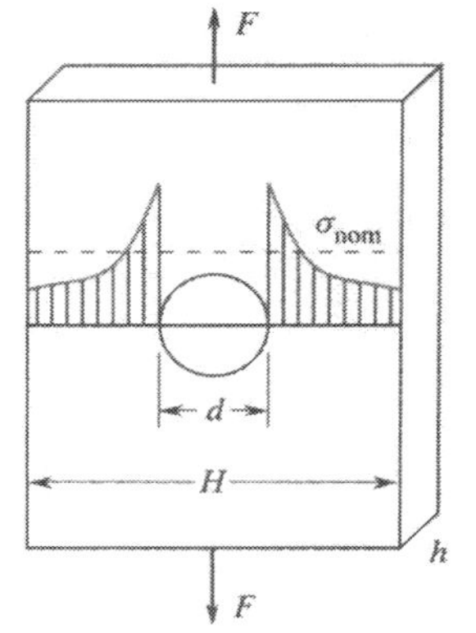

Figura 8.6 - Lastra sottile forata soggetta a trazione: andamento qualitativo degli sforzi longitudinali nella sezione minima resistente.

I valori del coefficiente di intaglio Kt per la lastra forata soggetta a forze assiali sono riportati nella **Figura 8.7**. Se il foro è di piccole dimensioni rispetto alla larghezza della lastra ($d/H \to 0$), il coefficiente di intaglio tende al valore $K_t = 3$, mentre per un foro molto grande rispetto alla larghezza della lastra $K_t \to 2$.

Con la teoria dell'elasticità si può dimostrare che il coefficiente di intaglio K_t al bordo di un foro ellittico, caratterizzato dai semiassi c e a (**Figura 8.8**), in una lastra di larghezza infinita è esprimibile mediante la relazione:

$$K_t = 1 + 2 \cdot \left(\frac{c}{a}\right)$$

Il foro circolare può essere considerato un caso particolare del foro ellittico: infatti per $c/a = 1$ otteniamo un coefficiente di intaglio $K_t = 3$.

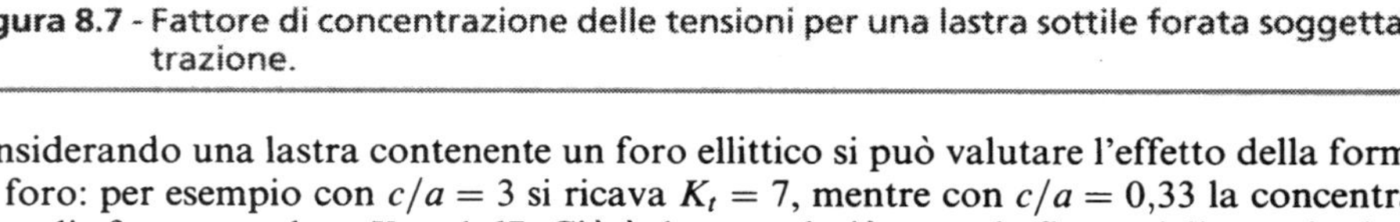

Figura 8.7 - Fattore di concentrazione delle tensioni per una lastra sottile forata soggetta a trazione.

Considerando una lastra contenente un foro ellittico si può valutare l'effetto della forma del foro: per esempio con $c/a = 3$ si ricava $K_t = 7$, mentre con $c/a = 0{,}33$ la concentrazione di sforzo scende a $K_t = 1{,}67$. Ciò è dovuto al più agevole flusso delle tensioni attorno al foro orientato in direzione longitudinale (**Figura 8.8**).

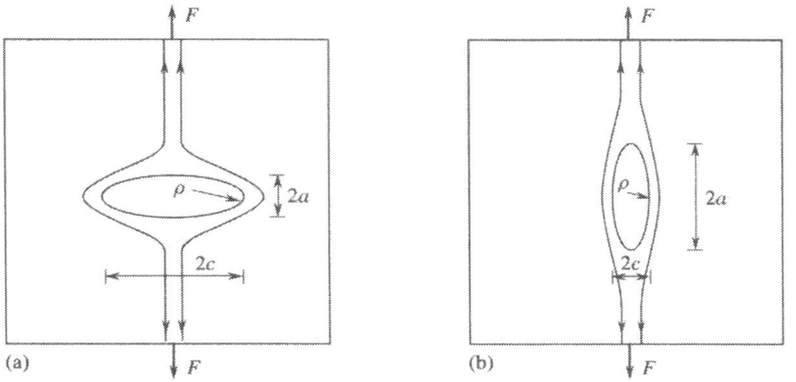

Figura 8.8 - Concentrazione di sforzo per un foro ellittico in una lastra sottile con foro differentemente orientato.

Poiché per l'ellisse il raggio di curvatura sull'asse trasversale vale:

$$\rho = \frac{a^2}{c}$$

il coefficiente d'intaglio può essere espresso come:

$$K_t = 1 + 2 \cdot \sqrt{c/p}$$

L'equazione sopra riportata è molto efficace nell'evidenziare le due grandezze caratteristiche di un intaglio ellittico: il semiasse c e il raggio di raccordo ρ.

Albero di trasmissione

Consideriamo un intaglio a U in una lastra sottile soggetta ad azione assiale e un analogo intaglio in un albero a sezione circolare, anch'esso sollecitato da un carico assiale: lo stato di sforzo dei due componenti risulta completamente diverso.

Nella lastra si ha uno stato di sforzo monoassiale nel punto più sollecitato, mentre nell'albero, per la presenza dell'intaglio, lo stato di sforzo è biassiale (**Figura 8.9**) poiché è presente una componente di sforzo σ_2 circonferenziale, dovuta alle contrazioni trasversali impedite nella zona dell'intaglio, sforzo che tende al valore $\nu\sigma_1$ (lo stesso effetto si ha nella lastra già esaminata nel paragrafo precedente all'aumentare del rapporto tra spessore h e raggio d'intaglio r).

In questi casi il coefficiente di intaglio K_t si definisce come il rapporto tra lo sforzo principale massimo σ_1 e lo sforzo monoassiale nominale:

$$K_t = \frac{\sigma_{1,\,\max}}{\sigma_{\text{nom}}}$$

Il coefficiente di intaglio per alberi intagliati si ricava dai risultati delle lastre sottili per mezzo di coefficienti di "tridimensionalità" ricavati da soluzioni note di alcuni semplici intagli nei solidi circolari. Nelle **Figura 8.13** e **Figura 8.14** sono riportati i coefficienti d'intaglio per alberi con spallamenti e gole circonferenziali.

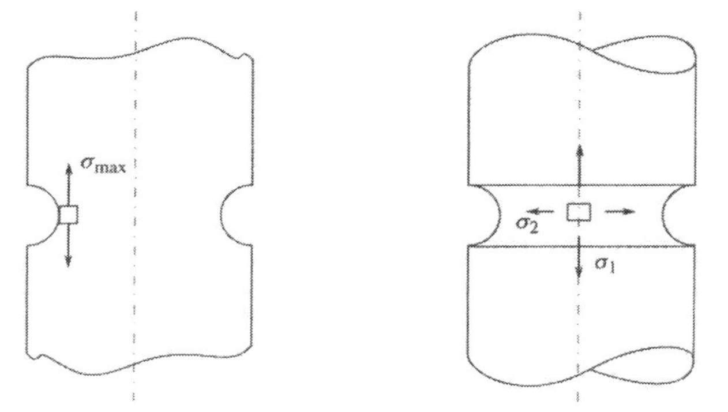

Figura 8.9 - Confronto tra lo stato di sforzo in una lastra sottile e un albero intagliati.

Esempio svolto 8.2

Consideriamo un albero del diametro $D = 90$ mm avente una gola circonferenziale con diametro minimo $d = 80$ mm e raggio $r = 5$ mm soggetto a momento flettente $M = 4{,}5$ kNm e momento torcente $M_t = 6$ kNm (**Figura 8.10**). Si vuole ricavare lo stato di sollecitazione al fondo della gola, calcolare lo sforzo tangenziale massimo e confrontarlo con quello di un albero liscio avente la medesima sezione minima.

Soluzione

Nella sezione minima gli sforzi nominali, che corrispondono anche agli sforzi nell'albero liscio, valgono:

$$\sigma_{nom} = \frac{32 M_f}{\pi d^3} = 90\,MPa \qquad \tau_{nom} = \frac{16 M_t}{\pi d^3} = 60\,MPa$$

Considerando che il coefficiente di intaglio teorico a flessione vale $K_t f = 2{,}2$ e a torsione $K_t t = 1{,}6$, gli sforzi in un punto al fondo dell'intaglio nella sezione netta risultano:

$$\sigma_z = \sigma_{nom} \cdot K_t f = 197 \text{ MPa}, \quad \sigma_\theta = \nu \cdot \sigma_z = 59 \text{ MPa}, \quad \tau_{z\theta} = \tau_{nom} \cdot K_t t = 96 \text{ MPa}$$

Le rappresentazioni dello stato di sforzo mediante i cerchi di Mohr nell'albero intagliato e in quello liscio sono riportate nella **Figura 8.11**. Gli sforzi tangenziali massimi risultano rispettivamente $\tau_{max} = 123$ MPa nell'albero intagliato e $\tau_{max} = 75\,MPa$ nell'albero liscio.

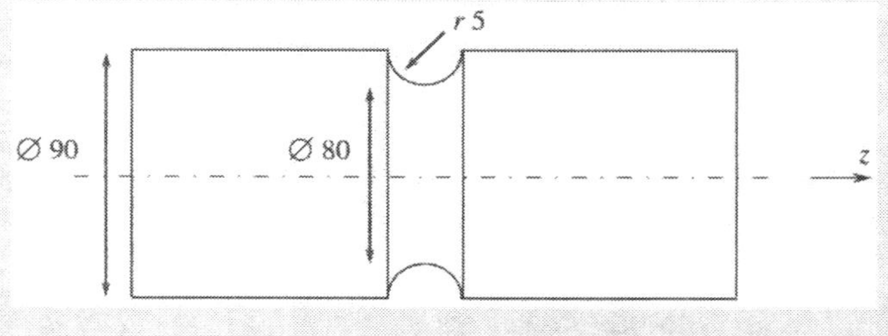

Figura 8.10 - Geometria dell'albero intagliato.

Si può inoltre annotare come, se per semplificare il problema si fosse trascurata la presenza dello sforzo circonferenziale σ_θ, si sarebbe considerato lo stato di sforzo rappresentato nella **Figura 8.12**: lo sforzo tangenziale massimo sarebbe risultato pari a 138 MPa, un valore conservativo e molto vicino alla situazione reale.

Questo risultato giustifica quindi la scelta normale nelle verifiche di resistenza di trascurare l'esistenza dello sforzo circonferenziale σ_θ.

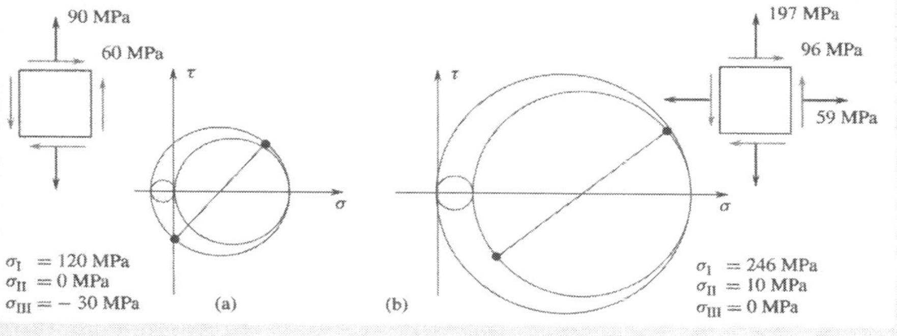

Figura 8.11 - Stato di sforzo agente: (a) albero liscio; (b) albero intagliato.

Intagli multipli ed "effetto ombra"

È noto nella pratica progettuale di componenti intagliati che la presenza di un intaglio singolo è più gravosa della presenza di diversi intagli vicini tra loro.

Ciò è intuitivamente interpretabile considerando, ancora una volta, l'analogia idrodinamica. Per esempio, con riferimento alla situazione della **Figura 8.15**(b) risulta evidente che gli intagli intermedi sono meno sollecitati rispetto all'intaglio singolo, al quale sono invece molto simili gli intagli di estremità.

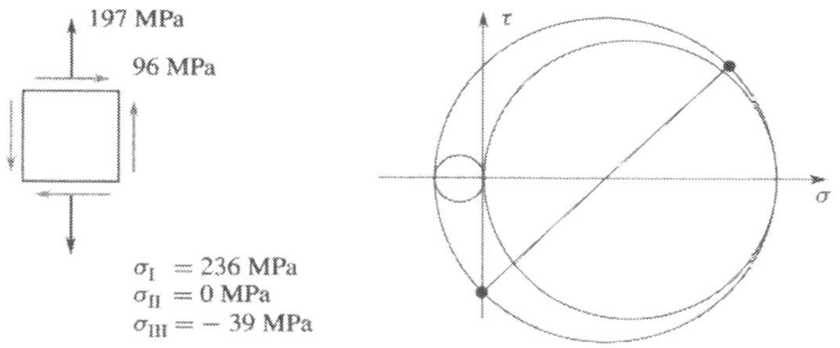

Figura 8.12 - Valutazione approssimata dello stato di sforzo nell'albero intagliato.

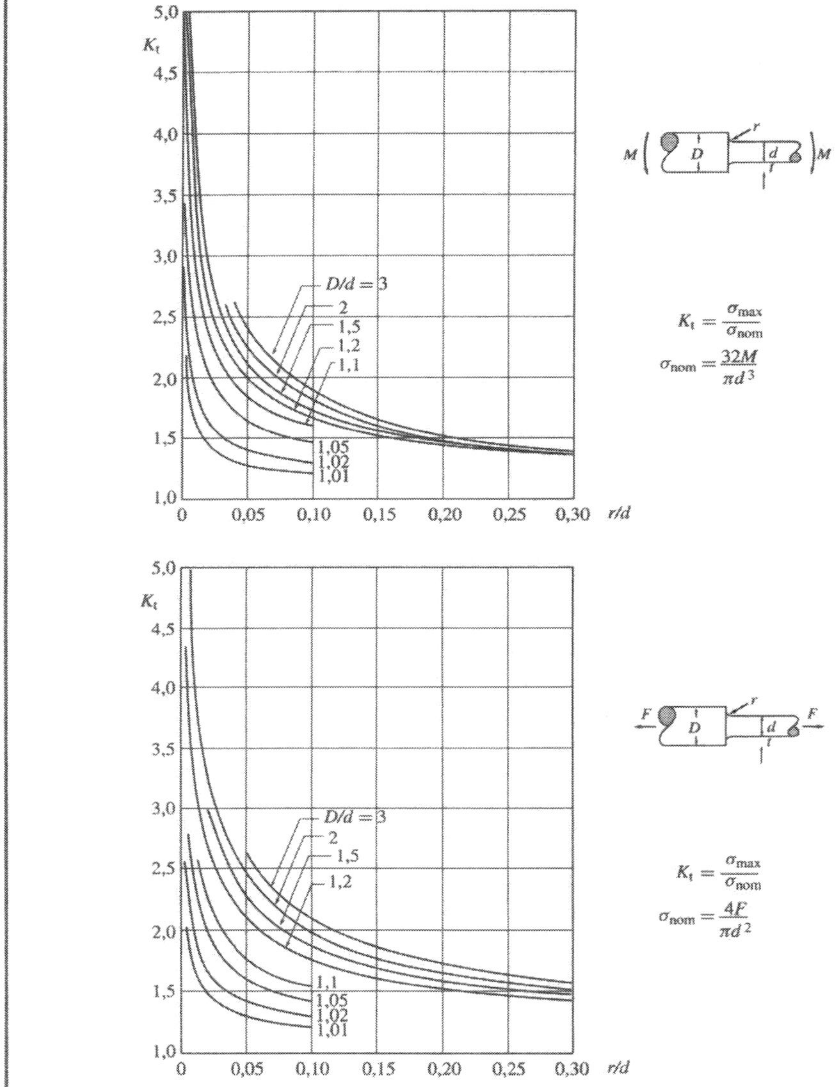

Figura 8.13 - Coefficiente d'intaglio K_t per un albero con spallamento.

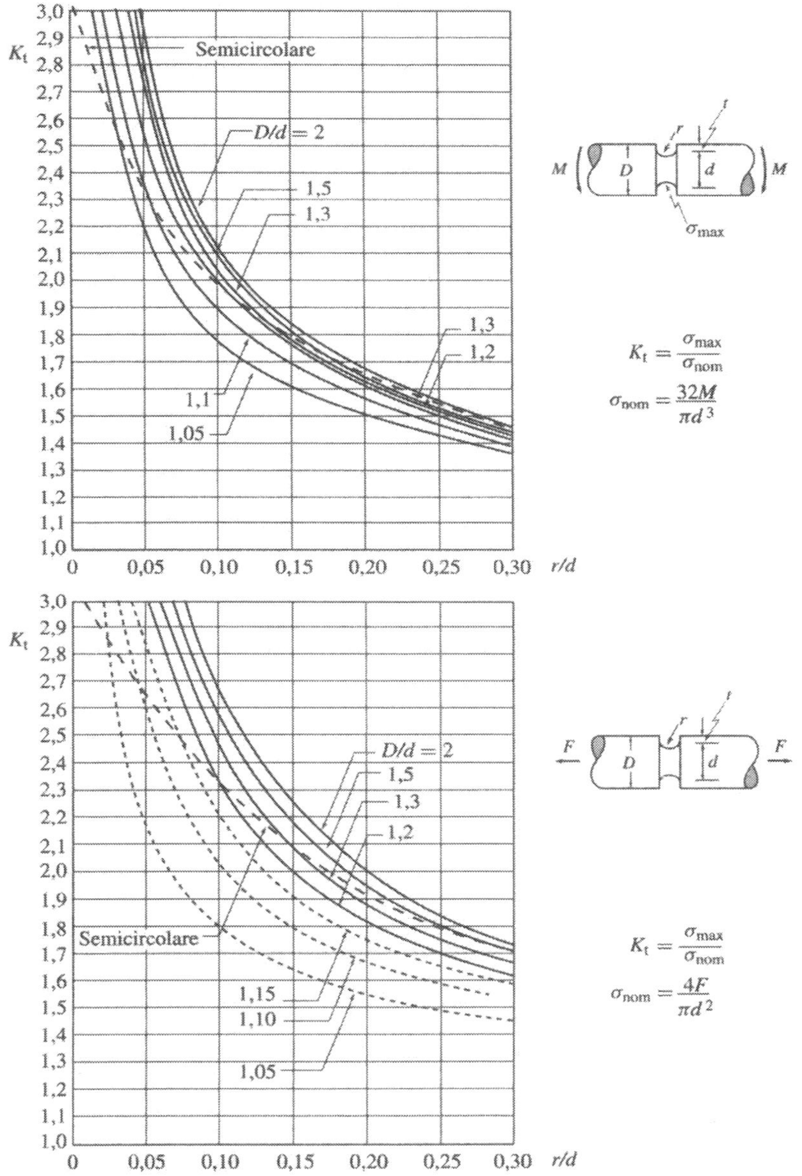

Figura 8.14 - Coefficiente d'intaglio K_t per un albero con gola circonferenziale.

Una situazione migliore per una serie di intagli laterali (per esempio nel caso di barre filettate) si ottiene nella configurazione della **Figura 8.16**(c), nella quale la sovrasollecitazione rispetto alla barra liscia è minore.

Tale effetto è conosciuto anche come "effetto ombra": la presenza di un primo intaglio tende a "incanalare" gli sforzi riducendo la concentrazione di sforzo su altri intagli in prossimità di questo. Quest'effetto, dovuto alla distribuzione delle tensioni, e simile a quanto già notato per i fori ellittici, permette di adottare soluzioni costruttive che consentono di ridurre il coefficiente di sovrasollecitazione in intagli particolarmente gravosi.

Si consideri per esempio un albero su cui sia calettato un cuscinetto. Il raggio di raccordo alla base dello spallamento deve essere piccolo, per far si che il cuscinetto si possa appoggiare correttamente sulla superficie piana della battuta **Figura 8.16**. Il coefficiente d'intaglio, che sarebbe elevato, può essere ridotto con una gola di scarico, oppure con gole circonferenziali atte a creare un effetto ombra.

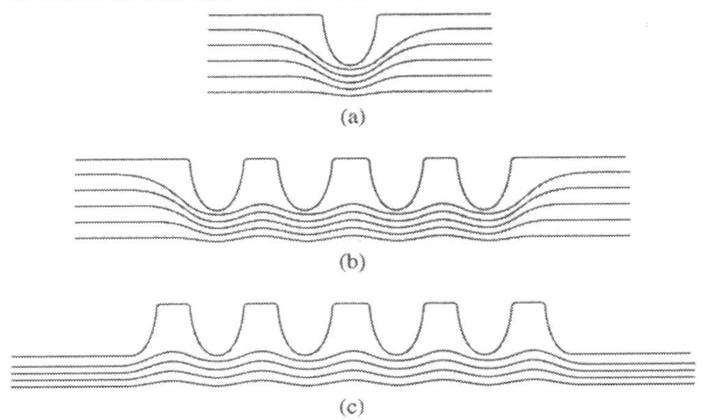

Figura 8.15 - Confronto tra intaglio singolo e intagli multipli.

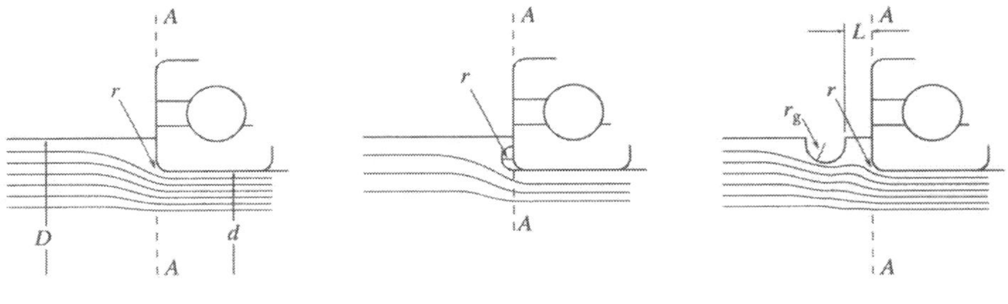

Figura 8.16 - Effetto ombra per ridurre la concentrazione di sforzo nello spallamento di un albero.

8.4 Condizione limite sotto carichi statici

Per valutare le conseguenze della presenza degli intagli sul dimensionamento degli organi di macchina occorre analizzare in dettaglio la condizione limite dei componenti intagliati al variare del tipo di materiale e considerando l'applicazione di carichi statici.

La conoscenza del coefficiente di intaglio teorico K_t non esaurisce il problema della verifica di resistenza dei componenti intagliati; infatti, tale coefficiente non si riferisce alla resistenza del componente, ma esclusivamente allo stato di sollecitazione causato dall'intaglio.

È quindi necessario, per impostare correttamente la verifica di resistenza, valutare anche l'effetto dell'intaglio geometrico per quanto riguarda la resistenza del componente.

Nel caso di sollecitazioni applicate staticamente, il coefficiente di intaglio teorico K_t non tiene in considerazione l'effettiva legge costitutiva del materiale, che può presentare nel caso di materiale duttile estese plasticizzazioni prima del cedimento, condizione che qui viene assunta come condizione limite (plasticizzazione totale della sezione).

Si definisce allora *coefficiente di intaglio statico sperimentale*, indicato con K_s, il rapporto tra il carico limite in un elemento senza intaglio F_{lim} e l'effettivo carico limite F'_{lim}del provino intagliato con la stessa sezione resistente del provino liscio, ipotizzando una determinata tipologia di cedimento statico dipendente dalla tipologia del materiale considerato (fragile o duttile) .

Esaminiamo il comportamento di un componente semplice, quale una lastra forata avente la geometria riportata nella **Figura 8.6**, all'aumentare del carico F applicato. Sia inoltre $H >> d$, in modo che risulti $K_t = 3$.

Data una forza F, le sollecitazioni caratteristiche nel componente risultano:

$$\sigma_{\text{nom}} = \frac{F}{(H-d) \cdot h} = \frac{F}{A} \text{ (sollecitazione nominale)}$$

$$\sigma_{\max} = K_t \cdot \frac{F}{(H-d) \cdot h} = K_t \cdot \frac{F}{A} \text{ (sollecitazione massima)}$$

Ciò è valido finchè si resta nel campo di linearità del materiale: superando la linearità la distribuzione degli sforzi nell'elemento intagliato dipende dal materiale e dal suo legame $\sigma - \varepsilon$. Esaminiamo quindi separatamente il caso di materiale fragile e materiale duttile.

8.4.1 Materiale fragile

Si consideri dapprima il caso di un materiale perfettamente fragile, caratterizzato da un diagramma lineare fino al carico unitario a rottura R_{m}.

Un provino liscio avente la medesima sezione A della lastra forata cede quando lo sforzo nominale raggiunge il carico unitario a rottura, ovvero in corrispondenza di una forza F_{lim}:

$$F_{\text{lim}} = R_m \cdot A$$

La condizione limite del componente intagliato si raggiunge quando nel punto più sollecitato della sezione, cioè sulla superficie interna del foro, si raggiunge uno sforzo pari al carico unitario a rottura R_{m}: infatti in quel punto si genera una frattura che rapidamente si propaga all'intera sezione, causando la rottura di schianto del pezzo. La forza massima F'_{lim} che il pezzo è in grado di sopportare e quindi pari al carico che provoca lo sforzo R_{m} nel punto più sollecitato, ovvero:

$$\sigma_{\max} = K_t \cdot \frac{F'_{\text{lim}}}{A} = R_{\text{m}}$$

da cui si ricava:

$$F'_{\text{lim}} = \frac{R_{\text{m}} \cdot A}{K_{\text{t}}}$$

Ne risulta:

$$K_s = F_{lim}/F'_{lim} = K_t$$

Nel caso della lastra forata ($K_t = 3$), ciò significa che il componente intagliato sopporterebbe un carico pari a 1/3 di quello sopportabile dall'elemento senza foro.

Possiamo quindi concludere che nel caso di materiale fragile, l'effetto di intaglio geometrico si ripercuote interamente sulla resistenza del componente, che viene ridotta rispetto al componente non intagliato di un fattore pari a $1/K_t$.

8.4.2 Materiale duttile

Consideriamo ora lo stesso componente realizzato con un materiale a comportamento elastoplastico perfetto.

La forza F_1 (possiamo chiamarla forza di inizio plasticizzazione F_{sn}) che provoca uno sforzo massimo nell'intaglio pari allo snervamento del materiale vale:

$$F_1 = F_{sn} = \frac{\sigma_{sn} \cdot A}{K_t}$$

A differenza di quanto accade per il materiale fragile, il componente è ancora in grado di sopportare carichi maggiori di F_1 prima di raggiungere il cedimento strutturale, che si considera essere la plasticizzazione completa della sezione trasversale. Infatti, sollecitando il pezzo oltre il carico F_1 le fibre del materiale, se deformate oltre ε^- (ricordiamo che $\varepsilon^- = \sigma_{sn}/E$), non raggiungono localmente la rottura, ma si allungano mantenendo costante lo sforzo (pari allo sforzo di snervamento) fino a esaurire il campo di deformazioni plastiche.

Per carichi che superano i valori di inizio plasticizzazione la distribuzione delle deformazioni si amplifica con lo stesso andamento qualitativo. Considerando una forza $F_2 > F_1$ la distribuzione qualitativa delle deformazioni ha l'andamento riportato nella **Figura 8.17**. La sollecitazione nelle fibre più sollecitate ($\varepsilon > \varepsilon^-$) rimane uguale a σ_{sn}: le sollecitazioni vengono ridistribuite e si presenta un tratto con andamento costante degli sforzi; la risultante delle sollecitazioni nella sezione è ovviamente uguale alla forza applicata F_2. Aumentando ulteriormente la forza, il diagramma delle deformazioni cresce in modo continuo, mentre nel diagramma degli sforzi la parte con sforzo costante $\sigma = \sigma_{sn}$, corrispondente alle fibre snervate, si estenderà. Come condizione limite tale plasticizzazione interesserà tutta la sezione utile del componente e quindi:

$$F'_{lim} = \sigma_{sn} \cdot (H - d) \cdot h = \sigma_{sn} \cdot A$$

Se consideriamo una struttura di riferimento senza intaglio, costruita con lo stesso materiale e avente la medesima sezione resistente $(H - d) \cdot h$, la sua condizione limite è ancora la completa plasticizzazione della sezione, cioè:

$$F_{lim} = \sigma_{sn} \cdot (H - d) \cdot h$$

Quindi per il componente intagliato in materiale perfettamente elasto-plastico otteniamo:

$$K_s = \frac{F_{lim}}{F'_{lim}}$$

ovvero, se la condizione limite è data dallo snervamento totale della sezione, l'intaglio non determina alcuna penalizzazione della capacità di carico ultima della sezione e il coefficiente di intaglio sperimentale K_s può essere assunto pari a 1 (materiale duttile).

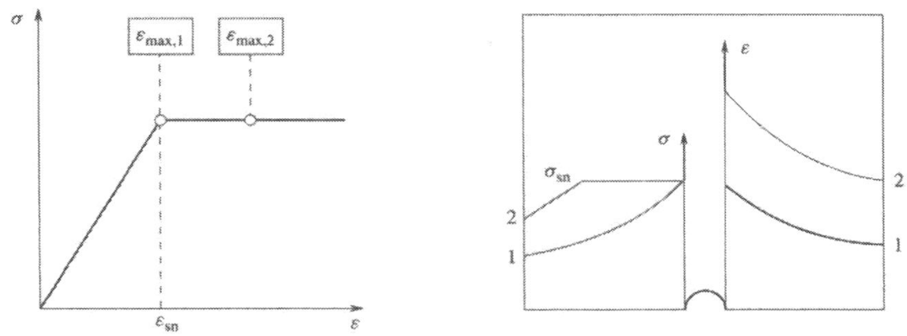

Figura 8.17 - Andamenti di sforzi e deformazioni nella sezione forata per carichi che eccedono il carico F_1 di prima plasticizzazione.

8.4.3 Fase di scarico e sforzi residui

Nel caso dei materiali duttili, il raggiungimento di sollecitazioni di snervamento nella zona intagliata provoca, successivamente alla rimozione del carico, la presenza di uno stato di sforzi residui, chiamati anche autotensioni.

Ipotizziamo di aver raggiunto condizioni di parziale plasticizzazione in un componente intagliato soggetto alla forza F_2, e immaginiamo di rimuovere il carico. La rimozione del carico corrisponde alla sovrapposizione di una distribuzione di sforzo elastico corrispondente a una forza uguale e contraria, pari quindi a $-F_2$. Se il materiale ha un comportamento elasto-plastico simmetrico, le fibre plasticizzate durante la fase di carico possono sopportare uno sforzo lineare elastico fino a $-\sigma_{sn}$: ovvero ogni fibra può sopportare uno sforzo pari a $-2\sigma_{sn}$ prima di plasticizzare a compressione.

Se la forza $-F_2$ non è in grado di plasticizzare il materiale (ovvero se $K_t\sigma_{nom} < 2\sigma_{sn}$), il diagramma degli sforzi dovuti alla forza $-F_2$ fornisce una distribuzione di sforzi corrispondente al caso elastico (**Figura 8.18**).

Lo stato di sforzo risultante è dato dalla differenza dei due stati di sollecitazione (**Figura 8.19**): nei pressi del foro rimangono degli sforzi residui che possono essere anche di notevole entità. La distribuzione degli sforzi residui ha risultante nulla e momento nullo ovvero:

$$\int_A \sigma_{res} \mathrm{d}A = 0$$

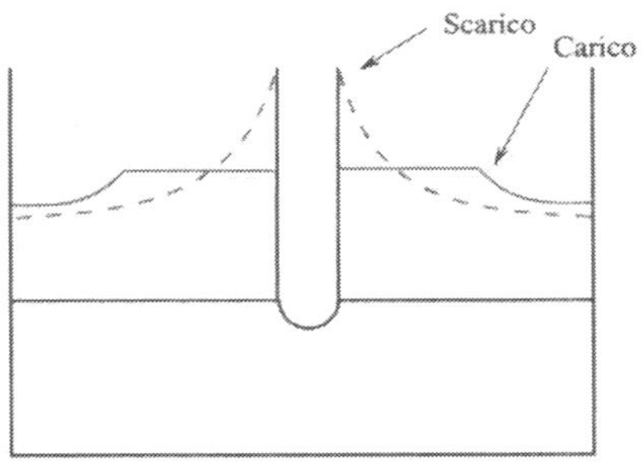

Figura 8.18 - Andamento delle tensioni durante le fasi di carico e scarico.

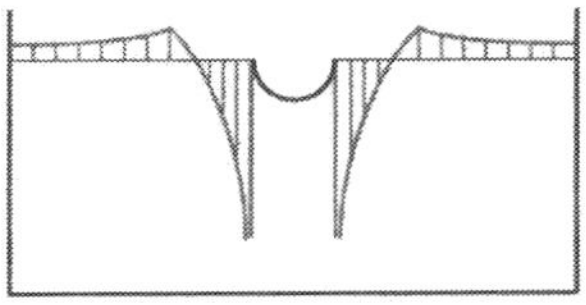

Figura 8.19 - Andamento degli sforzi residui.

Esempio svolto 8.3

Considerando la trave sottile con variazione di sezione dell'esempio 8.1 ($H = 120$ mm, $h = 80$ mm, $r = 10$ mm e spessore $b = 10$ mm), qual è il carico massimo a trazione cui è in grado di resistere la sezione se realizzata in un acciaio Fe360 ($R_m = 360$ MPa, $\sigma sn = 240$ MPa)?

Soluzione

Nel caso di materiale duttile la forza massima cui la sezione può resistere corrisponde alla forza di plasticizzazione totale, ovvero:

$$F'_{\text{lim}} = F_{\text{lim}} = \sigma_{\text{sn}} \cdot A = 192 \text{ kN}$$

Esercizi

8.1 Una lastra piana è realizzata in acciaio ed è formata da due parti entrambe aventi spessore 15 mm e larghe rispettivamente 40 mm e 60 mm, connesse con raccordi aventi raggio $r = 8$ mm. Determinare il massimo carico assiale P che può essere sopportato dalla barra in condizioni di sicurezza, assumendo un valore nominale per il carico unitario di rottura R_m della barra pari a 900 MPa (materiale a comportamento fragile). Determinare anche il carico limite per una lastra realizzata in Fe360 (materiale a comportamento duttile con modulo elastico $E = 206\,000$ MPa, carico unitario di rottura $R_m = 360$ MPa, carico unitario di snervamento $R_{sn} = 235$ MPa).

8.2 In una piastra forata, con foro di diametro 10,5 mm, spessore 2 mm e larghezza 200 mm, determinare il carico massimo sopportabile senza che si superi lo sforzo di snervamento del materiale. La piastra sia realizzata in acciaio Fe430 (modulo elastico $E = 206\,000$ MPa, carico unitario di rottura $R_m = 430$ MPa, carico unitario di snervamento $R_{sn} = 275$ MPa).

8.3 Data la piastra di **Figura 8.20** determinare lo spessore t minimo affinché non si raggiunga lo snervamento in nessun punto della piastra stessa. Il materiale della piastra sia l'acciaio C40 (modulo elastico $E = 206\,000$ MPa, carico unitario di rottura $R_m = 700$ MPa, carico unitario di snervamento $R_{sn} = 420$ MPa).

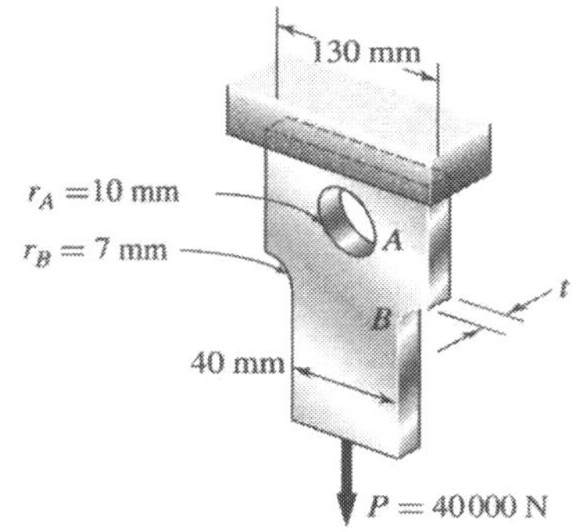

Figura 8.20

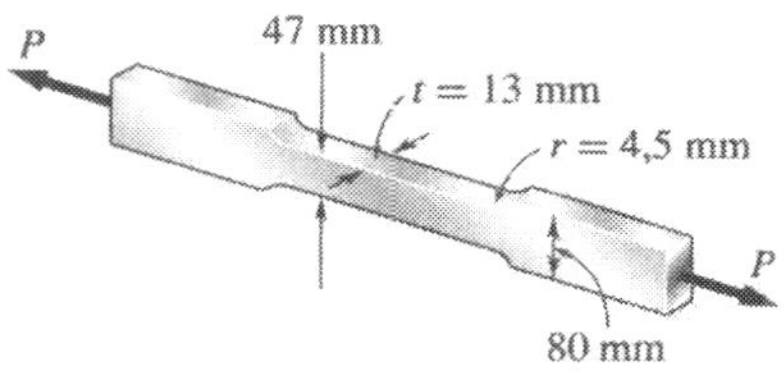

Figura 8.21

8.4 Determinare il carico massimo sopportabile dalla barra di **Figura 8.21**. Lo sforzo limite del materiale della barra sia 180 MPa.

8.5 Risolvere l'esercizio precedente per la piastra di **Figura 8.22**.

8.6 Determinare il carico che porta alla completa plasticizzazione della piastra di **Figura 8.23** realizzata in Fe360 (modulo elastico $E = 206\,000$ MPa, carico unitario di rottura $R_m = 360$ MPa, carico unitario di snervamento $R_{sn} = 235$ MPa). Si ipotizzi un comportamento del materiale elastico perfettamente plastico. Si determini il carico di prima plasticizzazione nelle zone più sollecitate della piastra.

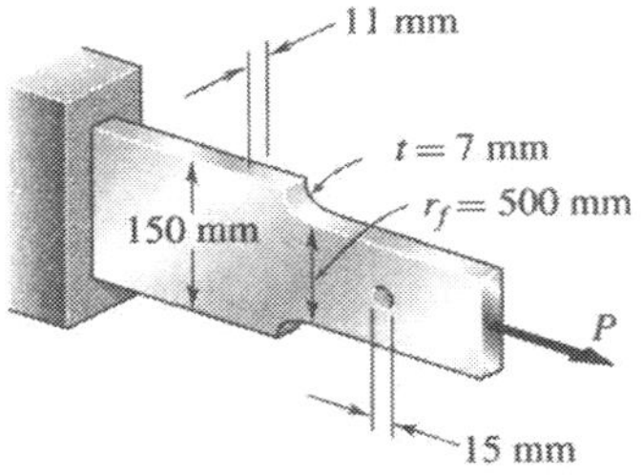

Figura 8.22

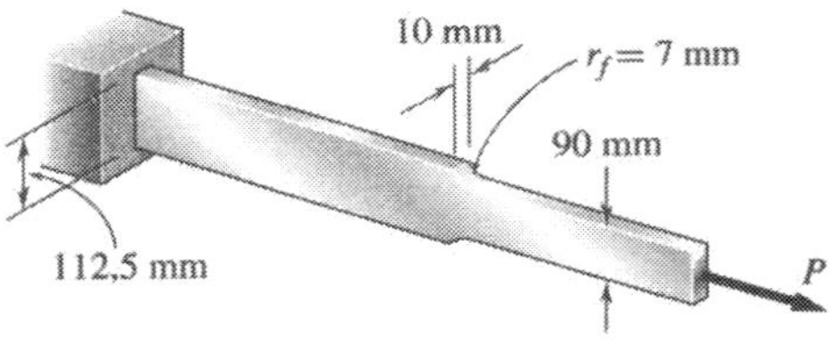

Figura 8.23

8.7 Determinare il carico che porta alla prima plasticizzazione dell'asta riportata nella **Figura 8.24**. Il materiale della trave sia un acciaio a comportamento duttile con sforzo di snervamento $R_{sn} = 340$ MPa. Si ipotizzi che il materiale abbia comportamento elastico-perfettamente plastico e si ricavi il carico assiale che porta alla completa plasticizzazione del tratto AB dell'asta.

8.8 La barra rappresentata nella **Figura 8.25** presenta due tratti aventi differente diametro. I due tratti sono raccordati e il raggio di raccordo è pari a 3,75 mm. La coppia applicata è pari a 200 Nm. Determinare il valore minimo del carico unitario di snervamento del materiale dell'albero affinché non vi siano zone che plasticizzano, assumendo un coefficiente di sicurezza pari a 1,5. Ricavare il momento torcente che porta alla completa plasticizzazione del tratto di albero avente diametro 25 mm.

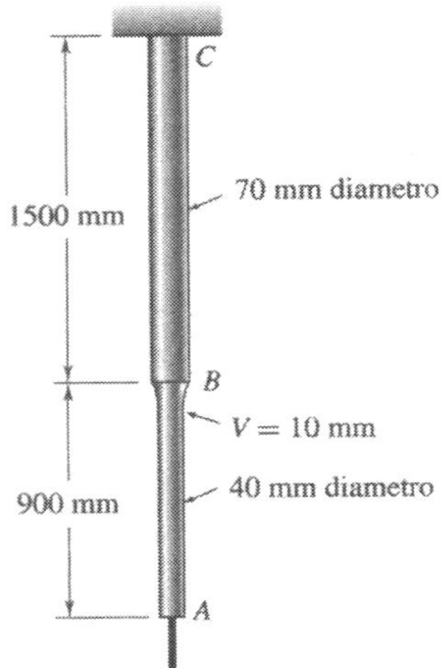

Figura 8.24

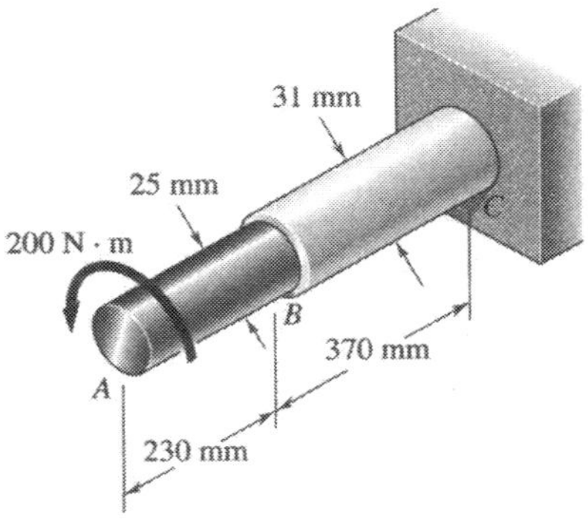

Figura 8.25

9 Criteri di resistenza statica

9.1 Introduzione

Nello studio del comportamento meccanico dei materiali sotto l'effetto di sollecitazioni statiche, ottenibili per mezzo di prove di trazione e compressione sui materiali, sono stati identificati sforzi a cui corrispondono condizioni limite del materiale:

- sollecitazione di snervamento σ_{sn}, a cui corrisponde il raggiungimento della condizione di plasticizzazione del materiale con associate grandi deformazioni (materiale a comportamento duttile);
- sollecitazione di rottura σ_m, a cui corrisponde il raggiungimento della condizione di rottura del materiale (materiale a comportamento fragile).

Come visibile da questa distinzione, per i materiali a comportamento duttile o fragile si individuano condizioni di cedimento (definita come la condizione che porta il componente a non svolgere più correttamente la funzione per la quale è progettato) differenti.

Per verificare che in un elemento meccanico non vi sia pericolo di cedimento, nelle zone più sollecitate si deve valutare lo stato di sforzo e questo deve risultare sufficientemente lontano dal valore limite, σ_{lim}, del materiale.

Questi valori sono caratteristiche dei materiali; perciò sono indipendenti dalle dimensioni e dalla forma dell'elemento meccanico e possono, quindi, essere utilizzati in ogni situazione.

Se lo stato di sforzo è monoassiale, per verificare se è stata raggiunta la condizione limite del materiale è sufficiente scrivere:

$$0 < \sigma < \sigma_{lim} \qquad (9.1)$$

Se il materiale ha un comportamento simmetrico a trazione e compressione si può scrivere:

$$-\sigma_{lim} < \sigma < \sigma_{lim} \qquad (9.2)$$

Per tenere in considerazione la presenza di errori o imprecisioni durante l'applicazione delle formulazioni di verifica (ad esempio, a causa della conoscenza non esatta dei carichi applicati, della schematizzazione semplificata del componente, ecc.) nonché per cautelarsi opportunamente rispetto alla condizione di cedimento, si introduce un coefficiente di sicurezza η per il quale va divisa la sollecitazione limite, ricavando quindi lo sforzo ammissibile dato da:

$$\sigma_{amm} = \frac{\sigma_{\text{lim}}}{\eta}$$

La formulazione di verifica nel caso di sforzo monoassiale applicato staticamente diventa quindi

$$\sigma \leq \sigma_{amm} = \frac{\sigma_{\text{lim}}}{\eta}$$

Se si ha, invece, uno stato di sforzo piano o, più in generale, anche se meno frequentemente, tridimensionale non è possibile eseguire immediatamente un confronto tra questo e i valori limite del materiale perché non è possibile confrontare uno stato di sforzo doppio o triplo con uno monoassiale, cioè con quello che corrisponde alla prova di trazione.

Per avere due valori confrontabili occorre definire una *grandezza indice del pericolo*, che dipenda dagli sforzi principali relativi allo stato di sforzo che si sta considerando e che sia equivalente a questo rispetto alla situazione limite del materiale valutata in stato monoassiale.

I *criteri di resistenza* definiscono la grandezza indice del pericolo e la confrontano con il suo valore limite. Da questo confronto si determina, poi, uno *sforzo equivalente* o *di confronto*, σ^*, monoassiale che è caratteristico del criterio e può essere direttamente paragonato alla sollecitazione limite del materiale.

È così possibile scrivere l'equazione di verifica:

$$\sigma^* \leq \sigma_{\text{amm}} = \frac{\sigma_{\text{lim}}}{\eta} \tag{9.3}$$

Nella definizione della grandezza indice del pericolo i criteri tengono conto dell'effettivo comportamento dei materiali. Si possono quindi distinguere due tipi fondamentali di criteri: quelli per i materiali duttili, che considerano che il cedimento del materiale avvenga principalmente per scorrimento (plasticizzazione), e quelli per i materiali fragili, che considerano la rottura come condizione limite del materiale.

9.2 Criteri per i materiali duttili

Nei capitoli precedenti si è visto che la modalità di cedimento dei materiali duttili è sensibilmente diversa da quella dei materiali fragili; infatti i primi presentano uno snervamento marcato, il fenomeno della strizione, e un allungamento notevole con una particolare attitudine a deformarsi plasticamente, come si vede nella **Figura 9.1**.

Inoltre il comportamento a trazione e compressione è per lo più simmetrico.

In genere per i materiali duttili come sollecitazione limite si considera lo snervamento, in quanto si ipotzza come condizione di cedimento il reggiungimento di grandi deformazioni; il cedimento non è, quindi, di tipo catastrofico e il coefficiente di sicurezza η che si considera è inferiore a quello utilizato per i materiali fragili. Per i materiali duttili si utilizza, di solito, $\eta = 1{,}5$.

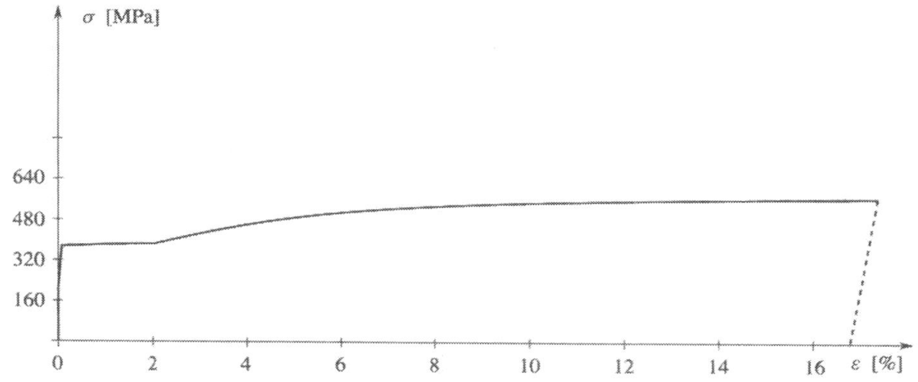

Figura 9.1 - Curva sforzi-deformazioni caratteristica di un materiale duttile;materiale duttile, curva sforzi-deformazioni (acciaio Fe510 B).

9.2.1 Criterio di Guest-Tresca o teoria del massimo sforzo tangenziale

Secondo Guest-Tresca lo snervamento avviene per scorrimento, cioè quando lo sforzo tangenziale uguaglia il massimo valore dello sforzo tangenziale che si ottiene dalla prova di trazione quando si raggiunge lo snervamento, σ_{sn}. Quindi la relazione di verifica risulta:

$$\tau_{max} \leq \tau_{amm} = \frac{\tau_{lim}}{\eta} \qquad (9.4)$$

Se sono note le sollecitazioni principali e se si assume $\sigma_I > \sigma_{II} > \sigma_{III}$, l'indice del pericolo diventa la grandezza:

$$\tau_{max} = \frac{\sigma_I - \sigma_{III}}{2} \qquad (9.5)$$

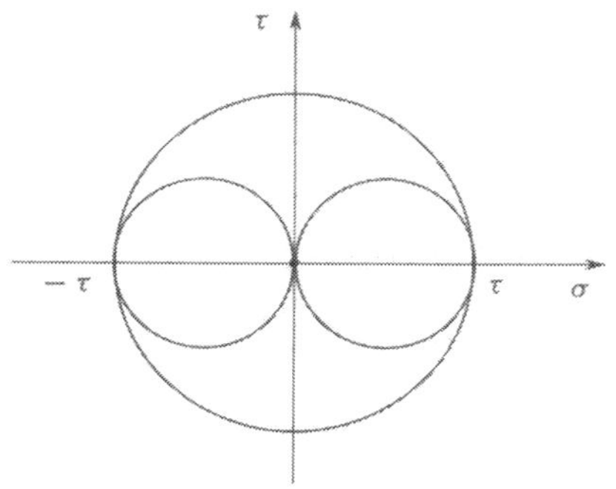

Figura 9.2 - Circonferenze di Mohr nella condizione limite di snervamento raggiunta durante la prova di trazione.

Nella **Figura 9.2** si può osservare che, tracciando le circonferenze di Mohr relative allo stato di sforzo in un provino durante la prova di trazione, il valore limite della sollecitazione tangenziale, τ_{lim}, quando il provino raggiunge la condizione limite di snervamento è pari a:

$$\tau_{\text{lim}} = \tau_{\text{sn}} = \frac{\sigma_{\text{sn}}}{2} \tag{9.6}$$

Se si riscrive la condizione di verifica, si può determinare la sollecitazione equivalente o di confronto secondo Guest-Tresca:

$$\tau_{\text{max}} = \frac{\sigma_{\text{I}} - \sigma_{\text{III}}}{2} \leq \frac{\tau_{\text{sn}}}{\eta} = \frac{\sigma_{\text{sn}}}{2}\frac{1}{\eta} \tag{9.7}$$

da cui, semplificando:

$$\sigma^*_{\text{GT}} = \sigma_{\text{I}} - \sigma_{\text{III}} \tag{9.8}$$

o più in generale:

$$\sigma^*_{\text{GT}} \leq \frac{\sigma_{\text{sn}}}{\eta} \tag{9.9}$$

Negli elementi meccanici, per le situazioni più frequenti di carico, capita spesso di conoscere una direzione principale derivante dal fatto che esiste almeno una superficie scarica. Consideriamo $\sigma_{\text{III}} = 0$ e determiniamo il luogo dei punti limite secondo il criterio di Guest-Tresca nel piano $\sigma_{\text{II}} - \sigma_{\text{I}}$.

Considerando l'equazione (**9.9**) si ricava facilmente che se $\sigma_{\text{II}} > \sigma_{\text{I}} > 0$ la condizione limite è data da:

$$\sigma_{\text{II}} = \sigma_{\text{sn}} \tag{9.10}$$

Se $\sigma_{\text{I}} > \sigma_{\text{II}} > 0$: $\quad \sigma_{\text{I}} = \sigma_{\text{sn}}$ **(9.11)**

Se $\sigma_{\text{II}} < \sigma_{\text{I}} < 0$: $\quad |\sigma_{\text{II}}| = |\sigma_{\text{sn}}|$ **(9.12)**

Se $\sigma_{\text{I}} < \sigma_{\text{II}} < 0$: $\quad |\sigma_{\text{I}}| = |\sigma_{\text{sn}}|$ **(9.13)**

Se $\sigma_{\text{I}} < 0$ e $\sigma_{\text{II}} > 0$: $\quad \sigma_{\text{II}} - \sigma_{\text{I}} = \sigma_{\text{sn}}$ **(9.14)**

Se $\sigma_{\text{I}} > 0$ e $\sigma_{\text{II}} < 0$: $\quad \sigma_{\text{I}} - \sigma_{\text{II}} = \sigma_{\text{sn}}$ **(9.15)**

La curva limite risulta, così come si vede nella **Figura 9.3**, un esagono.

I punti all'interno dell'esagono rappresentano tutti gli stati di sforzo con $\sigma_{\text{III}} = 0$ accettabili secondo il criterio di Guest-Tresca, mentre per i punti posti all'esterno non è verificata la condizione del criterio.

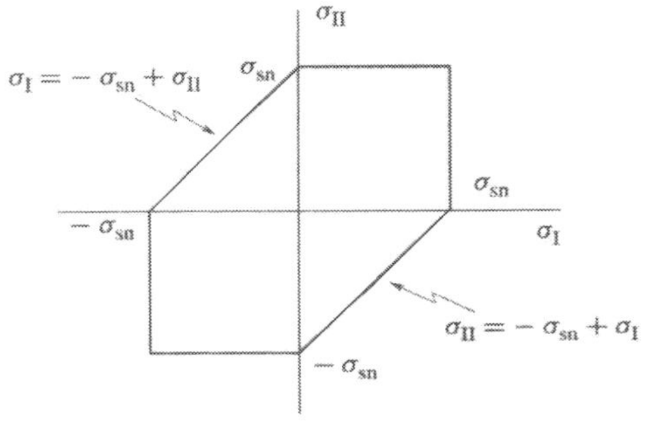

Figura 9.3 - Rappresentazione grafica del criterio di Guest-Tresca nel caso di sforzo piano ($\sigma_{\text{III}} = 0$).

Nel caso di torsione pura, rappresentata nella **Figura 9.4** nel piano di Mohr σ-τ, si possono facilmente determinare le sollecitazioni principali:

$$\begin{aligned} \sigma_{\mathrm{I}} &= \tau \\ \sigma_{\mathrm{II}} &= 0 \\ \sigma_{\mathrm{III}} &= -\tau \end{aligned} \qquad (\mathbf{9.16})$$

e da queste la sollecitazione equivalente:

$$\sigma^*_{\mathrm{GT}} = 2\tau \qquad (\mathbf{9.17})$$

Nella condizione limite di snervamento si può scrivere:

$$\tau_{\mathrm{sn}} = \frac{\sigma_{\mathrm{sn}}}{2} \qquad (\mathbf{9.18})$$

Per Guest-Tresca la sollecitazione tangenziale di snervamento è pari a metà del valore della sollecitazione di snervamento a trazione.

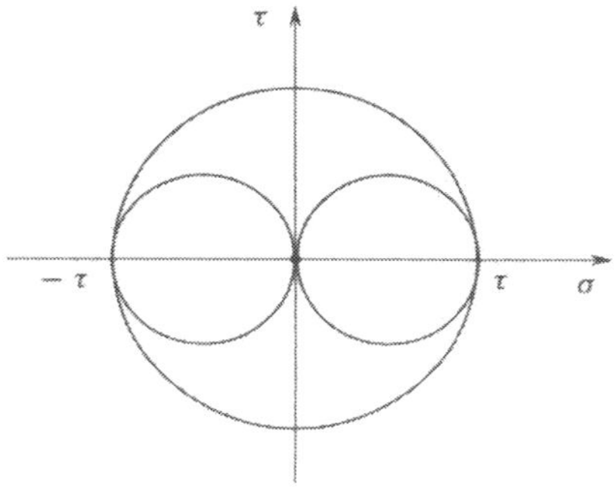

Figura 9.4 - Circonferenze di Mohr e sollecitazioni principali nel caso di torsione pura.

Per utilizzare questo criterio una delle maggiori difficoltà è costituita dalla necessità di dover conoscere in anticipo gli sforzi principali minimi e massimi; è comunque molto utilizzato per i materiali duttili.

9.2.2 Criterio di Huber - Hencky - von Mises o della massima energia di distorsione

Si è visto (paragrafo 4.3) che i tensori degli sforzi e delle deformazioni possono essere scomposti in due parti: la componente idrostatica, che produce tutta la dilatazione cubica, e la componente deviatorica, che produce una deformazione a dilatazione cubica nulla.

Anche il lavoro di deformazione totale per unità di volume può essere scomposto nel *lavoro di variazione di forma*, U_{d} (*energia di distorsione*), e nel *lavoro di variazione di volume*.

Si può scrivere:

$$U_{\mathrm{d}} = \frac{1}{2E}\left[S_1^2 + S_2^2 + S_3^2 - 2\nu(S_1S_2 + S_2S_3 + S_3S_1)\right] \qquad (\mathbf{9.19})$$

Se si introducono gli invarianti del tensore deviatore degli sforzi J_I, J_{II}, J_{III} si ottiene:

$$U_\mathrm{d} = \frac{1}{2E} J_\mathrm{II}\, 2(1+\nu) \tag{9.20}$$

ricordando che:

$$G = \frac{E}{2(1+\nu)}$$

si ottiene:

$$U_\mathrm{d} = \frac{1}{2G} J_\mathrm{II} \tag{9.21}$$

Secondo il criterio di Huber si ha snervamento quando l'energia di distorsione, U_d, è uguale all'energia di distorsione che provoca lo snervamento in un provino sollecitato a trazione. Così dall'equazione (**9.21**) e considerando che nella prova di trazione alle condizioni di snervamento si ha:

$$J_\mathrm{II} = \frac{\sigma_\mathrm{sn}^2}{3} \tag{9.22}$$

il criterio diventa:

$$\frac{1}{2G} J_\mathrm{II} = \frac{1}{2G}\frac{\sigma_\mathrm{sn}^2}{3} \tag{9.23}$$

con gli sforzi principali si ottiene poi:

$$\frac{1}{2}\left[(\sigma_\mathrm{I}-\sigma_\mathrm{II})^2 + (\sigma_\mathrm{II}-\sigma_\mathrm{III})^2 + (\sigma_\mathrm{III}-\sigma_\mathrm{I})^2\right] = \sigma_\mathrm{sn}^2 \tag{9.24}$$

Quindi la sollecitazione equivalente secondo Huber risulta:

$$\sigma_\mathrm{H}^* = \sqrt{\sigma_\mathrm{I}^2 + \sigma_\mathrm{II}^2 + \sigma_\mathrm{III}^2 - \sigma_\mathrm{I}\sigma_\mathrm{II} - \sigma_\mathrm{II}\sigma_\mathrm{III} - \sigma_\mathrm{III}\sigma_\mathrm{I}} \tag{9.25}$$

e nel caso di sforzo piano ($\sigma_\mathrm{III} = 0$):

$$\sigma_\mathrm{I}^2 - \sigma_\mathrm{I}\sigma_\mathrm{II} + \sigma_\mathrm{II}^2 = \sigma_\mathrm{sn}^2 \tag{9.26}$$

che corrisponde, come si vede nella **Figura 9.5**, all'equazione di un'ellisse.

Nel caso della torsione pura sono già note le sollecitazioni principali (**9.16**); sostituendole nell'equazione (**9.26**) e considerando di trovarsi nella condizione limite di snervamento, si può determinare il valore della sollecitazione tangenziale di snervamento, τ_sn:

$$\begin{aligned} \sqrt{\tau_\mathrm{sn}^2 + \tau_\mathrm{sn}^2 + \tau_\mathrm{sn}^2} &= \sqrt{3\tau_\mathrm{sn}^2} = \sigma_\mathrm{sn} \\ \tau_\mathrm{sn} &= \frac{\sigma_\mathrm{sn}}{\sqrt{3}} = 0{,}58\sigma_\mathrm{sn} \end{aligned} \tag{9.27}$$

Il criterio di Huber predice, nel caso della torsione pura, una τ_sn che è superiore di circa il 15% rispetto a quella determinata con il criterio di Guest-Tresca. Il criterio di Huber porta ad una formulazione dello sforzo equivalente σ^* uguale a quella ottenuta con criteri basati su differenti grandezze indici del pericolo (Henky, von Mises); di seguito il criterio sarà anche chiamato di Huber - Henky - von Mises.

Le verifiche sperimentali hanno mostrato che il criterio di Huber - Henky - von Mises descrive meglio il comportamento dei materiali duttili. Inoltre, se non sono note le direzioni e le grandezze degli sforzi principali, è di più semplice utilizzo rispetto a quello di Guest-Tresca.

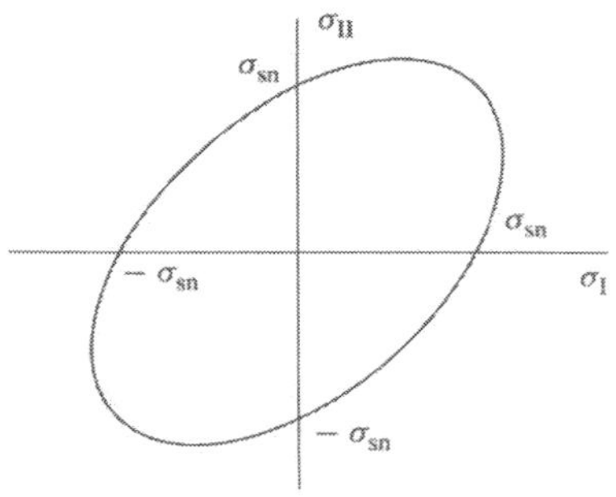

Figura 9.5 - Rappresentazione grafica del criterio di Huber nel caso di stato di sforzo piano ($\sigma_{III} = 0$).

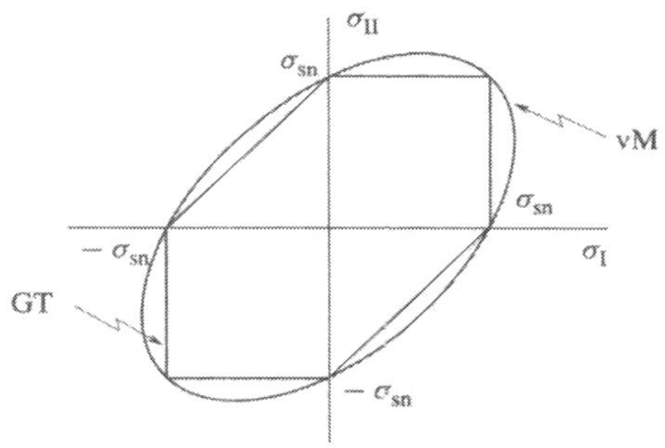

Figura 9.6 - Confronto tra il criterio di Huber e quello di Guest nel piano $\sigma_{III} = 0$.

Confrontando questo criterio con quello di Guest-Tresca, si osserva che quest'ultimo è più restrittivo, poiché la curva limite nel piano $\sigma_{III} = 0$ è completamente contenuta in quella del criterio di Huber, come si vede nella **Figura 9.6**.

Si può osservare anche che sia con il criterio di Huber sia con quello di Guest-Tresca per stati di sforzo idrostatici di trazione risulta:

$$\sigma^*_{GT} = \sigma^*_{H} = 0 \qquad (9.28)$$

quindi non si pongono limitazioni per questo stato di sforzo; infatti in tale condizione il materiale non cede per scorrimento ma per distacco.

In casi particolari di stato di sforzo, che nella pratica sono molto diffusi, si possono utilizzare espressioni semplificate.

Consideriamo il caso riportato nella **Figura 9.7**, che corrisponde alla situazione molto frequente di un elemento soggetto a flessione e torsione.

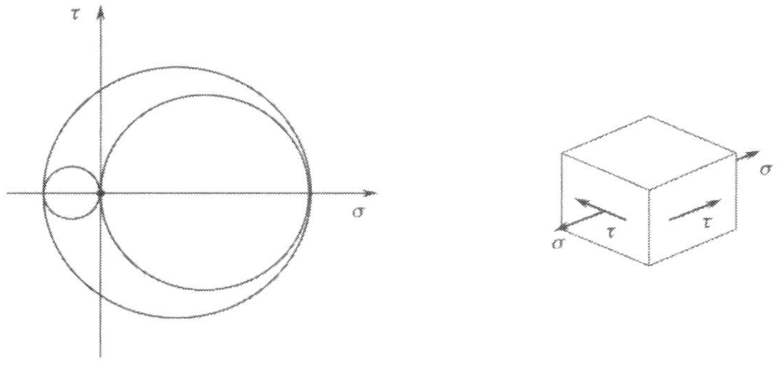

Figura 9.7 - Circonferenze di Mohr nel caso di un elemento sollecitato a flessione e torsione.

Le sollecitazioni principali valgono:

$$\begin{aligned} \sigma_{\mathrm{I}} &= \frac{\sigma}{2} + \sqrt{\left(\frac{\sigma}{2}\right)^2 + \tau^2} \\ \sigma_{\mathrm{II}} &= 0 \\ \sigma_{\mathrm{III}} &= \frac{\sigma}{2} - \sqrt{\left(\frac{\sigma}{2}\right)^2 + \tau^2} \end{aligned} \qquad (9.29)$$

Se calcoliamo la sollecitazione equivalente secondo il criterio di Guest-Tresca si ottiene, considerando che $\sigma_{\max} = \sigma_{\mathrm{III}}$ e $\sigma_{\min} = \sigma_{\mathrm{I}}$:

$$\sigma^*_{\mathrm{GT}} = \sigma_{\max} - \sigma_{\min} = 2\sqrt{\left(\frac{\sigma}{2}\right)^2 + \tau^2} = \sqrt{\sigma^2 + 4\tau^2} \qquad (9.30)$$

Se, invece, si calcola la sollecitazione equivalente secondo Huber si ha:

$$\sigma^*_{\mathrm{H}} = \sqrt{\sigma^2 + 3\tau^2} \qquad (9.31)$$

Si deve notare che queste formule sono valide se sia la τ sia la σ appartengono allo stesso piano. Consideriamo, infatti, che in un elemento sia presente uno stato di sforzo come quello rappresentato nella **Figura 9.8**, in cui la sollecitazione tangenziale, τ, e quella assiale, σ, agiscono su due piani diversi.

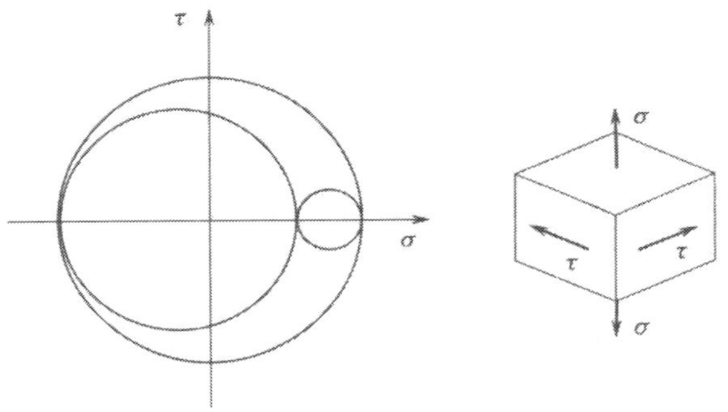

Figura 9.8 - Stato di sforzo in cui le sollecitazioni tangenziale e assiale agiscono su due piani diversi.

Determiniamo le sollecitazioni principali:

$$\begin{aligned} \sigma_{\mathrm{I}} &= \sigma \\ \sigma_{\mathrm{II}} &= \tau \\ \sigma_{\mathrm{III}} &= -\tau \end{aligned} \qquad (9.32)$$

Da cui, se $\tau > \sigma$:

$$\sigma^*_{\mathrm{GT}} = \sigma_{\max} - \sigma_{\min} = \sigma + \tau \qquad (9.33)$$

oppure: se $\tau < \sigma$:

$$\sigma^*_{\mathrm{GT}} = \sigma_{\max} - \sigma_{\min} = 2\tau \qquad (9.34)$$

In ogni caso si può vedere che la formulazione semplificata non è più valida, dato che la sollecitazione assiale e quella tangenziale agiscono su due piani diversi.

9.2.3 Criterio di Roš-Eichinger

Secondo Roš-Eichinger l'indice del pericolo è rappresentato dal valore della sollecitazione tangenziale ottaedrale, τ_{ott}. Pertanto il criterio può essere così espresso:

$$\tau_{\text{ott}} = \tau_{\text{ott,sn}} \tag{9.35}$$

dove la $\tau_{\text{ott,sn}}$ è il valore della sollecitazione ottaedrale quando, durante la prova di trazione, nel provino viene raggiunto lo snervamento.

Dal Capitolo 4, conosciamo la τ_{ott} in funzione degli sforzi principali:

$$\tau_{\text{ott}} = \frac{1}{3}\sqrt{(\sigma_{\text{I}} - \sigma_{\text{II}})^2 + (\sigma_{\text{II}} - \sigma_{\text{III}})^2 + (\sigma_{\text{III}} - \sigma_{\text{I}})^2} \tag{9.36}$$

Si può valutare il valore della $\tau_{\text{ott,sn}}$ considerando:

$$\sigma_{\text{I}} = \sigma_{\text{sn}}$$
$$\sigma_{\text{II}} = \sigma_{\text{III}} = 0$$

da cui:

$$\tau_{\text{ott,sn}} = \frac{\sqrt{2}}{3}\sigma_{\text{sn}} \tag{9.37}$$

Il criterio può essere scritto in funzione degli sforzi principali:

$$\frac{1}{3}\sqrt{(\sigma_{\text{I}} - \sigma_{\text{II}})^2 + (\sigma_{\text{II}} - \sigma_{\text{III}})^2 + (\sigma_{\text{III}} - \sigma_{\text{I}})^2} \leq \frac{\sqrt{2}}{3}\sigma_{\text{sn}} \tag{9.38}$$

semplificando:

$$\frac{1}{\sqrt{2}}\sqrt{(\sigma_{\text{I}} - \sigma_{\text{II}})^2 + (\sigma_{\text{II}} - \sigma_{\text{III}})^2 + (\sigma_{\text{III}} - \sigma_{\text{I}})^2} \leq \sigma_{\text{sn}} \tag{9.39}$$

Quindi l'espressione dello sforzo equivalente secondo Roš-Eichinger risulta:

$$\sigma^*_{\text{RE}} = \sqrt{\sigma_{\text{I}}^2 + \sigma_{\text{II}}^2 + \sigma_{\text{III}}^2 - \sigma_{\text{I}}\sigma_{\text{II}} - \sigma_{\text{II}}\sigma_{\text{III}} - \sigma_{\text{III}}\sigma_{\text{I}}} \tag{9.40}$$

Se consideriamo il caso di stato di sforzo piano ($\sigma_{\text{III}} = 0$) la sollecitazione di confronto diventa:

$$\sigma^*_{\text{RE}} = \sqrt{\sigma_{\text{I}}^2 + \sigma_{\text{II}}^2 - \sigma_{\text{I}}\sigma_{\text{II}}} \leq \sigma_{\text{sn}} \tag{9.41}$$

Si vede quindi che, anche partendo da considerazioni diverse, il criterio arriva alla stessa sollecitazione equivalente del criterio di Huber - Hencky - von Mises. Quindi la curva luogo dei punti limite è un'ellisse ed è uguale a quella riportata nella **Figura 9.5**.

Esempio svolto 9.1

Noto lo stato di sforzo presente in un punto della superficie esterna di un componente meccanico realizzato in 35CrMo4:

$$\sigma_x = 100 \text{ MPa} \quad \sigma_y = 200 \text{ MPa} \quad \tau_{xy} = 120 \text{ MPa}$$

verificare, considerando il materiale duttile con $\sigma_{\text{sn}} = 600$ MPa, se è raggiunto lo snervamento e calcolare l'eventuale margine di sicurezza.

Soluzione

La direzione z è principale ($\sigma_z = 0$); per determinare le altre sollecitazioni principali possiamo o costruire i cerchi di Mohr o utilizzare l'equazione:

$$\sigma_{\mathrm{I}},\ \sigma_{\mathrm{II}} = \frac{\sigma_x + \sigma_y}{2} \pm \sqrt{\left(\frac{\sigma_x - \sigma_y}{2}\right)^2 + \tau_{xy}^2}$$

Si trova:

$$\sigma_{\mathrm{I}} = 280 \text{ MPa}$$
$$\sigma_{\mathrm{II}} = 20 \text{ MPa}$$
$$\sigma_{\mathrm{III}} = 0 \text{ MPa}$$

Se applichiamo il criterio di Guest-Tresca:

$$\sigma^*_{\mathrm{GT}} = \sigma_{\mathrm{I}} - \sigma_{\mathrm{III}} = 280 \text{ MPa}$$

Il valore trovato è inferiore allo snervamento, si può calcolare il margine di sicurezza:

$$\eta = \frac{R_{\mathrm{sn}}}{\sigma^*} = \frac{600}{280} = 2{,}1$$

Se, invece, applichiamo il criterio di Huber la sollecitazione equivalente risulta:

$$\sigma^*_{\mathrm{H}} = \sqrt{\sigma_{\mathrm{I}}^2 + \sigma_{\mathrm{II}}^2 - \sigma_{\mathrm{I}}\sigma_{\mathrm{II}}} = 270 \text{ MPa}$$

e il margine di sicurezza:

$$\eta = \frac{600}{270} = 2{,}2$$

È importante notare che questo margine di sicurezza è leggermente superiore a quello ottenuto con il criterio di Guest-Tresca: infatti il criterio di Huber è meno restrittivo.

Esempio svolto 9.2

Un tubo di diametro $d = 100$ mm, chiuso alle estremità, costruito con Fe510 ($\sigma_{\mathrm{sn}} = 350$ MPa) è sollecitato con una pressione interna $p = 10$ MPa.

Determinare lo spessore del tubo in modo che il coefficiente di sicurezza rispetto allo snervamento sia pari a 1,5.

Soluzione

Lo sforzo circonferenziale e quello assiale sono principali, mancando gli sforzi radiali, e valgono (vedi Capitolo 5):

$$\sigma_{\mathrm{a}} = \frac{pD}{4s} = \frac{10 \cdot 100}{4 \cdot s} \qquad \sigma_{\mathrm{c}} = \frac{pD}{2s} = \frac{10 \cdot 100}{2 \cdot s}$$

si può poi considerare:

$$\sigma_{\mathrm{r}} \approx 0$$

La sollecitazione di confronto secondo Guest-Tresca vale:

$$\sigma^*_{\mathrm{GT}} = \sigma_{\mathrm{c}}$$

Se si impone:

$$\eta = \frac{\sigma_{\mathrm{sn}}}{\sigma^*} = 1{,}5$$

si ottiene:

$$s = 2{,}1 \text{ mm}$$

9.3 Criteri di resistenza per i materiali fragili

A differenza dei materiali duttili, in quelli fragili la rottura avviene sui piani normali alla direzione della massima sollecitazione, senza presentare una strizione sensibile (come si nota dall'assenza di un carico di snervamento per il materiale rappresentato nella **Figura 9.9**), poiché la deformazione plastica si riduce quasi a zero. Per questa caratteristica tali materiali sono molto più sensibili agli effetti di intaglio anche se presentano proprietà meccaniche molto elevate.

La quasi totale assenza di un marcato snervamento rende particolarmente pericolosi questi materiali, che non danno alcun segnale dell'incipiente rottura, che si verifica quindi di schianto, e impongono l'utilizzo di coefficienti di sicurezza molto più elevati rispetto ai materiali duttili, in genere $\eta = 3$.

Inoltre, i criteri da applicare per la verifica di resistenza statica devono tenere in considerazione la rottura come condizione di cedimento.

9.3.1 Criterio di Galileo, Rankine, Navier o teoria del massimo sforzo

Secondo questa teoria il cedimento si verifica quando uno degli sforzi principali diventa uguale allo sforzo di rottura a trazione – σ_m – o a compressione – σ_c –.

Per un materiale che ha comportamento simmetrico a trazione e a compressione la condizione critica è raggiunta, se σ_I è lo sforzo massimo e σ_{II} è quello minimo, quando:

$$\begin{aligned} \sigma_I &= \sigma_m \\ \sigma_{II} &= \sigma_c \end{aligned} \tag{9.42}$$

Nella **Figura 9.10** il criterio è rappresentato graficamente nel piano σ_I-σ_{II}.

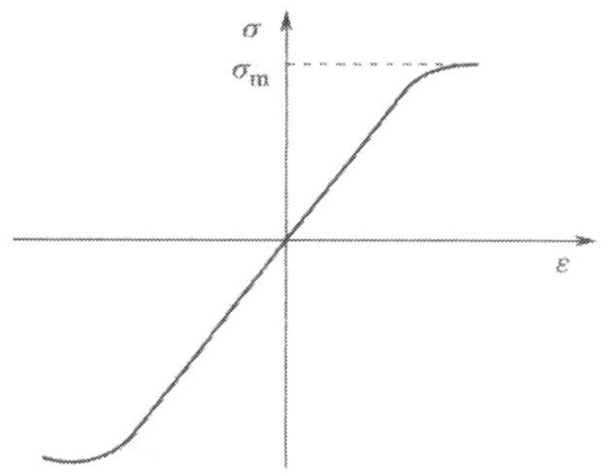

Figura 9.9 - Curva sforzi-deformazioni caratteristica di un materiale fragile.

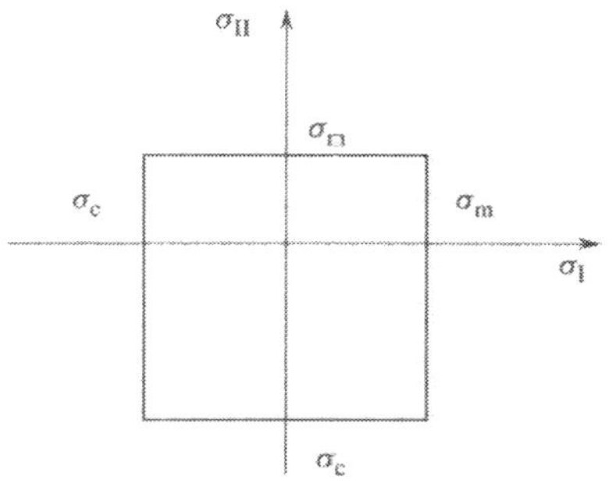

Figura 9.10 - Rappresentazione grafica della teoria dello sforzo massimo. Condizione di stato di sforzo piano ($\sigma_{III} = 0$).

Esempio svolto 9.3

Noto il seguente stato di sforzo:

$$\sigma_x = 50 \text{ MPa} \quad \sigma_y = 30 \text{ MPa} \quad \tau_{xy} = 20 \text{ MPa}$$

verificare se si raggiunge la rottura nel caso di un componente realizzato in ghisa grigia, che ha un comportamento fragile e $\sigma_R = 150$ MPa. Calcolare l'eventuale margine di sicurezza.

Soluzione
Come nell'Esempio 9.1 la direzione z è principale. Si determinano le altre sollecitazioni principali:

$$\sigma_{I} = 62{,}4 \text{ MPa}$$
$$\sigma_{II} = 17{,}6 \text{ MPa}$$
$$\sigma_{III} = 0 \text{ MPa}$$

Si deve utilizzare un criterio adatto ai materiali fragili, come quello di Rankine, che considera la massima sollecitazione come sollecitazione equivalente:

$$\sigma^*_{m} = \sigma_{max} = 62{,}4 \text{ MPa}$$

Il valore trovato è inferiore a quello di rottura; si può valutare il margine di sicurezza:

$$\eta = \frac{\sigma_m}{\sigma^*_m} = \frac{150}{62{,}4} = 2{,}4$$

9.4 Criterio di Mohr

Il criterio di Mohr si basa su una raccolta di dati sperimentali, rappresentati nel piano σ-τ. Si tracciano le circonferenze di Mohr relative alle prove sperimentali note e in corrispondenza della condizione limite, snervamento per i materiali duttili e rottura per quelli fragili, e si ottiene la curva limite dall'inviluppo di questi cerchi di Mohr. Se lo stato di sforzo da analizzare, rappresentato nel piano σ-τ come circonferenze di Mohr, è compreso nella curva limite, non si arriva al cedimento.

Secondo questo criterio, quindi, la grandezza indice del pericolo è la circonferenza fondamentale di Mohr e stati di sforzo diversi, ma che hanno la stessa circonferenza fondamentale, sono equivalenti rispetto al pericolo. In altre parole, anche in questo criterio come in quello di Guest-Tresca, la sollecitazione principale intermedia è ritenuta ininfluente rispetto al cedimento.

9.4.1 Curva limite per i materiali duttili

La curva limite di Mohr, rappresentata per i materiali duttili nella **Figura 9.11** è l'inviluppo di tutte le circonferenze fondamentali, che sono i cerchi relativi alla condizione limite ottenuta nelle diverse prove sperimentali.

Le circonferenze fondamentali tracciate sono quelle relative alla prova di trazione, di diametro pari a σ_{sn}, e a quella di compressione, simmetrica alla prima.

Le prove sperimentali eseguite sugli acciai duttili mostrano che la $\tau_{sn} \simeq 0{,}6\,\sigma_{sn}$, cioè un valore molto vicino a quello $0{,}58\,\sigma_{sn}$ valutato da Roš-Eichinger e superiore del 20% circa al valore $0{,}5\,\sigma_{sn}$ stimato da Guest-Tresca.

Inoltre, si verifica sperimentalmente la mancanza di limitazioni agli sforzi idrostatici di compressione, mentre esiste una limitazione agli sforzi idrostatici di trazione, anche se per valori molto elevati della sollecitazione. Infatti, nel caso della trazione tripla, rappresentata da un punto sull'asse delle σ ($\sigma_I = \sigma_{II} = \sigma_{III}$), si trova che per molti acciai duttili il cedimento avviene per $\sigma_I = \sigma_{II} = \sigma_{III} \simeq 4 \div 10\sigma_m$.

Per determinare il margine di sicurezza (cioè la distanza dalla condizione limite per il materiale) si devono amplificare i cerchi di Mohr, relativi allo stato di sforzo in considerazione, fino a quando diventino tangenti alla curva limite. A questo scopo bisogna aumentare in modo coerente i carichi mantenendo invariati i rapporti tra le sollecitazioni principali; quindi, spesso i cerchi tangenti alla curva limite non sono concentrici a quelli iniziali, come si vede nella **Figura 9.12**.

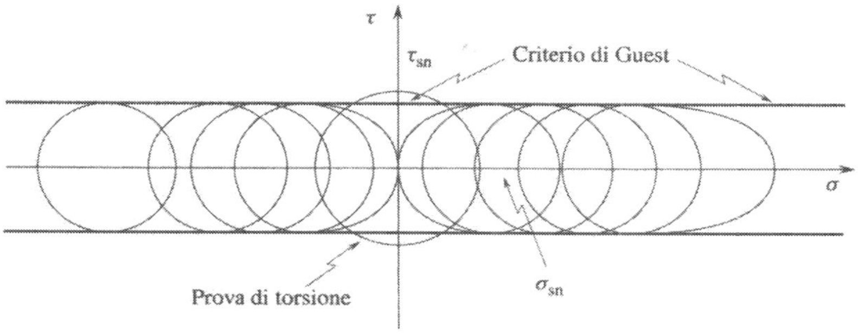

Figura 9.11 - Rappresentazione della curva limite di Mohr per un materiale duttile.

Il punto di tangenza da indicazioni sia sul valore della grandezza che provoca il cedimento sia sulle modalità secondo le quali questo avviene, indicando in particolare il piano sul quale il cedimento si verifica.

Quando si giunge alla limitazione allo sforzo idrostatico a trazione, la curva limite di Mohr incontra l'asse delle ascisse formando un angolo ϕ, e pertanto questo indicherebbe un cedimento per scorrimento, mentre dalle prove sperimentali si è visto che la rottura avviene per distacco. Si considera allora che la curva limite sia costituita dal cerchio osculatore, che è quello che ha raggio uguale al raggio di curvatura della curva, nel punto corrispondente alla trazione tripla. La tangente al cerchio osculatore è normale all'asse delle σ e il cedimento avviene, quindi, anche secondo Mohr, per distacco su piani a 90° rispetto alla massima sollecitazione principale, in accordo al criterio di Rankine.

Si può così vedere che quando ci si avvicina allo stato di trazione tripla, il comportamento del materiale cambia da duttile a fragile.

Questo fenomeno è ben evidente nei provini di materiale duttile utilizzati per le prove di trazione. Infatti nella sezione resistente, dopo che è iniziata la fase di strizione, s'instaura uno stato di sforzo di trazione tripla e la rottura finale del provino avviene in modo fragile su un piano normale alla direzione di applicazione del carico.

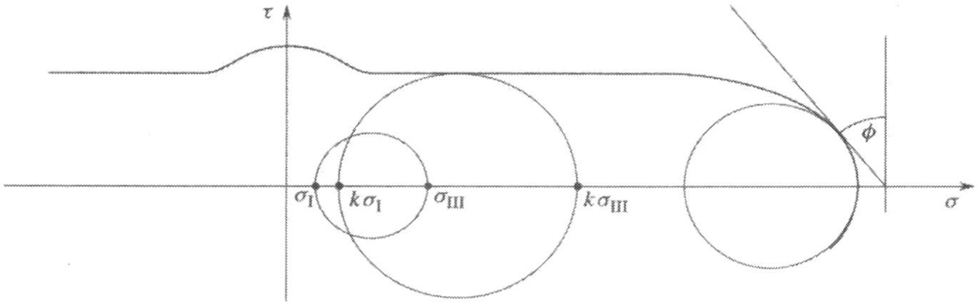

Figura 9.12 - Determinazione del margine di sicurezza con il criterio di Mohr: la circonferenza limite è trovata amplificando dello stesso coefficiente *k* tutte le sollecitazioni principali.

9.4.2 Curva limite per i materiali fragili

Nella **Figura 9.13** è riportata la curva limite ottenuta da prove sperimentali eseguite su materiali fragili.

Il diametro della curva fondamentale a trazione è pari al valore della sollecitazione di rottura, σ_m. Se si esegue una prova di torsione si trovano le seguenti sollecitazioni principali:

$$\sigma_I = \tau \qquad \sigma_{II} = 0 \qquad \sigma_{III} = -\tau \tag{9.43}$$

Secondo il criterio di Rankine si ha rottura quando:

$$\sigma_I = \tau = \sigma_m \tag{9.44}$$

Anche dalle prove sperimentali si trova che, nel caso di torsione pura:

$$\tau_r \approx 0{,}8 \div 0{,}9\,\sigma_m \tag{9.45}$$

Si può, quindi, rappresentare il cerchio fondamentale relativo alla prova di torsione pura con un diametro pari a $2 \cdot \sigma_m$.

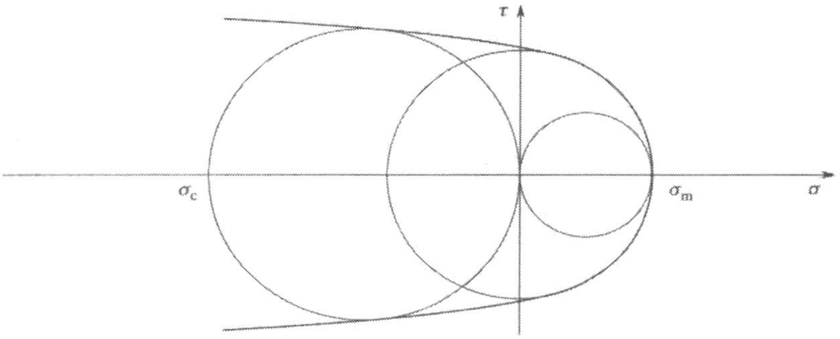

Figura 9.13 - Curva limite di Mohr per un materiale fragile.

La curva fondamentale a compressione ha un diametro decisamente maggiore rispetto a quella ottenuta dalla prova a trazione, infatti i materiali fragili hanno un valore di rottura a compressione molto più grande di quello a trazione.

La curva limite dalla parte della compressione diviene lentamente parallela all'asse delle ascisse a una distanza pari anche a $6 \div 15\,\sigma_m$.

Si può notare come nel caso di stati di sforzo prevalentemente a compressione il punto di tangenza con la curva limite indichi un cedimento non fragile, ma su un piano inclinato, come si vede nella **Figura 9.14**.

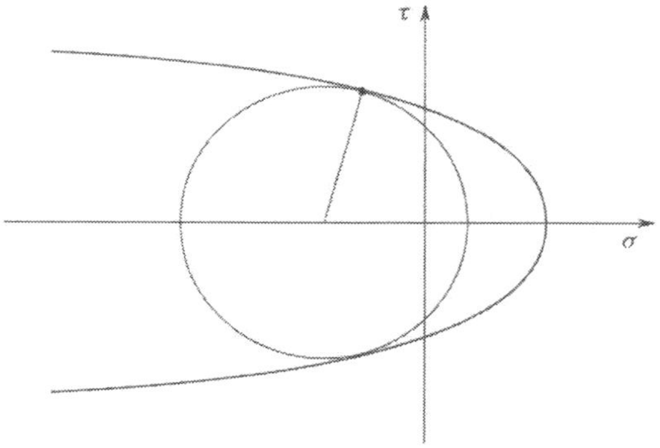

Figura 9.14 - Curva limite di Mohr per un materiale fragile.

Esercizi

9.1 Un albero di trasmissione è realizzato con l'acciaio C40 (modulo elastico $E = 206\,000$ MPa, carico unitario di rottura $R_m = 700$ MPa, carico unitario di snervamento $R_{sn} = 420$ MPa). L'albero è soggetto a flessione e torsione e deve essere garantito, in esercizio, un coefficiente di sicurezza almeno pari a 1,5. Noti i valori del momento flettente e del momento torcente agenti sull'albero (momento flettente $M_f = 100$ Nm, momento torcente $M_t = 90$ Nm), procedere al dimensionamento a flessione e in seguito verificare l'albero a flesso-torsione utilizzando il criterio di resistenza di Huber.

9.2 Ripetere l'esercizio precedente procedendo al dimensionamento a torsione e alla successiva verifica di resistenza utilizzando il criterio di resistenza di Guest-Tresca.

9.3 Dimensionare una trave soggetta a flessione ed azione assiale di trazione ($M_f = 200$ Nm, $N = 50$ kN). Scegliere il materiale della trave e, imponendo che la trave abbia sezione rettangolare, dimensionarla a flessione utilizzando sia il criterio di Guest-Tresca sia il criterio di Huber. Verificare successivamente la trave considerando anche la presenza del carico assiale con coefficiente di sicurezza minimo pari a $\eta = 1,5$.

9.4 Ripetere l'esercizio precedente nel caso in cui la trave abbia sezione circolare e sia soggetta a torsione e azione assiale di trazione ($M_t = 100$ Nm, $N = 30$ kN).

9.5 Ripetere l'esercizio precedente nel caso in cui la trave abbia sezione circolare e sia soggetta a flessione, torsione e azione assiale di trazione ($M_f = 300$ Nm, $M_t = 150$ Nm, $N = 25$ kN).

9.6 Considerando l'esercizio precedente calcolare il margine di sicurezza utilizzando:
a) l'acciaio A514 ($\sigma_{sn} = 700$ MPa);
b) la lega di alluminio 7075 ($\sigma_{sn} = 470$ MPa).

Confrontare i risultati che si ottengono con il criterio di Tresca e con quello di Huber.

9.7 Con i dati dell'esempio 9.2 calcolare lo spessore del tubo che garantisca un coefficiente di sicurezza pari a 2,5.

9.8 Un tubo cilindrico, di piccolo spessore, costruito con lega di alluminio 7075, ha uno spessore $s = 3$ mm, diametro interno $d = 60$ mm ed è sollecitato con una pressione interna $p = 10$ MPa e un momento flettente $M_f = 0,2$ kNm.
Verificare l'elemento con i criteri di Tresca e Huber.

9.9 Una mensola a sezione circolare, diametro $d = 30$ mm, lunghezza $l = 200$ mm, costruita con acciaio Fe510 ($\sigma_{sn} = 350$ MPa), è sollecitata con una forza verticale $P = 1000$ N e un momento torcente $M_t = 0{,}1$ kNm. Verificare con i criteri di Tresca e Huber.

10

Fatica dei materiali

10.1 Introduzione

Gli elementi delle macchine, realizzati con i materiali di impiego usuale in campo strutturale, se sono soggetti a carichi variabili nel tempo possono presentare cedimenti, che si verificano anche quando gli sforzi applicati sono ben inferiori rispetto a quelli di rottura cosiddetta statica (ottenuti cioè da carichi monotóni).

I cicli di sollecitazione applicati all'elemento meccanico possono attivare, infatti, un danneggiamento microscopico che all'aumentare del numero di cicli si accumula nel materiale fino alla formazione di *cricche di fatica* macroscopiche, chiamate così proprio perché dovute al ripetersi ciclico dei carichi. La propagazione di queste cricche provoca, poi, il cedimento finale dell'elemento.

Questo tipo di cedimento è particolarmente pericoloso perché di solito si verifica in modo improvviso, senza essere preceduto da variazioni significative delle deformazioni globali del pezzo. Inoltre è molto frequente; si valuta che circa l'80% dei cedimenti dei componenti meccanici sia imputabile alle conseguenze dei fenomeni di fatica.

È quindi molto importante dimensionare e verificare gli elementi meccanici anche dal punto di vista della resistenza a fatica.

Le prime indagini in questa direzione furono condotte a partire dalla metà del 1800 su assali ferroviari, che presentavano rotture non prevedibili sulla base delle verifiche di resistenza statiche allora eseguite. Gli studi evidenziarono che il componente si rompeva in esercizio anche se sollecitato con carichi variabili il cui valore massimo era ben inferiore a quello del carico di snervamento del materiale. Wöhler, per primo, studiò in maniera sistematica il comportamento dei materiali sollecitati con carichi variabili nel tempo, e osservò che esisteva *una sollecitazione limite di fatica*, un valore di sollecitazione al di sotto del quale non si verificano cedimenti, nemmeno per un numero molto elevato di cicli.

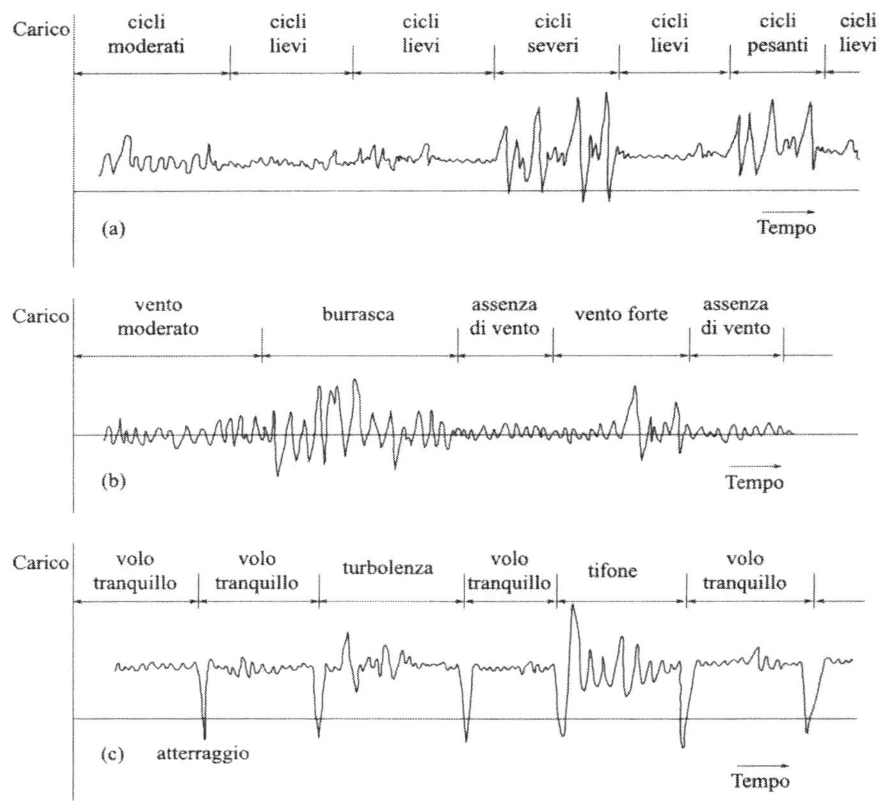

Figura 10.1 - Andamento temporale dei carichi in componenti diversi; a) andamento generico; b) piattaforma off-shore; c) aereo civile.

10.2 La fatica: aspetti generali

Le sollecitazioni negli organi delle macchine possono avere un andamento variabile di tipo casuale (*random*), come si può vedere nella **Figura 10.1** dove si riporta l'andamento delle forze e delle conseguenti sollecitazioni in alcuni casi di strutture sollecitate a fatica.

Approcci più approfonditi tengono conto degli andamenti effettivi delle sollecitazioni nel tempo; tuttavia ai fini di una valutazione quantitativa degli effetti indotti dal fenomeno il ciclo di fatica può essere schematizzato in maniera semplice.

I parametri fondamentali per definire un ciclo di fatica sinusoidale, con riferimento alla **Figura 10.2**, sono i seguenti:

- lo sforzo massimo nel ciclo, σ_{max};
- lo sforzo minimo nel ciclo, σ_{min};
- lo sforzo medio nel ciclo, σ_{med}:

$$\sigma_{\text{med}} = \frac{\sigma_{\text{max}} + \sigma_{\text{min}}}{2} \tag{10.1}$$

- la componente alternata dello sforzo nel ciclo, σ_{a}:

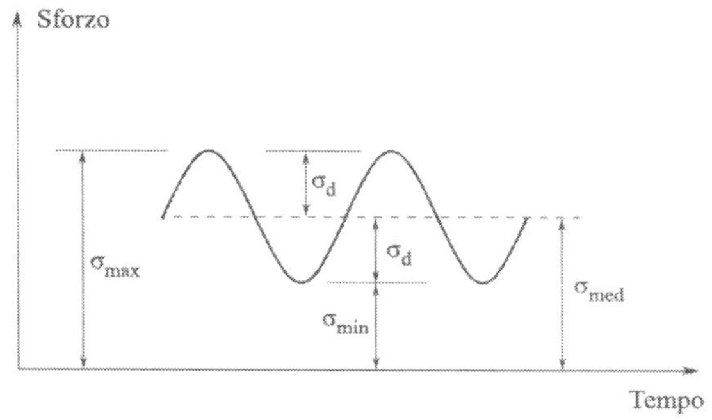

Figura 10.2 - Parametri fondamentali di un ciclo di fatica.

$$\sigma_a = \frac{\sigma_{max} - \sigma_{min}}{2} \quad (\mathbf{10.2})$$

- il rapporto tra la sollecitazione minima e la massima:

$$R = \frac{\sigma_{min}}{\sigma_{max}} \quad (\mathbf{10.3})$$

Le sollecitazioni a fatica possono essere di diversi tipi, a seconda di come variano nel tempo; tra le altre si ricordano in particolare:

- *alternata simmetrica*, quando la sollecitazione media è nulla, come si vede nella **Figura 10.3**;

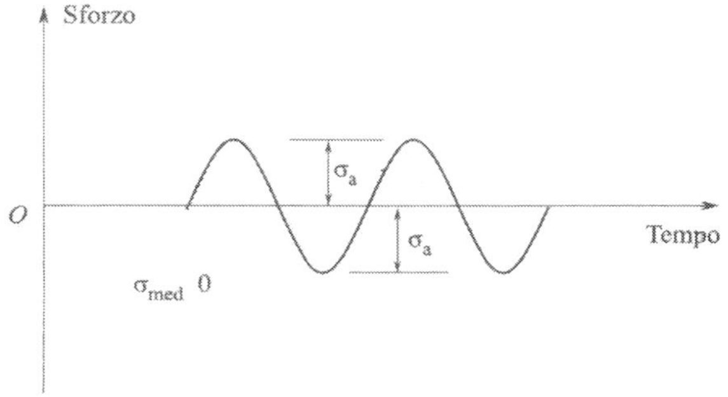

Figura 10.3 - Fatica alternata simmetrica ($R = -1$).

- *pulsatoria dallo zero*, quando la sollecitazione minima è nulla e l'ampiezza è uguale alla media, come si vede nella **Figura 10.4**.

La forma del ciclo può essere diversa, come rappresentato nella **Figura 10.5**. In ogni caso, i parametri fondamentali del ciclo di fatica rimangono gli stessi: sforzi massimi, minimi e medi. Per definire univocamente un ciclo di fatica è sufficiente conoscere due soli parametri indipendenti, ad esempio l'ampieza della sforzo σ_a e il rapporto di carico R.

La fatica è un fenomeno locale fortemente influenzato dalla microstruttura del materiale. Infatti i cedimenti per fatica sono provocati da una cricca, o difetto, che propaga a causa delle ripetizioni dei cicli di carico fino alla rottura dell'elemento, quando la sezione resistente non è più in grado di sopportare staticamente il carico massimo applicato. La cricca può essere già presente nel materiale, dovuta a saldature o al processo di produzione del materiale, e in questo caso è un vero e proprio difetto, oppure può essere provocata da danneggiamenti che interessano il materiale a livello microscopico, che si accumulano a causa delle ripetizioni dei cicli di sollecitazione e che coinvolgono una zona sempre maggiore del materiale, fino alla nucleazione di una cricca di fatica.

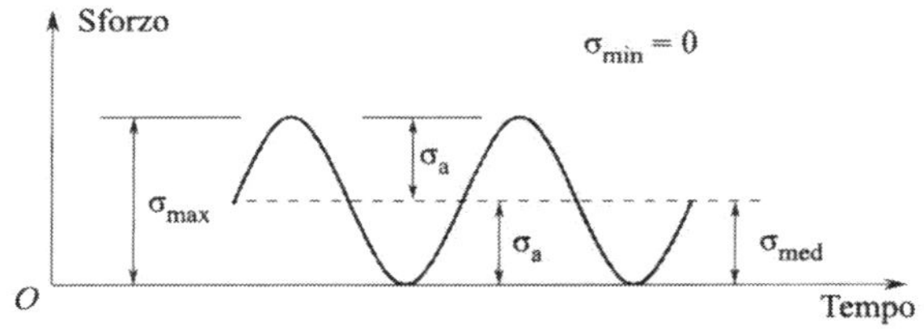

Figura 10.4 - Fatica pulsante dallo zero ($R = 0$).

Nel primo caso si ha solo la *propagazione* della cricca pre-esistente per fatica, mentre nel secondo caso si distinguono una fase iniziale di *nucleazione* seguita dalla propagazione della cricca stessa.

Nei materiali con struttura cristallina, come per esempio gli acciai duttili, vi sono dei piani preferenziali di scorrimento, che sono quelli dove si ha il massimo sforzo tangenziale, a 45° rispetto alla direzione del massimo sforzo assiale. In questi piani si verificano scorrimenti che naturalmente agiscono sia se il carico

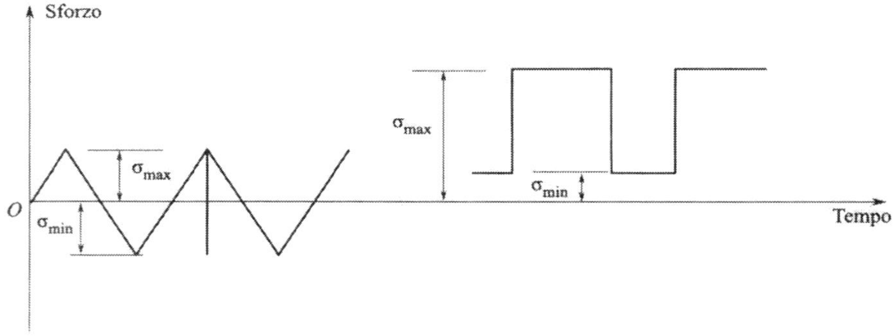

Figura 10.5 - Cicli di sollecitazione con andamento triangolare e a onda quadra.

applicato è statico sia se è ripetuto. Nel caso della fatica, le cricche nucleano da bande di scorrimento locali e poi tendono a crescere, prima nel piano di massimo sforzo tangenziale – almeno nella fase iniziale di nucleazione della cricca, che coinvolge qualche grano – e in seguito nel piano normale allo sforzo normale, come si vede nella **Figura 10.6**.

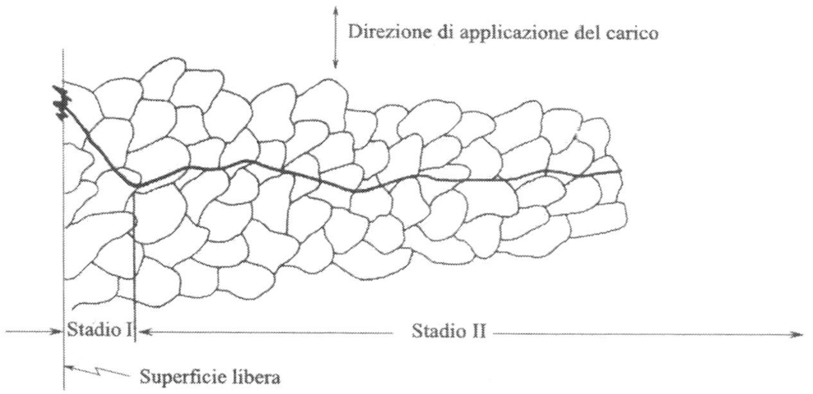

Figura 10.6 - Definizione degli stadi I e II di una cricca di fatica.

I parametri che influenzano maggiormente la nucleazione e la propagazione di una cricca di fatica sono, quindi, il numero di ripetizioni dei cicli di carico e il valore dello sforzo applicato, come è schematizzato nella **Figura 10.7**.

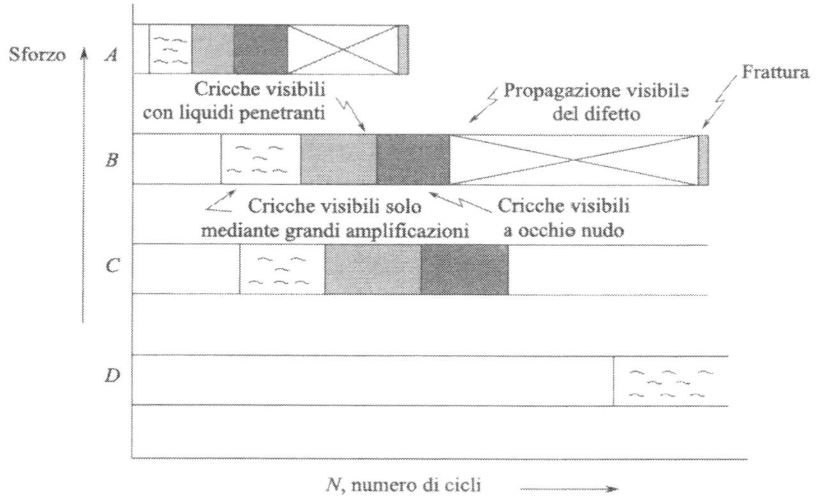

Figura 10.7 - Rappresentazione schematica dei processi di fatica e dei parametri da cui sono maggiormente influenzati.

La modalità del cedimento a fatica è differente rispetto a quella imputabile a carichi statici, e di conseguenza anche la superficie di frattura è differente.

Fondamentalmente si distinguono due zone diverse: una levigata, generata dalla propagazione della cricca e sulla quale si sono avuti fenomeni di *strisciamento* con l'altra porzione del pezzo, l'altra ruvida, generata dal cedimento finale, "di schianto", del pezzo, come indicato nella **Figura 10.8**. Si notano anche le cosiddette *linee di spiaggia*, che corrispondono alla posizione della cricca nei periodi di arresto delle sollecitazioni e che devono il loro nome alla somiglianza con le linee che il mare lascia sulla spiaggia dopo una mareggiata.

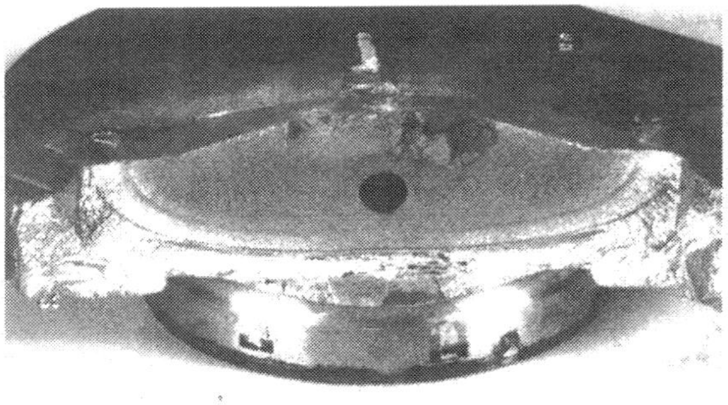

Figura 10.8 - Superficie di frattura nel caso di cedimento per fatica di un albero a gomiti di un motore diesel: si notano le linee di spiaggia.

L'aspetto finale della superficie di frattura è però influenzato da un gran numero di fattori: il tipo di carico applicato (flessionale, torsionale o assiale), l'eventuale presenza di intagli, l'entità dello sforzo applicato, le modalità di variazione del carico applicato (alternato simmetrico o con sollecitazione media).

Per riuscire a comprendere meglio le modalità di cedimento dall'esame della superficie di frattura si può fare riferimento a schemi di fratture a fatica tipiche, come quelli riportati nella **Figura 10.9**.

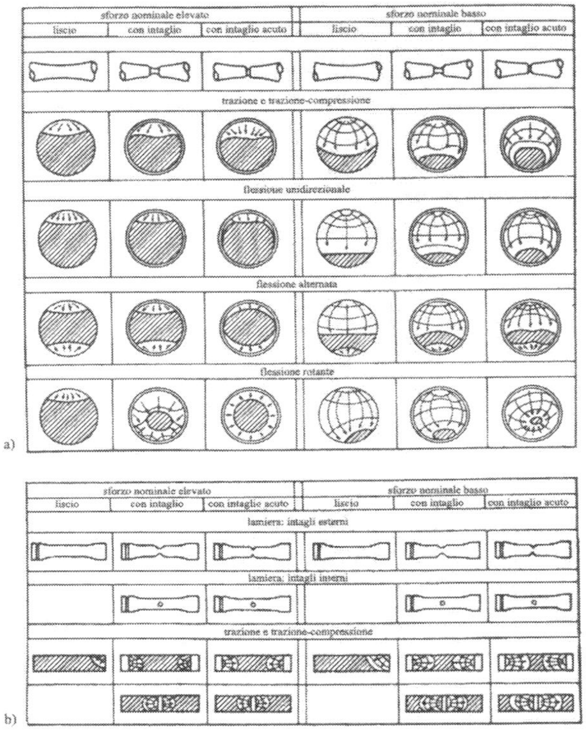

Figura 10.9 - Aspetto di tipiche fratture a fatica: a) provini a sezione circolare; b) provini a sezione rettangolare.

L'esame delle superfici di frattura è, come detto, molto complesso, ma anche molto importante ai fini della comprensione del fenomeno. La *frattografia* è la disciplina che studia l'aspetto delle superfici di frattura e che permette di comprendere, per esempio, se la cricca di fatica è iniziata da un difetto già presente nel materiale, come si vede nell'ingrandimento ottenuto con un microscopio elettronico e riprodotto nella **Figura 10.10**, oppure se è presente la fase di nucleazione, come nella **Figura 10.11**.

10.3 Comportamento a fatica dei materiali: diagramma di Wöhler

Il comportamento a fatica dei materiali è tipicamente rappresentato da un diagramma ampiezza dello sforzo-numero di cicli di carico, detto anche di Wöhler.

Questo diagramma può essere riportato, come si vede nella **Figura 10.12**, con diverse scale: lineare, lineare-logaritmica, doppio logaritmica.

Alcuni materiali, come quello nella **Figura 10.12**, presentano una chiara variazione di pendenza, o "ginocchio" nella curva ampiezza dello sforzo-numero di cicli, in corrispondenza di $N = 10^6 \div 10^7$ cicli. Altri materiali, invece, come per esempio alcune leghe di alluminio, in realtà non presentano questa variazione di pendenza in modo così marcato e mostrano un andamento sempre decrescente.

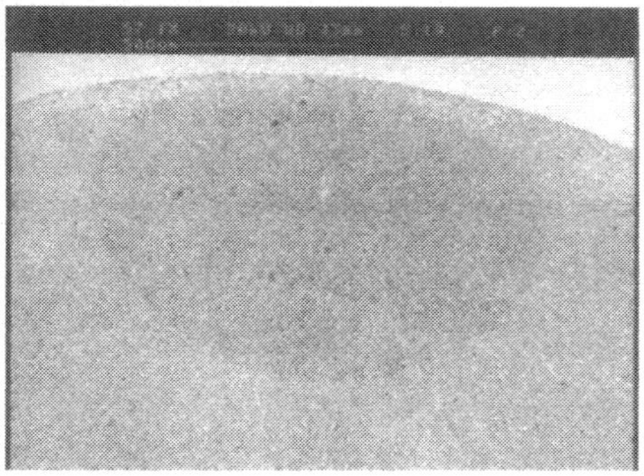

Figura 10.10 - Ingrandimento di una superficie di frattura a fatica: la cricca è iniziata da un difetto già presente.

Figura 10.11 - Ingrandimento di una superficie di frattura a fatica: la cricca si è nucleata dal materiale.

Si definiscono:

- la *vita a fatica*, N, che è il numero di cicli di carico in corrispondenza del quale si verifica la rottura di un provino per un dato livello di sforzo;
- la *resistenza a fatica*, che è il valore dell'ampiezza di sforzo che provoca la rottura in corrispondenza di N cicli di carico;
- il *limite di fatica* σ_F, che è il valore di resistenza a fatica per durata cosiddetta "illimitata"; cioè il valore dello sforzo al di sotto del quale non si arriva a cedimento per un numero molto elevato di cicli (in realtà per $N \cong 10^7 \div 10^8$).

Nella **Figura 10.12**c si vede che nel diagramma in scala doppio logaritmica si possono distinguere tre regioni:

- la regione I in cui si ha la rottura per un numero di cicli molto basso e sollecitazioni molto elevate. In genere questa zona è limitata con $N = 10^3$;

- la regione II in cui gli sforzi applicati sono inferiori ma si verificano ancora delle rotture. In genere questa zona è compresa tra $N = 10^3$ e il numero di cicli in corrispondenza al quale si ha il limite di fatica ($N_L \cong 10^6 \div 10^7$). In questa regione il legame tra gli sforzi e le durate è di tipo esponenziale:

$$\sigma^m N = ; \qquad \textbf{(10.4)}$$

- la regione III in cui per sollecitazioni inferiori al limite di fatica non si verificano rotture.

Il diagramma di **Figura 10.12** può anche essere schematizzato definendo altre due regioni: quella della *fatica a basso numero di cicli* e quella della *fatica ad alto numero di cicli*.

La distinzione tra queste due regioni non è netta: in genere, la prima è quella in cui si hanno plasticizzazioni evidenti e il cui limite è posto a $N \approx 10^4 \div 10^5$; la seconda è quella in cui gli sforzi nel materiale rimangono prevalentemente in campo elastico. Infatti, il valore della sollecitazione limite di fatica di solito è inferiore alla sollecitazione di snervamento del materiale, e quando la sollecitazione è vicina ai valori del limite di resistenza a fatica non si hanno più deformazioni plastiche macroscopiche.

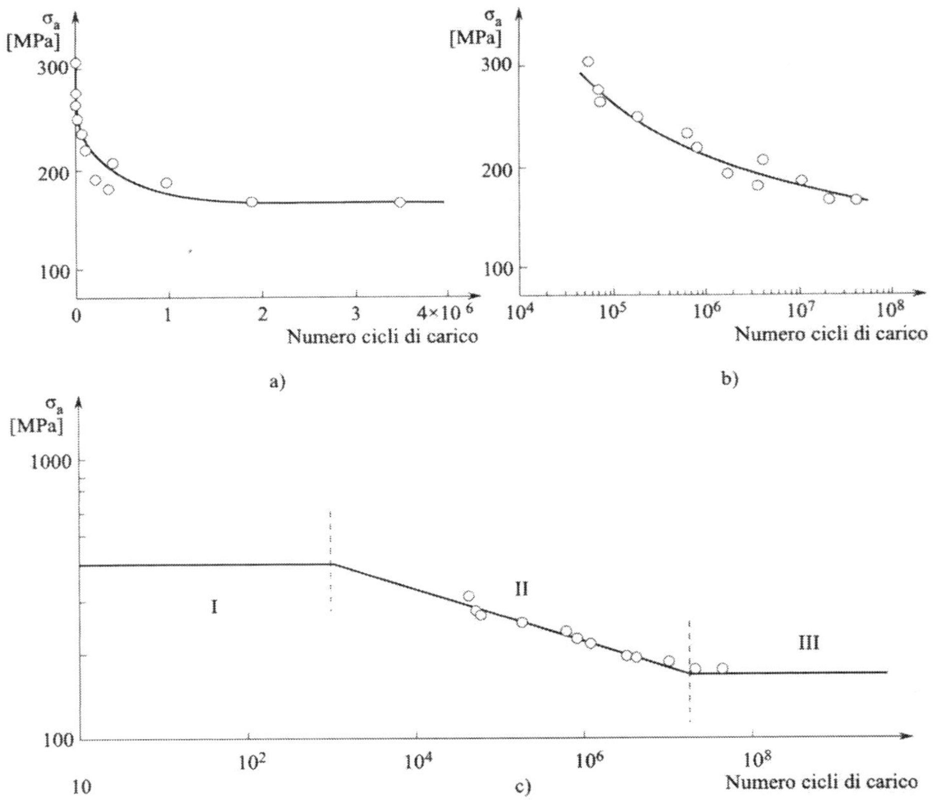

Figura 10.12 - Diagramma ampiezze di sforzo-numero di cicli, o di Wöhler. Rappresentazione in scala: a) lineare; b) lineare-logaritmica; c) doppio logaritmica.

Nel diagramma di **Figura 10.12** si possono distinguere la zona della *fatica a termine*, che si estende fino al valore limite N_L già definito, e quella della *fatica illimitata*, che è relativa a durate maggiori di N_L.

Quest'ultima distinzione è utilizzata soprattutto in campo progettuale. Infatti, i componenti delle macchine possono essere progettati per resistere indefinitamente (*fatica illimitata*), o solo per un numero prefissato di cicli (*fatica a termine*). Nella pratica progettuale la progettazione a fatica illimitata riguarda componenti per i quali non è prevista, per varie ragioni, la sostituzione durante la vita operativa della macchina. I componenti che lavorano a termine, invece, vengono sostituiti regolarmente; è questo il caso di componenti per automobili da competizione (che spesso, per alleggerire le vetture o aumentare le prestazioni dei motori a combustione interna, sono calcolati affinché durino per un numero di cicli sufficiente a concludere una competizione) o di componenti usati in campo aeronautico.

Le curve di fatica sono determinate considerando tutta la vita del provino, e il numero di cicli di carico riportato sul diagramma è quello che corrisponde alla rottura completa del provino.

Considerando il fenomeno della propagazione delle cricche di fatica, si possono distinguere sul diagramma di Wöhler la fase di nucleazione e quella di propagazione della cricca. Al diminuire della sollecitazione applicata aumenta in proporzione la durata della fase di nucleazione mentre diminuisce quella di propagazione. In particolare, come si vede nella **Figura 10.13**, nel campo della fatica ad alto numero di cicli di carico la nucleazione copre praticamente tutta la vita a fatica.

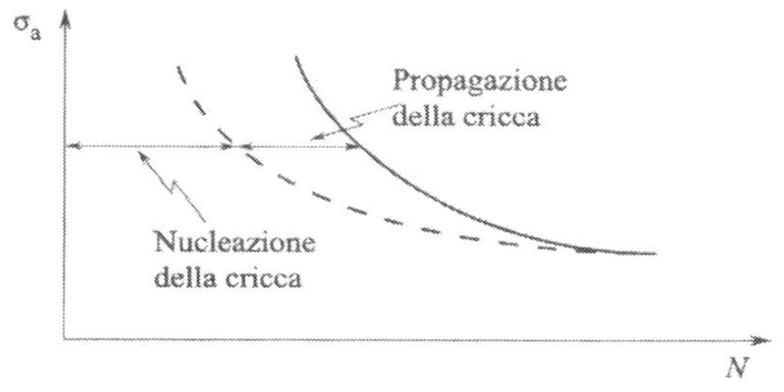

Figura 10.13 - Fase di nucleazione e propagazione nella vita a fatica.

10.4 Determinazione del limite di fatica: metodo Stair Case

Le modalità di prova per la definizione del *limite di fatica*, ovvero della sollecitazione al di sotto della quale non si verifica cedimento per fatica, sono fissate dalla norma ISO 1143. Tale norma prescrive le dimensioni dei provini di fatica e fornisce indicazioni sulla modalità di prova e di elaborazione dei risultati.

Il cedimento a fatica è, come già detto, un fenomeno locale e quindi viene influenzato da numerosi parametri che intervengono nelle sollecitazioni locali, quali dimensioni, rugosità superficiale, presenza di intagli dell'elemento. Per evitare che i risultati ottenuti dalle prove sperimentali risentano di questi fattori, la norma stabilisce la geometria, le dimensioni, lo stato superficiale dei provini da utilizzare per la determinazione del limite di fatica. Il rispetto di queste condizioni fa sì che i risultati delle prove caratterizzino solo il materiale.

Il limite di fatica va ricercato, quindi, attraverso la conduzione di prove di fatica unificate, per esempio come riportato nella norma ISO 1143.

I provini indicati da questa norma sono diversi a seconda delle forme del semilavorato dal quale si ricavano i provini (barre, lamiere) e delle prove che si vogliono eseguire. In **Figura 10.14** ne sono riportati alcuni tipi: cilindrici e cilindrici a clessidra.

In genere il raggio di raccordo è molto ampio, in modo da avere un coefficiente di intaglio $K_t \cong 1$, la dimensione caratteristica (d per il provino cilindrico, w per quello prismatico) non deve essere superiore a 10 mm, la rugosità superficiale è quella tipica della finitura per lucidatura ($R_a < 0{,}3$ μm).

I provini più diffusamente utilizzati per queste prove sono quelli cilindrici a clessidra perché, pur non presentando un apprezzabile effetto di intaglio (infatti il raggio di raccordo è molto ampio), hanno una sola sezione minima, dove lo sforzo è massimo e dove, quindi, si verifica preferibilmente la rottura per fatica. Inoltre si minimizza la possibilità che il comportamento a fatica sia influenzato dall'eventuale presenza di difetti, in quanto è meno probabile che nella sezione minima sia presente un difetto, mentre è più facile trovare una sezione con difetti nel tratto cilindrico, dove il volume di materiale è maggiore.

Il diagramma di Wöhler si ottiene interpolando un gran numero di dati sperimentali, che corrispondono alla rottura di provini e che spesso hanno una grande dispersione; di conseguenza, per ottenere delle curve e dei limiti di fatica che abbiano una probabilità di rottura prefissata, i dati devono essere trattati con un'adeguata analisi statistica.

a)

b)

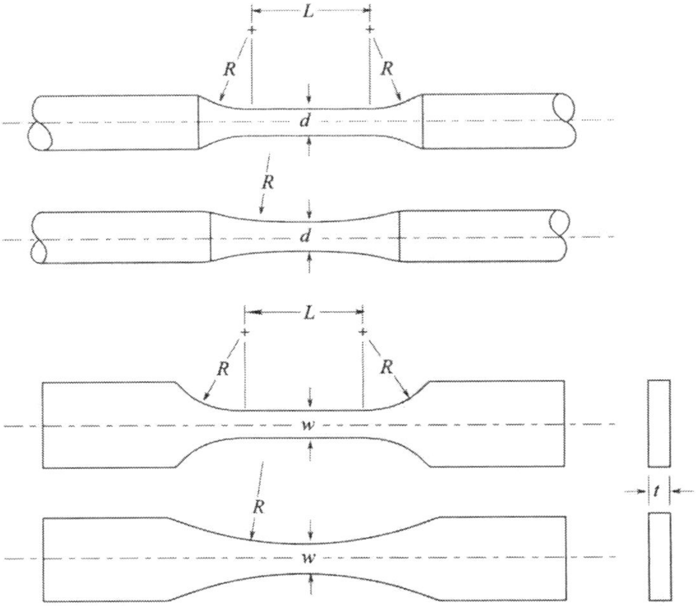

Figura 10.14 - Provini utilizzati per le prove di fatica. a) a sezione circolare: cilindrici e a clessidra; b) a sezione rettangolare: prismatici e a clessidra.

Il metodo che viene utilizzato è detto *Stair Case* e consente di determinare il limite di fatica con il valore di sforzo per il quale si ha il 50% di probabilità di rompere il provino dopo N_L cicli di carico.

Questo metodo è descritto in dettaglio anche nella norma UNI 3964.

Per l'applicazione di questo metodo si devono preventivamente individuare due valori σ_0 e $\bar{\sigma}$ che si suppongono rispettivamente inferiore e superiore al limite di fatica ipotizzato ($\sigma_0 < \sigma_F < \bar{\sigma}$).

Si suddivide l'intervallo $[\sigma_0, \bar{\sigma}]$ in un determinato numero di incrementi $\Delta\sigma$, individuando una serie di valori intermedi $\sigma_1 < \sigma_2 < \sigma_3 \ldots$, dove $\sigma_0 < \sigma_0 + \Delta\sigma = \sigma_1 < \sigma_1 + \Delta\sigma = \sigma_2 < \ldots$

Si prende un numero dispari di provini, per esempio 15, e si conducono 15 prove, partendo da $\sigma_a = \sigma_0$, e aumentando di $\Delta\sigma$ il carico se la prova non ha determinato rottura, oppure diminuendolo di $\Delta\sigma$ in caso contrario.

Si otterrà quindi un numero di rotture diverso dal numero di non rotture (perché i provini sono dispari); si considera l'evento meno frequente (tra la rottura e la non rottura), si calcola la media pesata delle σ_{max} usate e si sottrae oppure si aggiunge $\frac{\Delta\sigma}{2}$ a seconda che il risultato meno frequente sia la rottura o la non rottura.

I risultati, in termini di provini rotti o meno ai diversi livelli di sforzo presi in considerazione, devono essere organizzati in grafici simili a quello riportato nella **Figura 10.15**.

Nel caso particolare riportato in questa figura, si hanno 7 rotture (5 con σ_2 e due con σ_3) e 8 non rotture (1 con σ_0, 5 con σ_1 e 2 con σ_2): il limite di fatica σ_F sarà allora dato da: $\sigma_F = \frac{5\sigma_2 + 2\sigma_3}{7} - \frac{\Delta\sigma}{2}$.

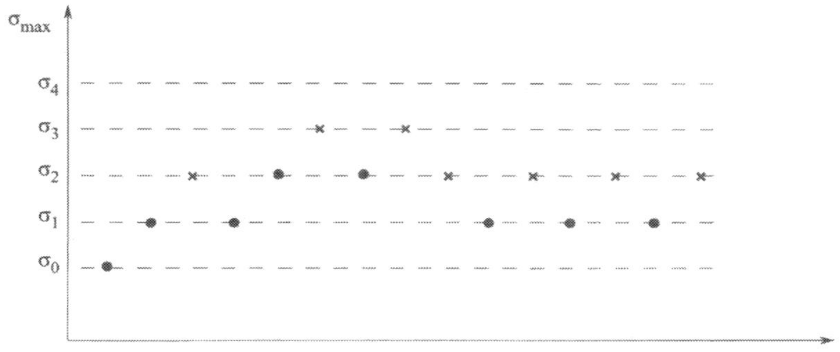

Figura 10.15 - Schema di organizzazione dei risultati ottenuti dall'applicazione del metodo *Stair Case* (• non rottura - × rottura).

10.5 Prove di fatica al variare del tipo di carico applicato

A seconda di come sono sollecitati i provini si possono effettuare differenti prove di fatica: *assiale*, *torsionale* e *flessionale*.

Quest'ultima può essere *alternata*, quando l'asse di sollecitazione del momento flettente è fisso rispetto al provino e sempre gli stessi punti del provino sono sollecitati con σ_{max} e σ_{min}, o *rotante*, quando l'asse di sollecitazione del momento flettente è rotante rispetto al provino e tutti i punti della superficie esterna sono sollecitati con σ_{max} e σ_{min}.

Il limite di fatica a flessione rotante è inferiore a quello a flessione alternata; nel primo caso infatti, per una sezione circolare, tutti punti esterni della sezione sono sollecitati con i valori massimi e minimi e statisticamente vi sono più probabilità di cedimento rispetto al caso alternato, quando sempre lo stesso punto della superficie esterna è sollecitato con lo sforzo massimo di trazione.

Uno schema di macchina per prove di flessione rotante può essere quello di **Figura 10.16**. Il provino viene afferrato in corrispondenza degli afferraggi A e B, a loro volta appoggiati in corrispondenza degli estremi C e D. Le masse *M*, appese a funi in prossimità delle zone di afferraggio, permettono di applicare l'azione di flessione; facendo ruotare il provino si realizza una sollecitazione a fatica di flessione rotante.

I limiti di fatica in caso di sollecitazioni assiali, flessionali o torsionali si ricavano seguendo il medesimo procedimento riportato nel paragrafo precedente e applicando il metodo Stair-case.

Dalle tabelle relative a prove effettuate sui materiali (riportate in manuali o pubblicate in raccolte appositamente predisposte) si ricavano di solito i seguenti valori:

σ_{FAf} limite di fatica alternata a flessione

σ_{FAa} limite di fatica alternata assiale

τ_{FAt} limite di fatica alternata a torsione

Qualora, come spesso accade, i dati a fatica relativi al materiale di interesse non siano immediatamente disponibili, si può fare riferimento ai *rapporti di fatica*, coefficienti adimensionali che permettono di legare il limite di fatica (flessionale, torsionale, assiale) di un materiale al relativo carico di rottura R_m.

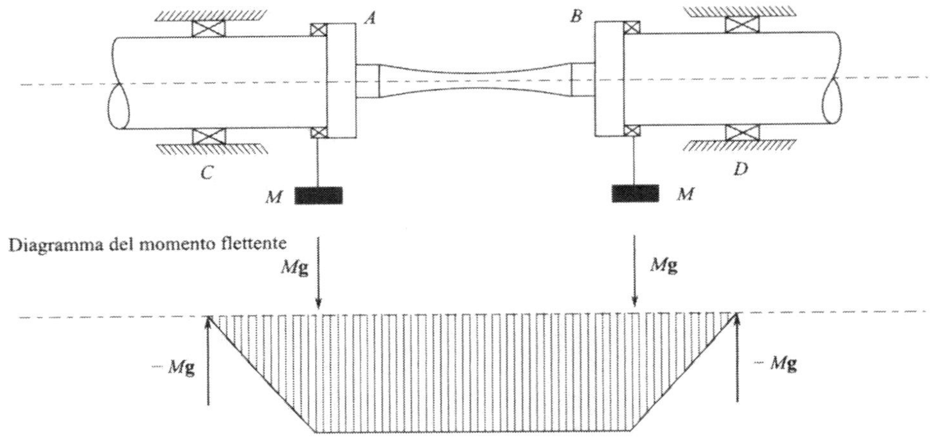

Figura 10.16 - Schema di macchina per prove di fatica a flessione rotante.

Si riportano di seguito i valori dei rapporti di fatica per acciai aventi comportamento duttile, per la ghisa e per le leghe leggere.

- Acciai a comportamento duttile:

Flessione rotante $\frac{\sigma_{FAf}}{R_m} = 0{,}40 \div 0{,}60$

Fatica alternata assiale $\frac{\sigma_{FAa}}{R_m} = 0{,}30 \div 0{,}45$

Torsione alternata $\frac{\tau_{FAt}}{R_m} = 0{,}23 \div 0{,}33$

- Leghe leggere:

Flessione rotante $\frac{\sigma_{FAf}}{R_m} = 0{,}35$

- Ghisa grigia:

$$\text{Flessione rotante} \qquad \frac{\sigma_{FAf}}{R_m} = 0{,}25 \div 0{,}30$$

Nella **Figura 10.17** sono riportati i risultati ottenuti da numerose prove di fatica a flessione rotante eseguite su alcuni acciai, riferiti al carico di rottura a trazione. Si nota, come già evidenziato dai rapporti di fatica già forniti, che per tutti i materiali il limite di fatica, σ_{FAf} è crescente con la sollecitazione di rottura, R_m. Si osserva anche che il rapporto di fatica tende a diminuire per materiali con carico di rottura a trazione elevato.

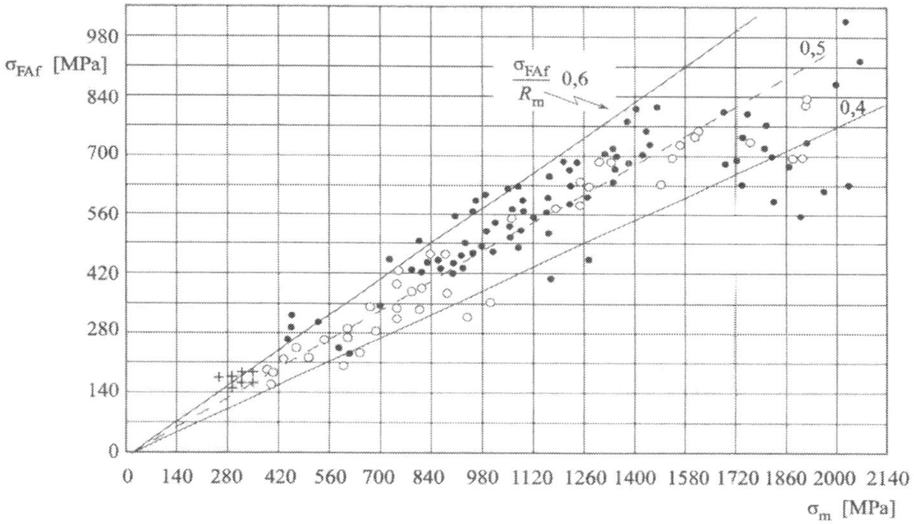

Figura 10.17 - Andamento del limite di fatica a flessione rotante per diversi acciai in funzione del carico di rottura.

10.6 Comportamento a fatica del componente meccanico

La resistenza e il limite di fatica per i materiali strutturali si ricavano, come già detto, conducendo prove di fatica su provini standard di piccolo diametro, coefficiente di intaglio $K_t = 1$ e rugosità superficiale $R_a \cong 0{,}3\ \mu m$.

Nel componente meccanico, invece, le rotture per fatica avvengono in zone in cui in genere è presente un intaglio e le dimensioni e la rugosità superficiale sono diverse da quelle dei provini di riferimento. Questi parametri influenzano la resistenza a fatica, e occorre dunque tenerne conto.

10.6.1 Effetto d'intaglio a fatica

Si considerino due serie di provini caratterizzati da geometrie diverse: i primi lisci, senza intaglio, di diametro d e i secondi con una variazione di diametro, e quindi un intaglio, come illustrato nella **Figura 10.18**.

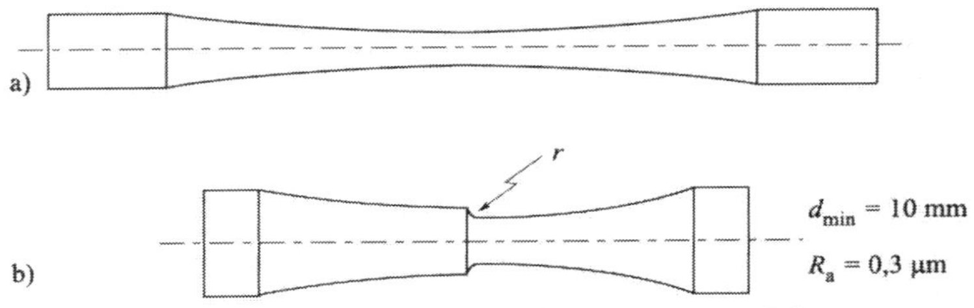

Figura 10.18 - a) provino liscio; b) provino intagliato per prove di fatica.

Se si eseguono delle prove di fatica, in genere con $\sigma_{med} = 0$ si ottengono due diverse curve di Wöhler con due diversi limiti di fatica, come nella **Figura 10.19**, dove i valori di sforzo riportati sono quelli nominali.

In particolare, nel caso dei provini lisci si ottiene il limite σ_{Fa} e nel caso dei provini intagliati si ottiene un valore inferiore e pari a σ'_{FA}: il rapporto fra i due limiti è il coefficiente d'intaglio a fatica.

Più in generale si definisce il *coefficiente di intaglio a fatica*, K_f:

$$K_f = \frac{\sigma_{FA}}{\sigma'_{FA}} \tag{10.5}$$

Il coefficiente di intaglio a fatica K_f è minore del coefficiente di intaglio teorico K_t. In generale la differenza tra K_t e K_f non è grande, e utilizzando K_t invece di K_f nel dimensionamento e nella verifica si opera in maniera cautelativa. Nel caso in cui K_f sia sensibilmente inferiore a K_t è opportuno usare il coefficiente K_f per evitare un inutile sovradimensionamento del componente.

La relazione fra K_f e K_t può essere espressa nella forma seguente:

$$K_f = 1 + q(K_t - 1) \tag{10.6}$$

dove q è detto *sensibilità all'intaglio* a fatica ed è compreso fra zero ($K_f = 1$ totale insensibilità) e 1 ($K_f = K_t$, massima sensibilità).

La sensibilità all'intaglio dipende sia dal gradiente degli sforzi in corrispondenza della zona intagliata, ossia dalla pendenza $\frac{d\sigma}{dx}$ della curva $\sigma(x)$, dove x è l'ascissa radiale con origine nell'intaglio, come si vede nella **Figura 10.20**, sia dalle caratteristiche meccaniche del materiale.

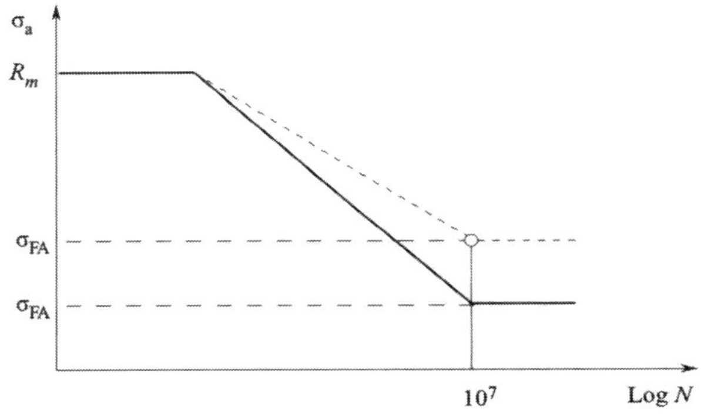

Figura 10.19 - Diagramma di Wöhler e limiti di fatica per provini lisci e intagliati.

Per comprendere in che modo influisca il gradiente di sforzo, si considerino due alberi con spallamento e raggi di raccordo diversi, che presentino lo stesso sforzo massimo σ_{max} in superficie, come illustrato nella **Figura 10.20**.

Sia $K_{tA} = 2{,}5$ (coefficiente di intaglio teorico per l'albero A) e $K_{tB} = 5$ (coefficiente di intaglio teorico per l'albero B). Per avere lo stesso sforzo massimo in superficie σ_{max} dovrà essere verificata la seguente relazione:

$$M_{fA} = 2M_{fB} = \frac{K_{tB}}{K_{tA}} M_{fB} \qquad (10.7)$$

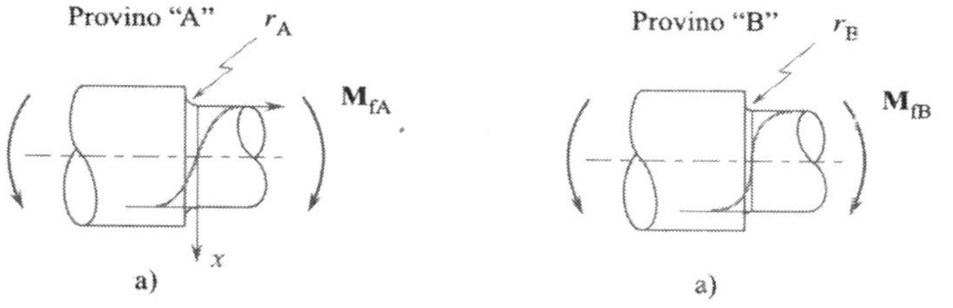

Figura 10.20 - Alberi con spallamento e differenti raggi di raccordo: andamento degli sforzi nella sezione intagliata.

Conducendo prove sperimentali di fatica, si ottengano i seguenti risultati: $K_{fA} = 2{,}1$ e $K_{fB} = 3{,}6$. Questo significa che nel caso di raggio di raccordo maggiore ($K_{tA} = 2{,}5$) si ha una diminuzione dell'effetto d'intaglio pari circa al 16% mentre, con raggio di raccordo minore ($K_{tB} = 5$), la diminuzione è del 28%. Si deduce, quindi, che in condizioni di fatica, la sensibilità all'intaglio è minore se il gradiente dello sforzo nell'intaglio è elevato e viceversa. Infatti il gradiente dello sforzo è minore nel caso a) rispetto al caso b), come si vede dalla **Figura 10.20**.

L'influenza del gradiente degli sforzi è strettamente dipendente dalla dimensione media del grano cristallino del materiale. Infatti si può ritenere, in prima approssimazione, che responsabile del cedimento non sia la tensione massima presente nella sezione, bensì la massima delle sollecitazioni medie su ciascun grano cristallino. Si può quindi ritenere che a parità di sforzo massimo σ_{max} e materiale e di trattamento termico (cioè di dimensione del grano cristallino del materiale), lo sforzo medio $\bar{\sigma}$ è inferiore se il gradiente degli sforzi è più accentuato.

Ciò significa che è molto importante la dimensione del grano cristallino; infatti a parità di sollecitazione massima, σ_{max}, se il grano è più piccolo è maggiore il valore della sollecitazione media sul grano stesso.

Ne segue che la sensibilità all'intaglio q aumenta all'aumentare del raggio di raccordo e al diminuire della dimensione del grano del materiale, come si vede nella **Figura 10.21** in cui il coefficiente di sensibilità all'intaglio q è funzione del raggio di raccordo, del materiale e del tipo di carico applicato.

Ovviamente il raggio di raccordo in fase di progetto deve essere mantenuto il più ampio possibile in presenza di sollecitazioni a fatica, ed è necessario raggiungere un compromesso tra gradiente degli sforzi, sensibilità all'intaglio ed effetto d'intaglio.

Infatti all'aumentare del raggio di raccordo diminuisce K_t, e quindi, K_f, anche se la sensibilità all'intaglio aumenta.

Anche nella scelta dei materiali, occorre considerare che quelli a struttura fine e regolare, per esempio gli acciai bonificati, hanno caratteristiche meccaniche migliori rispetto a quelli con una struttura più grossolana, e che anche il loro comportamento globale a fatica risulta migliore, pur presentando una sensibilità all'intaglio maggiore.

La sensibilità all'intaglio può essere ricavata sia attraverso l'utilizzo di grafici, come quelli riportati nella **Figura 10.21**, sia con le formule proposte da Peterson o da Neuber. La formula del Peterson è la seguente

$$q = \frac{1}{1 + a/r} \qquad \textbf{(10.8)}$$

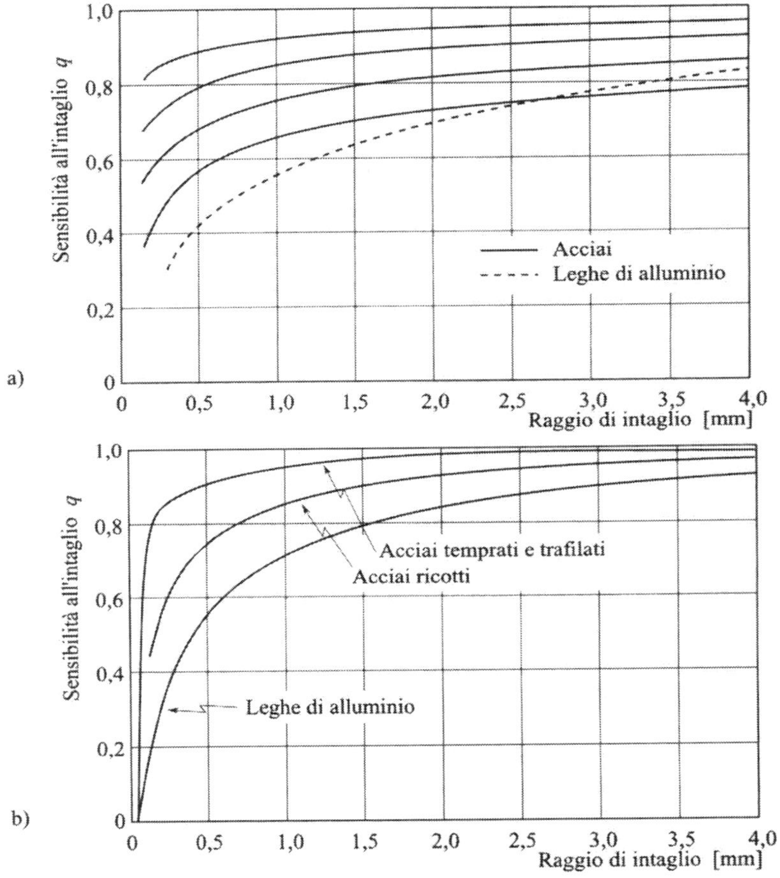

Figura 10.21 - Coefficiente di sensibilità dell'intaglio a fatica: a) da prove di flessione e carico assiale alternato; b) da prove di torsione alternata.

dove r è il raggio di raccordo in corrispondenza dell'intaglio, mentre a è un parametro caratteristico del materiale:

$a = 0{,}0634$ mm per acciai bonificati

$a = 0{,}254$ mm per acciai ricotti o normalizzati

$a = 0{,}634$ mm per leghe di alluminio

La formula del Neuber è la seguente:

$$q = \frac{1}{1 + \sqrt{\frac{\rho}{r}}} \qquad (10.9)$$

dove $\sqrt{\rho}$ è una caratteristica del materiale, funzione del carico di rottura del materiale stesso (**Figura 10.22**), mentre r è il raggio di raccordo in corrispondenza di zone con brusche variazioni di sezione.

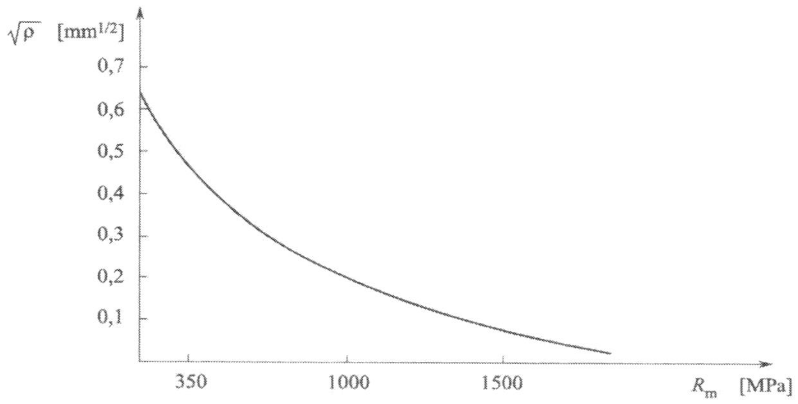

Figura 10.22 - Andamento di $\sqrt{\rho}$, parametro della formula di Neuber, in funzione del carico di rottura R_m.

10.6.2 Effetto dimensionale a fatica

In genere il diametro degli alberi e le dimensioni degli elementi di uso comune nella meccanica leggera o pesante sono maggiori rispetto a quelle dei provini utilizzati per ricavare il limite di fatica. Si osserva sperimentalmente che l'aumento delle dimensioni comporta una diminuzione del limite di fatica: questo fenomeno è detto *effetto dimensionale*.

Le cause di questo effetto sono principalmente due. In primo luogo, nell'elemento di dimensioni maggiori vi sono più probabilità di trovare difetti superficiali del materiale che sono causa di innesco e successiva propagazione di cricche di fatica (*effetto scala*).

Questa causa è presente indipendentemente dal tipo di sollecitazione (trazione-compressione, flessione, torsione) ma ha influenza abbastanza piccola sulla resistenza a fatica.

In secondo luogo, nell'elemento di dimensioni maggiori, a pari sollecitazione massima, il gradiente degli sforzi è minore e la sollecitazione media sul grano più esterno risulta maggiore rispetto al caso di un elemento di dimensioni minori (*effetto gradiente*). Questo effetto, invece, è presente solo per sollecitazioni come la flessione e la torsione, che presentano gradiente degli sforzi.

Si valuta l'effetto dimensionale degli elementi delle macchine introducendo il coefficiente dimensionale b_2:

$$b_2 = \frac{\sigma'_{\mathrm{FAf}}(D)}{\sigma_{\mathrm{FAf}}} \qquad (10.10)$$

$\sigma'_{FAf}(D)$ è il limite di fatica del componente meccanico di prefissate dimensioni, in assenza di intaglio e con rugosità superficiale uguale a quella di riferimento, mentre σ_{FAf} è il limite di fatica del materiale ricavato su provini unificati.

L'andamento del coefficiente b_2, in funzione della dimensione massima del componente, è riportato nella **Figura 10.23**.

Si nota, con riferimento al diagramma riportato nella **Figura 10.23**, che il coefficiente b_2 tende a un valore pari a:

$$\frac{\sigma'_{FAf}}{\sigma_{FAf}} \cong 0,7 \qquad (\mathbf{10.11})$$

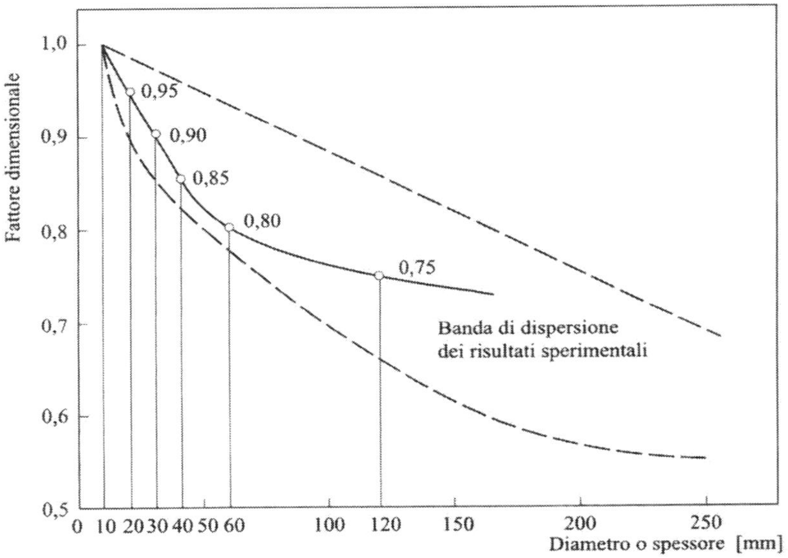

Figura 10.23 - Andamento del coefficiente dimensionale b_2 in funzione della dimensione massima del componente meccanico.

La (**10.14**) è anche circa uguale al rapporto fra i limiti di fatica assiale e flessionale (quest'ultimo ricavato su provini di piccolo diametro):

$$\frac{\sigma_{FAa}}{\sigma_{FAf}} \cong 0,7 \qquad (\mathbf{10.12})$$

Infatti all'aumentare della dimensione massima D il gradiente degli sforzi diminuisce e lo stato di sforzo tende a diventare uniforme, come abbiamo nel caso di carico assiale applicato.

10.6.3 Effetto della finitura superficiale

Mentre il provino standard è lucidato, e presenta una rugosità massima pari a $R_a = 0,3\ \mu m$, un componente meccanico è soggetto a lavorazioni che danno una finitura superficiale differente, spesso molto meno spinta.

Per tenere conto di questo fatto s'introduce un coefficiente di finitura superficiale, b_3:

$$b_3 = \frac{\sigma'_{FA}(\overline{Ra})}{\sigma_{FA}} \tag{10.13}$$

dove: σ'_{FA} è il limite di fatica ottenuto per una serie di provini che hanno una rugosità superficiale diversa da quella standard (pari a $\overline{Ra}$) e σ_{FA} è invece il limite di fatica ottenuto da provini con unificati.

Il coefficiente b_3 dipende sia dalla rugosità (e quindi dal processo tecnologico con cui il componente viene ottenuto), sia dalla resistenza R_m del materiale (un materiale più resistente, infatti, è più sensibile ai piccoli intagli indotti in superficie dal processo di lavorazione), come mostrato nella **Figura 10.24**.

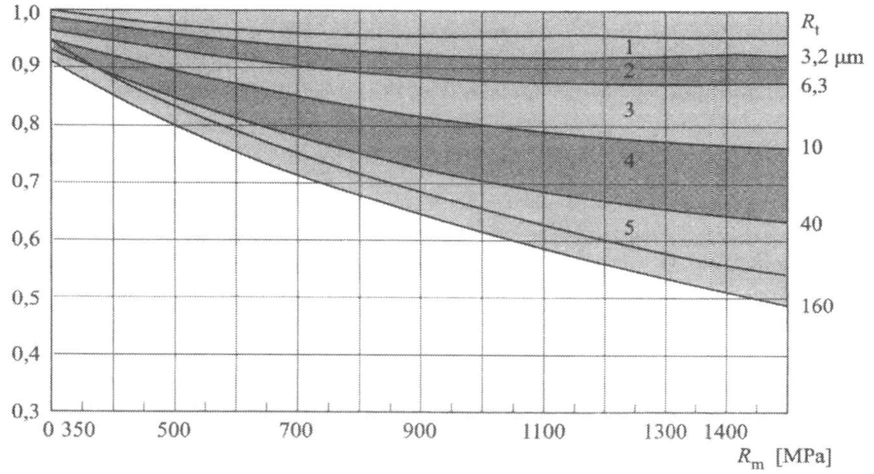

Figura 10.24 - Andamento del coefficiente b_3 in funzione del carico di rottura R_m e della finitura superficiale: 1 lucidato, 2 rettificato fine, 3 rettificato, 4 e 5 tornito.

La causa di questo effetto è da attribuirsi sia ai microintagli causati dalle lavorazioni meccaniche, sia agli sforzi residui indotti dalle lavorazioni stesse. In genere l'effetto superficiale è messo in relazione solo con la rugosità e il carico di rottura del materiale, mancando le informazioni necessarie sulle tensioni residue.

Come si può notare nella **Figura 10.24**, la dipendenza di b_3 dallo stato di finitura superficiale viene espressa attraverso la rugosità R_t (rugosità totale), pari alla distanza (espressa in μm) fra il punto più alto e il punto più basso del profilo superficiale sul tratto di lunghezza L, che corrisponde al tratto esplorato dal tastatore con cui la rugosità è misurata. Ciò si può qualitativamente spiegare tenendo presente la natura locale della nucleazione di una cricca per fatica: il peggior comportamento a fatica dei componenti è quindi legato al più severo dei microintagli, e quindi a R_t piuttosto che a R_a (Valore medio).

Il valore della rugosità totale R_t è, ovviamente, legato alla rugosità R_a, grandezza di più comune utilizzo, ma la loro relazione non è univoca e dipende dal tipo di lavorazione con cui la superficie viene finita: nel caso di tornitura si può affermare che $R_t \cong 4R_a$.

10.7 Dimensionamento e verifica di elementi meccanici soggetti a carichi variabili con valor medio nullo per durata "illimitata"

Componente soggetto a carichi alternati assiali

Si ricavano la forza assiale massima, N, agente sul componente e lo sforzo massimo corrispondente $\sigma_{a\,max}$. Si determina la sollecitazione limite di fatica del componente tenendo conto dell'effetto di intaglio a fatica e l'effetto della finitura superficiale sulla resistenza a fatica (si ricorda che in caso di fatica assiale l'effetto dimensionale è trascurabile):

$$\sigma_{a\,lim} = \frac{\sigma_{FAa} \cdot b_3}{K_{fa}} \qquad (10.14)$$

dove σ_{FAa} è il limite di fatica del provino. Si ricava la sollecitazione ammissibile, pari alla sollecitazione limite ridotta dal coefficiente di sicurezza η, e si verifica la seguente disuguaglianza:

$$\sigma_{a\,max} \leq \sigma_{a\,amm} = \frac{\sigma_{FAa} \cdot b_3}{\eta \cdot K_{fa}} \qquad (10.15)$$

Componente soggetto a flessione rotante

Si ricavano il momento flettente massimo M_f agente sul componente e lo sforzo di flessione massimo corrispondente $\sigma_{f\,max}$. Si determina la sollecitazione limite di fatica considerando l'effetto di intaglio a fatica, l'effetto dimensionale e l'effetto della finitura superficiale:

$$\sigma_{f\,lim} = \frac{\sigma_{FAf} \cdot b_2 \cdot b_3}{K_{ff}} \qquad (10.16)$$

dove σ_{FAf} è il limite di fatica a flessione rotante del provino. Si ricava la sollecitazione ammissibile, pari alla sollecitazione limite ridotta attraverso il coefficiente di sicurezza η, e si verifica la seguente disuguaglianza:

$$\sigma_{f\,max} \leq \sigma_{famm} = \frac{\sigma_{FAf} \cdot b_2 \cdot b_3}{\eta \cdot K_{ff}} \qquad (10.17)$$

Componente soggetto a carichi alternati torsionali

Si ricavano il momento torcente massimo, M_t, agente sul componente e lo sforzo di torsione massimo corrispondente, τ_{max}. Si determina la sollecitazione limite di fatica considerando l'effetto di intaglio, l'effetto dimensionale e l'effetto della finitura superficiale:

$$\tau_{lim} = \frac{\tau_{FAt} \cdot b_2 \cdot b_3}{K_{ft}} \qquad (10.18)$$

Si ricava la sollecitazione ammissibile pari alla sollecitazione limite ridotta attraverso il coefficiente di sicurezza η e si verifica la seguente disuguaglianza:

$$\tau_{max} \leq \tau_{amm} = \frac{\tau_{FAt} \cdot b_2 \cdot b_3}{\eta \cdot K_{ft}} \qquad (10.19)$$

10.8 Effetto dello sforzo medio e diagramma di Haigh

Finora sono state considerate sollecitazioni variabili nel tempo con valore medio nullo; è intuibile che, se si considerano dei cicli di sollecitazione come quello riportato nella **Figura 10.25**, con un valore medio maggiore di zero, a pari ampiezza di sollecitazione σ_a si avrà una resistenza a fatica minore rispetto al caso con sollecitazione media nulla.

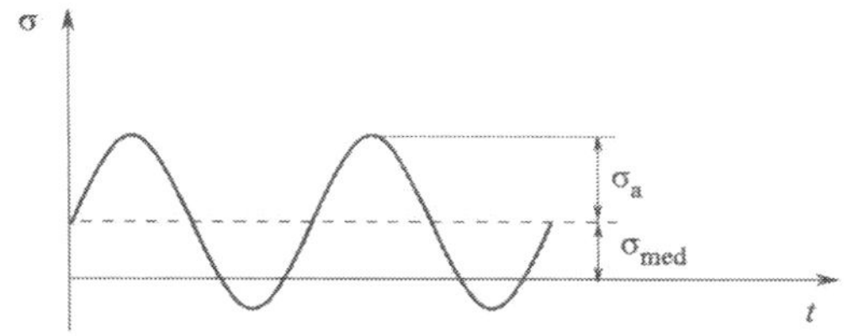

Figura 10.25 - Ciclo di sforzo con valore medio diverso da zero.

Infatti il valore dello sforzo massimo nei due casi è diverso, ed è più elevato quando la sollecitazione media è maggiore di zero.

Per tenere conto dell'effetto della sollecitazione media sulla resistenza a fatica si utilizza il diagramma di Haigh, di cui è riportato un esempio nella **Figura 10.26**; questo diagramma rappresenta le ampiezze delle sollecitazioni limite (in ordinata) in funzione delle sollecitazioni medie (in ascissa) applicate.

I valori riportati sono per fatica illimitata (la durata è infatti maggiore del valore limite N_L), per provini standard sollecitati con cicli di carico a valor medio variabile tra σ_c (carico di rottura a compressione) e σ_m (carico di rottura a trazione). Senza condurre alcuna altra prova sperimentale, già conosciamo tre punti appartenenti alla curva limite del piano $\sigma_{med} - \sigma_a$:

- per $\sigma_{med} = 0$, $\sigma_a = \sigma_{FAf}$, limite di fatica alternata a flessione;
- per $\sigma_{med} = R_m$, $\sigma_a = 0$, carico di rottura a trazione;
- e per $\sigma_{med} = R_c$, $\sigma_a = 0$, carico di rottura a compressione.

Per ciascun valore di sforzo medio compreso tra il carico di rottura a compressione e quello a trazione sarà necessario condurre una sperimentazione analoga a quella usata per trovare σ_{FAf}.

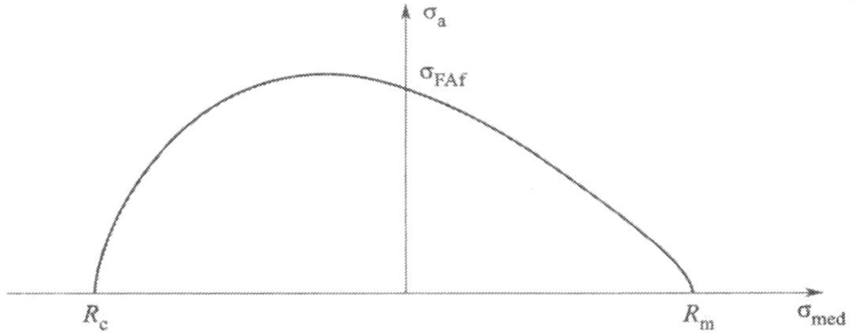

Figura 10.26 - Esempio di curva limite di Haigh per determinare il valore dell'ampiezza di sollecitazione limite al variare della sollecitazione media di flessione; nel caso di sollecitazione assiale l'andamento è analogo.

Dalla campagna di prove sperimentali si ottiene il diagramma, detto di Haigh, riportato nella **Figura 10.26**. Si osserva che per σ_{med} positive, nel caso della flessione, l'ampiezza σ_a diminuisce; mentre per σ_{med} negative tende ad aumentare, almeno nella prima parte del diagramma. Lo stesso andamento è ottenuto per sollecitazioni di trazione-compressione.

Nel caso della torsione, invece, questo effetto non è evidente dalla sperimentazione, e fino allo snervamento la τ_{med} non influenza la τ_a.

Per utilizzare il diagramma di Haigh e verificare la resistenza in presenza di una componente media diversa da zero si devono introdurre gli sforzi $\overline{\sigma}_{\text{med}}$, $\overline{\sigma}_a$ nel diagramma di Haigh. La verifica ha esito positivo se il punto caratteristico dello stato di sforzo $\overline{\sigma}_{\text{med}} - \overline{\sigma}_a$ è interno alla curva limite di Haigh, come nella **Figura 10.27**.

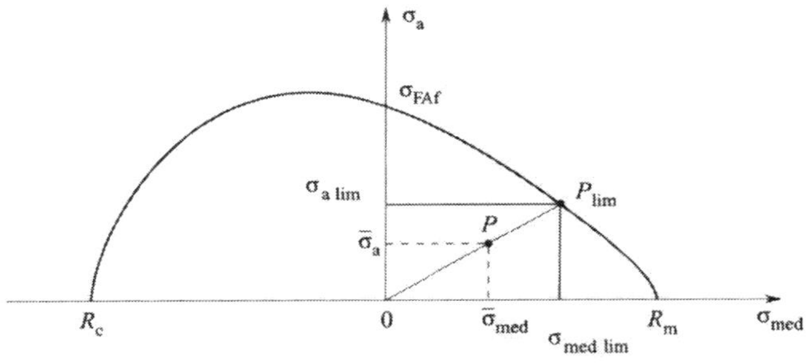

Figura 10.27 - Determinazione grafica delle sollecitazioni limite e del margine di sicurezza.

Per valutare il margine di sicurezza η bisogna trovare il punto sulla curva limite corrispondente allo stato di sforzo che si sta considerando, a parità di rapporto di sollecitazione e quindi di tipologia del ciclo.

Supponiamo, per esempio, di esaminare una situazione in cui i carichi aumentano proporzionalmente: tipico è il caso di un albero con una ruota dentata in cui, aumentando la coppia trasmessa, aumentano in proporzione tutte le forze. In questo caso, con riferimento alla **Figura 10.27**, dal punto $(\bar{\sigma}_{\text{med}}, \bar{\sigma}_a)$ sarà sufficiente procedere sulla retta passante per l'origine e il punto stesso (cioè avente equazione $x = k\bar{\sigma}_{\text{med}}$, $y = k\bar{\sigma}_a$), fino a intersecare in P_{lim} la curva di Haigh.

La situazione limite è allora rappresentata dal punto P_{lim}, e il margine di sicurezza è dato da:

$$\eta = \frac{\overline{OP}_{\text{lim}}}{\overline{OP}} = \frac{\sigma_{\text{a lim}}}{\bar{\sigma}_a} = \frac{\sigma_{\text{med lim}}}{\bar{\sigma}_{\text{med}}} \tag{10.20}$$

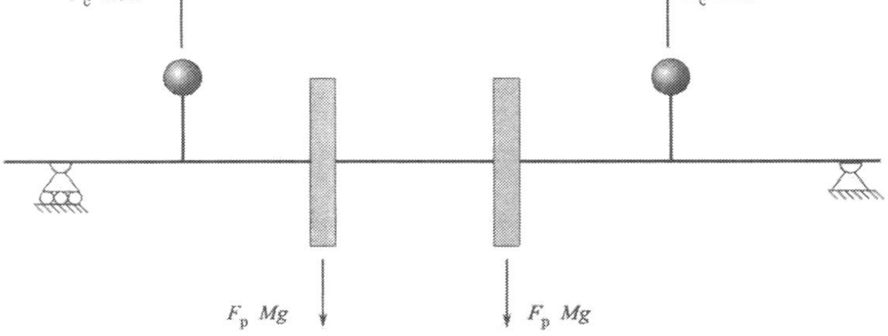

Figura 10.28 - Albero con due volani centrati e due masse eccentriche.

Se invece si considera il caso della **Figura 10.28**, costituito da un albero con due volani centrati e due masse eccentriche, aumentando la velocità di rotazione i carichi indotti dai volani e dalle masse eccentriche non aumentano proporzionalmente.

In questo caso, infatti, per portare la struttura in condizioni limite di resistenza è necessario aumentare la velocità di rotazione dell'albero. Tale aumento di velocità di rotazione è causa della variazione della sola forza centrifuga dovuta alle masse eccentriche, che provoca una sollecitazione statica per l'albero, mentre rimane invariata la sollecitazione alternata di fatica indotta dalla presenza dei volani, $\sigma_a = \sigma_{rot}$. In altri termini in quest'ultimo caso la componente alternata di sforzo rimane costante, mentre la componente media aumenta all'aumentare della velocità di rotazione dell'albero. Per determinare il margine di sicurezza si considera la condizione limite (P_{lim}) rispetto a quella di funzionamento ($\bar{\sigma}_a = \sigma_{rot}$, $\bar{\sigma}_{med}$):

$$\eta = \frac{\sigma_{med\,lim}}{\bar{\sigma}_{med}} \qquad (\mathbf{10.21})$$

In **Figura 10.29** è mostrato che per determinare graficamente la condizione limite, P_{lim} sulla curva limite di Haigh, per questo particolare caso, fissata l'ampiezza di sollecitazione $\sigma_a = \sigma_{rot}$, si aumenta solo il valore della sollecitazione media σ_{med}.

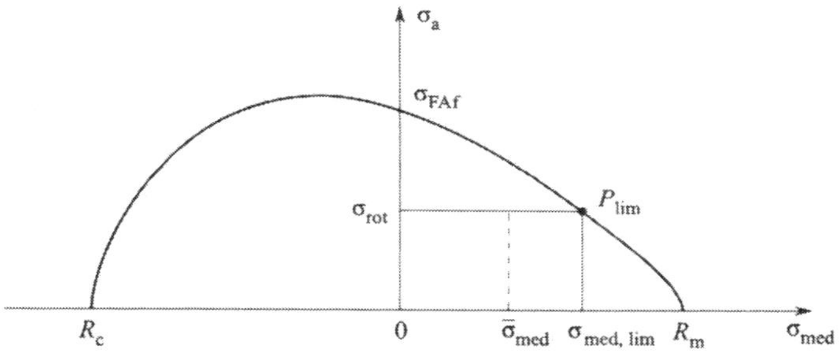

Figura 10.29 - Determinazione della condizione limite sul diagramma di Haigh per il caso di **Figura 10.28**.

10.8.1 Diagramma di Haigh semplificato

Poiché in genere non si dispone del diagramma di Haigh sperimentale, se ne può utilizzare una costruzione semplificata, di cui è mostrato un esempio nella **Figura 10.30**.

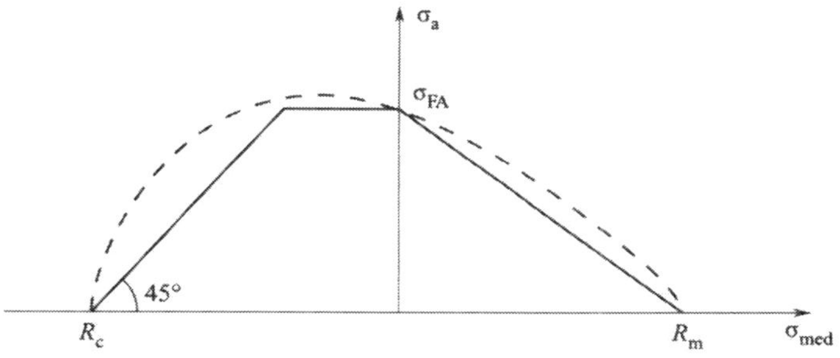

Figura 10.30 - Costruzione del diagramma di Haigh semplificato.

Il diagramma semplificato è stato ottenuto congiungendo con un segmento di retta i punti $(R_m, 0)$ e $(0, \sigma_{FA})$, appartenenti al piano (σ_{med}, σ_a), per valori di sforzo medio positivi. Per valori di sforzo medio negativi si considerano due segmenti dati dall'intersezione di una retta parallela all'asse delle ascisse e passante per il punto $(0, \sigma_{FA})$ e di una retta passante per il punto $(Rc, 0)$ e inclinata a 45º. Tale schema semplificato corrisponde a considerare un ciclo limite uguale a quello valido per fatica alternata simmetrica fino a $\sigma_{min} = -Rc$, e di considerare un ciclo limite con $\sigma_{min} = -Rc = \text{cost.}$ nella restante parte del diagramma.

Le semplificazioni apportate al diagramma di Haigh permettono di condurre la verifica di resistenza a fatica in favore di sicurezza per valori di sforzo medio positivo; infatti, la curva semplificata (linea continua nella **Figura 10.30**) è posizionata sempre sotto la curva sperimentale (rappresentata con linea discontinua).

La limitazione del diagramma di Haigh semplificato nella parte positiva degli assi corrisponde alla relazione, detta anche del Goodman:

$$\frac{\sigma_a}{\sigma_{FA}} + \frac{\sigma_{med}}{R_m} = 1 \qquad \textbf{(10.22)}$$

Questo criterio è molto utilizzato perché è semplice e rappresentabile con facilità; esistono però altri criteri per considerare l'effetto della sollecitazione media positiva, che sono illustrati nella **Figura 10.31**.

Il luogo dei punti che rappresenta la rottura secondo il criterio di Soderberg è una linea retta, passante per il punto σ_{sn} invece che per R_m, data dalla relazione:

$$\frac{\sigma_a}{\sigma_{FA}} + \frac{\sigma_{med}}{\sigma_{sn}} = 1 \qquad \textbf{(10.23)}$$

Il luogo dei punti limite di Gerber, invece, è dato dalla relazione quadratica:

$$\frac{\sigma_a}{\sigma_{FA}} + \left(\frac{\sigma_{med}}{R_m}\right)^2 = 1 \qquad \textbf{(10.24)}$$

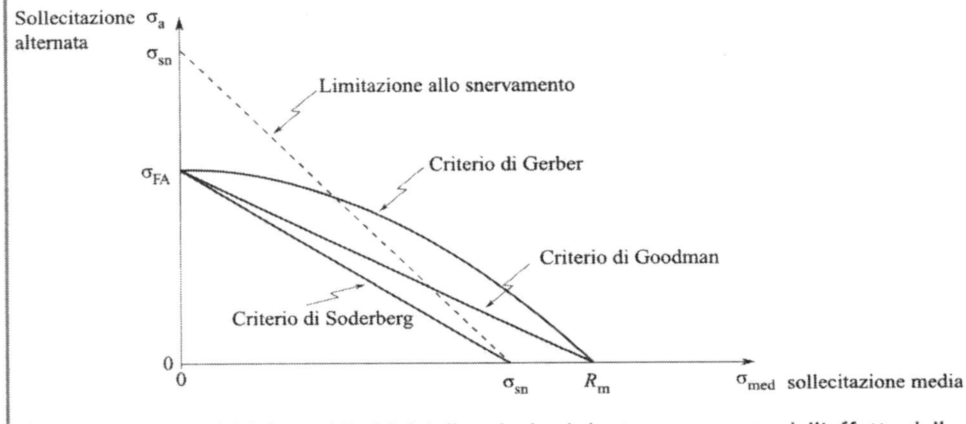

Figura 10.31 - Luoghi dei punti limiti dei diversi criteri che tengono conto dell'effetto della sollecitazione media.

Per evitare che, anche se in condizioni di resistenza a fatica illimitata, si raggiunga lo snervamento nelle zone più sollecitate, si può aggiungere anche la limitazione allo snervamento. Si ottiene la seguente disequazione:

$$|\sigma_{\max}| \leq \sigma_{\text{sn}} \rightarrow |\sigma_{\text{med}} + \sigma_{\text{a}}| \leq \sigma_{\text{sn}} \qquad \textbf{(10.25)}$$

Tale disequazione permette di individuare un'area del piano $(\sigma_{\text{med}}, \sigma_{\text{a}})$ delimitata da due rette inclinate di $\pi/4$ passanti per i punti $(0, \pm\sigma_{\text{sn}})$, posizionati sull'asse delle ascisse, come rappresentato nella **Figura 10.31**.

Determinato il punto caratteristico dello stato di sforzo, in termini di componente media di sforzo e di componente alternata, è sufficiente verificare che tale punto sia interno all'area scura rappresentata nella **Figura 10.32**; tale procedura permette di condurre la verifica di resistenza a fatica illimitata considerando anche la limitazione allo snervamento.

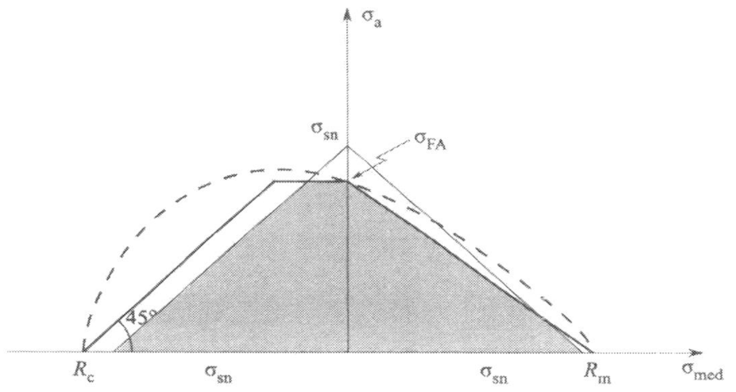

Figura 10.32 - Diagramma di Haigh semplificato (curva continua) e sperimentale (curva discontinua) con la limitazione allo snervamento.

10.8.2 Diagramma di Haigh: effetti di intaglio, dimensionale e superficiale

In caso di presenza di sforzo medio positivo o negativo, per la verifica degli elementi delle macchine non è sufficiente utilizzare il diagramma di Haigh così come è stato illustrato nei paragrafi precedenti. Tale diagramma si riferisce, infatti, ai provini utilizzati per ricavare i limiti del materiale, che hanno dimensioni e disegno definiti dalle norme, e sono caratterizzati da piccolo diametro, finitura superficiale piuttosto spinta e sono privi di intaglio.

Inoltre è noto che, in caso di materiale duttile, se la sollecitazione applicata è statica la condizione limite non è penalizzata dall'intaglio, mentre per sollecitazioni di fatica occorre sostituire il limite di fatica σ_{FA} del materiale con quello corretto

$$\sigma'_{\text{FA}} = \frac{\sigma_{\text{FA}} b_2 b_3}{K_{\text{f}}}.$$

Da queste considerazioni si può pertanto concludere che l'effetto di intaglio, nel caso di materiali duttili, nella verifica di resistenza a fatica pesa tanto meno quanto maggiore è lo sforzo medio, a parità di componente alternata del ciclo di fatica. Questo significa che, avvicinandosi alle zone di rottura statica (estremi del diagramma di Haigh in cui, sulla curva limite, la componente alternata è molto ridotta rispetto a quella media), si sentono meno l'effetto dell'intaglio, dimensionale e di rugosità.

Nel caso di un materiale fragile anche la sollecitazione di rottura sarà penalizzata dalla presenza dell'intaglio. Nella **Figura 10.33** sono rappresentate le curve limite nel caso di materiali duttili e fragili in presenza di intagli e non.

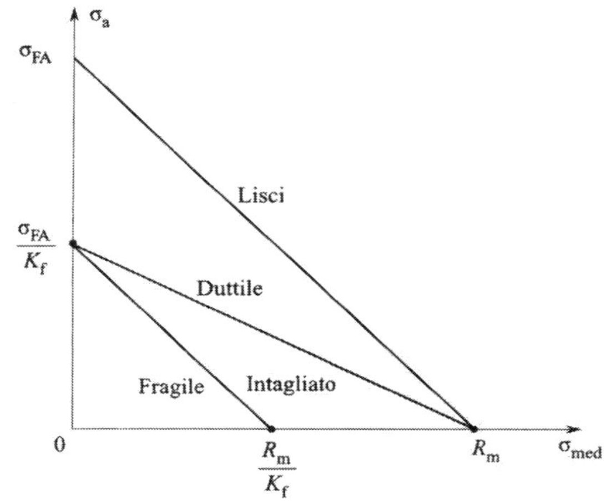

Figura 10.33 - Curve limite nel caso di materiali fragili e duttili in presenza di intaglio e non, per $\sigma_{med} > 0$.

Esempio svolto 10.1

Si consideri un elemento di macchina sollecitato con uno sforzo variabile nel tempo come nella **Figura 10.34**. Si voglia eseguire la verifica a fatica introducendo sia le limitazioni allo snervamento sia i coefficienti di intaglio a fatica, dimensionale e superficiale.

Il ciclo di sollecitazione agente nel punto più caricato del componente assuma i valori caratteristici sottoelencati e siano noti il valore di resistenza a fatica alternata e i coefficienti K_f, b_2 e b_3:

$$\sigma_{med} = -50 \text{ MPa}$$
$$\sigma_a = 60 \text{ MPa}$$
$$b_2, b_3, K_f, \sigma_{FA} \quad \text{noti}$$

Si chiede di ricavare il limite di fatica.

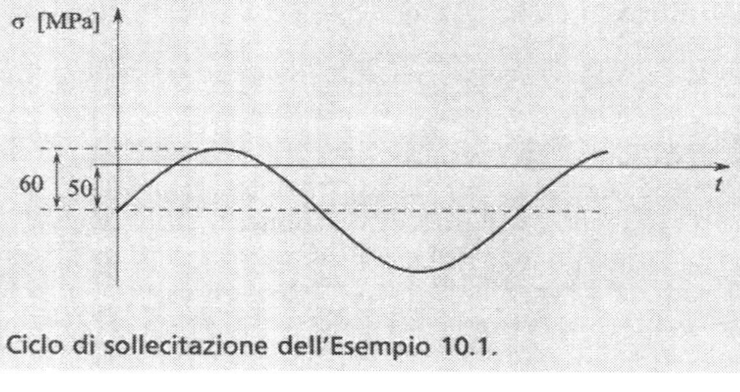

Figura 10.34 - Ciclo di sollecitazione dell'Esempio 10.1.

Soluzione
Si ricava il limite di fatica attraverso l'utilizzo dei coefficienti di intaglio, superficiale e dimensionale $\sigma'_{FA} = \sigma_{FA} \frac{b_2 b_3}{K_f}$ e, note le caratteristiche del materiale, si costruisce il diagramma di Haigh semplificato per un elemento intagliato, come nella **Figura 10.35**

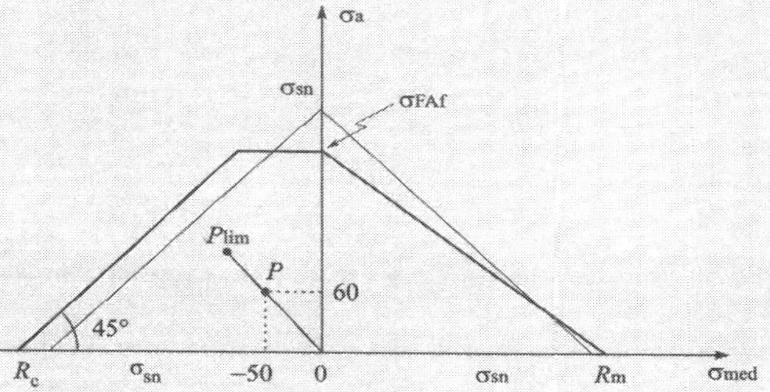

Figura 10.35 - Costruzione del diagramma di Haigh semplificato.

La componente alternata di sforzo è positiva mentre quella media è negativa. Il punto rappresentativo dello stato di sforzo nel punto più sollecitato del componente è pertanto situato nel quadrante in cui gli sforzi medi sono negativi. La condizione limite, ricavata nell'ipotesi in cui i carichi agenti sul componente aumentino uniformemente, si ottiene prolungando il segmento passante per l'origine e il punto P fino a intersecare il diagramma di Haigh semplificato in P_{lim}. La limitazione allo snervamento in questo caso è più restrittiva rispetto alla limitazione relativa alla resistenza a faica. Il margine di sicurezza può essere ricavato dal rapporto tra i segmenti $\overline{OP}_{lim}$ e $\overline{OP}$:

$$\eta = \frac{\overline{OP}_{lim}}{\overline{OP}} \qquad (10.26)$$

10.9 Fatica a termine

Nel caso in cui un componente meccanico sia sollecitato per un numero di cicli di carico inferiore a N_L, che è il valore in corrispondenza del "ginocchio" della curva di Wöhler, si parla di resistenza a termine, e la resistenza a fatica è superiore al limite di fatica, seppure per un numero di cicli limitato.

Per determinare questo valore si utilizza il diagramma di Wöhler, di cui è riportato un esempio nella **Figura 10.36**, dove si distingue la curva limite per il materiale, tratteggiata, e quindi il limite di fatica σ_{FA}, e quella, continua, per il componente e, quindi, il limite di fatica $\sigma'_{FA} = \frac{\sigma_{FA}}{K_f} b_2 b_3$.

Il carico di rottura σ_m non è stato penalizzato per l'intaglio perché si considera che il materiale sia duttile, inoltre il ginocchio della curva di Wöhler è posto cautelativamente a $N = 10^6$.

Si suppone che il numero di cicli di carico a cui è sottoposto il componente sia $N = 10^5$ e che il valore di sforzo corrispondente sia ancora in campo elastico (ossia che non si abbiano plasticizzazioni importanti). Intersecando la retta verticale di ascissa $N = 10^5$ con il diagramma a linea continua, si ottiene il limite $\sigma'_{FA,N}$ da assumere come riferimento.

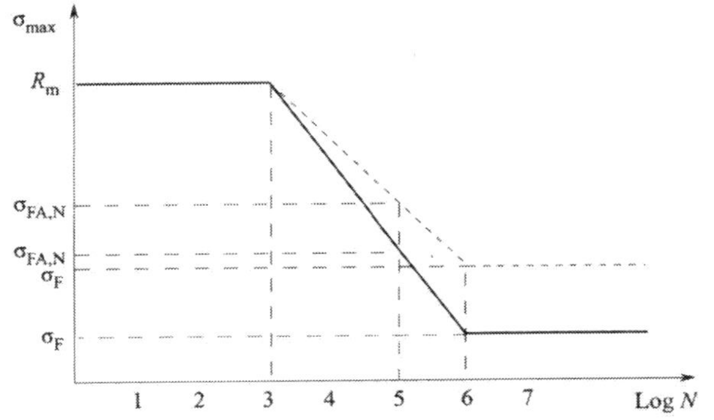

Figura 10.36 - Diagramma di Wöhler per il materiale e per il componente meccanico.

Sarebbe errato assumere come limite di fatica il valore $\frac{\sigma_{FA} b_2 b_3}{K_f}$ (dove σ_{FA} è preso sul diagramma del provino standard), proprio perché K_f, b_2 e b_3 si riferiscono alla situazione di durata illimitata; si assumerebbe infatti $\frac{\sigma_{FA} b_2 b_3}{K_f}$, effettuando quindi un inutile sovradimensionamento.

10.10 Criteri di resistenza a fatica in stato di sforzo multiassiale

Gli elementi delle macchine sono spesso soggetti a stati di sforzo pluriassiali, come, per esempio, quando le azioni di flessione e torsione sono applicate contemporaneamente. Anche se in alcuni casi si ritiene che i criteri di resistenza statici, come per esempio quello di von Mises, possano essere utilizzati anche per verifiche di fatica, in generale bisogna utilizzare criteri di resistenza multiassiali specifici per la fatica.

Lo studio del comportamento dei materiali a fatica multiassiale rientra negli argomenti specialistici non considerati nel presente volume. Per la sua elevata diffusione, descriviamo però il criterio di Gough-Pollard, applicabile in caso di presenza di azioni di torsione e flessione variabili nel tempo.

10.10.1 Criterio di Gough-Pollard

Alla base di questo criterio vi è un'ampia sperimentazione eseguita con provini standard sottoposti a sollecitazione di flessione alternata e di torsione alternata. Il momento flettente M_f e il momento torcente M_t sono stati applicati in maniera sincrona (ovvero con lo stesso periodo) e in fase tra loro (corrispondenza di massimi e minimi), come illustrato nella **Figura 10.37**.

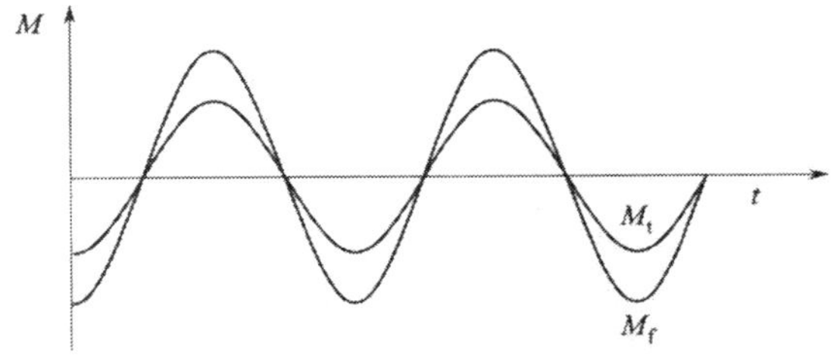

Figura 10.37 - Andamento nel tempo dei momenti torcente e flettente nelle sperimentazioni di Gough e Pollard.

Le prove sono state condotte variando le ampiezze delle sollecitazioni tangenziali τ_a e di quelle flessionali σ_a; si può per esempio fissare un valore per τ e condurre prove con diversi valori di sforzo per ricavare il valore σ, che è il limite di fatica in presenza anche di quel dato valore di τ.

Ripetendo le prove con diversi valori di τ, si ottengono altre coppie (σ, τ) di risultati (**Figura 10.38**), che possono essere riportate su un diagramma, relativo alla durata illimitata in quanto riporta punti che sono limiti di fatica per sollecitazioni di torsione e di flessione contemporanee.

Gough e Pollard, che hanno condotto queste esperienze, hanno osservato che le coppie di punti individuate sono interpolabili con un quarto d'ellisse, i cui semiassi giacciono sugli assi (σ, τ) e i cui estremi corrispondono rispettivamente al limite di fatica a flessione alternata, σ_{FAf}, e a quello di torsione alternata, τ_{FAt}.

L'equazione della curva interpolante, che è anche la curva limite, è quindi:

$$\frac{\sigma_a^2}{\sigma_{FAf}^2} + \frac{\tau_a^2}{\tau_{FAt}^2} = 1 \qquad (\mathbf{10.27})$$

dove:

$$\sigma_a = \frac{M_f}{W_f}\,; \qquad \tau_a = \frac{M_t}{W_t} \qquad (\mathbf{10.28})$$

Questo risultato sperimentale può essere tradotto in un criterio di resistenza.

Si supponga di condurre la verifica di resistenza per un provino standard soggetto a flessione e torsione alternate, sincrone e in fase. Se il punto rappresentativo dello stato di sforzo (σ_a, τ_a), agente sul provino, si trova all'interno della curva limite, il provino resisterà per una durata illimitata. Per trovare il valore del coefficiente di sicurezza effettivo si ricerca il punto P_{lim} (vedi **Figura 10.38**) σ_a e τ_a ottenuto sulla curva-limite con un rapporto tra le sollecitazioni flessionali e torsionali pari a quello presente nello stato di sforzo (δ_a, τ_a) considerato. Questo equivale a tracciare una retta passante per l'origine e per il punto P di coordinate (σ_a, τ_a).

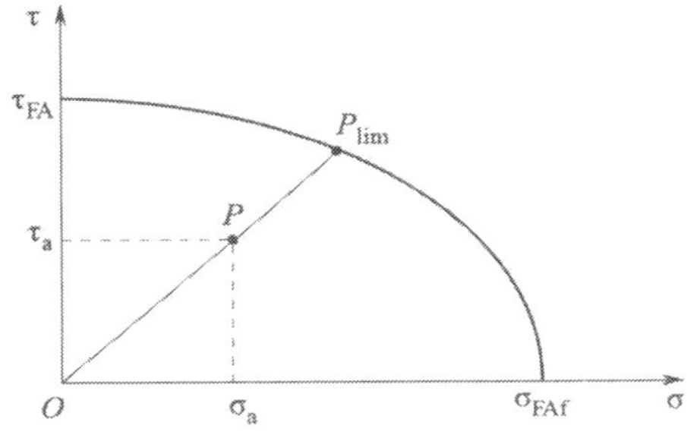

Figura 10.38 - Determinazione della condizione limite.

Il coefficiente di sicurezza sarà dato da:

$$\eta = \frac{\overline{OP}_{lim}}{\overline{OP}} \qquad (\mathbf{10.29})$$

Dall'equazione dell'ellisse si ricava:

$$\frac{\sigma_a^2}{\sigma_{FAf}^2} + \frac{\tau_a^2}{\tau_{FAt}^2} = 1 \qquad (\mathbf{10.30})$$

$$\sigma_a^2 + \left(\frac{\sigma_{FAf}}{\tau_{FAt}}\right)^2 \cdot \tau_a^2 = \sigma_{FAf}^2 \qquad (\mathbf{10.31})$$

$$\sqrt{\sigma_a^2 + \left(\frac{\sigma_{FAf}}{\tau_{FAt}}\right)^2 \cdot \tau_a^2} = \sigma_{FAf} \qquad (10.32)$$

dove la sollecitazione di confronto è data da:

$$\sigma_{GP}^* = \sqrt{\sigma_a^2 + \left(\frac{\sigma_{FAf}}{\tau_{FAt}}\right)^2 \cdot \tau_a^2} \qquad (10.33)$$

Passando dalla condizione limite a quella di verifica, il criterio si traduce nella disuguaglianza:

$$\sigma_{GP}^* \leq \frac{\sigma_{FAf}}{\eta}$$

È opportuno prestare attenzione al fatto che il criterio di Gough e Pollard vale solo per stati di sollecitazione composti da flessione e torsione (nella **Figura 10.39** è rappresentato il relativo stato di sforzo), perché è stato ricavato sulla base di un'ampia sperimentazione condotta con questo particolare stato di sforzo.

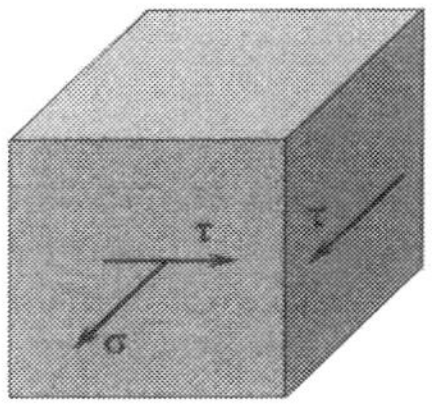

Figura 10.39 - Rappresentazione degli sforzi di flessione e torsione in un punto.

Per passare alla verifica di elementi di macchina, ovvero per passare da condizioni di prova di laboratorio a componenti reali (con intagli, rugosità, dimensioni geometriche diversi da quelli standard) è necessario introdurre i coefficienti K_f, b_2, b_3, ottenendo così:

$$\tau'_{FAt} = \tau_{FAt} \cdot \frac{b_2 \cdot b_3}{K_{ft}}; \qquad \sigma'_{FAf} = \sigma_{FAf} \cdot \frac{b_2 \cdot b_3}{K_{ff}} \qquad (10.34)$$

dove K_{ft} e K_{ff} rappresentano rispettivamente il coefficiente d'intaglio a fatica torsionale e il coefficiente d'intaglio a fatica flessionale; l'introduzione di tali coefficienti si riflette in una contrazione del quarto d'ellisse usato per la verifica di resistenza, come si vede nella **Figura 10.40**.

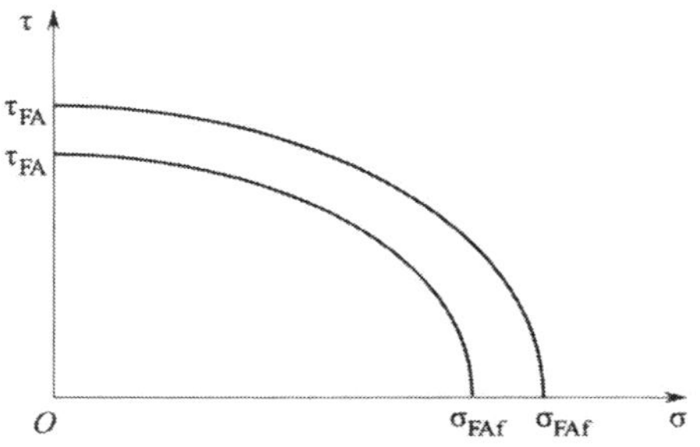

Figura 10.40 - Curva limite per elementi intagliati, con dimensioni e con rugosità superficiali prefissate.

Se uno degli sforzi non è alternato simmetrico, si farà riferimento alla ampiezza della sollecitazione limite corrispondente all'effettivo ciclo ricavato dal diagramma di Haigh. Per esempio, se la sollecitazione è pulsante con valore medio diverso da zero si deve utilizzare il diagramma di Haigh per ricavarne il valore limite, che viene chiamato σ_{lim} o τ_{lim}. Se una delle due sollecitazioni è costante, per esempio il momento torcente, come accade di frequente, allora la τ_{lim} sarà pari alla τ_r (sollecitazione di rottura a torsione) e la τ_a sarà pari alla sollecitazione (costante) di torsione applicata al componente. La relazione di verifica al limite di cedimento nella forma più generale diventa così:

$$\frac{\sigma_a^2}{\sigma_{\text{lim}}^2} + \frac{\tau_a^2}{\tau_{\text{lim}}^2} \leq 1 \qquad (\mathbf{10.35})$$

$$\sqrt{\sigma_a^2 + \left(\frac{\sigma_{\text{lim}}}{\tau_{\text{lim}}}\right)^2 \cdot \tau_a^2} \leq \sigma_{\text{lim}} \qquad (\mathbf{10.36})$$

Spesso si pone $H = \dfrac{\sigma_{\text{lim}}}{\tau_{\text{lim}}}$, e la relazione diventa:

$$\sqrt{\sigma_a^2 + H^2 \cdot \tau_a^2} \leq \sigma_{\text{lim}} \qquad (\mathbf{10.37})$$

$$\sigma_{GP}^* = \sqrt{\sigma_a^2 + H^2 \cdot \tau_a^2} \qquad (\mathbf{10.38})$$

La regola più generale per l'applicazione del criterio di Gough-Pollard prevede quindi l'applicazione della relazione (**10.37**) introducendo come valori di σ_{lim} e τ_{lim} i valori limite delle sollecitazioni flessionali e torsionali che causano cedimento per rottura (ampiezza limite per sollecitazioni di fatica, carico di rottura per sollecitazioni statiche). Questa applicazione generalizzata del criterio deriva da osservazioni empiriche che convalidano tale formulazione. È importante non dimenticare che per i materiali duttili alla verifica a rottura per fatica va affiancata comunque una verifica statica a snervamento.

Esempio svolto 10.2

Si verifichi la resistenza dell'albero di **Figura 10.41** per un numero di cicli $N = 10^5$, sollecitato da un momento torcente, M_t, e da un momento flettente, M_f, entrambi alternati simmetrici, di uguale frequenza e in fase tra loro.

Dell'elemento siano noti: il materiale (acciaio C35 bonificato) e i coefficienti b_2, b_3, K_{ff}, K_{ft}. Dato che la verifica viene condotta nel tratto di resistenza a termine, è necessario utilizzare il diagramma di Wöhler per poter ricavare i valori di sollecitazione σ_F e τ_F che portano a rottura l'elemento per il numero di cicli imposto.

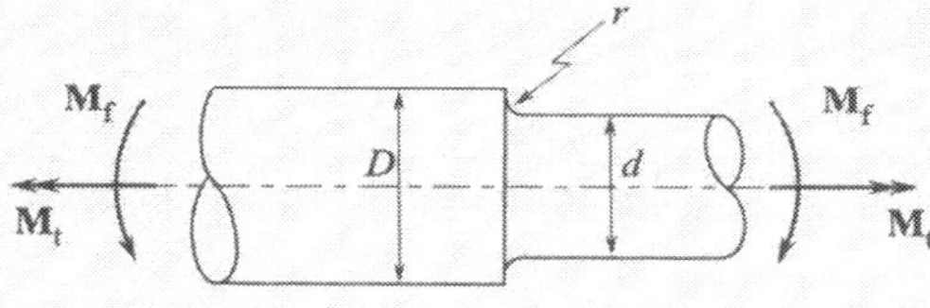

Figura 10.41 - Albero intagliato soggetto ad azioni flettente e torcente.

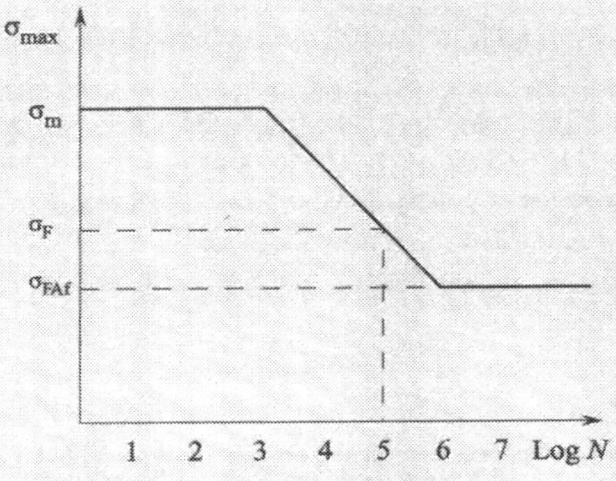

Figura 10.42 - Diagramma di Wöhler relativo alla sollecitazione flessionale.

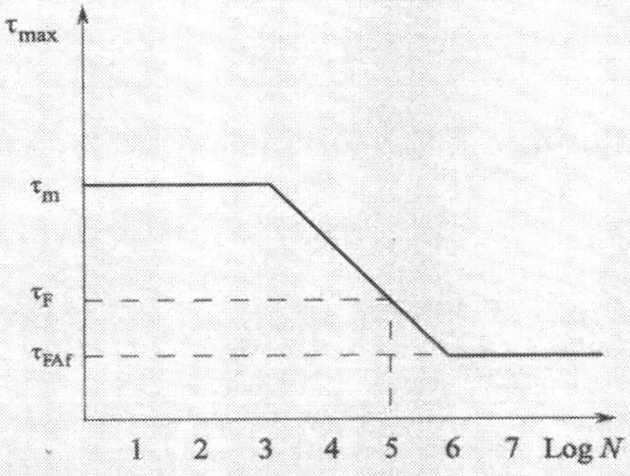

Figura 10.43 - Diagramma di Wöhler relativo alla sollecitazione torsionale.

Soluzione

Tenendo conto dell'effetto di forma, dell'effetto dimensionale e dell'effetto della finitura superficiale, il limite di fatica sarà dato da:

$$\tau'_{FAt} = \tau_{FAt} \cdot \frac{b_2 \cdot b_3}{K_{ft}} \qquad \sigma'_{FAt} = \sigma_{FAt} \cdot \frac{b_2 \cdot b_3}{K_{ff}} \tag{10.39}$$

Si possono così agevolmente ricavare i diagrammi di Wöhler relativi alla flessione e alla torsione, rispettivamente mostrati nella Si ricavano, quindi, i valori limite:

$$\sigma_{lim} = \sigma_F \quad \tau_{lim} = \tau_F \tag{10.40}$$

Introducendo a questo punto il coefficiente di sicurezza η, la verifica diventa:

$$\frac{\sigma_a^2}{\left(\frac{\sigma_{lim}}{\eta}\right)^2} + \frac{\tau_a^2}{\left(\frac{\tau_{lim}}{\eta}\right)^2} \le 1 \tag{10.41}$$

$$\sqrt{\sigma_a^2 + H^2 \cdot \tau_a^2} \le \frac{\sigma_{lim}}{\eta} \tag{10.42}$$

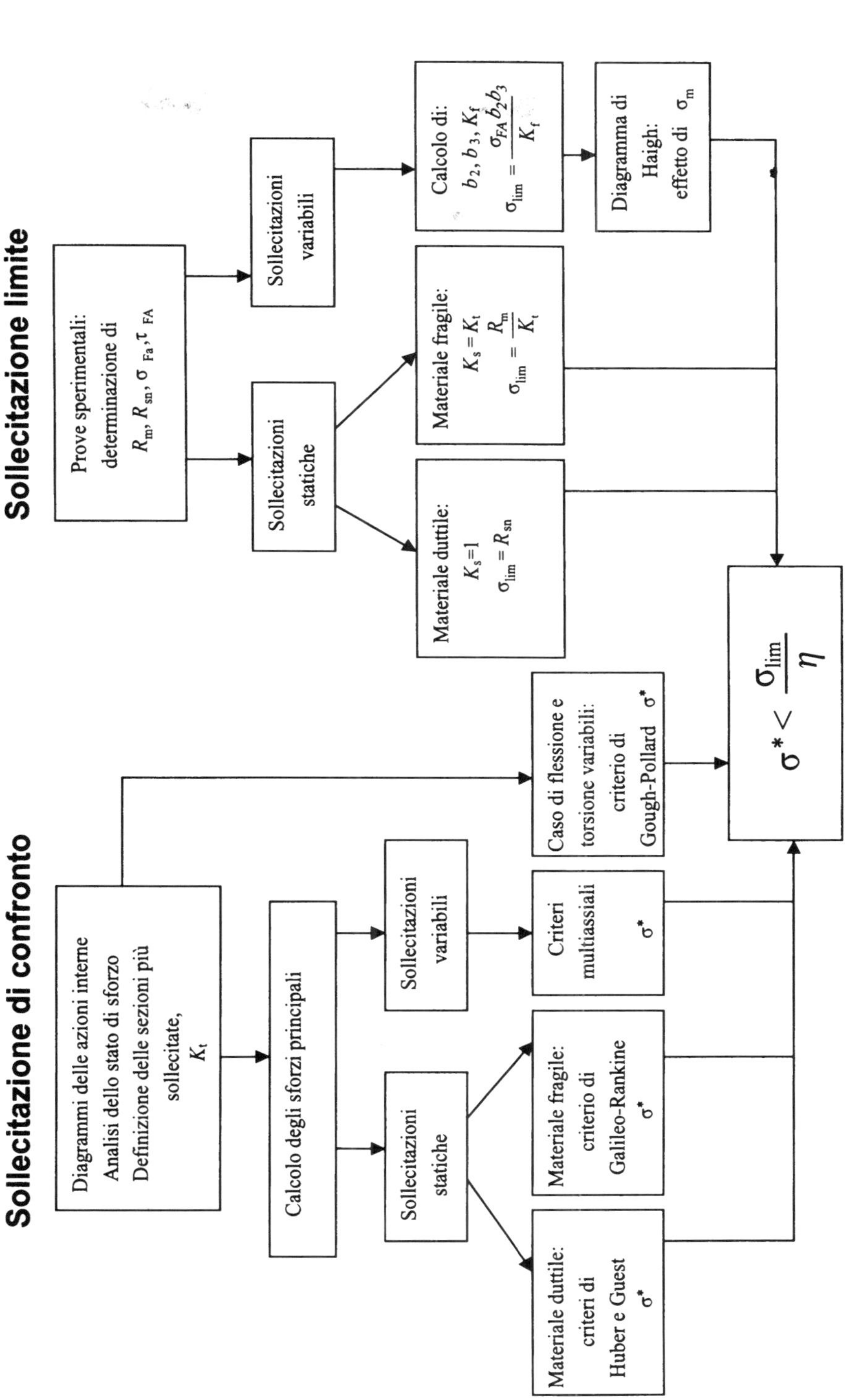

Figura 10.44 - Schema a blocchi delle verifiche di resistenza nelle diverse condizioni di sollecitazione.

Esercizi

10.1 Nella **Figura 10.45** è rappresentato schematicamente un mescolatore: l'albero con la paletta è mosso da un motore elettrico asincrono trifase mediante una coppia di ruote dentate a denti diritti. Sulla paletta, a distanza f dall'asse dell'albero, agisce la risultante delle pressioni, P, avente direzione perpendicolare al piano di rappresentazione della **Figura 10.45** e verso entrante nel foglio.

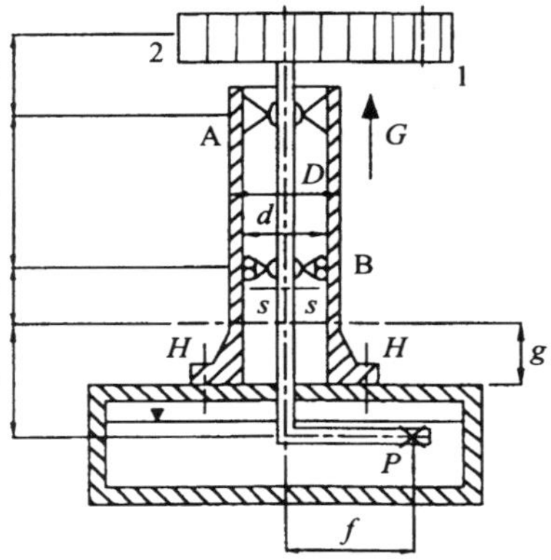

Figura 10.45

Si richiede:

- il valore della spinta P nell'ipotesi che la potenza assorbita dal motore coincida con la potenza nominale;
- il valore della spinta T, che si scambiano le ruote dentate;
- i valori delle reazioni vincolari in A e B dovute alla spinta sulla paletta e alla spinta tra le ruote dentate, noto che la spinta tra le ruote dentate totale è pari a $S = \dfrac{T}{\cos 20°}$;
- i diagrammi del momento flettente e del momento torcente nell'albero e del momento flettente nel tubo che sostiene i supporti A e B;
- la verifica di resistenza nella sezione H-H del tubo.

Dati:

$W = 20$ kW	potenza del motore elettrico
$\omega_1 = 100$ rad/s	velocità angolare dell'albero 1
$z_1 = 20$	numero di denti della ruota 1
$z_2 = 80$	numero di denti della ruota 2
$d_1 = 100$ mm	diametro della ruota 1
$\alpha = 20°$	angolo di pressione normale
$a = 200$ mm	

$b = 400$ mm
$c = 150$ mm
$e = 350$ mm
$f = 250$ mm
$d = 90$ mm — diametro interno del tubo
$D = 100$ mm — diametro esterno del tubo
$g = 150$ mm
Fe510 D — materiale del tubo (modulo elastico $E = 206\,000$ MPa, carico unitario di rottura $R_m = 570$ MPa, carico unitario di snervamento $R_{sn} = 300$ MPa).

10.2 Una barretta con un foro centrale, avente larghezza $b = 120$ mm, spessore $h = 10$ mm, diametro del foro $d = 30$ mm, è soggetta a un carico assiale con andamento sinusoidale $F = F_0 \sin \omega t$. Si ritiene che la barretta sia vincolata in modo tale da evitare problemi di instabilità dovuti a carico di punta.
Calcolare il massimo valore di F_0 che consente di ottenere una durata illimitata della barretta. Si utilizzino i seguenti materiali:

C20 bonificato	$R_m = 500$MPa
C45 bonificato	$R_m = 750$ MPa
39NiCrMo3 bonificato	$R_m = 1000$ MPa

Si prevedano tre diverse finiture superficiali del foro (ottenuto per foratura): $R_a = 3{,}2 - 6{,}3 - 10\ \mu$m.

10.3 Un albero soggetto a flessione rotante presenta una variazione di sezione ($d = 50$ mm; $D = 70$ mm) dovuta all'alloggiamento di un cuscinetto. Si scelga il raggio di raccordo opportuno affinché possa essere alloggiato il cuscinetto e si calcoli il massimo valore del momento flettente M_f che consente di ottenere una durata illimitata utilizzando i seguenti materiali:

C10 temprato in acqua	$R_m = 450$ MPa
C30 bonificato	$R_m = 550$ MPa
35NiCrMo15 temprato e disteso	$R_m = 1750$ MPa

Si prevedano tre diverse finiture superficiali del raccordo:

$$R_a = 3{,}2 - 6{,}3 - 10\ \mu\text{m}.$$

10.4 Nella **Figura 10.46** è rappresentato l'albero, a sezione circolare piena con diametro pari a D, di un mescolatore, sostenuto dai due supporti A e B. L'albero è mosso, attraverso una coppia di ruote cilindriche a denti diritti, da un motore elettrico di potenza W, rotante alle velocità ω_1. La spinta P, rotante insieme all'albero, è la risultante delle azioni che la paletta, di lunghezza r calettata sull'albero, scambia con il fluido.
Dati:
$W = 5$ kW
Diametro primitivo ruota 1 = 60 mm
α (angolo di pressione normale) = 20°
z_1 (n. denti ruota 1) = 20
z_2 (n. denti ruota 2) = 80
$\omega_1 = 150$ rad/s
$r = 200$ mm
$a = 200$ mm
$b = 400$ mm

$c = 400$ mm
Materiale albero: 39NiCrMo3 ($R_m = 1000$ MPa, $R_{sn} = 750$ MPa)
D (diametro sezione H-H) = 30 mm
Si richiede di:
1) determinare il valore di P e delle spinte T e R che le due ruote dentate si scambiano;
2) tracciare i diagrammi del momento flettente e del momento torcente nell'albero e nella paletta;
3) verificare la resistenza per la sezione H-H dell'albero.

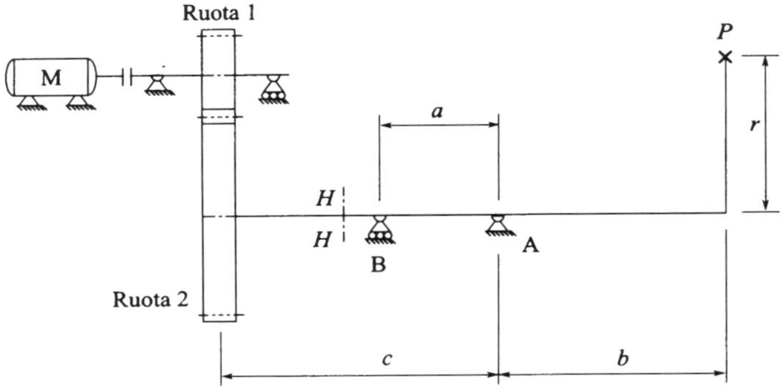

Figura 10.46

10.5 Data la struttura rappresentata in **Figura 10.47** si richiede di tracciare i diagrammi del momento flettente e del momento torcente, di calcolare le componenti di sforzo nella sezione H-H e di verificarla a fatica nel caso di un carico P pulsante dallo zero.

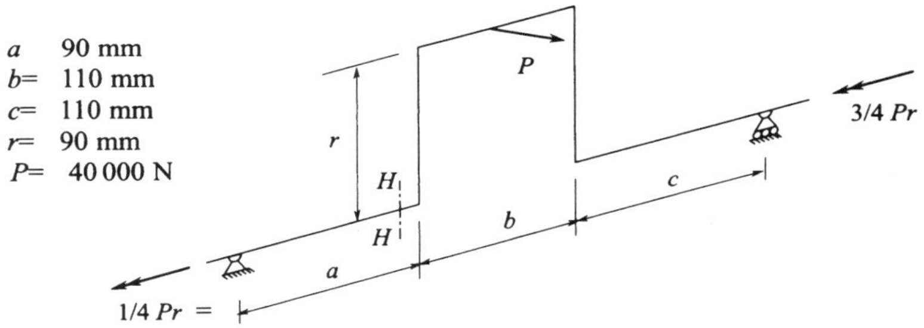

Sezione H-H: circolare cava (D = 20 mm, s(spessore) = 2 mm)
Materiale C10 normalizzato: R_m = 360 MPa, R_{sn} = 280 MPa

Figura 10.47

10.6 Nella **Figura 10.48** è rappresentato l'albero, a sezione circolare piena con diametro pari a D, di un mescolatore, sostenuto dai due supporti A e B. L'albero è mosso, attraverso una coppia di ruote cilindriche a denti diritti, da un motore elettrico di potenza W, rotante alle velocità ω_1. La spinta P, rotante insieme all'albero, è la risultante delle azioni che la paletta di lunghezza r calettata sull'albero scambia con il fluido.

Dati:
$W = 4$ kW

modulo $m = 3$ mm
α (angolo di pressione normale) = 20°
z_1 (n. denti ruota 1) = 20
z_2 (n. denti ruota 2) = 80
$\omega_1 = 100$ rad/s
$r = 200$ mm
$a = 200$ mm
$b = 400$ mm
$c = 200$ mm
Materiale albero: 39NiCrMo3 ($R_m = 1000$ MPa, $R_{sn} = 750$ MPa)
D (diametro sezione H-H) = 27 mm

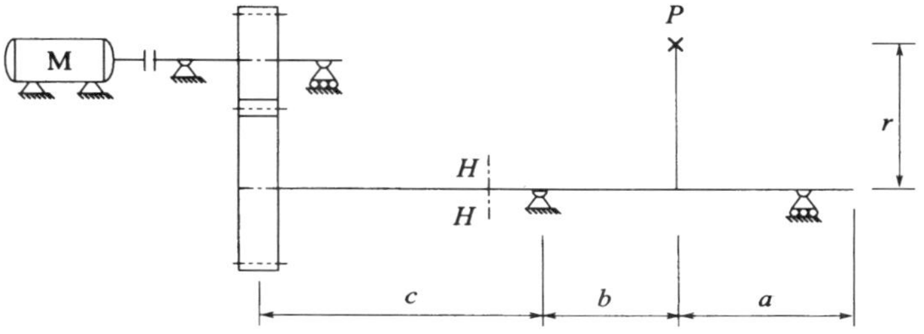

Figura 10.48 -

Si richiede di:

1) determinare il valore di P e delle spinte T e R che le due ruote dentate si scambiano;
2) tracciare i diagrammi del momento flettente e del momento torcente nell'albero e nella paletta;
3) di verificare la resistenza per la sezione H-H.

Bibliografia

[1] Ashby, M.F., *Materials selection in mechanical design,* Butterworth Heinemann, 1999.

[2] Belloni, G. e Lo Conte A:, *Costruzione di Macchine*, Hoepli, 2002.

[3] Buch, *Fatigue Data Handbook,* Trans Tech Publication, Switzerland, 1998.

[4] Davoli, P., Bernasconi, A., Filippini, M., Foletti, S., *Comportamento meccanico dei materiali* McGraw-Hill, 2005.

[5] Dowling, N.E. *Mechanical Behavior of Materials*, Prentice Hall, 2006.

[6] Dowling, N.E., *Mechanical behavior of materials,* Prentice-Hall, 1999.

[7] Hamrock, B.J., Jacobson, B. e Schmid, R., *Fundamentals of Machine Elements*, Mc Graw Hill, 1999.

[8] J.E. Shigley, R.G. Budynas, J.K. Nisbett, *Progetto e costruzione di macchine,* McGraw-Hill, 2009.

[9] Lemaitre, J. e Chaboche, J.L. *Mécanique des materiaux solides*, Dunod, Paris, 1988.

[10] Neuber, H., *Theory of Notch Stresses: Principles for Exact Calculation of Strength with Reference to Structural Form and Material*, AEC-TR-4567, 1958.

[11] P. Davoli, A. Bernasconi, M. Filippini, S. Foletti, *Comportamento meccanico dei materiali,* McGraw-Hill, 2005.

[12] Pilkus, W.D., *Peterson's Stress Concentration Factors*, J. Wiley Sons, 2008.

[13] R.I. Stephens, A. Fatemi, R.R. Stephens, H.O. Fuchs, *Metal Fatigue in Engineering*, 2nd edition, John-Wiley & Sons, USA, 2001.

[14] S. Suresh, *Fatigue of Materials,* Cambidge Univ. Press, 1998.

[15] Timoshenko, S.P. e Goodier, J.N., *Theory of Elasticity*, McGraw-Hill, 1982.

[16] Vergani, L., *Meccanica dei materiali,* McGraw-Hill, 2006.

[17] W.D. Pilkey, *Peterson's Stress Concentration Factors,* John-Wiley & Sons, USA, 1997.

Indice analitico

Finito di stampare
nel mese di novembre 2010

Made in United States
Orlando, FL
04 November 2026

90201153R00164